"十二五"普通高等教育本科国家级规划教材

光学设计

（第2版）

刘钧 高明 编著

国防工业出版社
·北京·

内容简介

本书系统地论述了光学设计的基本理论及设计方法，重点介绍了具有普遍意义的典型光学系统有关设计内容，以阐明光学设计中带有共性的问题，并列举了一些科研设计实例总结出来供大家参考。

本书可供高等工科院校测控技术与仪器专业及光电信息工程专业师生使用，同时也可供从事光学系统及光电仪器的研究、设计、制造和系统开发的工程技术人员学习和参考。

图书在版编目(CIP)数据

光学设计/刘钧，高明编著. —2 版. —北京：国防工业出版社，2019.7(重印)
"十二五"普通高等教育本科国家级规划教材
ISBN 978-7-118-10953-5

Ⅰ.①光… Ⅱ.①刘…②高… Ⅲ.①光学设计—高等学校—教材 Ⅳ.①TN202

中国版本图书馆 CIP 数据核字(2016)第 164802 号

※

国防工业出版社出版发行
(北京市海淀区紫竹院南路 23 号 邮政编码 100048)
北京虎彩文化传播有限公司印刷
新华书店经售

*

开本 787×1092 1/16 印张 19¼ 字数 442 千字
2019 年 7 月第 2 版第 2 次印刷 印数 4001—5000 册 定价 40.00 元

国防书店：(010)88540777 发行邮购：(010)88540776
发行传真：(010)88540755 发行业务：(010)88540717

前　言

光学设计是在应用光学基础上，总结了前人的设计经验，提炼了光学仪器中典型光学系统的设计精华而形成的一门科学。光学设计发展至今，经历了由手工计算和人工校正像差，到计算机计算像差和像差自动校正的巨大变革。随着科学技术的发展，对光学仪器和光电仪器中的光信息识别和提取要求也越来越高，而作为仪器的核心部分——光学系统设计也面临新的挑战，从而要求光学设计者应具有扎实的理论基础和较高的设计技巧。

"光学设计"是以设计为主的专业课程。其目的是使学生掌握光学设计的理论和方法，培养学生独立设计与研发光学系统的能力。

全书共分14章，分别为绪论、像差综述、光学系统的像质评价和像差容限、光学系统的外形尺寸计算、光学系统的初始结构计算方法、望远物镜设计、显微镜物镜设计、目镜设计、照相物镜设计、照明光学系统设计、轴对称非球面设计概述、夜视仪器的光学系统、光学设计软件ZEMAX简介及光学制图。其中，第1章~第5章及第13章和第14章由刘钧编写，第6章~第12章由高明编写。全书由刘钧统稿。

由于光学设计理论较为成熟，因此，本书依据前人的设计理论及经验，在参阅大量文献资料与笔者设计经验的基础上编写而成，在此对文献作者表示衷心感谢。

本书可供高等工科院校测控技术与仪器专业及光电信息工程专业师生使用，同时也可供从事光学系统及光电仪器的研究、设计、制造和系统开发的工程技术人员学习和参考。

由于编者水平有限，书中难免存在不妥之处，希望读者提出宝贵意见。

作者

2016年5月

前言

[illegible]

目　　录

第1章　绪　论

1.1　光学设计的发展概况

1.1.1　光学设计概述

随着科学技术的发展,光学仪器和光电仪器已普遍应用在社会的各个领域。我们知道,这类仪器的核心部分是光学系统。光学系统成像质量的好坏,决定着光学仪器和光电仪器的整体性能。然而,一个成像质量好的光学系统是要靠好的光学设计去完成的。因此,光学设计是决定光学仪器和光电仪器良好质量的基础。随着光学仪器及光电仪器的发展,光学设计的理论和方法也在日益发展和完善。

光学设计所要完成的工作包括光学系统设计和光学结构设计。本书主要讨论光学系统设计。

光学系统设计是根据仪器所提出的使用要求,来决定满足使用要求的各种数据,即决定光学系统的性能参数、外形尺寸和各光组的结构等。如今,要为一个光学仪器设计一个光学系统,大体上可以分成两个阶段:第一阶段是根据仪器总体的技术要求(性能指标、外形体积、重量,以及有关技术条件),从仪器的总体(光学、机械、电路及计算技术)出发,拟定光学系统的原理图,并初步计算系统的外形尺寸,以及系统中各部分要求的光学特性等,称为初步设计或外形尺寸计算;第二阶段是根据初步设计的结果,确定每个透镜组的具体结构参数(半径、厚度、间隔、玻璃材料),保证满足系统光学特性和成像质量的要求,称为像差设计,一般简称光学设计。这两个阶段既有区别又有联系,在初步设计时,就要预计到像差设计是否有可能实现,以及系统大致的结构型式;反之,当像差设计无法实现,或者结构过于复杂时,不得不修改初步设计。一个光学仪器工作性能的好坏,初步设计是关键,如果初步设计不合理,严重的可能使仪器根本无法完成工作,其次给第二阶段像差设计工作带来困难,导致系统结构过分复杂,或者成像质量不佳;当然在初步设计合理的条件下,如果像差设计不当,同样也可能造成上述不良后果。评价一个光学系统设计的好坏,一方面要看它的性能和成像质量,另一方面还要看系统的复杂程度,一个好的设计应该是在满足使用要求(光学性能、成像质量)的情况下,结构最简单。

初步设计和像差设计这两个阶段的工作,在不同类型的仪器中所占的地位和工作量也不尽相同。在某些仪器,例如,大部分军用光学仪器中,初步设计比较复杂,而像差设计相对来说比较简单;在另一些光学仪器,例如,一般显微镜和照相机中,则初步设计比较简单,而像差设计却较为复杂。

1.1.2　光学设计的发展概况

光学设计是20世纪发展起来的一门学科,至今经历了一个漫长的过程。

最初生产的光学仪器是人们直接磨制了各种不同材料、不同形状的透镜，把这些透镜按不同情况进行组合，找出成像质量比较好的结构。由于实际制作比较困难，要找出一个质量好的结构，势必花费很长的时间和很多的人力、物力，而且也很难找到各方面都较为满意的结果。

为了节省人力、物力，后来逐渐把这一过程用计算来代替。对不同结构参数的光学系统，由同一物点发出，按光线的折射和反射定律，用数学方法计算若干条光线。根据这些光线通过系统以后的聚焦情况，也就是根据这些光线像差的大小，就可以大体知道整个物平面的成像质量；然后修改光学系统的结构参数，重复上述计算，直到成像质量满意为止。这样的方法叫做光路计算或像差计算，光学设计正是从光路计算开始发展的。用像差计算来代替实际制作透镜是一个很大的进步，但这样的方法仍然不能满足光学仪器生产发展的需要，因为光学系统结构参数与像差之间的关系十分复杂，要找到一个理想的结果，仍然需要经过长期的繁重计算过程，特别是对于一些光学特性要求比较高、结构比较复杂的系统，这个矛盾就更加突出。

为了加快设计进程，促进人们对光学系统像差的性质及像差和结构参数之间的关系进行研究，希望能够根据像差要求，用解析的方法直接求出结构参数，这就是像差理论的研究。但这方面的进展不能令人满意，到目前为止像差理论只能给出一些近似的结果，或者给出如何修改结构参数的方向，加速设计的进程，但仍然没有使光学设计从根本上摆脱繁重的像差计算过程。

正是由于光学设计的理论还不能使我们采用一个普通的方法，根据使用要求直接求出系统的结构参数，而只能通过计算像差，逐步修改结构参数，最后得到一个比较满意的结果。所以设计人员的经验对设计的进程有着十分重要的意义。因此，学习光学设计，除了要掌握像差的计算方法和熟悉像差的基本理论之外，还必须学习不同类型系统的具体设计方法，并且不断地从实践中积累经验。

由于电子计算机的出现，才使光学设计人员从繁重的手工计算解放出来，过去由一个人耗时几个月进行的计算，现在用计算机只要几分钟或几秒就能完成了。设计人员的主要精力已经由像差计算转到整理计算资料和分析像差结果这方面来。光学设计的发展除了应用计算机进行像差计算外，还让计算机进一步代替人做分析像差和自动修正结构参数的工作，这就是自动设计或像差自动校正。

今天，大部分光学设计都在不同程度上借助于这样或那样的自动设计程序来完成。有些人认为，在有了自动设计程序以后，似乎过去有关光学设计的一些理论和方法已经没用了，只要能上机计算就可以进行光学设计。其实不然，要设计一个光学特性和像质都满足特定的使用要求而结构又最简单的光学系统，只靠自动设计程序是难以完成的。在使用自动设计程序的条件下，特别是那些为了满足某些特殊要求而设计的新结构型式，主要是依靠设计人员的理论分析和实际经验来完成的。因此，即使使用了自动设计程序，也必须学习光学设计的基本理论，以及不同类型系统具体的分析和设计方法，才能真正掌握光学设计。

光学设计的发展经历了人工设计和光学自动设计两个阶段，实现了由手工计算像差、人工修改结构参数进行设计，到使用电子计算机和光学自动设计程序进行设计的巨大飞跃。国内外工程光学领域中已出现了不少功能相当强大的计算机辅助设计（CAD）软件，从而使设计者能快速、高效地设计出优质、经济的光学系统。然而，不管设计手段如何变革，仍然必须遵循光学设计过程的一般规律。

1.2 光学系统设计的具体过程和步骤

1.2.1 光学系统设计的具体过程

1. 根据使用要求制定合理的技术参数

从光学系统对使用要求满足程度出发，制定光学系统合理的技术参数，这是设计成功与否的前提条件。

2. 光学系统总体设计和布局

总体设计的重点是确定光学原理方案和外形尺寸计算。为了设计出光学系统的原理图，确定基本光学特性，使其满足给定的技术要求，首先要确定放大率（或焦距）、线视场（或角视场）、数值孔径（或相对孔径）、共轭距、后工作距、光阑位置和外形尺寸等。因此，常把这个阶段称为外形尺寸计算阶段。一般都按理想光学系统的理论和计算公式进行外形尺寸计算。

在上述计算时还要结合机械结构和电气系统，以防在机械结构上无法实现。每项性能的确定一定要合理，过高的要求会使设计结果复杂，造成浪费；过低的要求会使设计不符合要求。因此，这一步必须慎重。

3. 光组的设计

一般分为选型、确定初始结构参数、像差校正三个阶段。

1）选型

光组的划分，一般以一对物像共轭面之间的所有光学零件为一个光组，也可将其进一步划小。现有的常用镜头可分为物镜和目镜两大类。目镜主要用于望远和显微系统。物镜可分为望远、显微和照相摄影物镜三大类。镜头应首先依据孔径、视场及焦距来选择，特别要注意各类镜头各自能承担的最大相对孔径、视场角。在大类型选型后，选择能达到预定要求而又结构简单的一种。选型是光学系统设计出发点，合理、适宜与否是设计成败的关键。

2）确定初始结构参数

初始结构的确定常用以下两种方法：

（1）解析法（代数法），即根据初级像差理论求解初始结构。这种方法是根据外形尺寸计算得到的基本特性，利用初级像差理论来求解满足成像质量要求的初始结构，即确定系统各光学零件的曲率半径、透镜的厚度和间隔、玻璃的折射率和色散等。

（2）缩放法，即根据对光组的要求，找出性能参数比较接近的已有结构，将其各尺寸乘以缩放比 K，得到所要求的结构，并估计其像差的大小或变化趋势。

3）像差校正

初始结构选好后，要在计算机上进行光路计算，或用像差自动校正程序进行自动校正；然后根据计算结果画出像差曲线，分析像差，找出原因，再反复进行像差计算和平衡，直到满足成像质量要求为止。

4. 长光路的拼接与统算

以总体设计为依据,以像差评价为准绳,来进行长光路的拼接与统算。如结果不合理,则应反复试算并调整各光组的位置与结构,直到达到预期的目标为止。

5. 绘制光学系统图、部件图和零件图

绘制光学系统图、部件图和零件图包括确定各光学零件之间的相对位置,光学零件的实际大小和技术条件。这些图纸为光学零件加工、检验,部件的胶合、装配、校正,乃至整机的装调、测试提供依据。

6. 编写设计说明书

设计说明书是进行光学设计整个过程的技术总结,是进行技术方案评审的主要依据。

7. 必要时进行技术答辩

组织用户和技术专家,就设计者的设计方案和结果是否达到使用要求进行评价。

1.2.2 光学系统设计步骤

光学系统设计是选择和安排光学系统中各光学零件的材料、曲率和间隔,使得系统的成像性能符合应用要求。一般设计过程基本是减小像差到可以忽略不计或小到可以接受的程度。光学设计可以概括为以下几个步骤:

(1) 选择系统的类型;

(2) 分配元件的光焦度和间隔;

(3) 校正初级像差;

(4) 减小残余像差(高级像差)。

以上每个步骤可以包括几个环节,重复地循环这几个步骤,最终找到一个满意的结果。

1.3 光学仪器对光学系统性能与质量的要求

任何一种光学仪器的用途和使用条件必然会对它的光学系统提出一定的要求,因此,在进行光学设计之前一定要了解对光学系统的要求。这些要求概括起来有以下几个方面:

1. 光学系统的基本特性

光学系统的基本特性有数值孔径(或相对孔径)、线视场(或视场角)、系统的放大率(或焦距)。此外,还有与这些基本特性有关的一些特性参数,如光瞳的大小和位置、后工作距、共轭距等。

2. 系统的外形尺寸

系统的外形尺寸,即系统的轴向尺寸和径向尺寸。在设计多光组的复杂光学系统时,如一些军用光学系统,外形尺寸计算以及各光组之间光瞳的衔接都是很重要的。

3. 成像质量

成像质量的要求和光学系统的用途有关,不同的光学系统按其用途可提出不同的成像质量要求。对于望远系统和一般的显微镜,只要求中心视场有较好的成像质量;对于照相物镜,要求整个视场都应有较好的成像质量。

4. 仪器的使用条件

根据仪器的使用条件，要求光学系统具有一定的稳定性、抗振性、耐热性和耐寒性等，以保证仪器在特定的环境下能正常工作。

在对光学系统提出使用要求时，一定要考虑在技术上和物理上实现的可能性。例如，生物显微镜的视觉放大率 Γ，一定要按有效放大率的条件来选取，即满足 $500\mathrm{NA} < \Gamma < 1000\mathrm{NA}$ 条件。过大的放大率是没有意义的。只有提高数值孔径（NA）才能提高有效放大率。

对于望远镜的视觉放大率 Γ，一定要把望远系统的极限分辨率和眼睛的极限分辨率放在一起来考虑。在眼睛的极限分辨率为 $1'$ 时，望远镜的正常放大率 $\Gamma = \dfrac{D}{2.3}$，式中，D 是入瞳直径。实际上，在多数情况下，按仪器用途所确定的放大率常大于正常放大率，这样可以减轻观察者视觉的疲劳。对于一些手持的观察望远镜，它的实际放大率比正常放大率要低，以便具备较大的出瞳直径，增加观察时的光强度。因此，望远镜的工作放大率应按下式选取：

$$0.2D \leqslant \Gamma \leqslant 0.75D$$

有时对光学系统提出的要求是互相矛盾的，这时，应进行深入分析、全面考虑、抓住主要矛盾，切忌提出不合理的要求。例如，在设计照相物镜时，为了使相对孔径、视场角和焦距三者之间的选择更合理，应该参照下列关系式来选择：

$$\frac{D}{f'}\tan\omega\sqrt{\frac{f'}{100}} = C_{\mathrm{m}}$$

式中：$C_{\mathrm{m}} = 0.22 \sim 0.26$，为物镜的质量因数。实际计算时，取 $C_{\mathrm{m}} = 0.24$。当 $C_{\mathrm{m}} < 0.24$ 时，则光学系统的像差校正就不会发生困难。$C_{\mathrm{m}} > 0.24$ 时，则系统的像差很难校正，成像质量很差。但是，随着高折射率玻璃的出现，光学设计方法的完善，光学零件制造水平的提高，以及装调工艺的完善，C_{m} 值也在逐渐提高。

总之，对光学系统提出的要求应合理，保证在技术上和物理上能够实现，并且具有良好的工艺性和经济性。

第2章 像差综述

实际光学系统与理想光学系统有很大的差异,即物空间的一个物点发出的光线经实际光学系统后,不再会聚于像空间的一点,而是一个弥散斑,弥散斑的大小与系统的像差有关。

光学设计的目的就是为了校正像差,使光学系统能够在一定的相对孔径下对给定大小的视场成清晰的像。为此,有必要就各种像差的成因、度量、计算方法,以及它们与相对孔径、视场之间的关系,和与光学系统结构参数之间的关系进行讨论。

光学系统对单色光成像时产生球差、彗差、像散、像面弯曲(场曲)及畸变五种单色像差。对白光成像时,光学系统除对白光中各单色光成分有单色像差外,还产生轴向和垂轴两种色差。下面对各种像差分别进行阐述。

2.1 轴上点球差

2.1.1 球差的定义和表示方法

绝大多数光学系统具有圆形入射光瞳,轴上点发出的充满入射光瞳的光束在通过光学系统前后均对称于光轴。因此,为了了解轴上点的成像情况,只需在子午面内光轴以上的半个光束截面讨论若干光线的会聚情况即可。

由几何光学的内容可知,自光轴上一点发出的与光轴成有限孔径角 U 的光线,经球面折射以后所得的截距 L' 为 U 角的函数,即 L' 和 U' 随入射高度 h_1 或孔径角 U_1 的不同而不同,如图 2-1 所示。因此,轴上点发出的同心光束经光学系统各个球面折射以后,不再是同心光束,其中与光轴成不同角度(或离光轴不同高度)的光线交光轴于不同的位置上,相对于理想像点有不同的偏离,这种偏离称为球差,用 $\delta L'$ 表示,具体定义为

$$\delta L' = L' - l' \tag{2-1}$$

式中:L' 为一定孔径高光线的聚焦点的像距;l' 为近轴像点的像距。

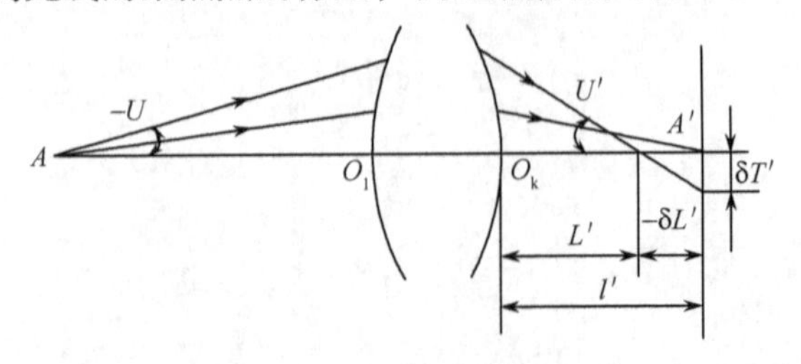

图 2-1 球差

显然与光轴成不同孔径角 U 的光线具有不同的球差。如果式(2-1)中的 L' 是对

$U_1 = U$，即 $K_\eta = 1$ 的边缘光线求得的，则称为边光球差，用 $\delta L'_m$ 表示；如果由 $K_\eta = 0.707$，即 $U_1 = 0.707U$ 求得的，则称为 0.707 带光线的球差 $\delta L'_{0.707}$。0.707 带光线简称带光，相应地，$\delta L'_{0.707}$ 称为带光球差，与此类似，以后介绍的 $K_\omega = 0.707$ 的视场，简称带视场。

图 2-1 所示的情况，若 $\delta L' < 0$，则称为球差校正不足或欠校正；若 $\delta L' > 0$，则称为球差校正过头或过校正；若 $\delta L' = 0$，则称为光学系统对这条光线校正了球差。大部分光学系统只能做到对一条光线校正球差，一般是对边缘光线校正球差，即 $\delta L'_m = 0$，这样的光学系统称为消球差系统。

由于球差的存在，使得在高斯像面上得到的不是点像，而是一个圆形弥散斑，弥散斑的半径为图 2-1 中的 $\delta T'$，有

$$\delta T' = \delta L' \tan U' \tag{2-2}$$

由此可见，球差越大，像方孔径角越大，高斯像面上的弥散斑也越大，这将使像模糊不清。所以光学系统为使成像清晰，必须校正球差。对于大孔径系统，少量的球差也会形成较大的弥散斑，因此校正球差的要求更为严格。

由式(2-2)所决定的 $\delta T'$ 也称为垂轴球差（因 $\delta T'$ 是在垂轴方向度量的）。相应地，前面所述的沿轴度量的 $\delta L'$ 称为轴向球差。平常所说的球差指轴向球差。

对单色光而言，轴上点成像的不完善只是由于球差的缘故，也就是说，球差是轴上点唯一的单色像差。

球差是入射高度 h_1 或孔径角 U_1 的函数，它随 h_1 或 U_1 变化的规律，可以由 h_1 或 U_1 的幂级数来表示。当 U_1 或 h_1 变号时，球差 $\delta L'$ 不变，故在级数展开式中只能包含 U_1 或 h_1 的偶次项；当 $U_1 = 0$ 或 $h_1 = 0$ 时，$\delta L' = 0$，因此展开式中不可能有常数项；球差是轴上点像差，与视场无关，这样展开式中没有 y 或 ω 项，所以可将球差 $\delta L'$ 表示为

$$\delta L' = A_1 h_1^2 + A_2 h_1^4 + A_3 h_1^6 + \cdots$$

或

$$\delta L' = a_1 U_1^2 + a_2 U_1^4 + a_3 U_1^6 + \cdots \tag{2-3}$$

在式(2-3)中，第一项称为初级球差，第二项称为二级球差，第三项称为三级球差；二级以上球差称为高级球差。A_1、A_2、A_3 分别为初级球差系数、二级球差系数、三级球差系数。大部分光学系统二级以上的更高级的球差很小，可以忽略。因此，其球差可用初级和二级两项来表示，即

$$\begin{cases} \delta L' = A_1 h_1^2 + A_2 h_1^4 \\ \delta L' = a_1 U_1^2 + a_2 U_1^4 \end{cases} \tag{2-4}$$

由式(2-4)可知，初级球差与孔径的平方成正比，二级球差与孔径的 4 次方成正比。当孔径较小时，主要存在初级球差；孔径较大时，高级球差增大。

光学系统的球差是由系统各个折射面产生的球差传递到系统的像空间后相加而得，故系统的球差可以表示成系统每个面对球差的贡献之和，即球差分布式。当对实际物体成像时，对于由 k 个面组成的光学系统，球差的分布式为

$$\delta L' = -\frac{1}{2n'_k u'_k \sin U'_k} \sum_1^k S_- \tag{2-5}$$

式中：$\sum S_-$ 为光学系统的球差系数；S_- 为每个面上的球差分布系数，可表示成

$$S_- = \frac{niL\sin U(\sin I - \sin I')(\sin I' - \sin U)}{\cos\frac{1}{2}(I-U)\cos\frac{1}{2}(I'+U)\cos\frac{1}{2}(I+I')} \tag{2-6}$$

因初级球差在光轴附近区域内有意义，而在这个区域内角度很小，所以角度的正弦值可以用弧度值来代替，角度的余弦可以用1代替，这样初级球差可以表示为

$$\begin{cases} \delta L' = -\dfrac{1}{2n'_k u'^2_k}\sum_1^k S_{\mathrm{I}} \\ S_{\mathrm{I}} = luni(i-i')(i'-u) \end{cases} \tag{2-7}$$

式中：$\sum S_{\mathrm{I}}$ 为初级球差系数（也称第一赛得和数）；S_{I} 为每个面上的初级球差分布系数。由此可见，光学系统的初级球差仅通过第一近轴光线的光路计算以后即可利用其有关量值来求得。知道了系统的初级球差和实际球差，则可由式(2-3)计算出高级球差分量。

2.1.2 球差的校正

我们知道，单正透镜会使光线偏向光轴，因此，边缘光线的偏向角比近轴光线的偏向角大，由图2-1可知，$\delta L'<0$，即单正透镜产生负球差；同理，单负透镜产生正球差，$\delta L'>0$。因此，只有当正、负透镜组合起来才有可能使球差得到校正。

球差的精确值必须对轴上物点发出的近轴光线和若干条实际光线进行光路计算，分别求得 l' 和 L' 以后，按式(2-1)求得。为了全面了解球差随孔径而变的情况，一般从整个光束中取出1.0、0.85、0.707、0.5、0.3这五个孔径光束的球差值 $\delta L'_{1.0}$、$\delta L'_{0.85}$、$\delta L'_{0.707}$、$\delta L'_{0.5}$、$\delta L'_{0.3}$ 来描述整个光束的球差。对大部分光学系统而言，至少要计算出两条（大孔径时更多）光线的球差，一般取 $K_\eta=1$ 和 $K_\eta=0.707$ 的边光球差和带光球差。

由式(2-3)可知，球差是孔径的偶次方函数，因此，校正球差只能使某带的球差为零。如果通过改变结构参数，使式(2-4)中初级球差系数 A_1 和高级球差系数 A_2 符号相反，并具有一定比例，使某带的初级球差和高级球差大小相等、符号相反，则该带的球差为零。在实际设计光学系统时，常通过使初级球差与高级球差相补偿，将边缘光的球差校正为零，即

$$\delta L'_{\mathrm{m}} = A_1 h_{\mathrm{m}}^2 + A_2 h_{\mathrm{m}}^4 = 0$$

当边缘光校正球差，即 $h=h_{\mathrm{m}}$，$\delta L'=0$ 时，则有 $A_1=-A_2h_{\mathrm{m}}^2$，将此值代入式(2-4)可得，球差极大值对应的入射高度为

$$h = 0.707h_{\mathrm{m}} \tag{2-8}$$

将此值代入 $\delta L'_{\mathrm{m}}=0$ 时的级数展开式，得

$$\delta L'_{0.707} = -\frac{1}{4}A_2h_{\mathrm{m}}^4 \tag{2-9}$$

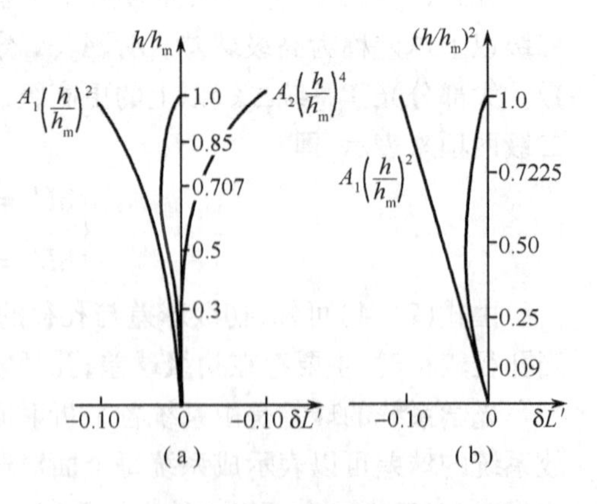

图2-2 球差曲线

式(2-9)表明，对于仅含初级和二级球差的光学系统，当对边缘光校正球差时，在 $h=0.707h_{\mathrm{m}}$ 的带光具有最大的剩余球差。其值是边缘光高级球差的 $-\frac{1}{4}$，如图2-2(a)所示。若以 $(h/h_{\mathrm{m}})^2$ 为纵坐标，画出球差曲线和

初级球差曲线，初级球差为一直线，且与球差曲线相切于原点，如图 2－2(b)所示。

实际计算表明，一定结构形式的光学系统，其二级球差在孔径一定时不会随系统结构参数的改变而变化，或者变化甚少。而初级球差则改变甚易，既能正又能负。因此，光学设计时是通过控制初级球差来使之与二级球差取得平衡，从而获得最佳校正。光学系统的二级球差随孔径的增大而迅速增大(因与孔径的 4 次方成比例)，这样必然导致消球差后的带光剩余球差的迅速增大。这说明，一定结构形式的光学系统为控制其剩余球差在允许范围内，其所能承受的相对孔径(或数值孔径)是有一定限度的，不能任意增大。所以孔径越大，为消球差所需的结构就越复杂。

对单个折射球面而言，由式(2－6)可知，当物点处于三个位置时，可以不产生球差。这三个位置是：

(1) $\sin I-\sin I'=0$，即 $I=I'$。表示物点和像点均位于球面的曲率中心，或者，$L=L'=r$，垂轴放大率 $\beta=\frac{n}{n'}$。

(2) $L=0$，即 $L'=0$，$\beta=1$。表示物点和像点均位于球面顶点时，不产生球差。

(3) $\sin I'-\sin U=0$，即 $I'=U$，因为

$$\sin I'=\frac{n}{n'}\sin I=\frac{n}{n'}\cdot\frac{L-r}{r}\sin U$$

又因 $\sin I'=\sin U$，故

$$L=\frac{n+n'}{n}r \tag{2-10}$$

同理，像点的位置也可相应地求出，即

$$L'=\frac{n+n'}{n'}r \tag{2-11}$$

由式(2－10)、式(2－11)可见，这一对不产生球差的共轭点在球面的同一边，且都在球心之外，不是使实物成虚像，就是使虚物成实像。这一对共轭点通常称为不晕点或齐明点。在光学设计中，常利用齐明点的特性来制作齐明透镜，以增大物镜的孔径角，用于显微物镜或照明系统中。

对平行平板，其球差也可由式(2－1)求得。如图 2－3 所示，有

$$\delta L'=L'-l'=\Delta L'-\Delta l'$$

把

$$\Delta L'=d\left(1-\frac{\cos I_1}{n\cos I_1'}\right),\quad \Delta l'=d\left(1-\frac{1}{n}\right)$$

代入上式，得

$$\delta L_p'=d\left(1-\frac{\cos I_1}{n\cos I_1'}\right)-d\left(1-\frac{1}{n}\right)=\left(1-\frac{\cos I_1}{\cos I_1'}\right)\frac{d}{n} \tag{2-12}$$

这就是平行平板的精确球差公式。

平行平板的初级球差系数可由式(2－7)得到。因为

$$n_1=n_2'=1,n_1'=n_2=n,i_1=i_2'=-u_1,i_1'=i_2=-u_2$$

代入式(2－7)，有

$$
\begin{aligned}
\sum S_{\mathrm{Ip}} &= l_1u_1n_1i_1(i_1 - i_1')(i_1' - u_1) + l_2u_2n_2i_2(i_2 - i_2')(i_2' - u_2) \\
&= h_1i_1\left(i_1 - \frac{i_1}{n}\right)\left(\frac{i_1}{n} + i_1\right) + h_2i_2'\left(\frac{i_2'}{n} - i_2'\right)\left(i_2' + \frac{i_2'}{n}\right) \\
&= h_1i_1^3\left(\frac{n^2-1}{n^2}\right) - h_2i'^3_2\left(\frac{n^2-1}{n^2}\right) \qquad (2-13) \\
&= u_1^3\frac{1-n^2}{n^2}(h_1 - h_2) \\
&= \frac{1-n^2}{n^3}du_1^4
\end{aligned}
$$

故平行平板的初级球差表达式为

$$
\delta L_{\mathrm{p}}' = -\frac{1}{2n_2'u'^2_2}\sum S_{\mathrm{Ip}} = \frac{n^2-1}{2n^3}du_1^2 \qquad (2-14)
$$

对于单块薄透镜，由公式

$$
\varphi = (n-1)(\rho_1 - \rho_2)
$$

可知，当焦距和透镜的玻璃材料一定时，两个面的曲率中，只有一个是独立变量。因为要保持f'不变，$(\rho_1-\rho_2)$就不能变，若取ρ_1为变量，ρ_2必须随ρ_1的改变而改变。这样改变ρ_1值就可以得到一系列焦距相同而形状不同的透镜，ρ_1就表示透镜的形状。这种保持焦距不变而改变透镜形状的做法，称为整体弯曲。

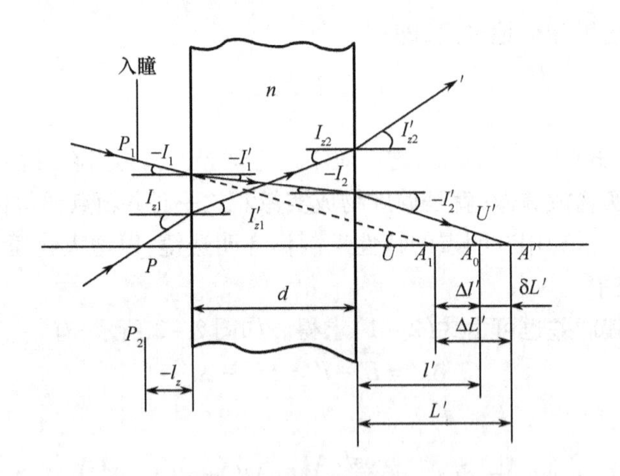

图 2-3　平行平板球差

若将式(2-7)的第二式应用于薄透镜的两个面，经一系列变换和化简后可得初级球差随ρ_1而变的表达式。对于物体在无穷远的情况，此关系式比较简单，有

$$
\begin{cases}
S_{\mathrm{I}} = h^4\left[\frac{n+2}{2}\varphi\rho_1^2 - \frac{2n+1}{n-1}\varphi^2\rho_1 + \frac{n^2}{(n-1)^2}\varphi^3\right] \\
\delta L' = -\frac{1}{2n'u'^2}S_{\mathrm{I}} = -\frac{1}{2}h^2f'\left[\frac{n+2}{n}\rho_1^2 - \frac{2n+1}{n-1}\varphi\rho_1 + \frac{n^2}{(n-1)^2}\varphi^2\right]
\end{cases} \qquad (2-15)
$$

或将其写成

$$\delta L' = A\rho_1^2 + B\rho_1 + C \tag{2-16}$$

物体在任何其他位置时，其初级球差也具有相似的函数关系，只是系数 B 和 C 不同。由此可知，薄透镜的初级球差除与物体位置、透镜折射率、焦距等有关以外，还与透镜的形状有关。对于一定的物体位置和一定折射率的透镜而言，当保持光焦度不变而改变形状时(做整体弯曲时)，球差将按二次抛物线的规律变化。

图 2-4 给出了正、负透镜($n=1.5$)的球差随透镜形状而变的曲线。由图中可知，单正透镜总产生负球差，单负透镜总产生正球差，二者均不能通过整体弯曲使球差为零，但总可以找到使球差值为最小的最佳形状。

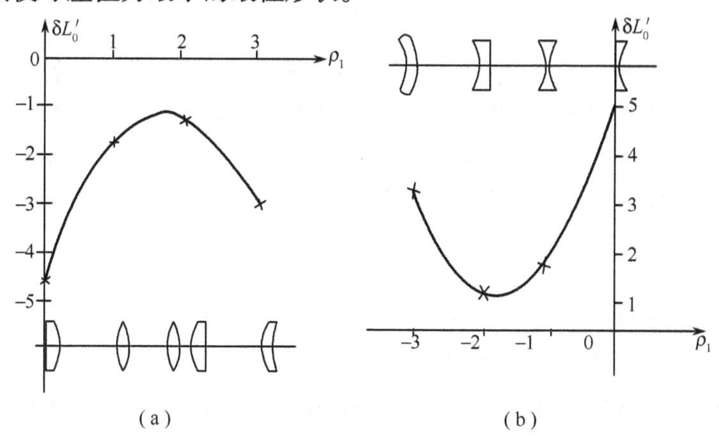

图 2-4　球差随透镜形状变化曲线

鉴于正、负透镜产生不同符号的球差，因此，欲获得一个消球差的系统，必须以正、负透镜适当组合才有可能，最简单的形式有双胶合光组和双分离光组，如图 2-5 所示。设计时，根据其他要求确定了两块透镜的光焦度以后，就可采用整体弯曲的办法来达到校正球差的目的。

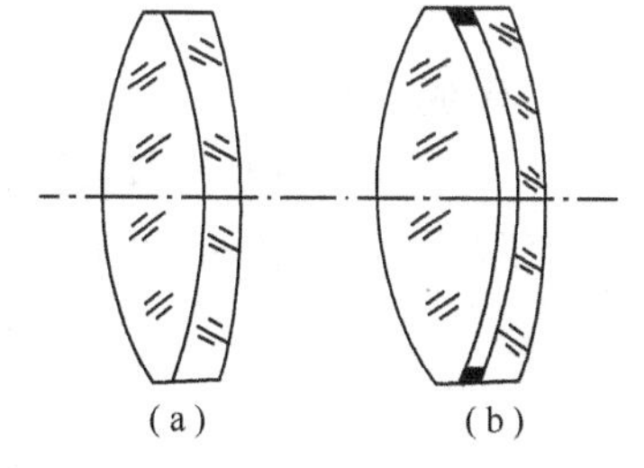

图 2-5　双胶合透镜与双分离透镜

(a)双胶合透镜；(b)双分离透镜。

计算还表明，若保持光焦度 φ 不变，则单透镜的球差将随折射率的增大而减小。这是因为 n 增大将使透镜表面曲率减小。对单个球面来说，曲率减小，球差也随之减小，这很容易从式(2-15)得知。

以上比较详细地讨论了球差与孔径和球差与结构参数之间的关系。对于其他的像差，这种讨论方法也是可以借鉴的。

2.2　正弦差及彗差

2.2.1　正弦差

对于轴外物点，主光线不再是系统的对称轴，对称轴是通过物点和球心的辅助轴。由于球差的影响，对称于主光线的同心光束，经光学系统后，它们不再相交于一点，在垂轴方向也不与主光线相交,即相对主光线失去对称性。正弦差用来表示小视场时宽光束成像的不对称性。

垂直于光轴平面内两个相邻点,一个是轴上点,另一个是靠近光轴的轴外点,其理想成像的条件(即正弦条件)为

$$ny\sin U = n'y'\sin U' \tag{2-17}$$

当光学系统满足正弦条件时,若轴上点理想成像,则近轴物点也理想成像,即光学系统既无球差也无正弦差,这就是不晕成像。

当物体在无限远时,$\sin U_1 = 0$,正弦条件可表示为

$$f' = \frac{h}{\sin U'} \tag{2-18}$$

实际光学系统对轴上点只能使某一带的球差为零,即轴上点不能成完善像,物点的像是一个弥散斑。只要弥散斑很小,则认为像质是好的。同理,对于近轴物点,用宽光束成像时也不能成完善像,故只能要求其成像光束结构与轴上点成像的光束结构一致,也就是说,轴上点和近轴点有相同的成像缺陷。欲满足上述要求,光学系统必须满足

$$\frac{n\sin U}{\beta n'\sin U'} - 1 = \frac{\delta L'}{L' - l_z'} \tag{2-19}$$

这个条件称为等晕条件。它是当光学系统轴上点成像有剩余球差时,近轴点或垂轴小面积成同质像的充要条件。满足等晕条件的成像称为等晕成像。式中,除 l_z' 是第二近轴光线计算的出瞳距(系统最后一面到出射光瞳的距离)以外,其他的量都是轴上点光线的量;β 为近轴区垂轴放大率。

当物体位于无穷远时,式(2-19)可表示为

$$\frac{h}{f'\sin U'} - 1 = \frac{\delta L'}{L' - l_z'} \tag{2-20}$$

等晕成像如图2-6所示。因研究近轴点成像,其视场较小,故其他视场像差不考虑。由图2-6可知,轴上点和轴外点具有相同的球差值,且轴外光束不失对称性,即无彗差。这就是满足等晕条件的系统。

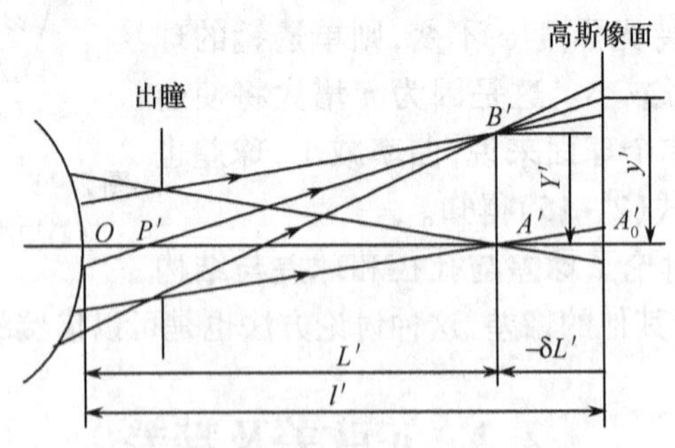

图2-6　等晕成像

等晕条件的好处在于,能用轴上点的成像情况推知近轴点的成像情况。由式(2-19)或式(2-20)可知,只要根据计算轴上点球差的光线光路,再做一条第二近轴光线的光路(用其 l_z' 值)就能做出系统是否满足等晕条件的判断。如公式中,等号两边的值相等,就表示近轴点与轴上点的成像质量一致;如不等,则其差以 SC′表示,即是正弦差。

当物体在有限远时，其正弦差为

$$\mathrm{SC}' = \frac{n\sin U}{\beta n'\sin U'} - \frac{\delta L'}{L' - l'_z} - 1 \tag{2-21}$$

当物体在无限远时，其正弦差为

$$\mathrm{SC}' = \frac{h}{f'\sin U'} - \frac{\delta L'}{L' - l'_z} - 1 \tag{2-22}$$

若正弦差 $\mathrm{SC}'=0$，球差 $\delta L'\neq 0$，则满足等晕条件；若正弦差 $\mathrm{SC}'=0$，球差 $\delta L'=0$，由式(2-21)可得

$$\frac{n\sin U}{n'\sin U'} = \beta = \frac{y'}{y} \tag{2-23}$$

即

$$ny\sin U = n'y'\sin U'$$

这就是正弦条件，因此，正弦条件是等晕条件的特殊情况。

显微镜物镜和望远镜物镜等小视场系统，轴上点球差一般校正得很好，虽有很少量的剩余球差，可认为是近于完善的，因此也认为它们是满足正弦条件的。

计算 SC′是很方便的。这种计算，要对计算过轴上点球差的所有光线进行，并将其画成曲线，称为正弦差曲线。图2-7为一显微物镜的正弦差曲线。

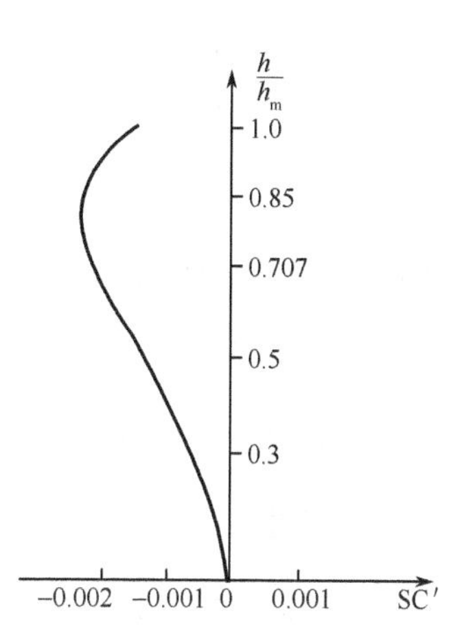

图2-7　正弦差曲线

需要注意的是，由于正弦差实质上是相对彗差，所以曲线的横坐标没有量纲；正弦差又是小视场宽光束像差，故曲线的纵坐标是光线在入瞳处的相对出射高度或孔径角。

由正弦差的表达式可知，它与视场无关，只是孔径的函数，其随孔径变化的规律与球差一样，故其级数展开式可写成

$$C' = A_1h_1^2 + A_2h_1^4 + A_3h_1^6 + \cdots \tag{2-24}$$

第一项称为初级正弦差，第二项为二级正弦差，其余类推。类似于初级球差，初级正弦差的分布式可写成

$$\begin{cases} \mathrm{SC}' = -\dfrac{1}{2J}\sum_1^k S_{\mathrm{II}} \\ S_{\mathrm{II}} = luni_z(i'-u)(i-i') = S_{\mathrm{I}}\dfrac{i_z}{i} \end{cases} \tag{2-25}$$

式中：$\sum S_{\mathrm{II}}$ 为初级彗差系数(或第二赛得和数)；S_{II} 为系统各面的初级彗差分布(初级彗差分布系数)。

由式(2-25)可知，初级彗差只需通过对两条近轴光线的光路计算即可利用其有关值求得；并且当初级球差系数在各面的分布值 S_{I} 求得以后，只要乘以该面的$\frac{i_z}{i}$因子即可求得 S_{II}。

同时可以看出，初级正弦差与孔径的平方成正比，而与视场无关。但因分布式中含有与光阑位置有关的 i_z 项，因此光阑的位置可以使正弦差发生变化。这样，可以把光阑位置作为校正正弦差的一个参数。这种做法，即利用挑选光阑位置来校正或减小与光阑位置有关的像差是光学设计中常采用的。由式(2-25)第二式可以看出：

(1) $i_z=0$，即光阑在球面的曲率中心；

(2) $l=0$，即物点在球面顶点；

(3) $i=i'$，即物点在球面曲率中心；

(4) $i'=u$，即物点在 $L=\frac{n+n'}{n}r$ 处。

以上四种情况均不产生正弦差，因此，在2.1.2节中所论述的三对无球差的物点和像点的位置，同样也没有正弦差，均满足正弦条件。校正了球差，并满足正弦条件的一对共轭点，称做不晕点或齐明点。

通常认为，正弦差值为0.00025～0.0025时，系统已满足了等晕条件。

对平行平板，因其折射面为平面，所以有 $i_{z1}=-u_z, i_1=-u_1$，将其代入式(2-25)，得

$$\sum S_{\mathrm{II}\,\mathrm{p}} = \sum S_{\mathrm{I}\,\mathrm{p}}\frac{i_z}{i} = \frac{1-n^2}{n^3}du_1^3u_{z1} \tag{2-26}$$

按此式可得初级正弦差为

$$\mathrm{SC}'_{\mathrm{p}} = -\frac{1}{2J}\sum S_{\mathrm{II}\,\mathrm{p}} = -\frac{1}{2J}\frac{1-n^2}{n^3}du_1^3u_{z1} \tag{2-27}$$

若求平行平板正弦差的精确值，则可通过光路计算，由式(2-21)求得。

2.2.2 彗差

如前所述，如果SC′的值较大，则光学系统不满足等晕条件，此时，近轴点成像光束的对称性将被破坏，像方本应对称于主光线的各对子午光线的交点将不再位于主光线上，如图2-8所示。因而引进了一种以其偏离量 KT 表征的子午不对称性像差。同样，在弧矢平面上的弧矢光束，对称于主光线的各对弧矢光线，其交点也不在主光线上（但因弧矢光束对称于子午平面，其交点一定在子午平面上），相应地，用其偏离量 KS 表征弧矢不对称像差，如图2-9所示。子午光束与弧矢光束的这一不对称性像差在数

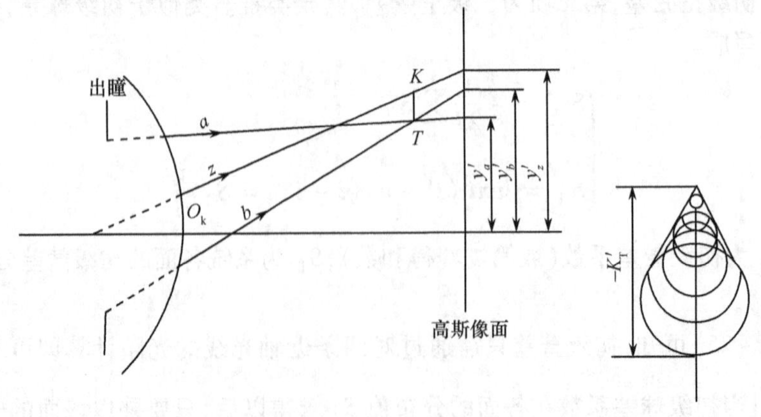

图2-8 子午彗差

值上是不同的。

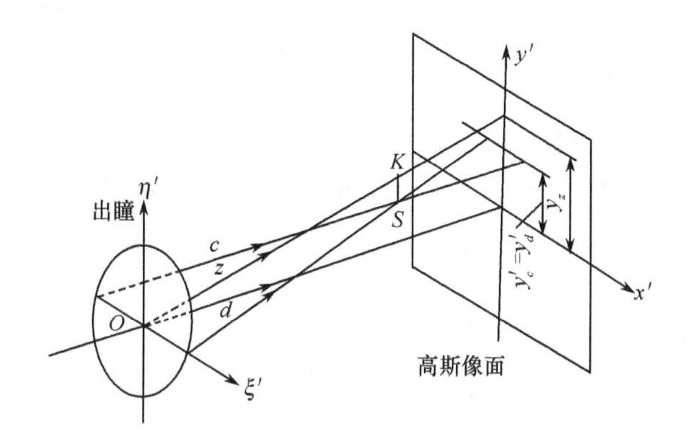

图 2－9　弧矢彗差

由于这种不对称性像差的存在，使得近轴点的成像光束与高斯像面相截而成一彗星状的弥散斑（对称于子午平面），如图 2－8 所示。因此这种不对称性像差称为彗差。KT 称为子午彗差，用 K'_T 表示；KS 称为弧矢彗差，用 K'_S 表示。彗差是就一对光线而言的，图 2－8中的 KT 是 a、b 光线的子午彗差；图 2－9 中的 KS 是 c、d 光线的弧矢彗差。它们都是经孔径边缘的光线，故又叫做边缘带彗差。

彗差与正弦差没有本质的区别，二者均表示轴外物点宽光束经光学系统成像后失对称的情况，区别在于正弦差仅适用于具有小视场的光学系统，而彗差可用于任何视场的光学系统。然而，用正弦差表示轴外物点宽光束经系统后的失对称情况，可不必计算相对主光线对称入射的上、下光线，在计算球差的基础上，只需计算第二近轴光线即可；而彗差则不同，必须对每一视场计算相对主光线对称入射的上、下光线。

具有彗差的光学系统，轴外物点在理想像面上形成的像点如同彗星状的光斑，靠近主光线的细光束交于主光线形成一亮点，而远离主光线的不同孔径的光线束形成的像点是远离主光线的不同圆环，如图 2－8 所示，彗差使一点的像成为彗星状弥散斑，使能量分散（但主要集中在主光线交点附近），影响成像质量，必须给予校正。

为求系统彗差的大小，可按光线的实际光路来计算。子午彗差的计算公式为

$$K'_T = \frac{1}{2}(y'_a + y'_b) - y'_z \tag{2-28}$$

式中：y'_a、y'_b和 y'_z分别为 a 光线、b 光线和主光线与高斯像面的交点高度（图 2－8），分别对它们做光路计算求得其 L'、U'以后，再分别计算 y'_a、y'_b和 y'_z。若 $K'_T>0$，彗星状像斑的尖端朝向视场中心，若 $K'_T<0$，尖端远离中心，图 2－8 即为这种情况。

对于弧矢彗差 K'_S，有相同的表示方法，但因弧矢光束对称于子午平面，各对对称光线与高斯像面的交点高度是相等的（图 2－9），故弧矢彗差可表示为

$$K'_S = y'_c - y'_z = y'_d - y'_z \tag{2-29}$$

相应地，弧矢彗差只需对单向的弧矢光线进行光路计算以后即可求得。弧矢光线因在子午面以外，属于空间光线，计算较为繁杂，考虑到弧矢彗差总比子午彗差小，故手工计算光路时一般不予计算。

根据彗差的定义，彗差是与孔径 $U(h)$ 和视场 $y(\omega)$ 都有关的像差。当孔径 U 改变符

号时，彗差的符号不变，故展开式中只有 $U(h)$ 的偶次项；当视场 y 改变符号时，彗差反号，故展开式中只有 y 的奇次项；当视场和孔径均为零时，没有彗差，故展开式中没有常数项。这样彗差的级数展开式为

$$K'_{T,S} = A_1 y h^2 + A_2 y h^4 + A_3 y^3 h^2 + \cdots \tag{2-30}$$

式中第一项为初级彗差，第二项为孔径二级彗差，第三项为视场二级彗差。对于大孔径小视场的光学系统，彗差主要由第一、二项决定；对于大视场，相对孔径较小的光学系统，彗差主要由第一、三项决定。

与此相应，初级子午彗差的分布式为

$$K'_T = -\frac{3}{2n'_k u'_k}\sum_1^k S_{\mathrm{II}} \tag{2-31}$$

初级弧矢彗差的分布式为

$$K'_S = -\frac{1}{2n'_k u'_k}\sum_1^k S_{\mathrm{II}} \tag{2-32}$$

由此可知，初级子午彗差是初级弧矢彗差的 3 倍。

比较(2-25)第一式和式(2-32)可知，初级彗差与正弦差的关系为

$$SC' = K'_S / y' \tag{2-33}$$

彗差是轴外像差的一种，它破坏了轴外视场成像的清晰度。由式(2-30)可知，彗差值随视场的增大而增大，故对大视场的光学系统，必须予以校正。值得指出的是，包括彗差在内的所有轴外点垂轴像差，对于对称式光学系统以 $\beta = -1^\times$ 成像时，是等于零的。这是因为对称面上，垂轴像差是大小相同、符号相反，可以完全抵消的缘故。这一设计思想已在光学设计中得到应用。

2.3 像散与像面弯曲(场曲)

2.3.1 像散

上节所述的彗差是描述光束失对称的一种宽光束像差，它是由于光束的主光线未与折射球面的对称轴重合，由折射球面的球差引起的。

与失对称光束对应的波面，显然已不是一个回转曲面。随着视场的增大，远离光轴的物点，即使以沿主光线周围的光束来成像，其出射光束的失对称性也明显地表现出来，与此细光束所对应的微小波面也非回转对称，其在不同方向上有不同的曲率。数学上可以证明，这种非回转的曲面元，随方向的变化，曲率是渐变的，但可以找到两个主截线，其曲率分别为最大与最小，而且这两主截线方向是互相垂直的。随着光学系统结构参数的不同，或者是与子午面所截的波面主截线具有最大的曲率(相当于子午光束的会聚度最大)，或者是与弧矢平面所截的波面主截线具有最大的曲率(相当于弧矢光束的会聚度最大)。这样使得整个失对称的光束中，子午面上的子午光束，弧矢面上的弧矢光束，虽然因为很细而能各自会聚一点于主光线上，但子午细光束的会聚点 T'(称子午像点)和弧矢细光束的会聚点 S'(称弧矢像点)并不重合在一起，前者，子午像点 T' 比弧矢像点 S' 离开系统最后一面近；后者相反。与这种现象相应的像差称为像散。因为像散是描述子午光

束和弧矢光束会聚点之间的位置差异，所以都是对细光束而言的，属于细光束像差。对于宽光束，由于球差和彗差的影响，根本会聚不到一点。

就整个像散光束而言，在子午像点 T' 处得到的是一垂直于子午平面的短线（称为子午焦线）；在弧矢像点 S' 处得到的是一位于子午平面上的铅垂短线（称为弧矢焦线），两条焦线互相垂直，如图 2－10 所示。

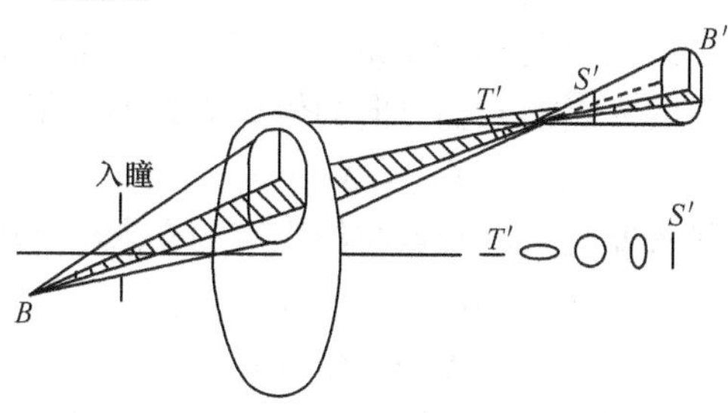

图 2－10　存在像散时的光束结构

若光学系统对直线成像，由于像散的存在，其成像质量与直线的方向有关。例如，若直线在子午面内，其子午像是弥散的，而其弧矢像是清晰的；若直线在弧矢面内，其弧矢像是弥散的，则子午像是清晰的；若直线既不在子午面又不在弧矢面内，则其子午和弧矢像均不清晰。

像散是成像物点远离光轴时反映出来的一种像差，并且随着视场的增大而迅速增大（图 2－11（b））。所以，对大视场系统的轴外点，即使是以细光束成像，也会因此而不能清晰。像散严重影响成像质量，对视场较大的系统必须给予校正。

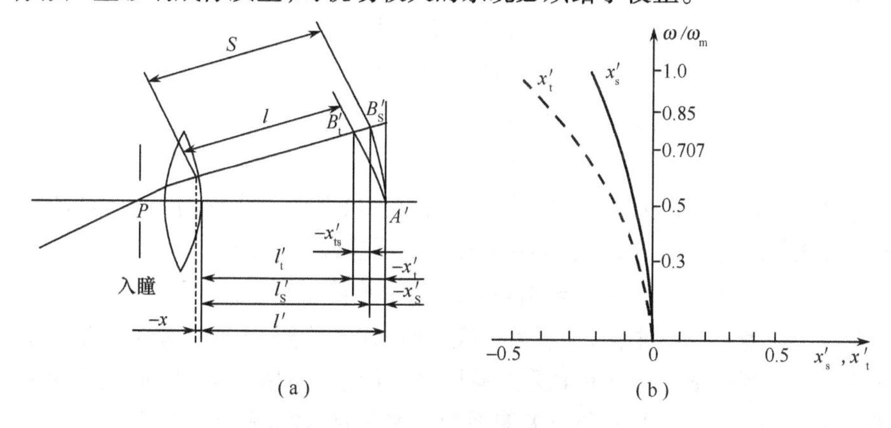

图 2－11　场曲和像散

细光束像散是以子午像点 T' 和弧矢像点 S' 之间的距离来描述的，它们都位于主光线上，通常将其投影到光轴上，以两者之间的沿轴距离来度量，以 x'_{ts} 表示。

$$x'_{ts} = x'_t - x'_s \tag{2-34}$$

同理，宽光束的子午像点和弧矢像点也不重合，两者之间的轴向距离称为宽光束的像散，以 X'_{TS} 表示，即

$$X'_{TS} = X'_T - X'_S \tag{2-35}$$

2.3.2 像面弯曲(场曲)和轴外球差

如2.2节中所述,彗差是孔径和视场的函数,同一视场不同孔径的光线对的交点不仅在垂直于光轴方向偏离主光线,而且沿光轴方向也和高斯像面有偏离。子午宽光束的交点沿光轴方向到高斯像面上的距离 X'_{T}称为宽光束的子午场曲。子午细光束的交点沿光轴方向到高斯像面上的距离 x'_{t}称为细光束的子午场曲。与轴上点的球差类似,这种轴外点宽光束的交点与细光束的交点沿光轴方向的偏离称为轴外子午球差,用 $\delta L'_{\mathrm{T}}$表示,即

$$\delta L'_{\mathrm{T}} = X'_{\mathrm{T}} - x'_{\mathrm{t}} \tag{2-36}$$

同理,在弧矢面内,弧矢宽光束的交点与细光束的交点沿光轴方向的偏离称为轴外弧矢球差,用 $\delta L'_{\mathrm{S}}$表示,即

$$\delta L'_{\mathrm{S}} = X'_{\mathrm{S}} - x'_{\mathrm{s}} \tag{2-37}$$

像散的大小随视场而变,即物面上离光轴不同远近的各点在成像时,像散值各不相同,并且,子午像点 T'和弧矢像点 S'的位置也随视场而异。因此,与物面上各点所对应的子午像点和弧矢像点的轨迹是两个曲面。因轴上点无像散,故此两曲面相切于高斯像面的中心点,如图2-11所示。两像面偏离于高斯像面的距离称为像面弯曲(也称为场曲),子午像面的偏离量称为子午场曲,用 x'_{t}表示;弧矢像面的偏离量称为弧矢场曲,用 x'_{s}表示。像散值和像面弯曲值都是对一个视场点而言的。由此可知,当存在场曲时,在高斯像面上超出近轴区的像点都会变得模糊。一平面物体的像变成一回转的曲面,在任何像平面处都不会得到一个完善的物平面的像。

细光束的像面弯曲 x'_{t}、x'_{s}由式(2-38)求得,即

$$\begin{cases} x'_{\mathrm{t}} = l'_{\mathrm{t}} - l' \\ x'_{\mathrm{s}} = l'_{\mathrm{s}} - l' \end{cases} \tag{2-38}$$

像散 x'_{ts}与像面弯曲 x'_{t}、x'_{s}的关系式为

$$x'_{\mathrm{ts}} = x'_{\mathrm{t}} - x'_{\mathrm{s}} \tag{2-39}$$

细光束的场曲与孔径无关,只是视场的函数。当视场角为零时,不存在场曲,故场曲的级数展开式与球差类似,只是把孔径坐标用视场坐标代替,即

$$x'_{\mathrm{t,s}} = A_1 y^2 + A_2 y^4 + A_3 y^6 + \cdots \tag{2-40}$$

展开式中第一项为初级场曲,第二项为二级场曲,其余类推,一般取前两项就够了。

像散和像面弯曲是两种既有联系又有区别的像差。像散的产生,必然引起像面弯曲;反之,即使像散为零,子午像面和弧矢像面合二为一时,像面弯曲仍然存在,中心视场调焦清晰了,边缘视场仍然模糊,其理由在应用光学中已经讨论过,如图2-12所示,这种场曲称为匹兹伐场曲。对整个光学系统而言,像散可依靠各面相互抵消得到校正,而像面弯曲却很难(有时甚至不可能)得到抵消。进一步讨论这一问题是有必要的。

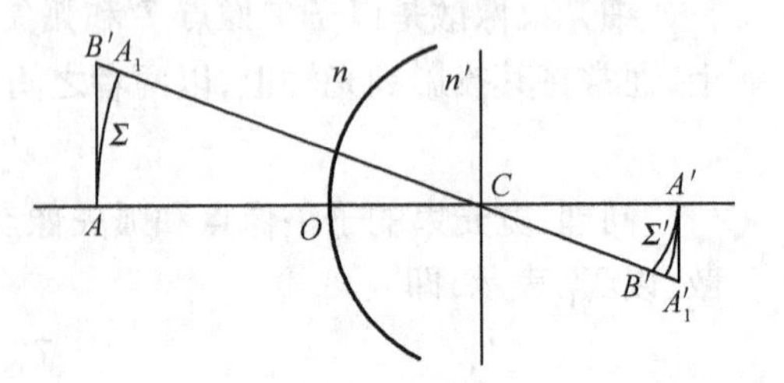

图2-12 匹兹伐场曲

由图2-12所示的像面弯曲,可导出如下表示式:

$$x'_{\mathrm{p}} = -\frac{1}{2n'u'^2} J^2 \frac{n'-n}{n'nr}$$

将它应用于光学系统的各个面，再通过轴向放大率将其变换到像空间，相加后，可得

$$x'_p = -\frac{1}{2n'_k u'^2_k}\sum_1^k J^2 \frac{n'-n}{n'nr} \tag{2-41}$$

式中：$J^2\frac{n'-n}{n'nr}$用符号 S_{IV}表示，即

$$S_{\mathrm{IV}} = J^2 \frac{n'-n}{n'nr}$$

则式(2-41)可写成

$$x'_p = -\frac{1}{2n'_k u'^2_k}\sum_1^k S_{\mathrm{IV}} \tag{2-42}$$

由 x'_p 所决定的像面称为匹兹伐面，$\sum S_{\mathrm{IV}}$ 为匹兹伐和数(第四赛得和数)，它表征光学系统匹兹伐面弯曲的程度；S_{IV} 为系统的初级场曲分布系数；J 为拉赫不变量。与此相应，初级子午场曲和弧矢场曲的分布式为

$$x'_t = -\frac{1}{2n'_k u'^2_k}\sum_1^k (3S_{\mathrm{III}} + S_{\mathrm{IV}}) \tag{2-43}$$

$$x'_s = -\frac{1}{2n'_k u'^2_k}\sum_1^k (S_{\mathrm{III}} + S_{\mathrm{IV}}) \tag{2-44}$$

$$S_{\mathrm{III}} = luni(i-i')(i'-u)\left(\frac{i_z}{i}\right)^2 = S_{\mathrm{I}}\left(\frac{i_z}{i}\right)^2 \tag{2-45}$$

相应地，初级像散的分布式为

$$x'_{ts} = x'_t - x'_s = -\frac{1}{n'_k u'^2_k}\sum_1^k S_{\mathrm{III}}$$

式中：$\sum S_{\mathrm{III}}$ 为初级像散系数(第三赛得和数)；S_{III} 为系统的初级像散分布系数。

由式(2-42) ~ 式(2-44)可见，当$\sum S_{\mathrm{III}} = 0$时，有

$$x'_t = x'_s = -\frac{1}{2n'_k u'^2_k}\sum S_{\mathrm{IV}} = x'_p$$

说明此时子午像面和弧矢像面重合，得到消像散的清晰像。但由于$\sum S_{\mathrm{IV}} \neq 0$，像面仍是弯曲的，这就是上述的匹兹伐曲面(也是相切于高斯像面中心的二次抛物面)。所以，匹兹伐曲面是消像散时的真实像面。

所以，光学系统只有当同时满足条件

$$\sum S_{\mathrm{III}} = 0, \quad \sum S_{\mathrm{IV}} = 0$$

时才能获得平的消像散的清晰像。但是光学系统要同时达到这两个要求是非常困难的。其中$\sum S_{\mathrm{IV}}$ 被光学系统的结构型式所限定，是无法随意改变和减小的。一般的会聚系统，例如目镜、消色差显微物镜和照相物镜等，总具有一定的正$\sum S_{\mathrm{IV}}$ 值。不过，$\sum S_{\mathrm{III}}$ 通常是容易通过改变系统结构参数而给予控制的。在系统$\sum S_{\mathrm{IV}}$ 无法减小，而要使像面弯曲又不致很大时，从式(2-43)、式(2-44)可见，应使系统具有适量的正像散(即负$\sum S_{\mathrm{III}}$)，这样，

子午像面与弧矢像面均在匹兹伐像面里面[图2－13(a)],像面弯曲要比$\sum S_{\mathrm{III}}$与$\sum S_{\mathrm{IV}}$同号时[图2－13(b)]小得多。一般取$\sum S_{\mathrm{III}}=-\left(\frac{1}{3}\sim\frac{1}{4}\right)\sum S_{\mathrm{IV}}$,过大的异号,$\sum S_{\mathrm{III}}$虽可使像面平坦,但像散仍会严重影响成像质量。

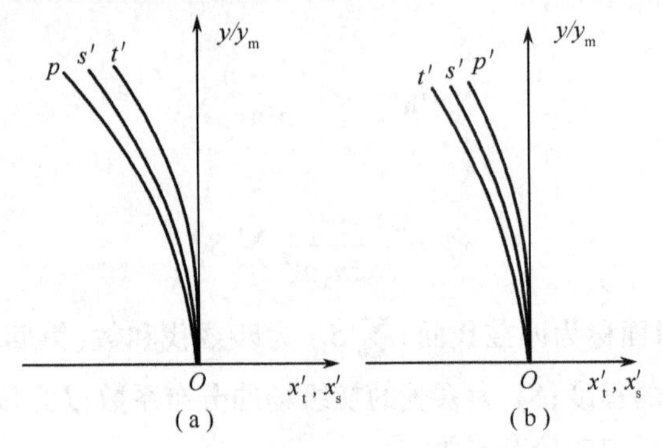

图2－13　像面弯曲对比图

由式(2－43)、式(2－44)或图2－13还可见,当$\sum S_{\mathrm{III}}$不等于零时,不管其值正、负如何,子午像面t'、弧矢像面s'和匹兹伐面p各不重合,并且t'面、s'面总在p面的一边,t'面比s'面更远离匹兹伐面。如果以匹兹伐面为基准,有

$$x'_{\mathrm{tp}}=x'_{\mathrm{t}}-x'_{\mathrm{p}}=-\frac{3}{2n'u'^2}\sum S_{\mathrm{III}}$$

$$x'_{\mathrm{sp}}=x'_{\mathrm{s}}-x'_{\mathrm{p}}=-\frac{1}{2n'u'^2}\sum S_{\mathrm{III}}$$

$$x'_{\mathrm{tp}}=3x'_{\mathrm{sp}}$$

即子午像面离开匹兹伐面的距离为弧矢像面离开匹兹伐面距离的3倍。

由上述讨论可知,大视场光学系统视场边缘的成像质量主要受匹兹伐和数的影响而不能提高,因当$\sum S_{\mathrm{IV}}$不能校正时,不论是使$\sum S_{\mathrm{III}}=0$而获得清晰而弯曲的像面,还是使$\sum S_{\mathrm{III}}$与$\sum S_{\mathrm{IV}}$异号时获得较为平坦而有像散的像面,都使像平面模糊不清。因此,设法校正和减小$\sum S_{\mathrm{IV}}$是很重要的。下面简单地讨论校正$\sum S_{\mathrm{IV}}$可能的途径。先看单透镜的情况。从式(2－41)可见,单透镜的两个面,因子$\frac{n'-n}{n'n}$总是等值异号的,因此欲使单透镜两面的S_{IV}相消,一定应该是半径同号同值($r_1=r_2$)的弯月形透镜。但是,由于弯月形透镜两个面的光焦度是相反的,当$r_1=r_2$时,$\varphi_1=-\varphi_2$。如果透镜的厚度很小,则总光焦度$\varphi=\varphi_1+\varphi_2=\varphi_1+(-\varphi_1)=0$也无济于事。从光组组合理论知,给定光焦度的两个光组组合时,合成光焦度的大小随其间隔而变化,有$\varphi=\varphi_1+\frac{h_2}{h_1}\varphi_2$的关系。透镜的两个面可看做两个光组,若给以相当的厚度,并设$\varphi_1>0$,$\varphi_2<0$(图2－14所示就属于这种情况)。此时,当平行光线经第一面会聚后,在第二面上的高度h_2降低,$\frac{h_2}{h_1}<1$,则

$$\varphi = \varphi_1 + \frac{h_2}{h_1}\varphi_2 = \varphi_1\left(1 - \frac{h_2}{h_1}\right) > 0$$

所以,弯月形厚透镜可能在要求正光焦度时使 $\sum S_{\text{IV}} = 0$,甚至在具有更大的厚度时使 $\sum S_{\text{IV}} < 0$(可能在 $r_2 < r_1$ 时,使 $\varphi > 0$)。这就是校正 $\sum S_{\text{IV}}$ 的原理。归结成一句话:正、负光焦度分离,是校正匹兹伐和数的唯一而有效的方法。如果既要校正场曲而又不采用弯月形厚透镜时,可使用正、负光组分离的薄透镜组来实现这一目的。图 2 - 15 所示的照相物镜就属于这样的例子,它们的视场角可达 $2\omega = 50° \sim 55°$。

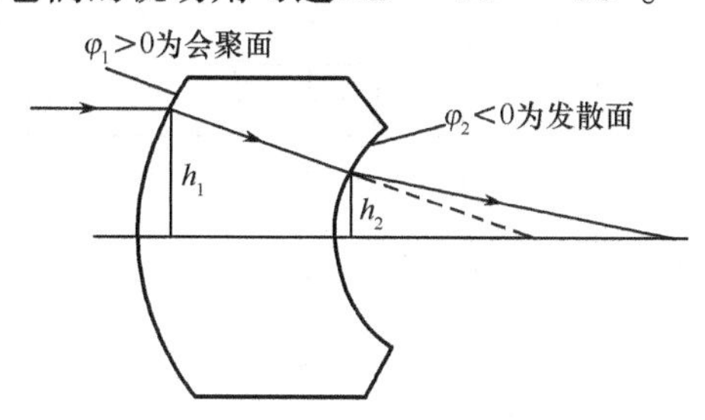

图 2 - 14　弯月形厚透镜

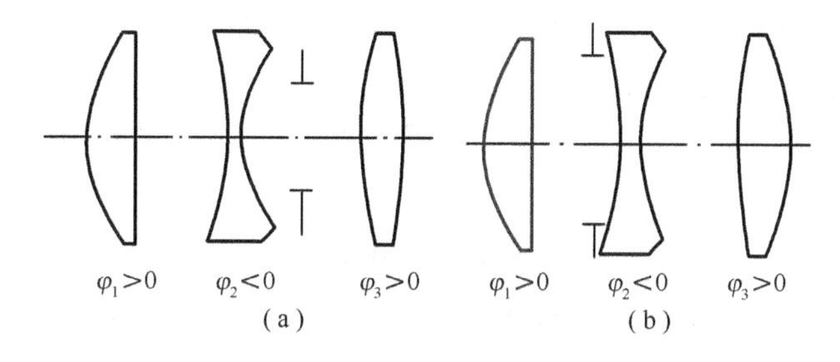

图 2 - 15　照相物镜

2.4　畸　变

在讨论理想光组的成像时,认为在一对共轭的物像平面上其放大率是一常数。在实际的光学系统中,只有当视场较小时才具有这一性质。而视场较大或很大时,像的放大率就要随视场而异,不再是常数。一对共轭物像平面上的放大率不为常数时,将使像相对于物失去了相似性,这种使像变形的缺陷称为畸变。

畸变是主光线的像差。由于球差的影响,不同视场的主光线通过光学系统后与高斯像面的交点高度 y'_z 不等于理想像高 y',其差别就是系统的畸变,用 $\delta y'_z$ 表示,即

$$\delta y'_z = y'_z - y' \tag{2-46}$$

在光学设计中,通常用相对畸变 q 来表示,即

$$q = \frac{\delta y'_z}{y'} \times 100\% = \frac{\bar{\beta} - \beta}{\beta} \times 100\% \tag{2-47}$$

畸变很容易计算。对某一视场的主光线做光路计算以后,可求得 y'_z,而理想像高可由 $y' = \beta y$(物在有限距时)或 $y' = -f'\tan\omega$(物在无穷远时)求得(需注意的是,此时的 y 或

ω 应与算主光线时的视场一致）。

畸变仅是视场的函数，不同视场的实际垂轴放大率不同，畸变也不同。有畸变或畸变较大的光学系统对大的平面物体成像时，如果物面为一系列等间距的同心圆，其像将是非等间距的同心圆。若畸变为正，y_z' 随视场的增大比 y' 要快，同心圆的间距自内向外增大；反之，当负畸变时，间距自内向外减小。若物面为正方形的网格时［图 2－16(a)］，则正畸变将使其像呈枕形［图 2－16(b)］；负畸变使像呈桶形［图 2－17(c)］。

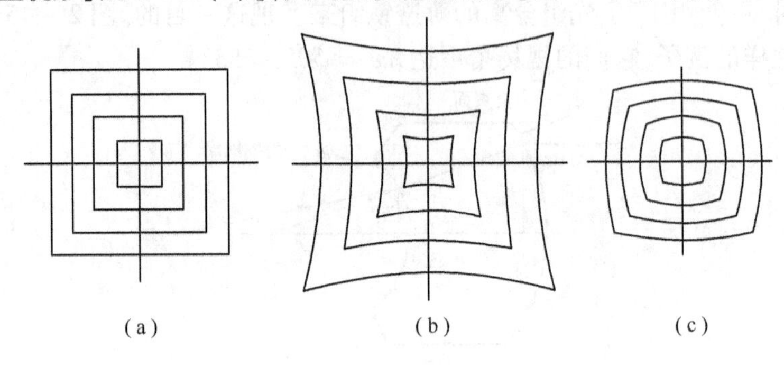
(a)　　(b)　　(c)

图 2－16　畸变

由畸变的定义可知，畸变是垂轴像差，它只改变轴外物点在理想像面上的成像位置，使像的形状产生失真，但不影响像的清晰度。

畸变仅与物高 y（或 ω）有关，随 y 的符号改变而变号，故在其级数展开式中，只有 y 的奇次项，即

$$\delta y_z' = A_1 y^3 + A_2 y^5 + \cdots \tag{2-48}$$

第一项为初级畸变，第二项为二级畸变。展开式中没有 y 的一次项，因一次项表示理想像高。

初级畸变的分布式为

$$\begin{cases} \delta y_z' = -\dfrac{1}{2n_k'u_k'}\sum_1^k S_{\mathrm{V}} \\ S_{\mathrm{V}} = (S_{\mathrm{III}} + S_{\mathrm{IV}})\dfrac{i_z}{i} \end{cases} \tag{2-49}$$

式中：$\sum S_{\mathrm{V}}$ 为初级畸变系数（第五赛得和数），它表征光学系统的畸变。

畸变与所有的其他像差不同，它仅由主光线的光路决定，仅引起像的变形，对成像的清晰度并无影响。因此，对于一般光学系统，只要眼睛感觉不出像的明显变形（相当于 $q \approx 4\%$），这种像差就无妨碍。有些对十字丝成像的系统，如目镜，由于中心在光轴上，更大的畸变也不会引起十字丝像的弯曲，也是允许的。但是对于某些要利用像的大小或轮廓来测定物大小或轮廓的光学系统，如计量仪器中的投影物镜、万能工具显微物镜和航空测量物镜等，畸变就成为十分有害的缺陷了。它直接影响测量精度，必须予以很好的校正。计量用物镜畸变要求小于万分之几，只是由于视场相对较小，这一矛盾并不突出，而航测镜头视场大，达 120°，而畸变要求小到十万分之几，校正就相当困难，导致镜头结构的极度复杂化（当然也有其他要求所致）。

畸变为垂轴像差，对于结构完全对称的光学系统，若以 －1 倍的放大率成像，则畸变

也就自然地消除了。

值得指出的是，单个薄透镜或薄透镜组，当孔径光阑与之重合时，也不产生畸变。这是因为此时的主光线通过主点，沿理想方向射出之故。当然，单个光组也不可能是很薄的，实际上还会有些畸变，但数值极小。由此很容易推知，当光阑位于单透镜组之前或之后时，就要有畸变产生，而且两种情况的畸变符号是相反的。这又一次表明了轴外点像差（包括彗差、像散和像面弯曲）与光阑位置的依赖关系。

2.5 色差

绝大部分光学仪器用白光成像。白光是由各种不同波长（或颜色）的单色光组成，所以白光经光学系统成像可看成是同时对各种单色光的成像。各种单色光均具有前面所述的各种单色像差，而且其数值也是各不相同的。这是因为任何透明介质对不同波长的单色光具有不同的折射率，这样白光经光学系统第一个表面折射以后，各种色光就被分开，随后就在光学系统内以各自的光路传播，造成了各种色光之间成像位置和大小的差异，也造成了各种单色像差之间的差异，前者称为色差。色差分位置色差和倍率色差两种，分述如下。

2.5.1 位置色差、色球差和二级光谱

描述轴上点用两种色光成像时成像位置差异的色差称位置色差，也称轴向色差。这两种色光通常取接近接收器有效波段边缘的波长，随接收器不同而异。光学材料的折射率一般对某些元素在可见光谱范围内所发出的若干条特征谱线来进行选择。例如，目视光学系统应该对 F 光和 C 光来考虑色差，顺便指出，单色像差应对 D 光（或 e 光）考虑。

如图 2－17 所示，轴上点 A 发出一束近轴的白光，经光学系统后，其中的 F 光会聚于 A'_F点，C 光会聚于 A'_C，它们分别是 A 点被 F 光和 C 光所成的理想像点。令两色像 A'_F和 A'_C相对于光学系统最后一面的距离为 l'_F 和 l'_C，则其差定义为位置色差，用符号 $\Delta l'_{FC}$ 表示，即

$$\Delta l'_{FC} = l'_F - l'_C \tag{2-50}$$

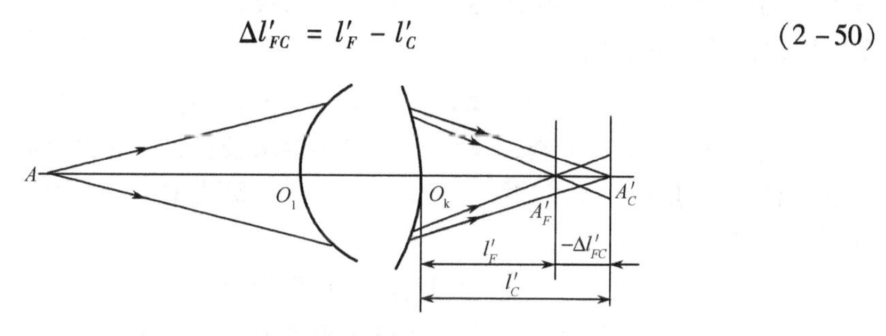

图 2－17　位置色差

如图 2－17 所示情况，$\Delta l'_{FC} < 0$，称为色差校正不足；反之，若 $\Delta l'_{FC} > 0$，称为色差校正过头。若 A'_F重合于 A'_C，则 $\Delta l'_{FC} = 0$，称为光学系统对 F 光和 C 光消色差。通常所指的消色差系统，就是指对两种色光消去位置色差的系统。

不同于球差，位置色差在近轴区就要产生，使光轴上的一点，即使以近轴的细光束成像也不能获得白光的清晰像。如图 2－17 中，若由 A 点所发出的光束中仅包含 C 光与 F 光两种颜色，则在通过 A'_F 的垂轴平面上将看到蓝色的点外有红圈；在过 A'_C 的垂轴平面上将看到红色的点外有蓝圈，若 A 点包含各种色光，则因色差将使其像形成一彩色的弥散斑。由此可见，位置色差严重影响成像质量（比球差为甚），所有用复色光成像的光学系统都必须校正位置色差。

为计算色差，需对要求校正色差的两种色光进行光路计算，分别求取 l'_{λ_1} 和 l'_{λ_2}，以后即可按式（2－50）求取。光路计算方法完全一样，只是各透镜的折射率须按所选色光给出。

必须指出，上面所述的只是近轴光的色差。图 2－17 中，如果从 A 点发出一条与光轴成有限角度的白光，其中的 F 光和 C 光经系统以后与光轴的交点（令为 $\overline{A'_F}$、$\overline{A'_C}$）将因各自的球差而不与近轴光的像点 A'_F 和 A'_C 相应地重合，并且因两色光的球差不等，两交点 $\overline{A'_F}$ 和 $\overline{A'_C}$ 之间的位置差异也不可能与 $\Delta l'_{FC}$ 相等，其公式按远轴光来计算，即为 $\Delta L'_{FC}=L'_F-L'_C$。所以不同孔径带的白光将有不同的位置色差。类似于球差的性质，光学系统也只能对一个孔径带的光线校正色差。一般应对 0.707 带的光线校正位置色差，即

$$\Delta L'_{FC0.707}=L'_{F0.707}-L'_{C0.707}=0$$

对带光校正了位置色差以后，其他各带上一定会有剩余色差，如图 2－18(a) 所示。

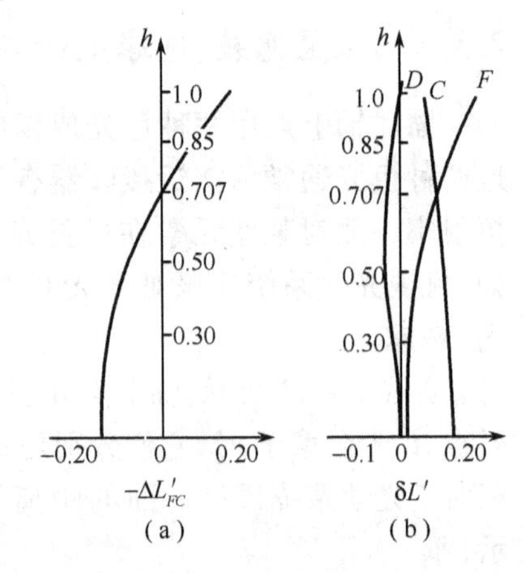

图 2－18　色差曲线

由图可知，在 0.707 带校正色差之后，边缘带色差 $\Delta L'_{FC}$ 和近轴色差 $\Delta l'_{FC}$ 并不相等，两者之差称为色球差，以 $\delta L'_{FC}$ 表示，它也等于 F 光的球差 $\delta L'_F$ 和 C 光的球差 $\delta L'_C$ 之差，即

$$\delta L'_{FC}=\Delta L'_{FC}-\Delta l'_{FC}=\delta L'_F-\delta L'_C \quad (2-51)$$

色球差属于高级色差。

由图 2－18(b) 还可看出，在 0.707 带对 F 光和 C 光校正了色差，但两色光的交点与 D 光球差曲线并不相交，此交点到 D 光曲线的轴向距离称为二级光谱，用 $\Delta L'_{FCD}$ 来表示，则有

$$\Delta L'_{FCD}=L'_{F0.707h}-L'_{D0.707h} \quad (2-52)$$

二级光谱校正十分困难，一般光学系统不要求校正二级光谱，但对高倍显微物镜、天文望远镜、高质量平行光管物镜等应进行校正。二级光谱与光学系统的结构参数几乎无关，可以近似地表示为

$$\Delta L'_{FCD}=0.00052f' \quad (2-53)$$

位置色差仅与孔径有关，其符号不随入射高度的符号改变而改变，故其级数展开式仅与孔径的偶次方有关，当孔径 h（或 U）为零时，色差不为零，故展开式中有常数项，为

$$\Delta L'_{FC}=A_0+A_1h_1^2+A_2h_1^4+\cdots \quad (2-54)$$

式中：A_0 为初级位置色差，即近轴光的位置色差 $\Delta l'_{FC}$；而第二项是二级位置色差，不难证明，第二项实际上就是色球差，即

$$A_1 h_1^2 = A_{F1} h_1^2 - A_{C1} h_1^2 = \delta L'_F - \delta L'_C = \delta L'_{FC}$$

初级位置色差的分布式为

$$\Delta l'_{FC} = -\frac{1}{n'_k u'^2_k} \sum_1^k C_{\mathrm{I}} \tag{2-55}$$

$$C_{\mathrm{I}} = luni\left(\frac{\mathrm{d}n'}{n'} - \frac{\mathrm{d}n}{n}\right) \tag{2-56}$$

式中：$\sum C_{\mathrm{I}}$ 为初级位置色差系数，$\mathrm{d}n' = n'_F - n'_C$；$\mathrm{d}n = n_F - n_C$；$n'$ 和 n 为折射面两边中间色光的折射率；C_{I} 为初级位置色差分布系数。利用上式，只要由 D 光的近轴光的光路就可求得近轴光的位置色差。

光学系统是否消色差，取决于 $\sum C_{\mathrm{I}}$ 是否为零。对薄透镜组，有

$$\sum_1^N C_{\mathrm{I}} = \sum_1^N h^2 \frac{\varphi}{\nu}$$

式中：ν 为透镜玻璃的阿贝常数；φ 为透镜的光焦度；N 为透镜数；h 为透镜的半通光口径。

从上式可见，单透镜不能校正色差，但正透镜具有负色差，单负透镜具有正色差。色差的大小与光焦度成正比，与阿贝常数成反比，与结构形状无关。因此，消色差的光学系统需由正、负透镜组成。对于双胶合薄透镜组，满足消色差的条件为

$$h^2\left(\frac{\varphi_1}{\nu_1} + \frac{\varphi_2}{\nu_2}\right) = 0$$

即

$$\frac{\varphi_1}{\nu_1} + \frac{\varphi_2}{\nu_2} = 0$$

各透镜的光焦度 φ_1 和 φ_2 应满足光组总光焦度的要求，即

$$\varphi_1 + \varphi_2 = \varphi$$

联立解上两式，得

$$\begin{cases} \varphi_1 = \dfrac{\nu_1}{\nu_1 - \nu_2}\varphi \\ \varphi_2 = \dfrac{-\nu_2}{\nu_1 - \nu_2}\varphi \end{cases} \tag{2-57}$$

当光组总光焦度 φ 给定和两透镜的玻璃选定时，即可求得两透镜的光焦度。由式(2-57)可知：

(1) 具有一定光焦度为双胶合或双分离透镜组，只有用两种不同玻璃($\nu_1 \neq \nu_2$)时才有可能消色差。而且为了使 φ_1 和 φ_2 尽可能小一些，两种玻璃的阿贝常数差应尽可能大些。通常选用两种不同类型的玻璃，即冕牌玻璃和火石玻璃。前者 ν 大，后者 ν 小。

(2) 若光学系统的光焦度 $\varphi > 0$，不管冕牌玻璃在前(第一块透镜选用冕牌玻璃)还是火石玻璃在前，凡正透镜必用 ν 大的冕牌玻璃，负透镜需用 ν 小的火石玻璃；反之，若 $\varphi < 0$，则正透镜需用火石玻璃，负透镜需用冕牌玻璃。

(3) 若两块透镜选用同一种玻璃($\nu_1 = \nu_2$)，则要消色差，必须 $\varphi_1 = -\varphi_2$，此时，$\varphi = \varphi_1 + \varphi_2 = 0$。得到无光焦度双透镜组，这种光组可以在不产生任何色差的情况下，利用改

变透镜的形状，产生一定的单色像差，因此有实际应用，例如，可用于校正反射面的像差，组成折反射系统。

若求平行平板的初级位置色差，则有

$$\sum C_{\mathrm{Ip}} = \frac{d(1-n)}{\nu n^2}u_1^2 \tag{2-58}$$

$$\Delta l'_{FC\mathrm{p}} = -\frac{1}{n'_2 u'^2_2}\sum C_{\mathrm{Ip}} = \frac{d(n-1)}{\nu n^2} \tag{2-59}$$

可见，平行平板总产生正值位置色差。但当平行平板处于平行光路中时，因 $u_1 = 0$，$\sum C_{\mathrm{Ip}} = 0$，故不产生位置色差。平行平板不能自己消色差，必须由另外的球面系统来补偿其色差。

2.5.2 倍率色差

校正了位置色差的光学系统，只是使轴上点的两种色光的像重合在一起，但并不能使两种色光的焦距相等。因此，这两种色光有不同的放大率，对同一物体所成的像大小也就不同，这就是倍率色差或垂轴色差。

光学系统的倍率色差是以两种色光的主光线在高斯像面上的交点高度之差来度量的，对目视光学系统，用 $\Delta Y'_{FC}$ 表示，即

$$\Delta Y'_{FC} = Y'_F - Y'_C \tag{2-60}$$

近轴光倍率色差（初级倍率色差）为

$$\Delta y'_{FC} = y'_F - y'_C \tag{2-61}$$

倍率色差使物体像的边缘呈现颜色，影响成像清晰度，所以，对目镜等视场较大的光学系统必须校正倍率色差。

倍率色差是像高的色差别，故其级数展开式与畸变的形式相同，但不同色光的理想像高不同，故展开式中含有物高的一次项

$$\Delta y'_{FC} = A_1 y + A_2 y^3 + A_3 y^5 + \cdots \tag{2-62}$$

式中，第一项为初级倍率色差，第二项为二级倍率色差。一般情况下，上式中只取前两项即可。

式（2-61）表示的是近轴区轴外物点两种色光的理想像高之差。由式（2-62）可知，倍率色差的高级分量与畸变的幂级数展开式相同，由此可以推出，高级倍率色差是不同色光的畸变差别所致，所以也称色畸变。

$$A_2 y^3 = \delta Y'_{zF} - \delta Y'_{zC} \tag{2-63}$$

初级倍率色差的分布式为

$$\Delta y'_{FC} = -\frac{1}{n'_k u'_k}\sum_1^k C_{\mathrm{II}} \tag{2-64}$$

$$C_{\mathrm{II}} = luni_z\left(\frac{\mathrm{d}n'}{n'} - \frac{\mathrm{d}n}{n}\right) = C_{\mathrm{I}}\frac{i_z}{i} \tag{2-65}$$

可见，在求得初级位置色差以后，利用上式，即可很容易求得倍率色差。$\sum C_{\mathrm{II}}$ 为初级倍率

色差系数；C_{II} 表示各面上初级倍率色差的分布。由此可知，当光阑在球面的球心时（$i_z=0$），该球面不产生倍率色差，若物体在球面的顶点（$l=0$），则也不产生倍率色差。同样，对于全对称的光学系统，当 $\beta=-1$ 时，倍率色差自动校正。

对于薄透镜系统，由式（2-65）可导出

$$\sum C_{\mathrm{II}} = \sum_{1}^{N} hh_z \frac{\varphi}{\nu} \tag{2-66}$$

由此可知，若光阑在透镜上（$h_z=0$），则该薄透镜组不产生倍率色差。

由式（2-65）和式（2-66）可以得出，对于密接薄透镜组，若系统已校正轴向色差，则倍率色差也同样得到校正。但是若系统由具有一定间隔的两个或多个薄透镜组成，只有对各个薄透镜组分别校正了位置色差，才能同时校正系统的倍率色差。

同样，对平行平板，有

$$\sum C_{\mathrm{II}\,\mathrm{p}} = \frac{d}{\nu}\frac{(1-n)}{n^2}u_1 u_{z1} \tag{2-67}$$

$$\Delta y'_{FC\mathrm{p}} = -\frac{1}{n'_2 u'_2}\sum_{1}^{k} C_{\mathrm{II}\,\mathrm{p}} = \frac{d(n-1)}{\nu n^2}u_{z1} \tag{2-68}$$

2.6 波像差

以上几节讨论的都属几何像差，这种像差虽然直观、简单，且容易由计算得到，但对高质量要求的光学系统，仅用几何像差来评价成像质量有时是不够的，还需进一步研究光波波面经光学系统后的变形情况来评价系统的成像质量，因此需要引入波像差的概念。

对于轴对称光学系统，从轴上物点发出的波面经理想光学系统后，其出射波面应该是球面。但由于实际光学系统存在像差，实际波面与理想波面就有了偏差。如图 2-19 所示，$P'x'$ 是经光学系统出射波面的对称轴，P' 为光学系统的出射光瞳的中心，实际波面 $\overline{P'N'}$ 上的任一点 $\overline{M'}$ 的法线交光轴于点 $\overline{A'}$。取任一参考点，例如，高斯像点 A' 为参考点，即以它为中心作一参考球面波 $P'M'$ 与实际波面相切于 P'，它就是理想波面。显然 $\overline{A'}A'$ 就是孔径角为 U' 时光学系统的球差 $\delta L'$。实际波面的法线 $\overline{M'}\overline{A'}$ 交理想球面于点 M'，则距离 $\overline{M'}M'$ 乘以此空间的介质折射率，即为波像差，以 W' 表示。或者说，波像差就是实际波面和理想波面之间的光程差。

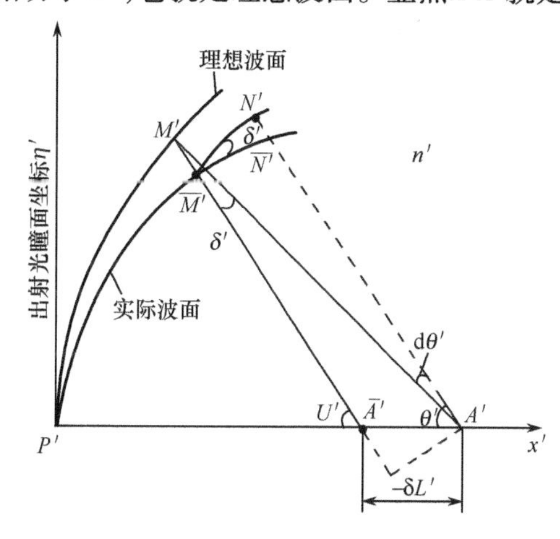

图 2-19　波像差

由图 2-19 可看出，波像差也是孔径的函数，几何像差越大，其波像差也越大。对轴上物点而言，单色光的波像差仅由球差引起，当光学系统的孔径不大时，它与球差之间的关系为

$$W = \frac{n'}{2}\int_{0}^{U'_{\mathrm{m}}} \delta L' \mathrm{d}u'^2 \tag{2-69}$$

式中：U'_m为像方最大孔径角。

波像差越小，系统的成像质量越好。按照瑞利（Rayleigh）判据，当光学系统的最大波像差小于1/4波长时，其成像是完善的。对显微物镜和望远物镜这类小像差系统，其成像质量应按此标准来要求。

色差也可以用波像差的概念来描述，对轴上点而言，λ_1光和λ_2光在出瞳处两波面之间的光程差称为波色差，用$W_{\lambda_1\lambda_2}$来表示。例如，对目视光学系统，若对F光和C光校正色差，其波色差的计算，不需要对F光和C光进行光路计算，只需对D光进行球差的光路计算就可以求出，其计算公式为

$$W_{FC} = W_F - W_C = \sum_{1}^{n} (D - d)\mathrm{d}n \tag{2-70}$$

式中：d为透镜（或其他光学零件）沿光轴的厚度；D为光线在透镜两折射面间沿光路度量的间隔；$\mathrm{d}n$为介质的色散（$n_F - n_C$）。由于空气中的$\mathrm{d}n=0$，所以利用式（2-70）计算波色差时，只需对光学系统中的透镜等光学零件进行光路长度计算即可，且计算简单、精度高。

第3章 光学系统的像质评价和像差容限

任何一个实际的光学系统都不可能成理想像，即成像不可能绝对的清晰和没有变形，像差就是光学系统所成的实际像与理想像之间的差异。由于一个光学系统不可能理想成像，因此就存在一个光学系统成像质量优劣的评价问题。本章简要介绍几种在光学设计软件中用来判断光学系统成像质量的评价方法及光学系统设计完成之后的检验方法。

3.1 几何像差的曲线表示

3.1.1 独立几何像差的曲线表示

为了较全面地了解一个光学系统的成像质量，需要计算不同孔径的若干子午和弧矢光线对的像差。整个像面上还要计算不同像高的若干像点的像差，从计算机输出的全部像差计算结果数据量很大，设计人员必须反复、仔细地阅读和分析这些数据，才能获得系统成像质量优劣的结论。为了使设计者对系统的像质有一个直观、明确的概念，一般把若干主要像差画成像差曲线，主要有如下一些像差曲线。

1. 轴上点的球差和轴向色差曲线

对一个轴上物点来说，它只有球差和轴向色差两种像差。通常把这两种像差画在一个像差曲线图上，如图3-1(a)所示，图中纵坐标代表光束口径 h，横坐标代表球差和轴向色差。一般为了方便，按相对值(h/h_m)作图，图上的三条曲线分别代表 C、D、F 三种颜色光线的球差曲线，把平均光线 D 的理想像面作为坐标原点，根据这三条曲线可以看到每一种光线球差的大小，以及球差随着光线颜色不同而改变的情况。同时，这三条曲线之间的距离表示了不同颜色光线轴向的位置差别，也就是轴向色差，一般主要看 C、F 两种颜色光线之间位置的差。根据球差和轴向色差曲线即可对轴上物点的像差有一个清楚的概念。

2. 正弦差曲线

图3-1(b)为正弦差曲线，它以光束口径 h(或相对值 h/h_m)为纵坐标，正弦差 SC' 为横坐标。它表示近轴物点不同口径光线的相对彗差。对近轴区域的物点来说，除了和轴上点一样有球差和轴向色差而外，其次就是正弦差。所以这两种像差曲线基本上代表了像平面上光轴周围的一个小范围内的成像质量。一般只计算平均光线的正弦差。

3. 细光束像散曲线

为了表示轴外物点的成像清晰度，一般同时作出两种曲线，一种为细光束像散曲线，另一种为宽光束像差曲线。细光束像散代表光束中心主光线周围细光束的成像质量。以像高 y(或像高、视场的相对值 y/y'、ω/ω_m)为纵坐标，以子午和弧矢场曲为横坐标，x'_t、x'_s

之间的位置之差即为像散，如图 3-1(c)所示。

4. 垂轴色差曲线

垂轴色差就是不同颜色主光线与 D 光理想像面交点高度之差，以像高 y（或像高、视场的相对值 y/y'、ω/ω_m）为纵坐标，以垂轴色差为横坐标，如图 3-1(d)所示。

5. 畸变曲线

畸变曲线以像高 y（或像高、视场的相对值 y/y'、ω/ω_m）为纵坐标，以畸变为横坐标给出，如图 3-1(e)所示。

6. 轴外物点子午球差和子午彗差曲线

这种曲线表示轴外物点子午光束的球差和彗差随视场变化的情况，如图 3-1(f)、(g)所示。图 3-1(f)、(g)代表宽光束的像差性质，每一个图中有三条曲线，分别代表 1.0、0.7、0.5 三个口径对应的子午球差和子午彗差。根据子午球差和子午彗差结合细光束子午场曲，便可确定轴外物点子午光束的成像质量。

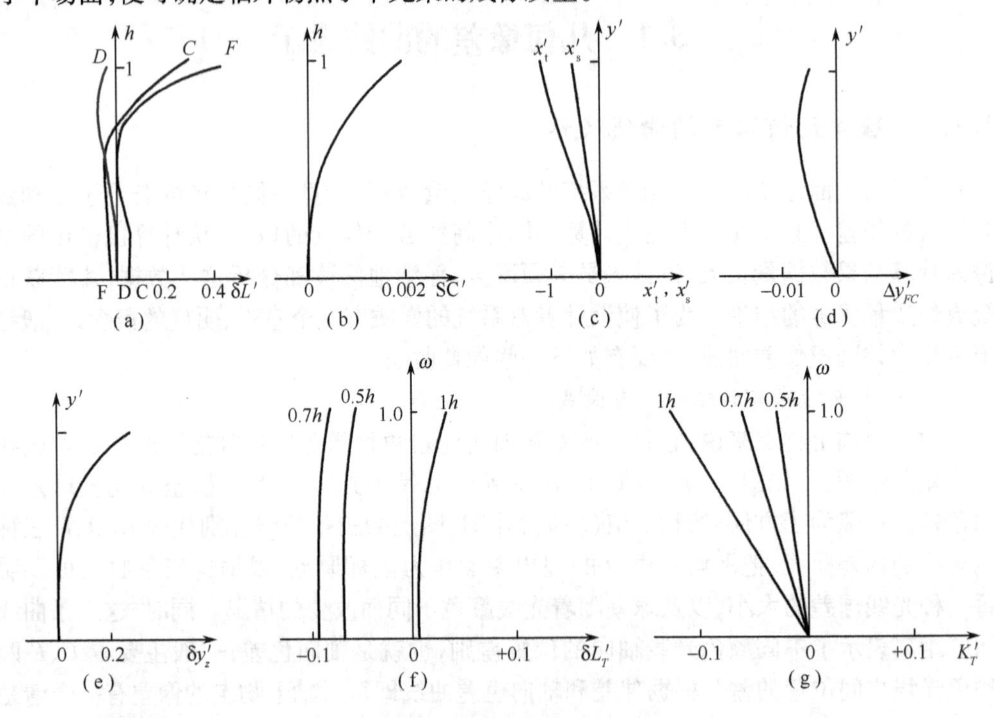

图 3-1　独立像差曲线

3.1.2　垂轴几何像差曲线（像差特征曲线）

对于垂轴像差，把它画成如图 3-2 所示的垂轴像差曲线。这些曲线的横坐标为光束口径，$+h \sim -h$，纵坐标为垂轴像差 $\delta y'$。图 3-2 为子午垂轴像差曲线，每个轴外点和轴上点作一条曲线，图 3-2(a) ~(f)分别是（1、0.85、0.707、0.5、0.3、0）y'_{max} 不同视场的 6 个子午垂轴像差曲线，每一条曲线代表一个视场的子午光束在像平面上的聚交情况，最理想的曲线应该是和横坐标相重合的一条直线，这说明所有的光线都聚交于像面上的同一点，曲线的纵坐标上对应的区间就是子午光束在理想像平面上的最大弥散范围，例如，最大视场（1ω）子午光束的弥散范围约为 0.8。每个图中的三条曲线分别代表 C、D、F 三种颜色的光线,因此,这个图一方面表示了单色像差,另一方面也表示出垂轴色差的大小。

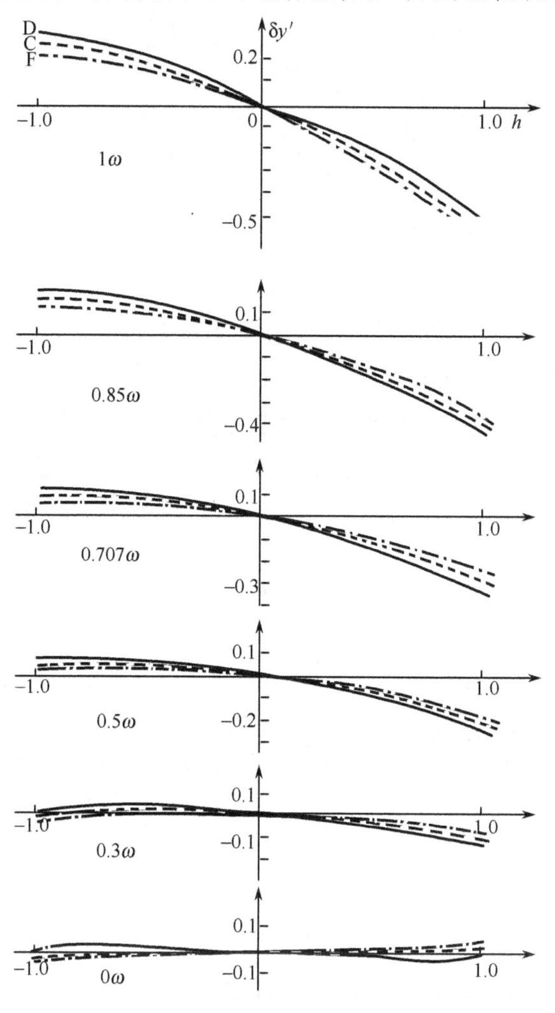

图 3-2　子午垂轴像差曲线

子午垂轴像差曲线的形状是由子午像差——细光束子午场曲、子午球差和子午彗差决定的,因此曲线形状和像差数量的对应关系经常在校正像差过程中用到。根据垂轴像差曲线很容易判断:欲改善系统的成像质量,曲线的位置和形状应该如何变化。要曲线产生一定的位置和形状的变化,就须要改变三种子午像差的数量。只有知道了曲线的位置和形状与像差数量的对应关系,才能知道如何校正像差。下面根据图 3-3 来讨论曲线形状和像差的关系。

由图 3-3 得

$$\frac{\delta y'_a - \delta y'_b}{2h} = \frac{X'_T}{l' - l'_H + X'_T}$$

公式右边分母上的 X'_T 相对于$(l' - l'_H)$是可以忽略的,求解 X'_T 得

$$X'_T = \frac{\delta y'_a - \delta y'_b}{2h}(l' - l'_H)$$

式中,$(l' - l'_H)$是一个和视场、口径无关的常数。下面分析公式中的$(\delta y'_a - \delta y'_b)/2h$。

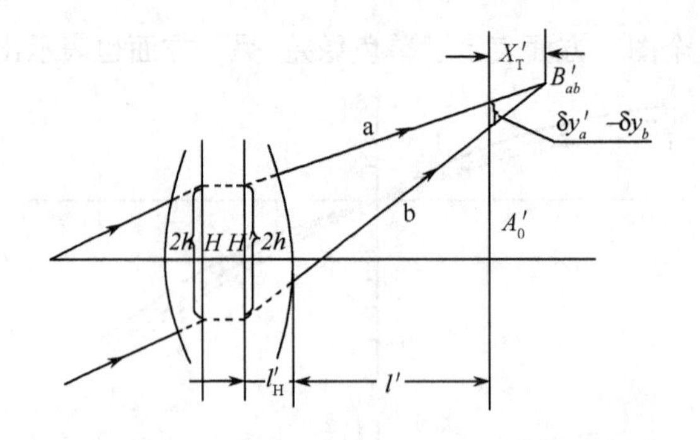

图 3-3 轴外成像光束

图3-4为一条子午垂轴像差曲线，将子午光线对 a、b 作一连线，则该连线的斜率为 $m = (\delta y_a' - \delta y_b')/2h$，因此宽光束子午场曲和子午垂轴像差曲线上对应的子午光线对连线的斜率成正比，当口径改变时，连线的斜率的变化表示 X_T' 随口径变化的规律。当口径逐渐减小而趋近于零时，连线便成了过坐标原点（对应主光线）的切线，切线的斜率和细光束子午场曲 x_t' 相对应。子午光线对连线的斜率和切线的斜率之差则和子午球差（$X_T' - x_t'$）成比例，即连线和切线之间的夹角越大，子午球差越大。

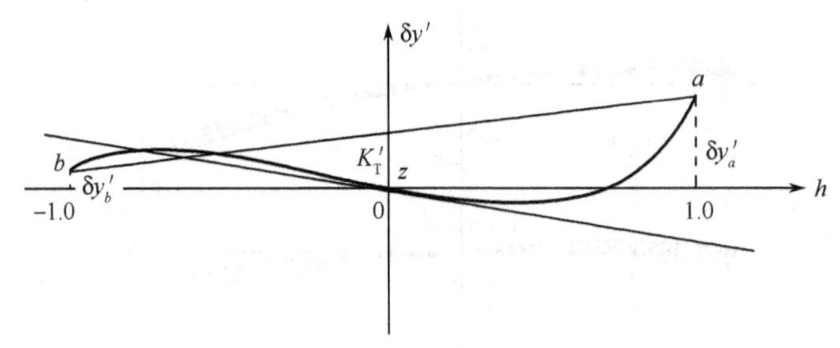

图 3-4 子午垂轴像差曲线

子午光线对的连线和纵坐标交点的高度显然等于（$\delta y_a' + \delta y_b'$）/2，它就是子午彗差。所以在子午垂轴像差曲线上，某子午光线对的连线和纵坐标交点的高度就代表了它的子午彗差。

根据上面的对应关系，就能够由曲线的位置和形状直接判断出三种子午像差的大小；反之，由三种子午像差的大小，也可以估计出子午垂轴像差曲线的位置和形状。例如，由图 3-2 中最大视场的垂轴像差曲线看到，造成子午光束弥散范围扩大的主要原因是整个曲线对横坐标轴有一个很大的倾斜角，即曲线顶点的斜率比较大，这是由细光束子午场曲太大造成的。如果作边缘的子午光线对的连线可以看到，它和切线的夹角不大，因此子午球差不大。连线对应的弧高为 -0.1，这就是它的子午彗差。所以要改善系统的成像质量，当然要减小细光束子午场曲，其次是彗差。不同视场曲线的形状基本上相似，只是切线的斜率和弧高随视场减小而逐渐下降，这就是说整个像面上主要是细光束子午场曲和子午彗差这两种像差，它们的数量随视场角的减小而下降，这和像差的数据是一致的。

同样，图 3-5 为相应的弧矢垂轴像差曲线，每个轴外像点有两条曲线，一条是 $\delta y'$，另一条是 $\delta z'$。横坐标代表口径，纵坐标代表垂轴像差的两个分量 $\delta y'$ 和 $\delta z'$，分别代表弧矢垂轴像差的两个分量。$\delta y'$ 曲线对纵坐标对称，$\delta z'$ 与原点对称，这是因为弧矢光线对，对

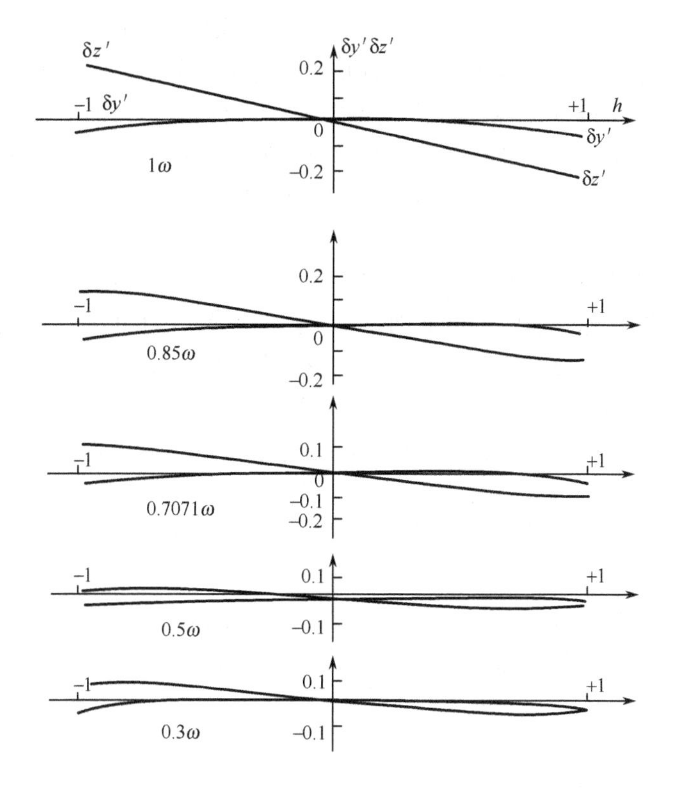

图 3－5　弧矢垂轴像差曲线

称于子午面，$+h$ 的弧矢光线和 $-h$ 的弧矢光线 $\delta y'$不变，而 $\delta z'$大小相等、符号相反。在计算得到的像差数据中，$+h$ 只有弧矢像差，$-h$ 的弧矢像差曲线是根据上面所说的对称关系作出来的。弧矢垂轴像差曲线只对五个轴外点作图，而不作轴上点，因为轴上点的子午和弧矢像差是完全相同的。$\delta y'$代表弧矢彗差，弧矢光束的 $\delta z'$和子午光束的 $\delta y'$对应，它和弧矢场曲有关，曲线的位置和形状与像差数量的关系和子午垂轴像差曲线相同。

子午和弧矢垂轴像差曲线全面反映了细光束和宽光束的成像质量，因此常常把它和前面的独立几何像差曲线结合起来表示系统的成像质量。

当然，并不是所有的光学系统都要作这么多像差曲线，实际工作中根据系统要求的不同，只需作出其中的一部分。例如，对于望远镜物镜一般只需要作出球差和轴向色差曲线以及正弦差曲线就可以了；对目镜只要作出细光束像散曲线、垂轴色差曲线和子午彗差曲线就够了。

3.2　瑞利判断和中心点亮度

3.2.1　瑞利判断

瑞利判断是根据成像波面相对理想球面波的变形程度来判断光学系统的成像质量的。瑞利认为“实际波面与参考球面波之间的最大波像差不超过 $\lambda/4$ 时，此波面可看作是无缺陷的”,此判断称为瑞利判断。该判断提出了光学系统成像时所允许存在的最大波像差公差,即认为波像差 $W < \lambda/4$ 时,光学系统的成像质量是良好的。

瑞利判断的优点是便于实际应用,因为波像差与几何像差之间的计算关系比较简单,只要利用几何光学中的光路计算得出几何像差曲线,由曲线图形积分便可方便地得到波像差,由所得到的波像差即可判断光学系统的成像质量优劣;反之,由波像差和几何像差之间的关系,利用瑞利判断也可以得到几何像差的公差范围,这对实际光学系统的讨论更为有利。

瑞利判断虽然使用方便,但也存在不够严密之处。因为它只考虑波像差的最大允许公差,而没有考虑缺陷部分在整个波面面积中所占的比重。例如,透镜中的小气泡或表面划痕等,可能在某一局部会引起很大的波像差,按照瑞利判断,这是不允许的。但在实际成像过程中,这种局部极小区域的缺陷,对光学系统的成像质量并非有明显的影响。

瑞利判断是一种较为严格的像质评价方法,它主要适用于小像差光学系统,例如,望远物镜、显微物镜、微缩物镜和制版物镜等对成像质量要求较高的系统。

现代光学设计软件已能计算并绘制实际出射波面的整体情况,如图 3-6 所示。该图给出了一个望远镜的波像差计算实例,分别绘制了轴上点、0.707 视场(3.5°)和全视场(5°)的出射波面情况。从图 3-6 中,设计者既能了解波面变形的程度,也能了解变形的面积大小。因此,瑞利判断法正逐步克服其缺陷,在小像差系统中获得越来越广泛的应用。

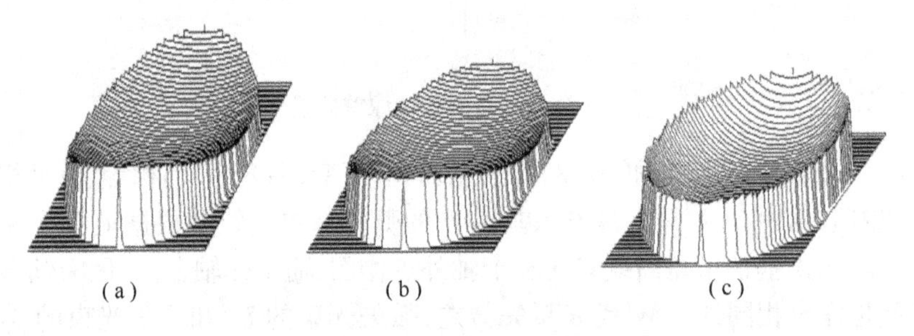

图 3-6 望远物镜出射波面图

(a)轴上点;(b)0.707 视场(3.5°);(c)全视场(5°)。

3.2.2 中心点亮度

瑞利判断是根据成像波面的变形程度来判断成像质量的;而中心点亮度则是依据光学系统存在像差时,其成像衍射斑的中心亮度和不存在像差时衍射斑的中心亮度之比来表示光学系统的成像质量,此比值用 S. D 来表示,当 S. D≥0.8 时,认为光学系统的成像质量是完善的,这就是著名的斯托列尔(K. Strehl)准则。

瑞利判断和中心点亮度是从不同角度提出的像质评价方法,但研究表明,对一些常用的像差形式,当最大波像差为 $\lambda/4$ 时,其中心点亮度 S. D≈0.8,这说明这两种评价像质量的方法是一致的。

斯托列尔准则同样是一种高质量的像质评价标准,它也只适用于小像差光学系统;但由于其计算相当复杂,在实际中不便应用。

现代光学设计软件不仅能计算中心点亮度,而且能绘制任一像点的整体能量分布情况，如图3－7所示。图中，横坐标为以高斯像点为中心的包容圆半径，纵坐标为该包容圆所包容的能量（已归一化，设像点总能量为1）。虚线代表仅仅考虑衍射影响时的像点能量分布情况，实线代表存在像差时像点的实际能量分布情况。从图3－7中，能获取比单一中心点亮度指标更多的信息，因此，它已成为中心点亮度判别方法的补充和替代方法，并得到了广泛的应用。

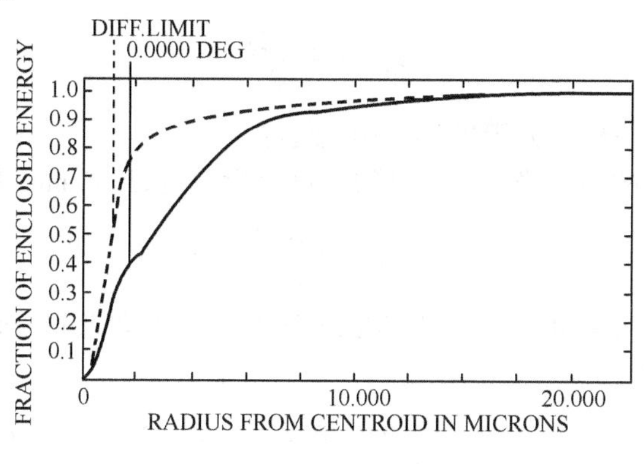

图3－7　像点能量分布图

3.3　分辨率

分辨率反映光学系统能够分辨物体细节的能力，它是光学系统一个很重要的性能指标，因此也可以用分辨率来作为光学系统的成像质量的评价方法。

瑞利指出"能分辨的两个等亮度点间的距离对应艾里斑的半径"，即一个亮点的衍射图案中心与另一个亮点的衍射图案的第一暗环重合时，这两个亮点则能被分辨，如图3－8(b)所示：两个衍射图案光强分布的叠加曲线中有两个极大值和一个极小值，其极大值极小值

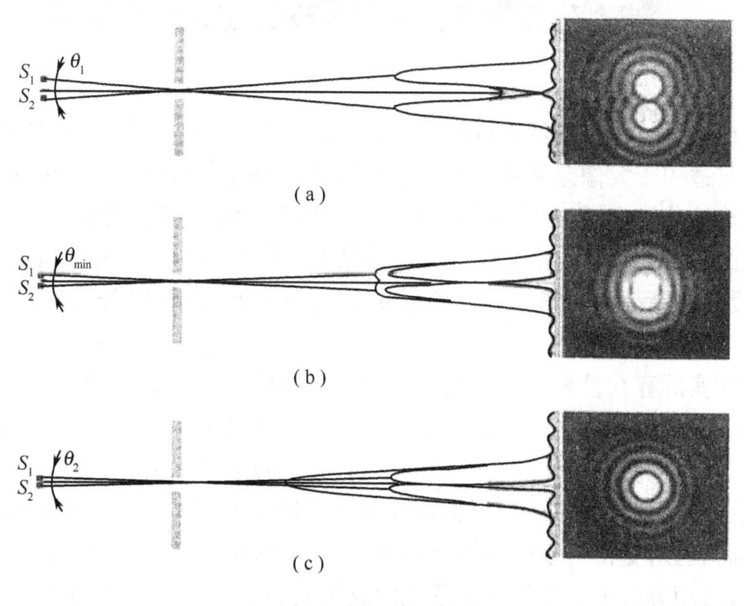

图3－8　瑞利分辨极限

之比为1:0.735,这与光能接收器(如眼睛或照相底版)能分辨的亮度差别相当。若两亮点更靠近时,如图3-8(c)所示,则光能接收器就不能再分辨出它们是分离开的两点了。

根据衍射理论,无限远物体被理想光学系统形成的衍射图案中,第一暗环半径对出射光瞳中心的张角为

$$\Delta\theta = \frac{1.22\lambda}{D} \tag{3-1}$$

式中:$\Delta\theta$ 为光学系统的最小分辨角;D 为出瞳直径。

对 $\lambda = 0.555\mu m$ 的单色光,最小分辨角以(″)为单位,D 以mm为单位来表示时,有

$$\Delta\theta = \frac{140''}{D} \tag{3-2}$$

式(3-2)是计算光学系统理论分辨率的基本公式,对不同类型的光学系统可由式(3-2)推导出不同的表达形式。

图3-9给出了ISO12233鉴别率板的示意图,这是一种专门用于数码相机镜头分辨率检测的鉴别率板,图中数字单位为每mm线对数。

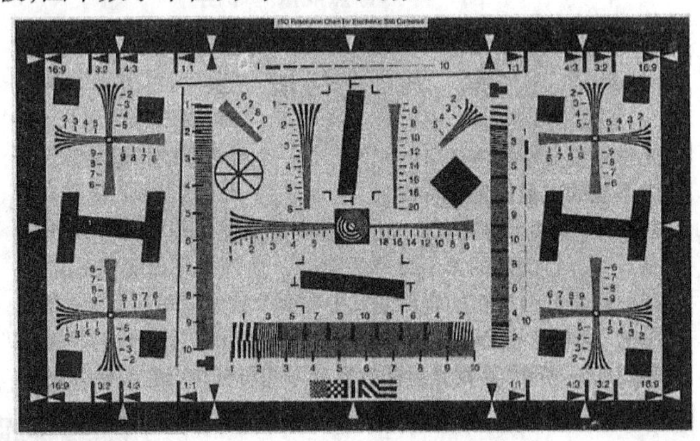

图3-9 鉴别率板

分辨率作为光学系统成像质量的评价方法并不是一种完善的方法,其原因如下:

(1) 它只适用于大像差系统。光学系统的分辨率与其像差大小直接有关,即像差可降低光学系统的分辨率,但在小像差光学系统(如望远系统、显微物镜)中,实际分辨率几乎只与系统的相对孔径(衍射现象)有关,受像差的影响很小。而在大像差光学系统(如照相物镜、投影物镜)中,分辨率是与系统的像差有关的,并常以分辨率作为系统的成像质量指标。

(2) 它与实际存在差异。由于用于分辨率检测的鉴别率板为黑白相间的条纹,这与实际物体的亮度背景有着很大的差别;此外,对同一个光学系统,使用同一块鉴别率板来检测其分辨率,由于照明条件和接收器的不同,其检测结果也是不相同的。

(3) 它存在伪分辨现象。对照相物镜等做分辨率检测时,当鉴别率板的某一组条纹已不能分辨时,但对更密一组的条纹反而可以分辨,这是由对比度反转而造成的。

综上所述,用分辨率来评价光学系统的成像质量也不是一种严格而可靠的像质评价方法,但由于其指标单一,便于测量,在光学系统的像质检测中得到了广泛应用。

3.4 点列图

在几何光学的成像过程中，由一点发出的许多条光线经光学系统成像后，由于像差的存在，使其与像面不再集中于一点，而是形成一个分布在一定范围内的弥散图形，称为点列图。在点列图中利用这些点的密集程度来衡量光学系统的成像质量的方法称为点列图法。

对大像差光学系统(如照相物镜等)，利用几何光学中的光线追迹方法可以精确地表示出点物体的成像情况。其做法是把光学系统入瞳的一半分成为大量的等面积小面元，并把发自物点且穿过每一个小面元中心的光线，认为是代表通过入瞳上小面元的光能量。在成像面上，追迹光线的点子分布密度就代表像点的光强或光亮度。因此，对同一物点，追迹的光线条数越多，像面上的点子数就越多，越能精确地反映出像面上的光强度分布情况。实验表明，在大像差光学系统中，用几何光线追迹所确定的光能分布与实际成像情况的光强度分布是相当符合的。

图3-10列举了光瞳面上选取面元的方法，可以按直角坐标或极坐标来确定每条光线的坐标。对轴外物点发出的光束，当存在拦光时，只追迹通光面积内的光线。

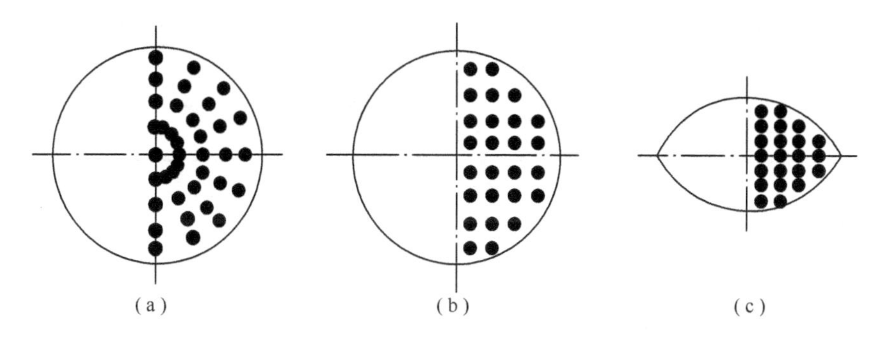

图3-10　光瞳上的坐标选取方法

(a)极坐标布点；(b)直角坐标布点；(c)遮挡效应。

利用点列图法来评价照相物镜等的成像质量时，通常是利用集中30%以上的点或光线所构成的图形区域作为其实际有效弥散斑，弥散斑直径的倒数为系统的分辨率。图3-11给出了一个照相物镜轴上物点的点列图计算实例，图(a)为子午面内的光路追迹模拟，图(b)为其点列图——将高斯像点A'翻转90°并放大来观看。其中，“+”号为蓝色光的分布情况；“×”号为绿色光的分布情况；“□”号为红色光的分布情况，虽然部分边光比较分散，但主要能量(大部分光线)集中在中心区域。图3-12给出了轴外物点的点列图，从上到下分别为离焦-0.5mm～-0.1mm、高斯像面、离焦0.1mm～0.5mm处的点列图，可以清楚地观察到球差、彗差、像散、场曲等多种像差。

利用点列图法来评价成像质量时，需要做大量的光路计算，一般要计算上百条甚至数百条光线，工作量非常大，只有利用计算机才能实现上述计算任务。但它又是一种简便而易行的像质评价方法，因此常在大像差的照相物镜等设计中得到应用。

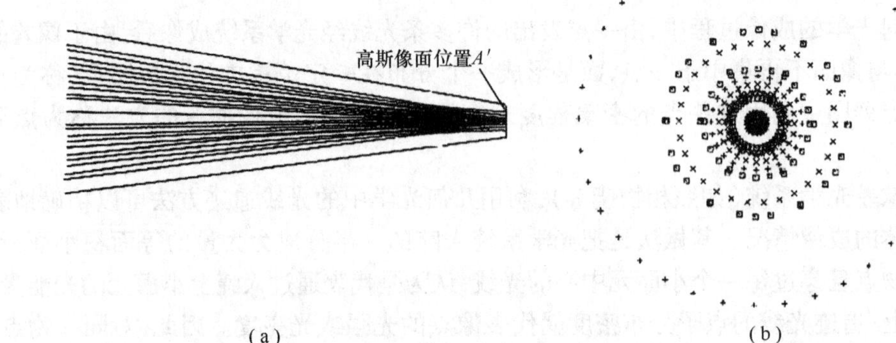

图 3－11　轴上物点的点列图

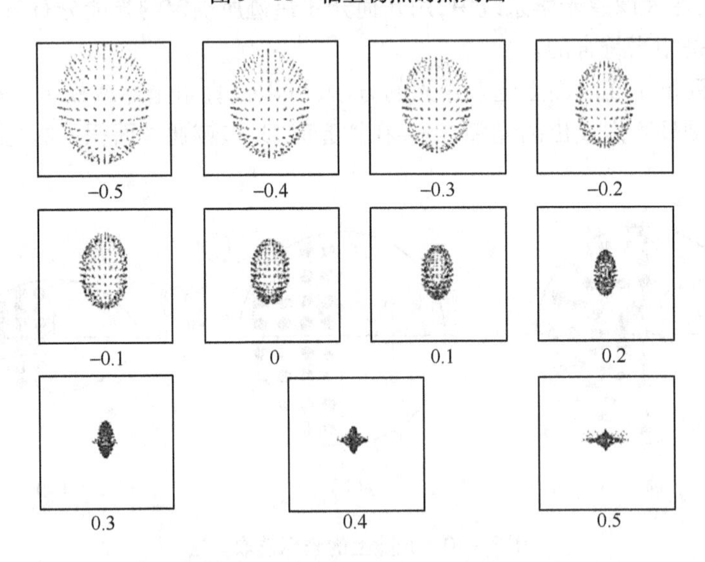

图 3－12　轴外物点的点列图

3.5　光学传递函数评价成像质量

上面介绍的几种光学系统成像质量的评价方法，都是基于把物体看做是发光点的集合，并以一点成像时的能量集中程度来表征光学系统的成像质量的。利用光学传递函数来评价光学系统的成像质量，是基于把物体看做是由各种频率的谱组成的，也就是把物体的光强分布函数展开成傅里叶级数(物函数为周期函数)或傅里叶积分(物函数为非周期函数)的形式。若把光学系统看做是线性不变的系统，那么物体经光学系统成像，可视为物体经光学系统传递后，其传递效果是频率不变，但其对比度下降，相位要发生推移，并在某一频率处截止，即对比度为零。这种对比度的降低和相位推移是随频率不同而不同的，其函数关系称为光学传递函数。由于光学传递函数既与光学系统的像差有关，又与光学系统的衍射效果有关，故用它来评价光学系统的成像质量，具有客观和可靠的优点，并能同时运用于小像差光学系统和大像差光学系统。

光学传递函数是反映光学系统对物体不同频率成分的传递能力。一般来说，高频部分反映物体的细节传递情况，中频部分反映物体的层次传递情况，低频部分反映物体的轮廓传递情况。表明各种频率传递情况的则是调制传递函数（MTF，如图 3 – 13 所示），下面简要介绍两种利用调制传递函数来评价光学系统成像质量的方法。

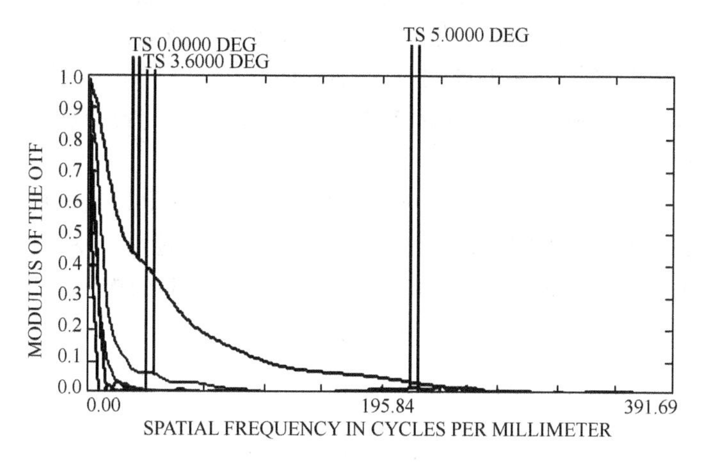

图 3 – 13　光学系统的调制传递函数图

3.5.1　利用 MTF 曲线评价成像质量

MTF 是表示各种不同频率的正弦强度分布函数经光学系统成像后，其对比度（振幅）的衰减程度。当某一频率的对比度下降为零时，说明该频率的光强分布已无亮度变化，即该频率截止。这是利用光学传递函数来评价光学系统成像质量的主要方法。

设有两个光学系统（Ⅰ和Ⅱ）的设计结果，它们的 MTF 曲线如图 3 – 14 所示，图中的调制传递函数 MTF 为频率 ν 的函数。曲线Ⅰ的截止频率较曲线Ⅱ小，但曲线Ⅰ在低频部分的值较曲线Ⅱ大得多。对这两种光学系统的设计结果，不能轻易说哪种设计结果较好，这要根据光学系统的实际使用要求来判断。若把光学系统作为目视系统来应用，由于人眼的对比度阈值大约为 0.03，因此 MTF 曲线下降到 0.03 以下时，曲线Ⅱ的 MTF 值大于曲线Ⅰ，如图3 – 14中的虚线所示，说明光学系统Ⅱ用做目视系统较光学系统Ⅰ有较高的分辨率。若把光学系统作为摄影系统来使用，其 MTF 值要大于 0.1，从图 3 – 14 中可看出，曲线Ⅰ的 MTF 值要大于曲线Ⅱ，即光学系统Ⅰ较光学系统Ⅱ有较高的分辨率。且光学系统Ⅰ在低频部分有较高的对比度，用光学系统Ⅰ作摄影使用时，能拍摄出层次丰富、真实感强的对比图像。所以在实际评价成像质量时，不同的使用目的，其 MTF 的要求是不一样的。

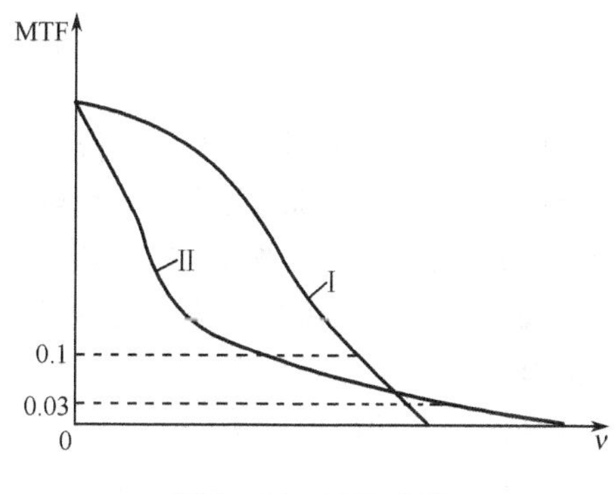

图 3 – 14　MTF 曲线

3.5.2 利用 MTF 曲线的积分值评价成像质量

上述方法虽然能评价光学系统的成像质量,但只能反映 MTF 曲线上少数几个点的情况,而没有反映 MTF 曲线的整体性质。从理论上可以证明,像点的中心点亮度值等于 MTF 曲线所围的面积,MTF 所围的面积越大,表明光学系统所传递的信息量越多,光学系统的成像质量越好,图像越清晰。因此在光学系统的接收器截止频率范围内,利用 MTF 曲线所围面积的大小来评价光学系统的成像质量是非常有效的。

图 3-15(a)的阴影部分为 MTF 曲线所围的面积。从图中可以看出,所围面积的大小与 MTF 曲线有关,在一定的截止频率范围内,只有获得较大的 MTF 值,光学系统才能传递较多的信息。

图 3-15(b)的阴影部分为两条曲线所围的面积。曲线Ⅰ是光学系统的 MTF 曲线,曲线Ⅱ是接收器的分辨率极值曲线。此两曲线所围的面积越大,表示光学系统的成像质量越好。两条曲线的交点处为光学系统和接收器共同使用时的极限分辨率,说明此种成像质量评价方法也兼顾了接收器的性能指标。

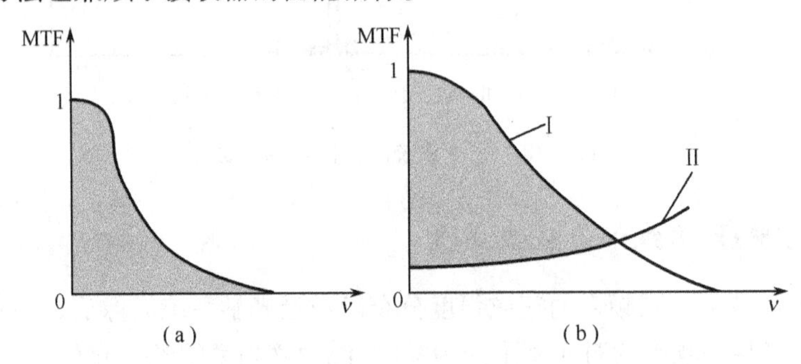

图 3-15 MTF 曲线所围的面积

3.6 其他像质评价方法

前面讨论了几种常用的像质评价方法,其中,瑞利判断和中心点亮度方法,由于要求严格,仅适用于小像差系统;分辨率和点列图方法,由于主要考虑成像质量的影响,仅适用于大像差系统,不适用于像差校正到衍射极限的小像差系统;光学传递函数法虽然同时适用于大像差系统和小像差系统,但它仅仅考虑光学系统对物体不同频率成分的传递能力,也不能全面评价一个成像系统的所有性能。因此,对任何光学系统进行像质评价,往往都需要综合使用多种评价方法。

所有的像质评价方法,都可以归结为基于几何光学的方法和基于衍射理论的方法两大类。下面简要介绍现代光学设计中常用的其他评价方法。

3.6.1 基于几何光学的方法

在计算机技术成熟以前,主要的像质评价方法都是基于几何光学原理,例如,在 3.1 节中,通过近轴光路计算得到高斯像点位置以及其他理想参数;通过实际光路计算获得各种像差值或绘制各种像差曲线等。现代光学设计中,还经常使用两种基于几何光学的像质评价方法：光程差曲线和像差特征曲线。

图 3-16 给出了一个三片型库克物镜的光程差计算实例，左边为子午面情况，右边为弧矢面情况。图中绘出了不同波长（由曲线虚实表示）、不同视场（从上到下三排分别为 1、0.707 和 0 视场）、不同孔径（由横坐标表示）的光线到达高斯像面时与近轴理想光线的光程差（纵坐标，单位为波长 λ）。图 3-17 则是同一物镜的像差特征曲线计算实例，采用与光程差计算相同的表现形式，给出不同波长、不同视场、不同孔径的光线到达高斯像面时偏离高斯像点的距离（3.1 节中已详述）。不难看出，这两种方法比单纯观察球差曲线、彗差曲线等能获得更多的信息，能帮助我们更全面地了解光学系统的成像质量，因此越来越受到重视。

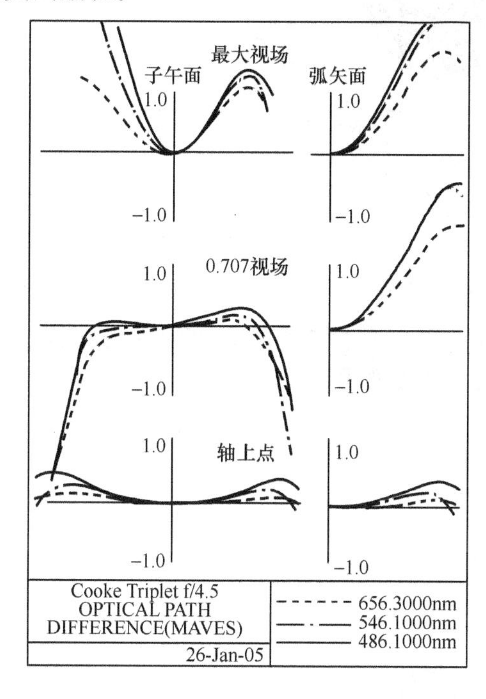

图 3-16　库克物镜的光程差曲线

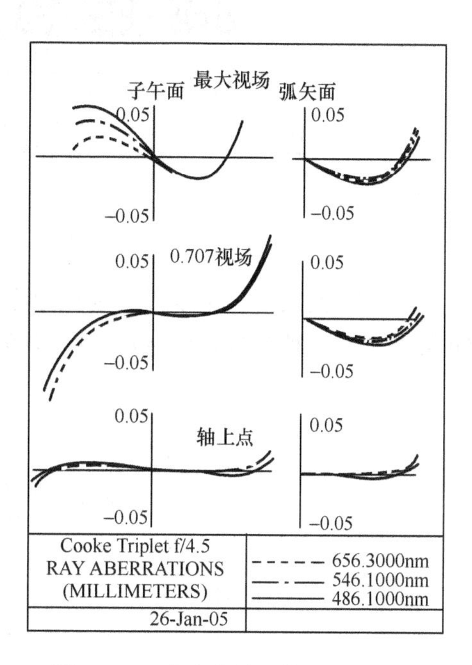

图 3-17　库克物镜的像差特征曲线

3.6.2　基于衍射理论的方法

像质要求非常高的光学系统，其像差一般要校正到衍射极限，此时使用几何光学方法往往得不到正确的评价。例如，如果绘制其点列图，可能会出现弥散圆直径小于其波长的情况。因此，针对这一类系统，只有基于衍射理论的评价方法才能对其成像质量进行客观的评价；大像差系统的成像质量主要由像差决定，但也不能忽略衍射现象的影响。

除了瑞利判断、光学传递函数等方法外，点扩散函数和线扩散函数也是基于衍射理论而得到广泛应用的像质评价方法。点扩散函数是指一个理想的几何物点，经过光学系统后其像点的能量展开情况；线扩散函数是指子午或弧矢面内的几何线，经过光学系统后的能量展开情况。真实的点扩散函数和线扩散函数应该利用惠更斯原理进行计算，但是计算量太大，所以通常采用快速傅里叶变换（FFT）算法进行近似处理。

图 3-18 给出一个点扩散函数计算实例，其中 x、y 方向为偏离中心（高斯像点）的距

离，z 轴则代表相对能量值。通过能量的集中或分散程度，很容易判断系统的成像质量，尤其是该像质是否与接收器像敏单元的大小相匹配。

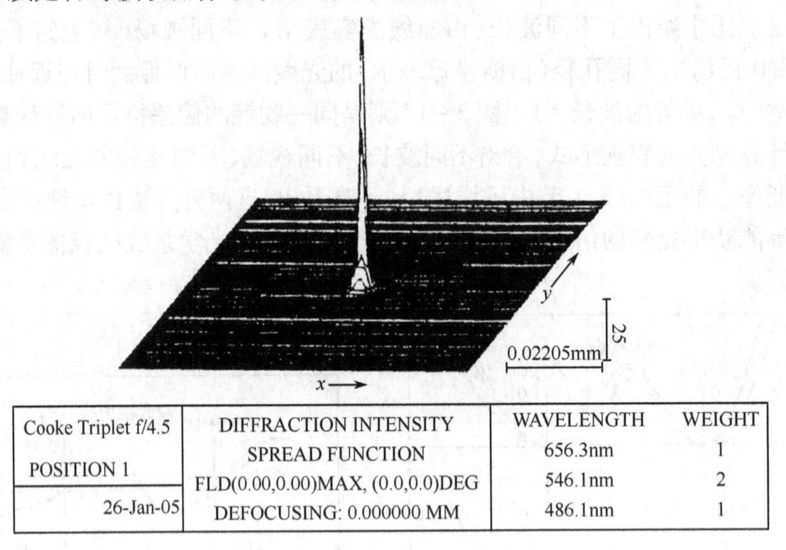

图 3-18　点扩散函数

图 3-19 给出了一个线扩散函数计算实例，实线为子午面情况，虚线为弧矢面情况。通过能量的集中或分散程度，也很容易判断系统的成像质量。

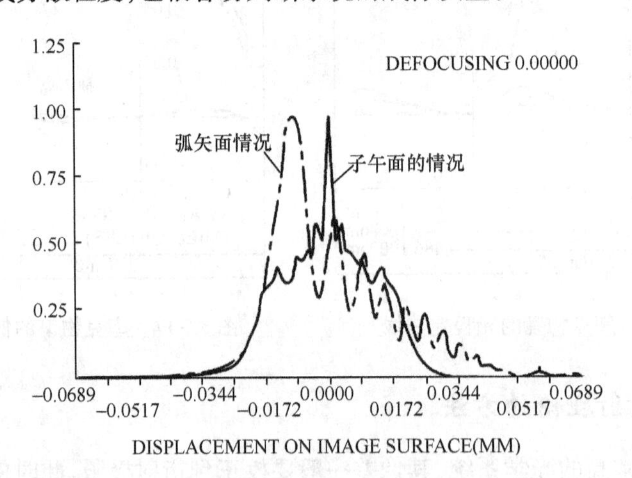

图 3-19　线扩散函数

3.6.3　其他需要评价的成像质量

上述所有像质评价方法，都把光学元件当成了理想光学系统，没有考虑其材料特性以及加工、安装误差对成像质量的影响。现代光学设计还必须在加工前对这些因素进行全面的评价和分析，以期模拟真实的成像效果。

材料方面，任何光学材料都有不同的光谱透过率、制作精度（光学均匀性、气泡等）以及热胀冷缩效应等，它们对最终的成像质量具有很重要的影响。另外，任何透射介质的表面都会反射部分光能，这些被反射的光沿着非期望路径到达像面后，会形成鬼像，影响成像质量。上述影响,都可以通过光路追迹计算进行模拟,因此现代光学设计软件大多具备光谱分析、透过率分析、材质分析、鬼像分析的功能。

加工精度与安装精度方面,为避免出现对误差产生敏感影响的情况,应在设计阶段通过光路追迹进行仿真分析。例如,轻微改变某一个或几个折射面的曲率半径(模拟加工误差),观察像差是否急剧变化;轻微改变某一个或几个元件的位置(模拟安装误差),观察像差是否急剧变化等。另外,通过分析各种误差对成像质量的影响,也可以反过来对加工误差和安装误差进行合理分配,在保证成像质量的同时降低加工成本和安装成本。该技术称为公差分析,已为大多数光学设计软件所采用,并发展出许多基于光学传递函数、点列图和波前分析等技术的新方法。

图 3 - 20 给出对上述三片型库克物镜利用 MTF 技术分配系统公差的计算实例,其中,不同类型曲线代表不同视场。由图可知,若按照设计软件分配的公差要求进行加工和装配,约 80% 的产品其中心视场的 MTF 只能达到理想值的 0.88 倍或更高。

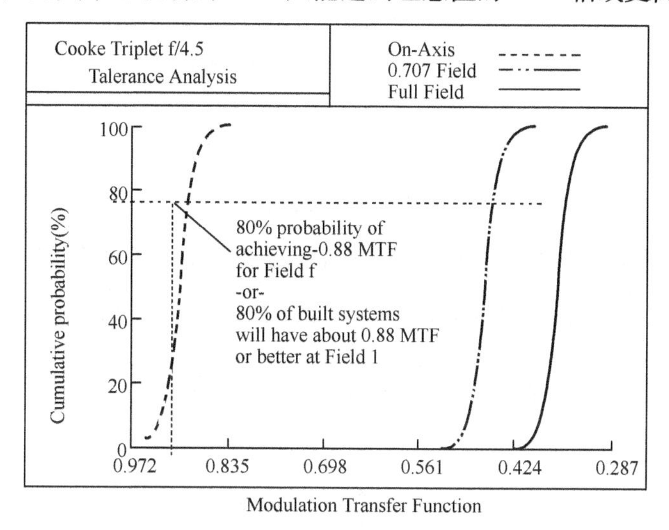

图 3 - 20 利用 MTF 分配系统公差

3.7 光学系统的像差公差

对于一个光学系统来说,一般不可能也没有必要消除各种像差,多大的剩余像差被允许是一个比较复杂的问题。因为光学系统的像差公差不仅与像质的评价方法有关,而且还随系统的使用条件、使用要求和接收器性能等的变化而变化。像质评价的方法也很多,它们之间虽然有直接或间接的联系,但都是从不同的观点、不同的角度来加以评价的,因此其评价方法均具有一定的局限性,使得其中任何一种方法都不可能评价所有的光学系统。此外,有些评价由于数学推演繁杂、计算量大,实际上也难从像质判据来直接得出像差公差。

由于波像差与几何像差之间有着较为方便和直接的联系,因此以最大波像差作为评价依据的瑞利判断是一种方便而实用的像质评价方法。利用它可由波像差的允许值得出几何像差公差,但它只适用于评价望远镜和显微镜等小像差系统。对于其他系统的像差公差则是根据长期设计和实际使用要求而得出的，这些公差虽然没有理论证明，但实践证明是可靠的。

3.7.1 望远物镜和显微物镜的像差公差

由于这类物镜视场小、孔径角较大，应保证其轴上物点和近轴物点有很好的成像质量，因此必须校正好球差、色差和正弦差，使之符合瑞利判断的要求。

1. *球差公差*

对于球差可直接应用波像差理论中推导的最大波像差公式导出球差公差计算公式。

当光学系统仅有初级球差时，经$\frac{1}{2}\delta L'_{\mathrm{m}}$离焦后的最大波像差为

$$W'_{\max}=\frac{n'}{16}u'^2_{\mathrm{m}}\delta L'_{\mathrm{m}}\leqslant\frac{\lambda}{4} \tag{3-3}$$

所以

$$\delta L'_{\mathrm{m}}\leqslant\frac{4\lambda}{n'u'^2_{\mathrm{m}}}=4\text{ 倍焦深} \tag{3-4}$$

严格的表达式为

$$\delta L'_{\mathrm{m}}\leqslant\frac{4\lambda}{n'\sin^2 u'_{\mathrm{m}}} \tag{3-5}$$

大多数的光学系统具有初级和二级球差，当边缘孔径处球差校正后，在0.707带上有最大剩余球差，做$\frac{3}{4}\delta L'_{0.707}$的轴向离焦后，其系统的最大波像差为

$$W_{\max}=\frac{n'h^2_{\mathrm{m}}}{24f'^2}\delta L'_{0.707}=\frac{n'u'^2_{\mathrm{m}}\delta L'_{0.707}}{24}\leqslant\frac{\lambda}{4}$$

所以

$$\delta L'_{0.707}\leqslant\frac{6\lambda}{n'u'^2_{\mathrm{m}}}=6\text{ 倍焦深} \tag{3-6}$$

严格的表达式为

$$\delta L'_{0.707}\leqslant\frac{6\lambda}{n'\sin^2 u'_{\mathrm{m}}} \tag{3-7}$$

实际上，边缘孔径处的球差未必正好校正到零，可控制在焦深以内，故边缘孔径处的球差公差为

$$\delta L'_{\mathrm{m}}\leqslant\frac{\lambda}{n'\sin^2 u'_{\mathrm{m}}} \tag{3-8}$$

2. *彗差公差*

小视场光学系统的彗差通常用相对彗差SC′来表示，其公差值根据经验取

$$\mathrm{SC}'\leqslant 0.0025 \tag{3-9}$$

3. *色差公差*

通常取

$$\Delta L'_{FC}\leqslant\frac{\lambda}{n'\sin^2 u'_{\mathrm{m}}} \tag{3-10}$$

按波色差计算为

$$W'_{FC} = \sum_{1}^{k} (D - d)\delta n_{FC} \leqslant \frac{\lambda}{4} \sim \frac{\lambda}{2} \tag{3-11}$$

3.7.2 望远目镜和显微目镜的像差公差

目镜的视场角较大，一般应校正好轴外点像差，因此本节主要介绍其轴外点的像差公差，轴上点的像差公差可参考望远物镜和显微物镜的像差公差。

1. 子午彗差公差

$$K'_{\mathrm{T}} \leqslant \frac{1.5\lambda}{n'\sin u'_{\mathrm{m}}} \tag{3-12}$$

2. 弧矢彗差公差

$$K'_{\mathrm{S}} \leqslant \frac{\lambda}{2n'\sin u'_{\mathrm{m}}} \tag{3-13}$$

3. 像散公差

$$x'_{\mathrm{ts}} \leqslant \frac{\lambda}{n'\sin^2 u'_{\mathrm{m}}} \tag{3-14}$$

4. 场曲公差

因为像散和场曲都应在眼睛的调节范围之内，可允许有 $2D \sim 4D$（屈光度），因此场曲为

$$\begin{cases} x'_{\mathrm{t}} \leqslant \dfrac{4f'^2_{\text{目}}}{1000} \\ x'_{\mathrm{s}} \leqslant \dfrac{4f'^2_{\text{目}}}{1000} \end{cases} \tag{3-15}$$

目镜视场角 $2\omega < 30°$时，公差应缩小 1/2。

5. 畸变公差

$$\delta y'_z = \frac{y'_z - y'}{y'} \times 100\% \leqslant 5\% \tag{3-16}$$

当 $2\omega = 30° \sim 60°$时，$\delta y'_z \leqslant 7\%$；当 $2\omega > 60°$，$\delta y'_z \leqslant 12\%$。

6. 倍率色差公差

目镜的倍率色差常用目镜焦平面上的倍率色差与目镜的焦距之比来表示，即用角像差来表示其大小：

$$\frac{\Delta y'_{FC}}{f'} \times 3440' \leqslant 2' \sim 4' \tag{3-17}$$

3.7.3 照相物镜的像差公差

照相物镜属大孔径、大视场的光学系统，应校正全部像差。但作为照相系统接收器的感光胶片因有一定的颗粒度，在很大程度上限制了系统的成像质量，因此照相物镜无需有很高的像差校正要求，往往以像差在像面上形成的弥散斑大小（能分辨的线对）来衡量系

统的成像质量。

照相物镜所允许的弥散斑大小应与光能接收器的分辨率相匹配。例如,荧光屏的分辨率为(4~6)线对/mm;光电变换器的分辨率为(30~40)线对/mm;常用照相胶片的分辨率为(60~80)线对/mm;微粒胶片的分辨率为(100~140)线对/mm;超微粒干版的分辨率为500线对/mm。所以不同的接收器有不同的分辨率,照相物镜应根据使用的接收器来确定其像差公差。此外,照相物镜的分辨率 N_L 应不小于接收器的分辨率 N_d,即 $N_L \geqslant N_d$,所以照相物镜所允许的弥散斑直径应为

$$2\Delta y' = 2 \times (1.5 \sim 1.2)/N_L \tag{3-18}$$

系数(1.5~1.2)是考虑到弥散圆的能量分布,也就是把弥散斑直径的60%~65%作为影响分辨率的亮核。

对一般的照相物镜来说,其弥散斑的直径在0.03mm~0.05mm以内是允许的。对以后需要放大的高质量照相物镜,其弥散斑直径要小于0.01mm~0.03mm。倍率色差最好不超过0.01mm,畸变要小于2%~3%。以上只是一般的要求,对一些特殊用途的高质量照相物镜,例如,投影光刻物镜、微缩物镜、制版物镜等,其成像质量要比一般照相物镜高得多,其弥散斑的大小要根据实际使用分辨率来确定,有些物镜的分辨率高达衍射分辨极限。

第4章 光学系统的外形尺寸计算

在进行光学系统设计之前,首先应该对光学系统进行初步设计。初步设计就是根据仪器所提出的使用要求,来决定满足使用要求的光学系统的性能参数、外形尺寸和各光组的结构等。

根据使用要求来确定光学系统整体结构尺寸的设计过程称为光学系统的外形尺寸计算。

光学系统的外形尺寸计算要确定的结构内容包括系统的组成、各组元的焦距、各组元的相对位置和横向尺寸。为了简化各种类型光组的计算,可以把光学系统看成是由一系列薄透镜组成的光学系统,经过简化后的光学系统就可以用理想光学系统的理论和公式进行计算。

另外,对于光学系统的外形尺寸计算,必须保证由使用要求决定的基本光学特性,计算出系统的外形尺寸,同时还应考虑在技术上和物理上有实现的可能性,并且要和机械结构、电气系统有很好的配合,还要具有良好的工艺性和经济性。

光学系统的外形尺寸计算没有统一的格式,由于各种光学系统的用途和使用要求不同,外形尺寸计算过程可有很大差别。但是,有三个方面的要求基本是一致的:第一,系统的孔径、视场、分辨率、出瞳直径和位置;第二,几何尺寸,即光学系统的轴向和径向尺寸、整体结构的布局;第三,成像质量、孔径和视场的权重。

特别需要指出,也有一些仪器和光组不能认为是薄透镜光组,如照相物镜、广角物镜、大数值孔径的高倍显微物镜等。对于这种系统的外形尺寸计算要与求解初始结构一起进行,它的外形尺寸就是像差校正好以后的结构尺寸,在此不做讨论。

4.1 典型光学零件和部件的外形尺寸计算

在一些较复杂的光学系统中除物镜、目镜外,常常带有转像系统、场镜、反射镜、反射棱镜等光学零件和部件。为了以后计算方便,先对这些光学零件和部件进行计算。

4.1.1 光路计算公式

在外形尺寸计算时,可以把整个光学系统看做是由薄透镜光组组成的,因此可以由高斯公式进行光路计算,为计算方便,将高斯公式变换成

$$\tan U'_k = \tan U_k + \frac{h_k}{f'_k} \tag{4-1}$$

转面公式

$$h_k = h_{k-1} - d_{k-1}\tan U'_{k-1} \tag{4-2}$$

4.1.2 任意光束截面的渐晕系数

在外形尺寸计算时，都把任意光束截面的渐晕系数 K 看做常量。现将其证明如下：如图 4－1 所示，设 $AB=-y$，是物高；$A'B'=y'$，是像高；P 是入瞳中心；h_1 和 $h_{1\omega}$ 是入瞳平面上轴上光束和轴外光束的半径；Q 是任意光束截面；h_1' 和 $h_{1\omega}'$ 是 Q 面上轴上光束和轴外光束的半径；ALA' 是轴上光线，BMB' 是轴外主光线，BKB' 是任意轴外光线。经过各个相似三角形变换后，可得如下关系：

$$K=\frac{h_{1\omega}'}{h_1'}=\frac{h_\omega}{h}=\frac{h_{1\omega}}{h_1} \tag{4-3}$$

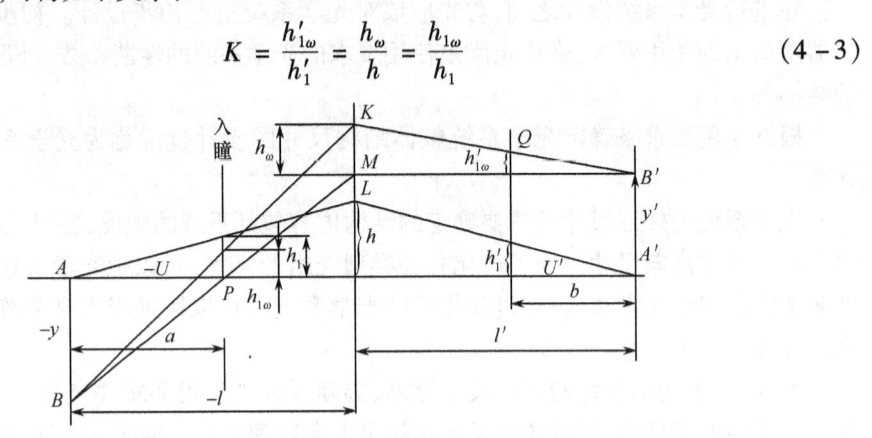

图 4－1　任意截面光束

由式(4－3)可以看出，在垂直于光轴的任意平面内，轴外光束的渐晕系数是一个常量。

4.1.3 棱镜转像系统

在望远系统需要具有较短的筒长和紧凑的仪器结构时，都采用棱镜转像系统。有时根据使用要求需要对光轴做各种转折，也必须采用反射镜或反射棱镜作为转像系统。

1. 平面反射镜的外形尺寸计算

平面反射镜的外形尺寸应由反射镜上光束截面的尺寸确定。在平行光束中反射镜上的光束截面是一个椭圆，如图 4－2 所示。其短轴半径 $2b$ 等于平行光的口径 D。其长轴 $2a$ 由下式确定：

$$2a=\frac{D}{\sin\varphi} \tag{4-4}$$

式中：φ 为反射镜与光轴的夹角。

在会聚或发散光束中，反射镜上的光束截面仍然是一个椭圆，如图 4－3 所示。假定发散光束与光轴的夹角为 $2u$，反射镜与光轴的夹角为 φ，光轴与反射镜的交点到光束顶点的距离为 L。

由图 4－3 可以看出，椭圆的长轴 $2a=a_1+a_2$，而 a_1 和 a_2 可由正弦定理求出，即

$$a_1=\frac{L\sin u}{\sin(\varphi-u)},\quad a_2=\frac{L\sin u}{\sin(\varphi+u)} \tag{4-5}$$

将 x_1 和 y_1 值代入上式，整理后得

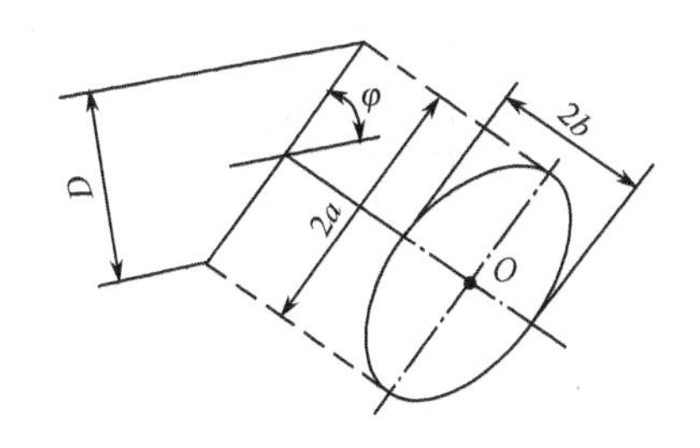

图 4-2　平行光束中反射镜的光束截面

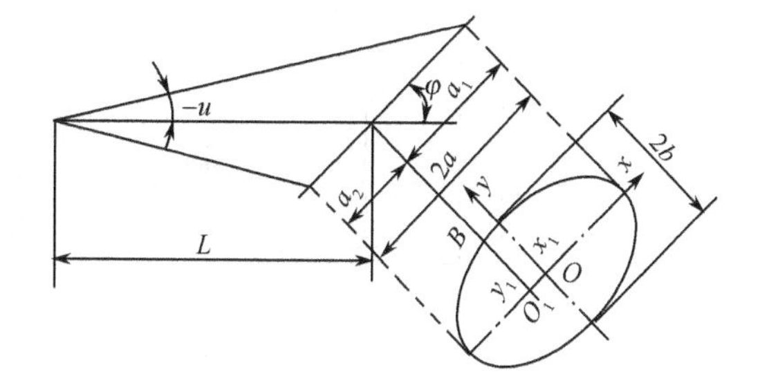

图 4-3　反射镜的光束截面

$$2b = \frac{2aL\tan u}{\sqrt{\frac{L\sin u}{\sin(\varphi + u)}\left(2a - \frac{L\sin u}{\sin(\varphi + u)}\right)}} \tag{4-6}$$

由式(4-5)和式(4-6)可以看出,反射镜的长度 $2a$ 和 φ 角有关,φ 角越小,长度越大。考虑到安装和调整,反射镜的实际尺寸应比计算尺寸大 2mm~3mm。

2. *反射棱镜*

在外形尺寸计算中,为了简化计算,首先把反射棱镜展开成等效玻璃平行平板,然后再将其变成等效空气板。这样简化就可以不考虑玻璃的折射,能很方便地计算出光线在等效空气板入射面和出射面上的入射高度和出射高度,它就是实际棱镜入射面和出射面的光线高度。当计算光线通过棱镜后的实际像面位置时,只要把玻璃平行平板的轴向位移 $\Delta l'$ 加入即可。

等效空气板厚度 $\bar{d}$ 和玻璃平行平板的轴向位移 $\Delta l'$ 可由下式求出:

$$\bar{d} = \frac{d}{n} \tag{4-7}$$

$$\Delta l' = \left(1 - \frac{1}{n}\right)d \tag{4-8}$$

式中:d 为玻璃平行平板的厚度;n 为玻璃材料的折射率。

图 4-4 是把反射棱镜变换成等效空气板后的光路图。图中,D_1 是物镜的口径;D_2 是棱镜入射面的口径;D_3 是出射面的口径;D_4 是视场光阑的口径。假定 $D_1 > D_4$,由图 4-4 可得

$$D_3 = 2y' + 2a_1\tan\alpha \tag{4-9}$$

式中:y' 为像高;a_1 为棱镜出射面到像面的距离,一般取 $a_1 \geqslant 0.01f'^2_2$(f'_2 为目镜的焦距)。

$$\tan\alpha = \frac{D_1 - D_4}{2f'_1} \tag{4-10}$$

式中:f'_1 为物镜的焦距。

在图 4-4 中,棱镜的入射光束截面口径 D_2 大于出射光束截面口径 D_3,因此棱镜的尺寸由 D_2 决定。但 D_2 和棱镜的等效空气板厚度 d 都是未知的,可以由图解和解析两种方法来确定 D_2 的尺寸。

1) 图解法

假定图 4-4(b)中 $ABCD$ 是反射棱镜展开后的玻璃平行平板,展开长度为 d,其等效

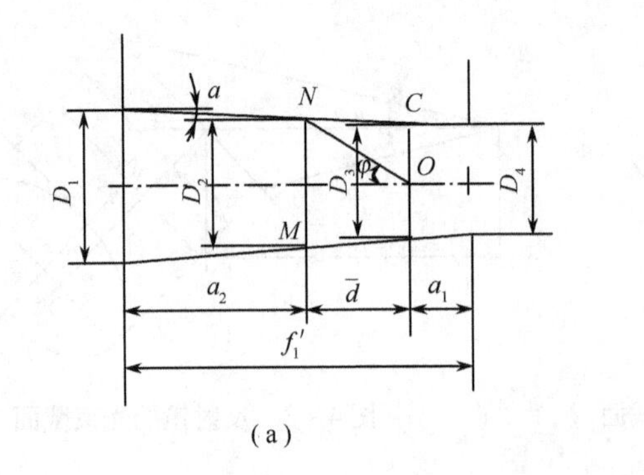

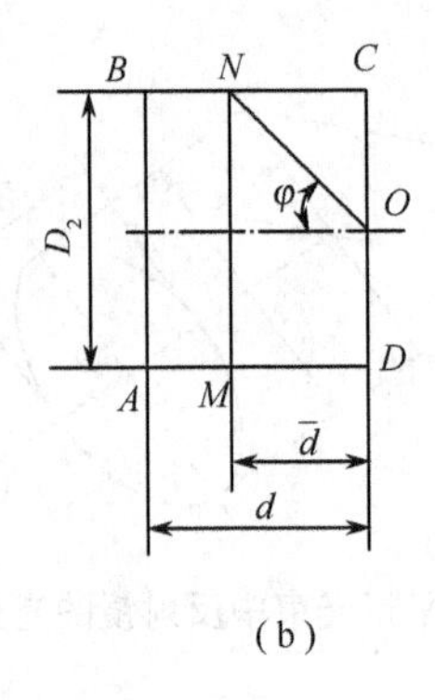

图 4－4　反射棱镜等效空气板后的光路图

空气板的厚度为$\bar{d}$。作直线 MN 垂直于光轴，并使其到出射面的距离为$\bar{d}$，连接点 N 和 CD 的中点 O，则得角 φ。由图 4－4 可得

$$\tan\varphi = \frac{D_2}{2\,\bar{d}}$$

因为 $d = KD_2$，$\bar{d} = \dfrac{d}{n}$，则得

$$\tan\varphi = \frac{n}{2K} \tag{4-11}$$

由式(4－11)可以得出，角 φ 对于已知类型的棱镜是一个常数，与棱镜的尺寸无关。在棱镜结构形式选定后，棱镜常数 K 和玻璃折射率 n 是已知的，由式(4－4)就可以求出角 φ。

现在用作图法来求棱镜的通光口径 D_2。在图 4－4(a)中，过棱镜的出射面中点 O 作直线 ON，使其与光轴夹角为 φ，与轴外上光线交于 N 点。过 N 点作垂直于光轴的直线 MN，则直线 MN 就是棱镜的通光口径 D_2。故可求出 $d = KD_2$，$\bar{d} = \dfrac{d}{n}$。

2）解析法

在图 4－4(a)中，三角形 ONC 的三个角分别为

$$\angle NOC = 90° - \varphi, \quad \angle ONC = \varphi - \alpha, \quad \angle NCO = 90° + \alpha$$

由正弦定理，得

$$\frac{D_3}{2\sin(\varphi - \alpha)} = \frac{NO}{\sin(90° + \alpha)}, NO = \frac{D_2}{2\sin\varphi}$$

整理后，则得

$$D_2 = \frac{D_3 \sin\varphi \cos\alpha}{\sin(\varphi - \alpha)} \tag{4-12}$$

式中，α 按式(4－10)确定，D_3按式(4－9)确定。求出 D_2后，便可求出 d 和$\bar{d}$。

在实际计算中，有时已知棱镜的入射面到物镜的距离 a_2，这时，$D_2 = D_1 - 2a_2\tan\alpha$，然后求出 d、$\bar{d}$和 D_3。其中 $D_3 = D_2 - 2d\tan\alpha/n$。

在 $D_1 < D_4$时，$D_3 > D_2$，则棱镜的出射面口径 D_3按式(4－9)计算，d 和$\bar{d}$应按 D_3确定。

4.1.4 透镜转像系统

透镜转像系统是放置在物镜实像面后的使像再一次倒转成正像的透镜系统。它的物平面与物镜的像平面重合，像平面与目镜的前焦面重合。在有些光学系统中，如潜望镜、内窥镜需要放置透镜转像系统以增加仪器的筒长。

透镜转像系统可分为单组的和双组的两种，现分别叙述如下：

1. 单组透镜转像系统

单组透镜转像系统的原理图如图 4－5 所示。图中 y 是被物镜成的像，y' 是转像系统成的像。点 A 与物镜后焦点重合，点 A' 与目镜前焦点重合，则转像系统的垂轴放大率 $\beta=-\frac{y'}{y}=-\frac{l'}{l}$。因为 $\beta<0, f'_1>0, f'_2>0$，则望远系统的总放大率 $\Gamma=-\frac{f'_1}{f'_2}\beta>0$。所以整个系统得到正像。转像系统的放大率一般取倍率 $\beta=-1$，这时转像系统的共轭距等于 4 倍转像透镜的焦距。

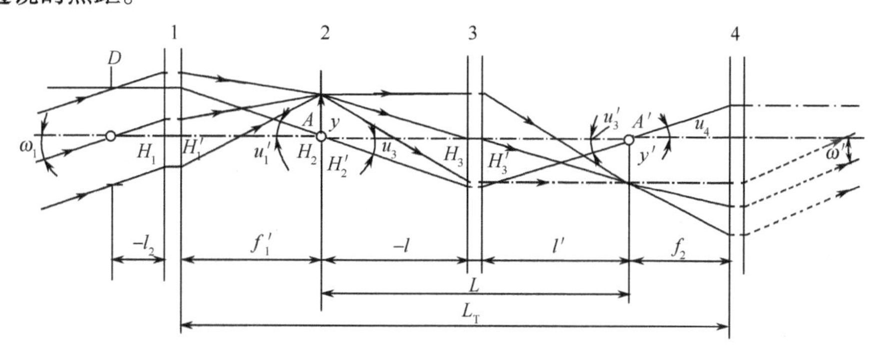

图 4－5 单组透镜转像系统

1—物镜；2—场镜；3—转像镜；4—目镜；D—入瞳。

外形尺寸计算时，如果已知整个系统的总长度 L_T，则转像系统的共轭距 $L=L_T-f'_1-f'_2$。已知 β 和 L 时，可用高斯公式求出转像透镜的 f'、l 和 l'，即

$$f'=\frac{-L\beta}{(1-\beta)^2},\quad l=\frac{L}{\beta-1},\quad l'=\frac{L\beta}{\beta-1} \tag{4-13}$$

由于 $\beta=-1$ 倍单组透镜转像系统承担较大的相对孔径，难以得到满意的像质，故常用双组透镜转像系统。

2. 双组透镜转像系统

图 4－6 是两个光组之间为平行光的双组透镜转像系统。由于这种结构在 $\beta=-1$ 倍时，其像差校正加工装调都比较方便，又容易获得满意的像质，所以在实际中得到广泛的应用。

由于两个镜组之间是平行光，第一镜组的前焦面与物镜的后焦面重合，第二镜组的后焦面与目镜的前焦面重合，所以可以把这个系统看做是放大率为 Γ_{Γ_1} 和 Γ_{Γ_2} 的两个望远系统的组合，这时系统的总放大率为

$$\Gamma=\Gamma_{\Gamma_1}\Gamma_{\Gamma_2} \text{或} \ \Gamma=-\frac{f'_1}{f'_5}\beta \tag{4-14}$$

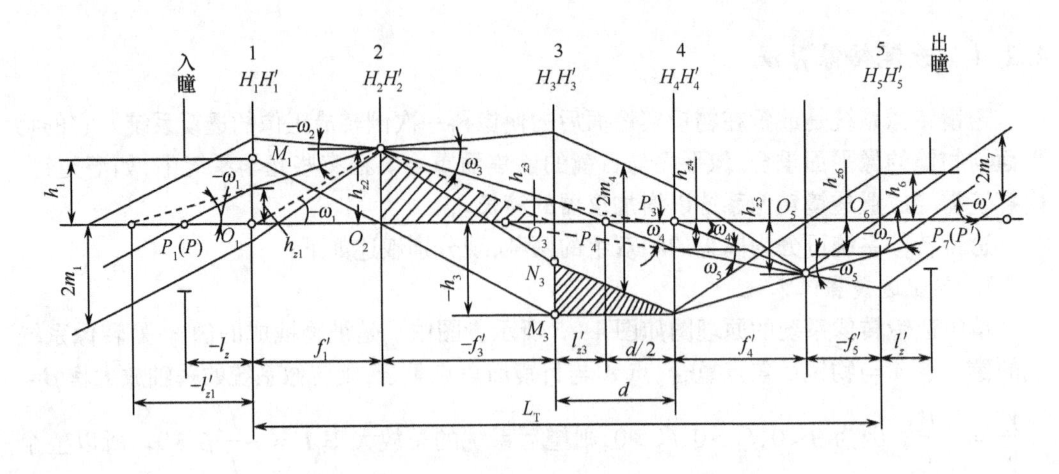

图4-6 双组透镜转像系统

1—物镜;2—场镜;3,4—转像透镜;5—目镜。

下面来确定转像系统的焦距和间隔。

1）转像系统的焦距和视场角的确定

由于$\beta=-1$,系统是全对称的,所以转像系统的焦距$f_3'=f_4'$,$D_3=D_4$。为了简化计算,对转像系统的通光口径附加一些限制条件。一般取D_3等于轴上光束口径,或者等于场镜的口径,或者等于技术条件中规定不允件超过的最大口径。取$D_3=D_4=2h_3$。从相似三角形$M_1O_1O_2$和$M_3O_2O_3$中可以得出,$O_3M_3/M_1O_1=h_3/h_1=D_3/D=f_3'/f_1'$。由此得出

$$f_3'=f_4'=\frac{D_3f_1'}{D} \tag{4-15}$$

把物镜和第一转像透镜看做是一个放大率$\Gamma_{\Gamma_1}=-\dfrac{f_1'}{f_3'}$的望远镜,由此可以求得转像系统的视场角$\omega_3$:

$$\tan\omega_3=\Gamma_{\Gamma_1}\tan\omega_1=-\frac{f_1'}{f_3'}\tan\omega_1 \tag{4-16}$$

已知$f_3'=f_4'$,$D_3=D_4$,则转像透镜的相对孔径$D_3/f_3'=D_4/f_4'$。由此可以求出转像系统的光组结构。

2）转像镜组间隔d的确定

整个系统的筒长L_T一般在技术条件中是已知的,它等于各光组的焦距和间隔d之和,即

$$L_T=f_1'+f_3'+d+f_4'+f_5'$$

由此可求出

$$d=L_T-f_1'-f_3'-f_4'-f_5' \tag{4-17}$$

如果没有给出系统的筒长L_T,可按给定的渐晕系数K来确定间隔d。在图4-6中,由画剖面线的两个相似三角形可得

$$D_2/(2f_3')=M_3N_3/d$$

式中

$$M_3N_3 = 2h_3 - 2m_4 = D_3 - 2m_4$$

而

$$2m_4 = KD_3$$

所以

$$M_3N_3 = D_3(1-K)$$

代入

$$d = \frac{M_3N_3}{\tan\omega_4} = \frac{M_3N_3}{D_2/(2f'_3)}$$

则得

$$d = 2f'_3D_3(1-K)/D_2$$

因为

$$D_2 = 2y' = 2f'_1\tan\omega_1, D_3 = Df'_3/f'_1$$

所以

$$d = \frac{(1-K)D}{|\tan\omega_1|}\left(\frac{f'_3}{f'_1}\right)^2 \tag{4-18}$$

如果已知 L_T,可按式(4-17)求出 d,再按式(4-18)验算渐晕系数 K。假如 K 比给定的允许值大,可用减小间隔 d 的方法修正筒长 L_T 使其满足渐晕系数 K 给定的允许值。

4.1.5 场镜的计算

在某些光学系统中,为了减小转像系统和目镜的通光口径,常在物镜的像平面上(或附近)放置一块透镜,这种加在中间像面上(或附近)的透镜称为场镜。

由于场镜位于像平面上(或附近),它的光焦度对系统的总光焦度无贡献,也不影响轴上光束的像差和系统的放大率,但对轴外像差有影响。场镜的焦距可由物镜的出瞳和转像系统的入瞳之间的物像共轭关系来确定。

在图4-7中,f'_1是物镜焦距;f'_3是转像透镜(或目镜)的焦距;l_z是入瞳距;l'_z是出瞳距;P_1是入瞳中心;P'_3是出瞳中心。

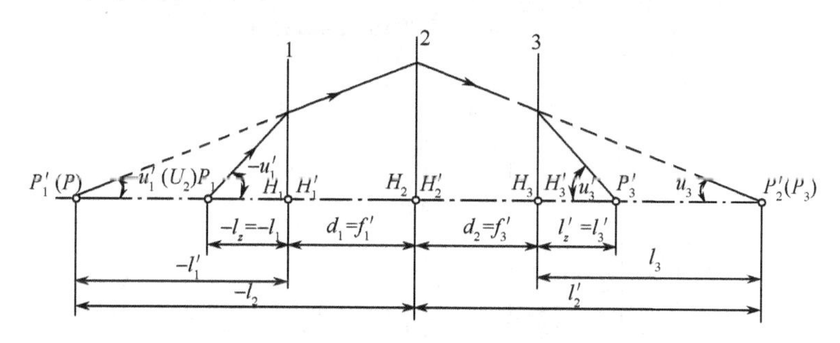

图4-7 加入场镜系统的入瞳、出瞳共轭关系图

1—物镜;2—场镜;3—目镜。

场镜f'_2可由主光线与入瞳中心的交点 P_1和转像透镜(或目镜)的出瞳中心 P'_3的共轭关系来决定。因此整个系统各个光组的光瞳都能够很好地衔接。由图中可以看出:

$$\Phi_2 = 1/l'_2 - 1/l_2$$

式中

$$l_2 = l'_1 - f'_1 = l'_1 - 1/\Phi_1 \quad , l'_2 = l_3 + 1/\Phi_3$$

而

$$l_1 = l_z \quad , l'_3 = l'_z$$

对第一和第三块透镜应用高斯公式，整理后得

$$l'_1 = \frac{l_z}{1 + l_z \Phi_1} \quad , l_3 = \frac{l'_z}{1 - l'_z \Phi_3}$$

将以上两式代入前边计算 l_2、l'_2和 Φ_2的公式，整理后得

$$\Phi_2 = \Phi_1(1 + l_z\Phi_1) + \Phi_3(1 - l'_z\Phi_3) \tag{4-19}$$

其中：Φ_1、Φ_2及 Φ_3分别为物镜、场镜和目镜的光焦度。

4.1.6 目镜的视度调节

大多数目视光学系统都是作为观察、瞄准和测量之用。为了使近视眼或远视眼能够看清物镜所成的像和分划刻线，要求目镜能够调节视度。近视眼应使中间像点 A'调焦到目镜的前焦点 F_2之内，远视眼则应调焦到 F_2之外。

图4-8(b)表示目镜的前焦点 F_2相对物镜的后焦点 F'_1［图4-8(a)］向左移动Δ，故Δ取负值。这时被物镜所成的中间像点 A'相对于目镜前焦点 F_2的距离 $X = -\Delta$。用 r 表示人眼的远点距离，A_r表示远点的位置；x'表示 A_r点到目镜后焦点 F'_2的距离；c 表示由目镜后焦点到人眼的距离，则有 $x' = r + c$。对目镜应用牛顿公式 $xx' = -f'^2_2$，则得 $\Delta = f'^2_2/(r+c)$。为使近视眼看清目镜所成的像，必须把像由无穷远调到近视眼的远点 A_r上。则人眼的调节视度$\overline{A} = 1000/r$，所以 $r = 1000/\overline{A}$。将其代入上式，则得 $\Delta = f'^2_2/(1000/\overline{A} + c)$。因为仪器的出瞳在目镜的后焦点附近，$|c| \ll |r|$，故可把 c 忽略不计，最后得 $\Delta = \overline{A}f'^2_2/1000$。通常视度调节范围取$\overline{A} = \pm 5$ 个屈光度，故上式可写为

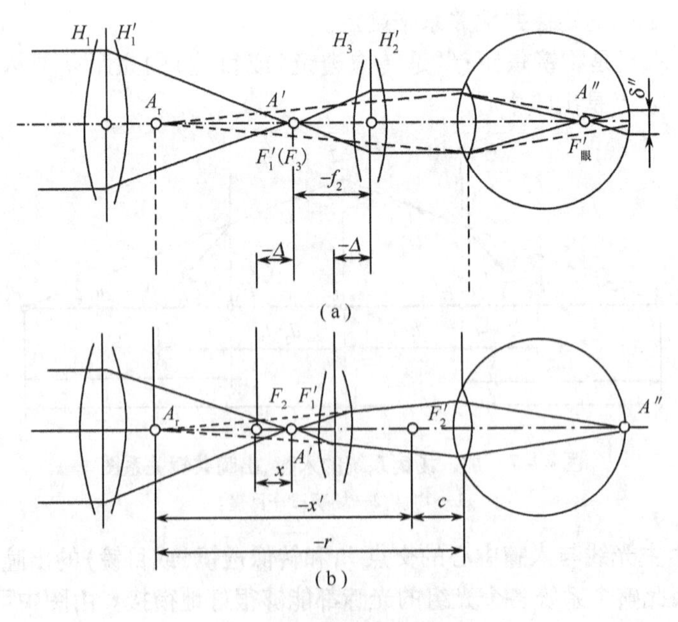

图4-8 目镜的视度调节

$$\Delta = \pm \frac{5f'^2_2}{1000} \tag{4-20}$$

4.2 典型光学系统外形尺寸计算

4.2.1 开普勒望远镜的外形尺寸计算

开普勒望远镜是最简单的望远镜系统，它由物镜和目镜组成，具有负的视觉放大率和实的中间像面，故可安放分划板作瞄准测量用。

在计算外形尺寸时，已知条件是：视觉放大率 Γ、视场角 2ω、出瞳直径 D'，在筒长 L 和目镜焦距 f'_2 以及出瞳距 l'_z 三个条件中任选一个。其计算步骤如下。

1. 物镜和目镜焦距的计算

根据不同的已知条件可分为下述三种情况。

（1）已知筒长 L，按下式计算：

$$L = f'_1 + f'_2, \quad \Gamma = -\frac{f'_1}{f'_2}$$

解得

$$f'_1 = \frac{\Gamma L}{\Gamma - 1}, \quad f'_2 = \frac{L}{1 - \Gamma} \tag{4-21}$$

由式（4－21）可直接计算出物镜和目镜焦距。

（2）在给定目镜焦距 f'_2 时，按下式计算物镜的焦距：

$$f'_1 = -\Gamma f'_2 \tag{4-22}$$

（3）在给定出瞳距 l'_z 时，先按目镜的视场角和目镜的工作距选择目镜的焦距 f'_2，然后再按式（4－22）计算物镜的焦距 f'_1。

目镜的视场角可按下式求出

$$\tan\omega' = -\Gamma\tan\omega \tag{4-23}$$

由图4－9可知

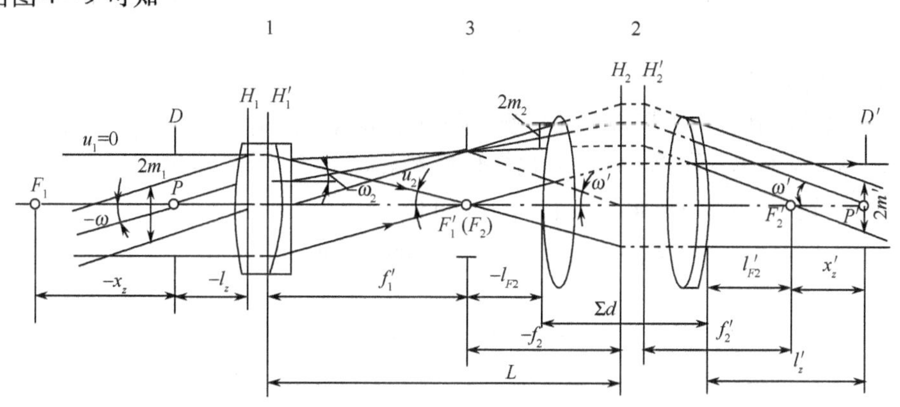

图4－9　开普勒望远系统

1—物镜；2—目镜；3—视场光阑。

$$l'_{F_2} = l'_z - x'_z$$

式中：x'_z为出瞳到目镜后焦点的距离，可由入瞳的位置x_z求出。

因为入瞳中心P和出瞳中心P'，F_1和F'_2是两对共轭点，所以线段x_z和x'_z是一对共轭线段，则得$x'_z = \alpha x_z$。而轴向放大率$\alpha = \dfrac{1}{\Gamma^2}$，故$x'_z = \dfrac{1}{\Gamma^2}x_z$。将其代入上式，则得$l'_{F_2} = l'_z - x_z/\Gamma^2$。如果考虑光瞳的像差，则$x'_z$将减小$\Delta x'_z$（在视场角比较大时，$\Delta x'_z$可达到2mm~3mm），这时$l'_{F_2}$为

$$l'_{F_2} = l'_z - \frac{x_z}{\Gamma^2} + \Delta x'_z \tag{4-24}$$

在计算时，首先根据式(4-23)和式(4-24)计算出目镜视场角$2\omega'$和工作距l'_{F_2}，然后选择目镜的结构形式和确定目镜焦距f'_2，最后再按式(4-22)计算物镜的焦距f'_1。

实际计算时可不必重新设计目镜，一般都从光学设计手册上选用现成的目镜结构。这样做不但节省计算时间，而且也能保证成像质量。所以从选择现成目镜入手计算望远镜的外形尺寸是有一定实用意义的。

2. 确定入瞳直径D和选择物镜结构

入瞳直径D可按下式计算：

$$D = \Gamma D' \tag{4-25}$$

在物镜的入瞳直径D和焦距f'_1求出之后，就可求出相对孔径D/f'_1，故可按物镜的f'_1、D/f'_1和2ω来选择物镜的结构。

3. 确定物镜、视场光阑和目镜的通光口径

1）物镜的通光口径

物镜的通光口径可按下式计算：

$$D_1 = 2l_z\tan\omega + 2m_1 \tag{4-26}$$

式中：$2m_1 = KD$，为轴外光束的通光口径，其中，K为轴外光束的渐晕系数。K值一般取0.5~1.0，在孔径角和视场角比较小时，取$K=1$，孔径角和视场角比较大时取$K=0.5$。

2）视场光阑的通光口径

一般都把视场光阑放在物镜的像平面上，用分划板做视场光阑，其口径为

$$D_2 = -2f'_1\tan\omega \tag{4-27}$$

3）目镜的通光口径

一般目镜的结构都由场镜和接目镜两部分组成，应分别求出各自的口径。在目镜的结构选好后，l_{F_2}和l'_{F_2}是已知的，然后根据轴外光束的光路计算就可确定目镜的通光口径。

（1）场镜通光口径的确定。由图4-9可得

$$D_3 = 2h_{z_1} + 2(f'_1 - l'_{F_2})\tan(-\omega_2) + 2m_2$$

其中

$$2h_{z_1} = 2l_z\tan\omega$$

$$\tan\omega_2 = \tan\omega'_1 = h_{z_1}/f'_1 + \tan\omega = (l_z\tan\omega + f_1\tan\omega)/f'_1$$

$$= (l_z + f'_1)/\tan\omega/f'_1$$

$$2m_2 = -2m_1 l_{F_2}/f'_1$$

代入上式，整理后，得

$$D_3 = 2l_z\tan\omega - 2(f'_1 - l_{F_2})\frac{l_z + f'_1}{f'_1}\tan\omega - \frac{2m_1 l_{F_2}}{f'_1} \tag{4-28}$$

（2）接目镜口径的确定。由图 4－9 可得

$$D_4 = 2l'_z\tan\omega' + 2m \tag{4-29}$$

式中：$2m' = D'$。

用式(4－28)和式(4－29)计算出的口径是比较准确的，它与手册上给出的口径基本一致。

（3）目镜的视度调节。根据使用要求，目镜应对非正常眼（近视或远视）能够调节 ±5 个视度。因此，目镜前焦面相对物镜像平面的位移量 Δ 可直接按式(4－20)计算，即

$$\Delta = \pm\frac{5f'^2_2}{1000}$$

4.2.2 伽利略望远镜的外形尺寸计算

伽利略望远镜常用在大地测量和航空测量仪器中。由于采用了负目镜，所以具有结构简单、筒长短、正像和光能损失少的优点。但它没有中间实像面，不能安放分划板作瞄准测量用，而主要用在观察系统中。在外形尺寸计算时，必须把眼睛作为孔径光阑来考虑，它是整个系统的孔径光阑和出射光瞳。物镜框是渐晕光阑和入射窗，因此有较大的渐晕，一般以 50% 的渐晕确定其视场大小。

在外形尺寸计算时，已知条件是：视觉放大率 Γ、出瞳直径 D'、物镜通光口径 D_1、出瞳距 l'_z。其计算步骤如下。

1. 物镜和目镜焦距的计算

在设计时，为了得到尽可能短的筒长和良好的成像质量，应该按物镜所能承担的最大相对孔径来选择物镜的焦距 f'_1。一般都选用单组双胶合透镜作为物镜，其相对孔径不应超过 1:4～1:3。在已知物镜口径 D_1 时，按相对孔径就可求出 f'_1，在按式(4－22)就可求出 $f'_2 = -f'_1\Gamma$。一般都选单负透镜作为目镜。

2. 入瞳直径 D 的计算

由式(4－25)得

$$D = \Gamma D'$$

3. 入瞳距 l_z 的计算

在图 4－10 中，由于 F_1、F'_2 和 P、P'（在图 4－9 中）是两对共轭点，所以线段 x_z 和 x'_z 是共轭线段，故

$$x_z = x'_z/\alpha = \Gamma^2 x'_z = \Gamma^2(l'_z - f'_2)$$

式中：α 为轴向放大率；l'_z 为目镜主面到出瞳的距离（出瞳距）。

则入瞳距为

$$\begin{aligned} l_z &= x_z - (-f_1) = \Gamma^2(l'_z - f'_2) - f'_1 = \Gamma^2 l'_z - \Gamma^2\left(-\frac{f'_1}{\Gamma}\right) + \Gamma f'_2 \\ &= \Gamma^2 l'_z + \Gamma(f'_1 + f'_2) = l'_z\Gamma^2 + \Gamma L \end{aligned}$$

所以

$$l_z = \Gamma(L + \Gamma l'_z) \tag{4-30}$$

因为 $\Gamma>0, L>0, l'_z>0$，所以 $l_z>0$，伽利略望远镜的入瞳总是在系统右边。

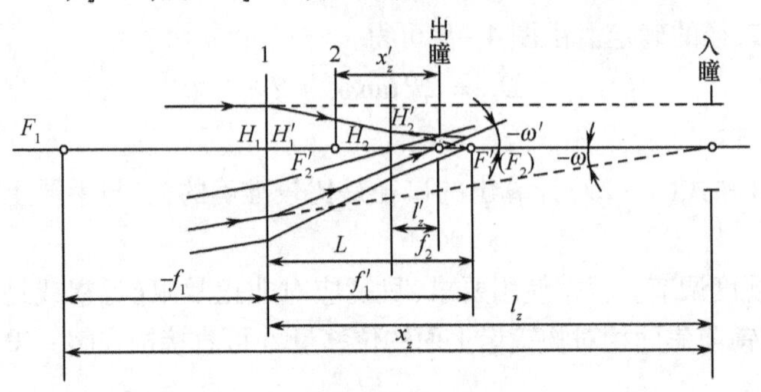

图 4-10　伽利略望远系统的入瞳距

1—物镜；2—目镜。

4. 视场角的计算

由于物镜框是渐晕光阑，所以视场角和物镜的通光口径有关，根据渐晕程度确定的视场角，如图 4-11 所示。

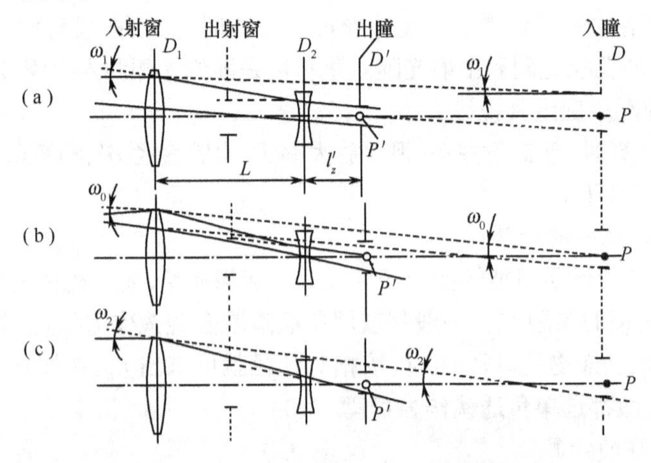

图 4-11　伽利略望远系统的渐晕情况图

(a) 没有渐晕；(b) 50% 渐晕；(c) 100% 渐晕。

没有渐晕的最小视场角满足

$$\tan\omega_1 = \frac{D_1 - D}{2\Gamma(l'_z\Gamma + L)} \tag{4-31}$$

50% 渐晕的视场角满足

$$\tan\omega_0 = \frac{D_1}{2\Gamma(l'_z\Gamma + L)} \tag{4-32}$$

100% 渐晕的最大视场角满足

$$\tan\omega_2 = \frac{D_1 + D}{2\Gamma(l'_z\Gamma + L)} \tag{4-33}$$

5. 计算目镜通光口径

由式(4－29)得

$$D_2 = 2l'_z\tan\omega' + KD'$$

式中：K 为渐晕系数；D'为出瞳直径。

4.2.3 具有透镜转像系统的望远系统外形尺寸计算

在要求正像和较长的筒长时，一般要用透镜转像系统。在实际中应用最多的是$\beta=-1$，中间为平行光的两组双胶合透镜系统。它具有像质好、装调容易的特点。为了减小转像系统和目镜的横向尺寸，使各个光组的光瞳能很好地衔接，在物镜的像平面上(或附近)要放一个场镜。在筒长比较长时，为了减小横向尺寸，允许轴外光束有50%的渐晕。

图4－12中，f'_1、f'_3、f'_4、f'_5是物镜、两个转像透镜和目镜的焦距，L是系统的筒长。

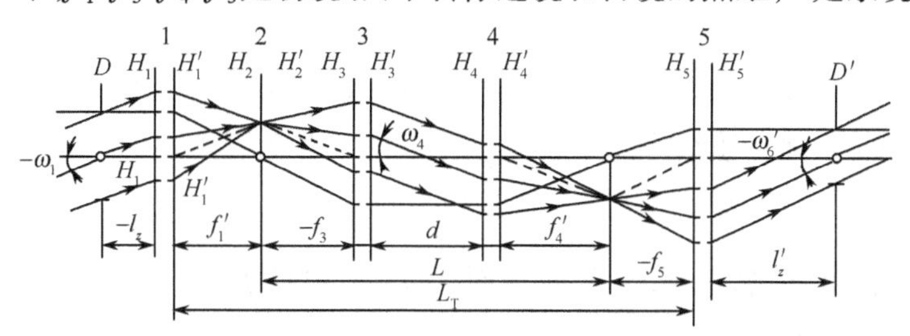

图4－12 具有透镜转像系统的望远系统

1—物镜；2—场镜；3，4—转像镜；5—目镜。

外形尺寸计算时，已知条件是；视觉放大率Γ、视场角2ω、出瞳直径D'、筒长L、出瞳距l'_z、渐晕系数K。其计算步骤如下：

(1) 计算目镜焦距f'_5和选择目镜结构。由式(4－23)计算像方视场角$2\omega'$，再根据出瞳距l'_z，选择目镜结构和确定其焦距f'_5。

(2) 计算物镜焦距f'_1和选择物镜结构。由式(4－22)计算物镜焦距f'_1。再按式(4－25)计算入瞳直径D，然后求出相对孔径。按D/f'_1、2ω和f'_1选择物镜结构。

(3) 计算视场光阑口径D_2。由式(4－27)可计算D_2。

(4) 计算转像系统的焦距f'_3和f'_4。由于转像系统一般也都是对称系统，所以有$f'_3=f'_4$和$D_3=D_4$。为了简化计算一般取转像系统的口径等于轴上光束口径或等于场镜的口径。取它等于轴上光束口径，即$D_3=D_4=2h_3$。转像透镜的焦距f'_3按式(4－15)求出，视场角ω_3按式(4－16)求出。然后再根据转像系统的D_3/f'_3、$2\omega_3$和f'_3选择转像透镜的结构。

(5) 计算转像透镜的间隔d。按式(4－17)计算d，然后再按式(4－18)验算渐晕系数K。或者按式(4－18)计算d，然后按式(4－17)验算L。

1. 计算场镜的焦距f'_2

由式(4－19)得

$$\Phi_2 = \Phi_1(1 + l_z\Phi_1) + \Phi_3(1 - d\Phi_3/2)$$

式中：Φ_1、Φ_2和Φ_3分别为物镜、场镜和转像透镜的光焦度；d为转像透镜之间的间隔。

在物镜孔径光阑选定后，l_z是已知的，故由上式转换后可求出场镜的焦距f'_2。

2. 计算各光组的通光口径

(1) 物镜的通光口径 D_1。由式(4-26)可计算出通光口径 D_1。如果入瞳在物镜框上,则 $D_1=2m=KD=D$。

(2) 场镜的通光口径 D_2。取场镜的口径等于视场光阑的口径 D_2。

(3) 转像透镜的通光口径 D_3和 D_4。由式(4-15)计算 D_3和 D_4。

(4) 目镜的通光口径。由式(4-28)计算可得

$$D_5=2\left[h_{z_4}+(f'_4-l_{F_5})\tan\omega_5-\frac{KD_3}{f'_4}l_{F_5}\right]$$

式中,ω_5可按光路计算的方法求出。其方法如下:首先把物镜和第一组转像透镜看成是一个望远系统。由式(4-23)得

$$\tan\omega_4=\Gamma_{\Gamma_1}\tan\omega=-f_1\tan\omega/f'_3$$

且主光线的高度

$$h_{z_4}=-h_{z_3}=-d\tan\omega_4/2,\quad \tan\omega_5=\tan\omega_4+h_{z_4}/f'_4$$

从而计算出 $\tan\omega_5$。在目镜结构选好后,l_{F_5}是已知的,故 D_5可由式(4-28)求出。

接目镜的通光口径 D_6可由式(4-29)求出。

4.2.4 具有棱镜转像系统的望远系统外形尺寸计算

在需要得到正像、筒长短的结构时,都采用棱镜转像系统。

在计算外形尺寸时,应将棱镜展开成玻璃平行平板,再变换成等效空气板,只要把它的通光口径计算出来,棱镜的尺寸就可以很方便地计算出来了。

现以单筒望远镜为例来说明反射棱镜的计算方法。

在外形尺寸计算时,已知条件是:视觉放大率 Γ、视场角 2ω、出瞳直径 D'、筒长 L,其计算步骤为

1. 计算物镜和目镜焦距

由式(4-21)得

$$f'_1=\frac{\Gamma L}{\Gamma-1},\quad f'_2=\frac{L}{1-\Gamma}$$

2. 确定入瞳直径和物镜通光口径

由式(4-25)计算出 D。因选物镜框作为孔径光阑,所以 $D_1=D$。

3. 选择物镜和目镜结构

根据物镜的 f'_1、D/f'_1和 2ω 来选择物镜结构。

在选目镜之前应按式(4-23)计算出目镜视场角 $2\omega'$。再根据目镜的 f'_2和 $2\omega'$来选择目镜结构。

4. 计算视场光阑直径

由式(4-27)得

$$D_K=-2f'_1\tan\omega$$

5. 反射棱镜外形尺寸计算

对于单筒望远镜来说,为使结构简单紧凑,选用屋脊棱镜作为转像系统,其结构如图 4-13 所示。

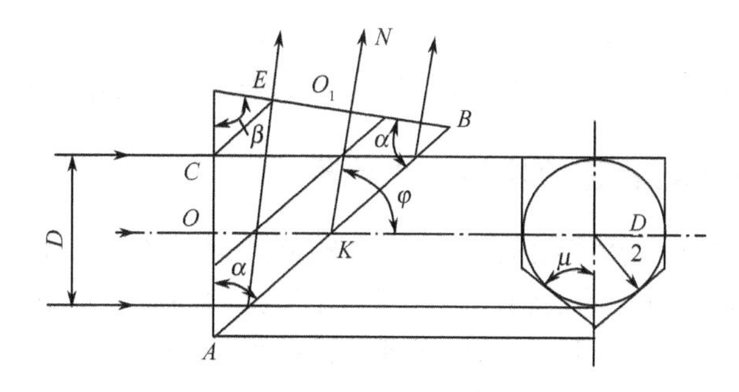

图 4-13　屋脊棱镜图

图中光轴倾斜角 $\varphi=80°$，棱镜斜边 AB 是角 φ 的平分线，$\angle NKB=40°$，所以 $\alpha=90°-40°=50°$，$\beta=180°-2\alpha=80°$。为使棱镜起到倒像作用，把棱镜的斜边做成两个屋脊面。其夹角 2μ 可按 $\tan\mu=\sin\alpha=\sin50°=0.766$ 计算，所以 $\mu=37.5°$。

设 D 为入射光束口径，则棱镜入射的尺寸为

$$AC=AO+OC=\frac{D}{2\sin\mu}+\frac{D}{2}=\frac{D}{2}\left(1+\frac{1}{\sin\mu}\right)$$

入射面和出射面的长度 $AC=BE$，则斜边长为

$$AB=2AK=\frac{2OA}{\sin(90°-\alpha)}=\frac{D}{\sin\mu\sin40°}$$

现在我们计算棱镜尺寸 AC、AB 和展开长度 d，为此先求出 $\angle OKA=90°-\alpha=40°$，则得

$$d=OK+KO_1=2OK=\frac{2OK}{\tan40°}=\frac{D}{\sin\mu\tan40°}$$

将已知数值代入上式，则得

$$AC=\frac{D}{2}\left(1+\frac{1}{0.609}\right)=1.32D \tag{4-34}$$

$$AB=\frac{D}{0.609\times0.643}=2.55D \tag{4-35}$$

$$d=\frac{D}{0.609\times0.839}=1.96D \tag{4-36}$$

因为 $d=1.96D$，所以棱镜结构常数 $K=1.96$。

为求出通光口径 D，应将棱镜变换成等效空气板。通光口径 D 的大小与空气板在光路中的位置有关。为了减小棱镜尺寸和使屋脊面得到尽可能大的允许制造误差，棱镜的输出面应尽量靠近物镜的像平面。但也不能靠得太近，否则会在目镜的视场中看到气泡、划痕、灰尘等疵病，并妨碍目镜调焦。一般取 $a_1\geqslant0.01f'^2_2$ 较为合适，取 $a_1=10\text{mm}$。然后按式(4-10)、式(4-9)和式(4-11)确定棱镜的输入面和输出面的通光口径 D_2 和 D_3，取其中最大的一个作为棱镜的通光口径 D，再将 D 代入 AC 和 AB 的表达式中，求出棱镜尺寸 AC 和 AB。

6. 计算出瞳距

由式(4-24)得

$$l'_z=l'_{F_2}+x_z/\Gamma^2$$

7. 计算目镜通光口径

由式(4-28)和式(4-29)即可计算出目镜场镜的口径 D_4 和接目镜口径 D_5。

4.2.5 内调焦望远物镜的外形尺寸计算

内调焦望远物镜是指物镜内部有一个负的调焦镜组构成的复合物镜,如图4-14所示。利用负镜组对远近不同的物体进行调焦能使像始终位于一个固定位置上,故把这个起调焦作用的负镜组称为调焦镜。由于调焦镜在镜筒内部,调焦时不改变筒长,所以称为内调焦望远镜。与外调焦望远镜相比,它具有筒长短、密封性好的优点,因此广泛用于大地测量仪器中。

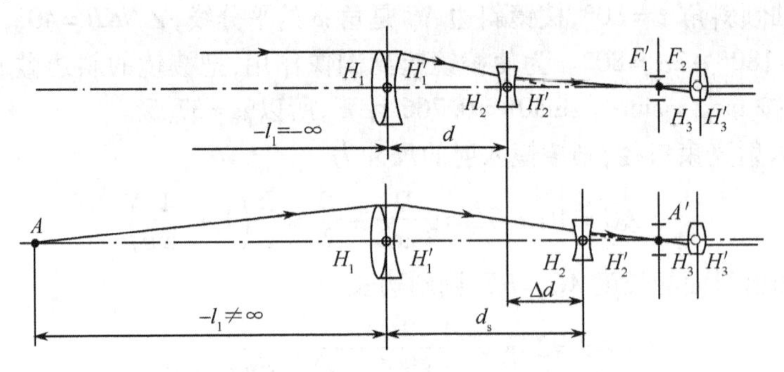

图4-14 内调焦望远物镜

负镜组可将主面提前,使筒长显著减小,其缩小比为

$$m=\frac{L}{f'}$$

式中:L 为筒长;f' 为物镜等效焦距。

一般取 $m=0.6\sim0.8$。过小的 m 将增大前组的相对孔径和高级像差,会使光组变得更复杂。

在望远镜作测距用时,测距方程为

$$s = Kl + c_s \tag{4-37}$$

式中:s 为被测距离;l 为读轮的读数;K 为测距常数,一般取 $K=100$;c_s 为加常数。

用望远镜测距时,应满足准距条件。当

$$L-2d+\frac{\delta f'_1}{\delta+f'_1}=0$$

时,$c_s=0$。

式中:δ 为前组到转轴的距离,一般取 $\delta=\frac{L}{2}+(15\sim20)\text{mm}$。

计算外形尺寸时,已知条件是:物镜的焦距 f'、相对孔径 D/f'、视场角 2ω、仪器轴的位移 δ、缩小比 m 或筒长 L、最近调焦距离 $l_{\min}$。

对于内调焦望远物镜的外形尺寸计算,基本公式和计算步骤如下。

1. 前组和调焦组的焦距及间隔的计算

为求出三个未知量 f'_1、f'_2 和 d,需解下述三个方程式:

$$\begin{cases}\dfrac{f_1'f_2'}{f_1'+f_2'-d}=f' \\ d+f'\left(1-\dfrac{d}{f_1'}\right)=L \\ L-2d+\dfrac{\delta f_1'}{\delta+f_1'}=0\end{cases} \tag{4-38}$$

2. 各镜组的通光口径的计算

（1）前组通光口径 D_1。由式(4-26)得

$$D_1=D+2l_z\tan\omega$$

（2）调焦组的通光口径 D_2。调焦组的通光口径可用光路计算的方法确定。应该按轴外上光线计算其口径，即

$$\tan\omega_1'=\tan\omega+h_{上1}/f_1'$$
$$h_{上2}=h_{上1}-d\tan\omega_1'$$
$$D_2=2h_{上2}$$

式中：$h_{上1}$为上光线在前组上的高度；$h_{上2}$为上光线在调焦组上的高度。

3. 近距离的间隔 d_s的计算

当物体对近距离调焦时，如图4-14所示，调焦镜需向后移动，此时两镜组的间隔增大为 d_s。其大小可按下式计算：

$$l_1'=\frac{l_1f_1'}{l_1+f_1'},\quad l_2=l_1'-d$$
$$l_2'=\frac{l_2f_2'}{l_2+f_2'}=\frac{(l_1'-d)f_2'}{l_1'-d+f_2'},\quad d=L-l_2'$$

将 l_2'代入上式，用 d_s代替 d，化简后得一关于 d_s的二次方程式，解此方程，则得

$$d_s=\frac{1}{2}[(l_1'+L)-\sqrt{(l_1'-L)(l'-L+4f_2')}] \tag{4-39}$$

4.2.6 生物显微镜的外形尺寸计算

生物显微镜主要用于观察生物标本等微小物体，应该按分辨率要求确定数值孔径，然后按数值孔径确定系统的有效放大率。

计算外形尺寸的已知条件是：分辨率 σ、共轭距 L、有效放大率 Γ。计算公式和计算步骤如下。

1. 计算物镜的数值孔径 NA

$$\mathrm{NA}=\frac{0.61}{\sigma} \tag{4-40}$$

2. 分配物镜和目镜的放大率

首先根据数值孔径 NA 选择物镜的结构和其垂轴放大率β，然后按下式计算目镜的放大率 $\Gamma_{目}$：

$$\Gamma_{目}=\frac{\Gamma}{\beta} \tag{4-41}$$

3. 计算物镜和目镜的焦距f'_1和f'_2

$$f'_1 = \frac{-L\beta}{(1-\beta)^2},\quad f'_2 = \frac{250}{\Gamma_{目}} \tag{4-42}$$

4. 计算显微镜的总焦距f'

$$f' = \frac{250}{\Gamma} \tag{4-43}$$

5. 计算目镜的线视场$2y'$

目镜结构选好后，它的视场角$2\omega'$是已知的，其线视场$2y'$为

$$2y' = 2f'_2\tan\omega' \tag{4-44}$$

6. 计算物镜线视场$2y$

$$2y = 2y'/\beta \tag{4-45}$$

7. 计算出瞳距l'_z

用x_z表示孔径光阑到目镜前焦点的距离，则得

$$l'_z = l'_{F_2} + x'_z = l'_{F_2} - \frac{f'^2_2}{x_z} \tag{4-46}$$

8. 计算显微镜的景深

$$2\mathrm{d}x = \frac{250n\varepsilon'}{\Gamma \mathrm{NA}} \tag{4-47}$$

9. 计算物镜通光口径

(1) 物镜框作为孔径光阑时，有

$$D_1 = 2l_1\tan u_1 \tag{4-48}$$

(2) 孔径光阑放在物镜后焦面上时，有

$$D_1 = 2(y + f'_1\tan u_1) \tag{4-49}$$

10. 计算目镜的通光口径

(1) 目镜场镜的通光口径D_2。由图4－15得

$$D_2 = 2\left(\frac{y' - \frac{D_1}{2}}{l'_1}\right)(l'_1 - l_{F_2}) + D_1 \tag{4-50}$$

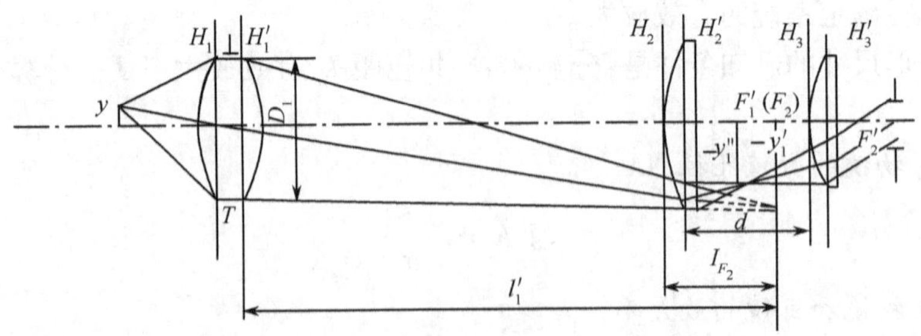

图4－15　生物显微镜光学系统图

(2) 接目镜的通光口径D_3

$$D_3 = 2(l'_{F_2} + x'_z)\tan\omega' + D' \tag{4-51}$$

式中：D'为出瞳直径，$D' = 2f'\mathrm{NA}$。

4.2.7 读数显微镜的外形尺寸计算

读数显微镜主要用于瞄准测量零件尺寸和玻璃刻尺，所以应该按读数精度计算各个参数。它的数值孔径小、放大倍数低，但要求放大倍数准确，其允许误差为 0.1% ~ 0.15%。为了消除调焦时引起的测量误差，物镜应采用远心光路。

在读数显微镜中，多采用螺旋测微目镜，如图 4－16 所示。

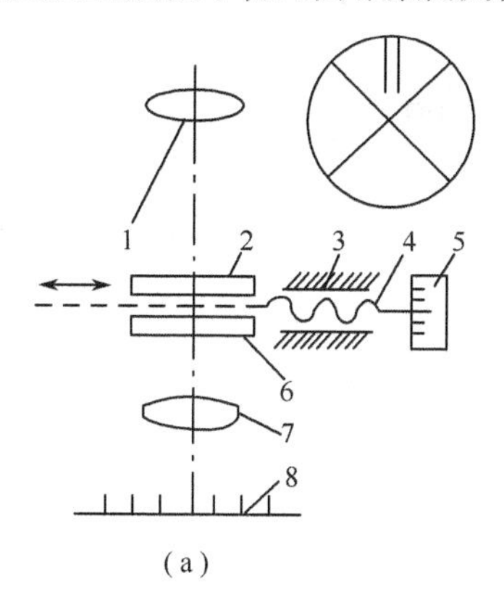

(a)

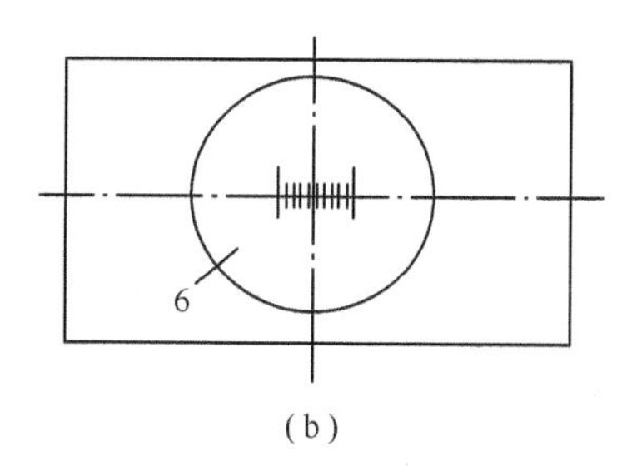

(b)

图 4－16 读数显微镜

1—目镜；2—可动分划板；3—螺杆套；4—测微螺杆；5—鼓轮；6—固定分划板；7—物镜；8—标尺。

在目镜的前焦面上放置两块分划板：一块是固定的，上面刻有 10 个刻度，其总长度恰好等于 1mm 被物镜放大 β 后的长度，因此分划刻度值为 0.1mm；另一块是可动的，上面刻有十字刻线和双刻线，它和螺距为 1mm 的螺杆连在一起。测微螺杆上的鼓轮刻有 100 个刻度，螺杆转动一周分划板移动一个刻度，因此鼓轮上一个刻度相当于 0.001mm。

计算外形尺寸时，已知条件是：读数精度 o、共轭距 L。

外形尺寸的基本公式和计算步骤如下：

1. 计算物镜的放大倍率 β 和焦距 f'_1

物镜的放大倍率应按读数精度计算，该精度要小于或等于仪器的刻度值。

设鼓轮的刻度间隔为 c、刻度值为 i，则总传数比为

$$k = \frac{c}{i}$$

假定物镜的放大率为 β，螺杆的螺距为 t，从鼓轮到分划板的传数比为 k_0，则有

$$k = k_0\beta$$

式中：$k_0 = \pi D/t$，其中 D 为鼓轮直径。将 k_0 代入上式，则有

$$k = \frac{\pi D}{t}\beta = \frac{c}{i}$$

所以

$$\beta = \frac{ct}{i\pi D}$$

设 n 为鼓轮的刻度数，则有 $c = \dfrac{\pi D}{n}$。将其代入上式，则得

$$\beta = \frac{\pi Dt}{i\pi Dn} = \frac{t}{in} \tag{4-52}$$

物镜的焦距按下式计算：

$$f'_1 = \frac{-\beta L}{(1-\beta)^2},\quad l_1 = \frac{L}{\beta - 1}\quad ,l'_1 = \beta l_1 \tag{4-53}$$

2. 计算目镜的放大率$\Gamma_{目}$和焦距f'_2

测微目镜的放大倍数应保证在测微螺杆移动半个刻度时分划板的移动量经目镜放大后恰好能被人眼分辨出来。

设人眼的极限分辨角为ε'，目镜的放大率为$\Gamma_{目}$，则有

$$250\varepsilon' = 0.5\frac{t}{n}\Gamma_{目}$$

由此得

$$\Gamma_{目} = \frac{500\varepsilon' n}{t} \tag{4-54}$$

目镜焦距f'_2可按下式计算：

$$f'_2 = \frac{250\text{mm}}{\Gamma_{目}} \tag{4-55}$$

3. 计算物镜的数值孔径 NA

计量仪器的数值孔径应按下式计算

$$\text{NA} = \frac{\Gamma}{300} \tag{4-56}$$

4. 计算分划板直径

分划板的直径由目镜物方线视场决定，一般为 18mm ~ 20mm。

5. 计算物镜线视场 $2y$

由式(4-45)可得 $2y$。

6. 计算出瞳距 l'_z

由于物镜选用远心光路，孔径光阑在物镜后焦面上，则按式(4-46)出瞳距 l'_z应为

$$l'_z = l'_{F_2} + \frac{-f'^2_2}{l'_1 - f'_1} \tag{4-57}$$

7. 计算出瞳直径 D'

$$D' = 2f'\text{NA} \tag{4-48}$$

8. 计算物镜通光口径 D_1

由式(4-49)可计算出 D_1。

9. 计算孔径光阑的通光口径

$$D_{孔} = 2f'_1\tan u_1 \tag{4-59}$$

10. 计算目镜的通光口径

由图 4-17 中的几何关系，得出目镜场镜的计算公式

$$D_3 = 2\left(\frac{y'}{l'_1 - f'_2}\right)(l'_1 - f'_1 - l_{F_2}) + D' \tag{4-60}$$

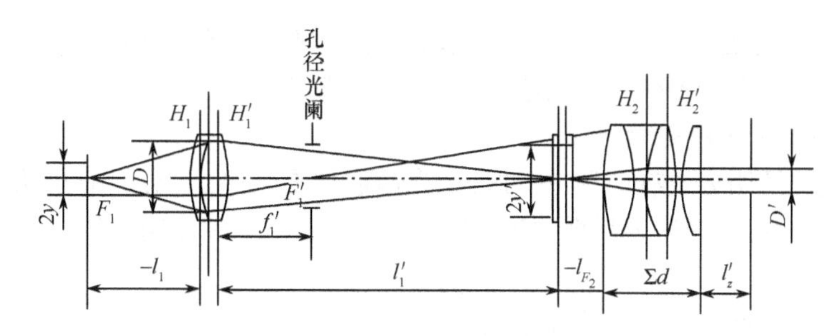

图 4-17　读数显微镜光学系统图

接目镜的口径可按式(4-51)计算

$$D_4 = 2l_z'\tan\omega' + D'$$

4.2.8　投影系统的外形尺寸计算

投影系统的外形尺寸计算,主要是计算投影物镜和照明系统的光学特性和外形尺寸。使屏幕得到足够的像面照度,还必须选择好光源,并计算系统的光能量。

计算外形尺寸时,已知条件是:胶片尺寸 $b \times h$、屏幕尺寸 $b' \times h'$(或放大率 β)、物镜到投影屏的距离 l'、像面照度 E',有时给出光源类型。

基本公式和计算步骤如下。

1. 确定投影物镜的光学特性

(1) 计算物镜的放大率 β:

$$\beta = -\frac{b'}{b} = -\frac{h'}{h} \tag{4-61}$$

(2) 计算物镜焦距 f':

$$f' = \frac{l'}{1-\beta} \tag{4-62}$$

(3) 计算物镜前焦点到胶片的距离 x:

$$x = \frac{f'}{\beta}$$

(4) 计算物镜视场角:

$$\tan\omega = \frac{\sqrt{b^2 + h^2}}{2(f' + |x|)} \tag{4-63}$$

(5) 计算物镜的相对孔径 D/f'。投影物镜的相对孔径应根据像面照度 $E_0' = K\pi L\sin^2 U'\left(\frac{n'}{n}\right)^2$ 来确定。在空气中 $n' = n = 1$,设入瞳直径为 D,出瞳直径为 D',光瞳放大率为 β_z,将式中的 $\sin U'$ 用相对孔径表示,即

$$\sin U' \approx \tan U' = \frac{D'}{2(x' - x_z')} = \frac{D\beta_z}{2(-f'\beta + f'\beta_z)} = \frac{D}{2f'}\frac{\beta_z}{(\beta_z - \beta)}$$

将其代入 E_0' 的计算式,并取 $\beta_z = 1$,得

$$\frac{D}{f'} = 2(1-\beta)\sqrt{\frac{E_0'}{K\pi L}} \tag{4-64}$$

式中:L 为光源的亮度;K 为系统的透过率;E'_0为中心视场的像面照度。

如果已知相对孔径 D/f',则可按式(4-64)计算光源亮度 L,然后按亮度 L 选择光源。

2. 计算照明系统的光学特性

投影系统的照明方式有两种:一种是把光源成像在入瞳上,类似柯拉照明;另一种是把光源成像在胶片上,是临界照明,如图4-18所示。前一种照明比较均匀,在投影系统中都采用这种照明。

(1) 计算聚光照明系统的放大率 β_k:

$$\beta_k = -\frac{D}{c} \tag{4-65}$$

式中:D 为物镜的入瞳直径;c 为灯丝的最小尺寸。

(2) 计算聚光镜的孔径角 U_k:

$$\sin U_k = \beta_k \sin U'_k \tag{4-66}$$

式中:U'_k为聚光镜的像方孔径角,由图4-18可得

$$\tan U'_k = \frac{D}{2(f'_k + x)} = \frac{y}{x_z - x} \tag{4-67}$$

式中:x_z为入瞳到物镜前焦点的距离;x 为胶片到物镜前焦点的距离;y 为物高。

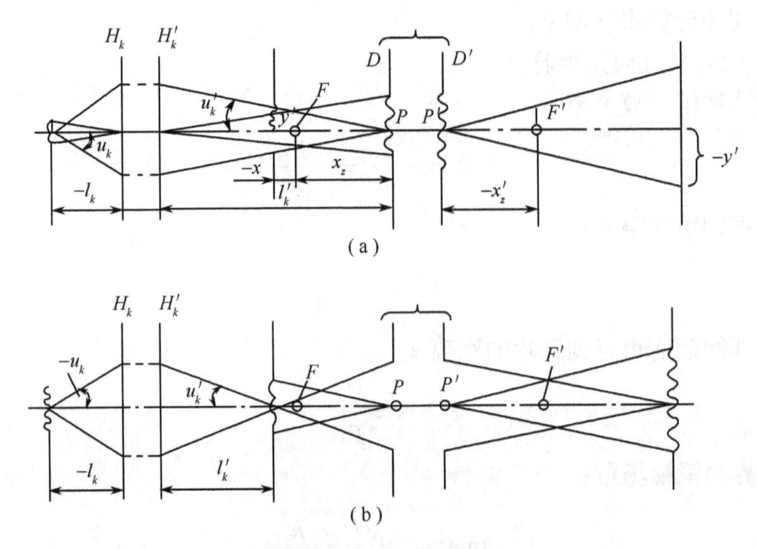

图4-18 照明系统

(a)柯拉照明;(b)临界照明。

(3) 计算聚光镜的焦距 f'_k:

$$f'_k = \frac{l'_k}{1-\beta_k}$$

式中:l'_k为聚光镜主面到物镜入瞳的距离,如图4-18所示。

第 5 章　光学系统的初始结构计算方法

光学系统的初始结构计算通常采用代数法(解析法)和缩放法两种方法。代数法是根据初级像差理论来求解满足成像质量要求的初始结构的方法,又称为 PW 法;缩放法是根据已有光学技术资料和专利文献,选择其光学特性与所要求的相接近的结构作为初始结构,是一种比较实用而又容易获得成功的方法。下面分别进行详细的叙述。

5.1　代数法(解析法或 PW 法)

5.1.1　PW 形式的初级像差系数

用光线光路计算求取光学系统的像差值来判断其成像质量,必须在计算之前就知道光学系统的结构参数(r,d,n)。这个结构参数可能是像差已校正得很好的可用结果,也可能是供进一步做像差校正用的初始结构。本节主要讨论按初级像差理论,根据一定像差要求来求解初始结构,以供作光线光路计算校正像差之用。

在解初始结构参数时,没有考虑高级像差,又略去了透镜的厚度,因此它只是一个近似解,其近似程度取决于所要求的视场和孔径的大小。

为使初级像差系数和系统的结构有紧密的关系,把初级像差系数变换成以参量 P 和 W 表示的形式。本章主要讨论用 PW 形式的初级像差系数进行光学设计的一般方法。

为导出 PW 形式的初级像差系数,令

$$\begin{cases} P = ni(i-i')(i'-u) \\ W = (i-i')(i'-u) \end{cases} \tag{5-1}$$

下面进一步变换成 u 和 u'表示的形式,以便于应用。即把式(5-1)中的 i 和 i'以 u 和 u'取代。

$$i-i'=i-\frac{ni}{n'}=ni\left(\frac{1}{n}-\frac{1}{n'}\right)$$

又因 $i-i'=u-u'$,还可由上式求得 ni:

$$ni=-\frac{u'-u}{\dfrac{1}{n'}-\dfrac{1}{n}}=-\frac{\Delta u}{\Delta\dfrac{1}{n}}$$

将其代入 P 的表达式,得

$$P=\left(\frac{\Delta u}{\Delta\dfrac{1}{n}}\right)^2(i'-u)\left(\frac{1}{n}-\frac{1}{n'}\right)$$

而

$$(i'-u)\left(\frac{1}{n}-\frac{1}{n'}\right)=\frac{i'-u}{n}-\frac{i-u'}{n'}=\frac{u'}{n'}-\frac{u}{n}=\Delta\frac{u}{n}$$

由此可得所要求的 P 和 W 的表达式为

$$P=\left(\frac{\Delta u}{\Delta\frac{1}{n}}\right)^2\Delta\frac{u}{n} \tag{5-2}$$

$$W=\frac{P}{ni}=-\frac{\Delta u}{\Delta\frac{1}{n}}\Delta\frac{u}{n} \tag{5-3}$$

将上面 P、W 表达式及公式 $\frac{i_z}{i}=\frac{h_z}{h}+\frac{J}{hni}$ 代入第 2 章中的初级像差公式可得

$$\begin{cases}\sum_1^k S_{\mathrm{I}}=\sum_1^k hP\\ \sum_1^k S_{\mathrm{II}}=\sum_1^k h_zP+J\sum_1^k W\\ \sum_1^k S_{\mathrm{III}}=\sum_1^k\frac{h_z^2}{h}P+2J\sum_1^k\frac{h_z}{h}W+J^2\sum_1^k\frac{1}{h}\Delta\frac{u}{n}\\ \sum_1^k S_{\mathrm{IV}}=J^2\sum_1^k\frac{n'-n}{n'nr}\\ \sum_1^k S_{\mathrm{V}}=\sum_1^k\frac{h_z^3}{h^2}P+3J\sum_1^k\frac{h_z^2}{h^2}W+J^2\sum_1^k\frac{h_z}{h}\left(\frac{3}{h}\Delta\frac{u}{n}+\frac{n'-n}{n'nr}\right)-J^3\sum_1^k\frac{1}{h^2}\Delta\frac{1}{n^2}\end{cases} \tag{5-4}$$

这就是以 P、W 表示的按折射面分布的初级像差系数表达式。

5.1.2 薄透镜系统初级像差的 PW 表达式

薄透镜系统由若干厚度可忽略的薄透镜组成，如图 5－1 所示。

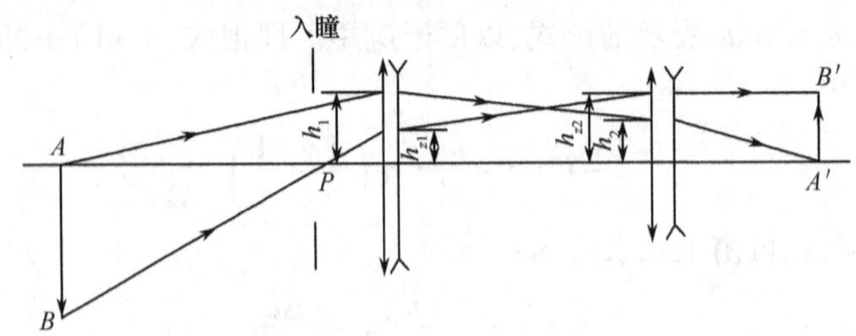

图 5－1 薄透镜系统

在一个薄透镜组中各折射面上的 h 和 h_z 相等，可以提到 $\sum$ 的外面，并将同一薄透镜组中各折射面的 P、W 之和作为该透镜的 P、W，这样，每一个透镜组在各个公式中对应一项，而不是像原来公式中以每一个折射面对应一项。若系统中某一透镜组由 k 个折射面组成，则该透镜组的 P、W 如下式表示：

$$P = \sum_1^k \left(\frac{\Delta u}{\Delta \frac{1}{n}}\right)^2 \Delta \frac{u}{n}$$

$$W = -\sum_1^k \frac{\Delta u}{\Delta \frac{1}{n}} \Delta \frac{u}{n}$$

下面对式(5－4)中$\sum S_{\mathrm{III}}$的最后一项$\sum \frac{1}{h}\Delta \frac{u}{n}$进行简化,如前所述,$h$可提到$\sum$之外,得

$$\sum \frac{1}{h}\Delta \frac{u}{n} = \frac{1}{h}\sum \Delta \frac{u}{n} = \frac{1}{h}\left[\left(\frac{u_1'}{n_1'} - \frac{u_1}{n_1}\right) + \left(\frac{u_2'}{n_2'} - \frac{u_2}{n_2}\right) + \cdots + \left(\frac{u_k'}{n_k'} - \frac{u_k}{n_k}\right)\right]$$

由于$u_i' = u_{i+1}$,$n_i' = n_{i+1}$,方括号内各项两两相消,只剩下$\left[\frac{u_k'}{u_k} - \frac{u_1}{n_1}\right]$,若系统在空气中,则$n_1 = n_k' = 1$,故

$$\sum \frac{1}{h}\Delta \frac{u}{n} = \frac{1}{h}(u_k' - u_1) = \Phi \tag{5－5}$$

式中:Φ为薄透镜组的光焦度。

对式(5－4)中$\sum S_{\mathrm{IV}}$的$\sum \frac{n'-n}{n'nr}$进行化简。对于第一个薄透镜的两个折射面,有如下关系:

$$\sum_1^2 \frac{n'-n}{n'nr} = \frac{n_1'-n_1}{n_1'n_1r_1} + \frac{n_2'-n_2}{n_2'n_2r_2}$$

薄透镜在空气中,$n_1 = 1$,$n_2' = 1$,$n_1' = n_2 = n$(玻璃的折射率),则上式可写为

$$\sum_1^2 \frac{n'-n}{n'nr} = \frac{n-1}{nr_1} + \frac{1-n}{nr_2} = \frac{n-1}{n}\left(\frac{1}{r_1} - \frac{1}{r_2}\right) = \frac{\varphi}{n}$$

式中:φ为薄透镜在空气中的光焦度。

推广到整个薄透镜组,得

$$\sum \frac{n'-n}{n'nr} = \sum \frac{\varphi}{n} \tag{5－6}$$

如令$\mu = \frac{\sum \frac{\varphi}{n}}{\Phi}$,即$\mu = \frac{1}{n}$(折射率倒数),则

$$\sum \frac{n'-n}{n'nr} = \sum \frac{\varphi}{n} = \mu\Phi \tag{5－7}$$

对于一般光学玻璃,$n = 1.5 \sim 1.7$,则$\mu = 0.6 \sim 0.7$。

可以证明,在式(5－4)中$\sum S_{\mathrm{V}}$的最后一项$J^3 \sum \frac{1}{h^2}\Delta \frac{1}{n^2} = 0$。这是因为同一薄透镜组中折射面上的$h$都是相同的,$h$可以提到$\Sigma$之外,且$n'_i = n_{i+1}$,而薄透镜绝大多数在空气中,所以$\sum \Delta \frac{1}{n^2} = 0$,即这一项等于零。

经过以上简化,薄透镜系统的初级像差系数公式变为如下形式:

$$
\begin{cases}
-2n'u'^2\delta L' = \sum S_{\mathrm{I}} = \sum hP \\
-2n'u'K'_{\mathrm{s}} = \sum S_{\mathrm{II}} = \sum h_z P + J\sum W \\
-n'u'^2(x'_{\mathrm{t}} - x'_{\mathrm{s}}) = \sum S_{\mathrm{III}} = \sum \dfrac{h_z^2}{h}P + 2J\sum \dfrac{h_z}{h}W + J^2\sum \Phi \\
-2n'u'^2 x'_{\mathrm{p}} = \sum S_{\mathrm{IV}} = J^2\sum \mu\Phi \\
-2n'u'\delta Y'_z = \sum S_{\mathrm{V}} = \sum \dfrac{h_z^3}{h}P + 3J\sum \dfrac{h_z^2}{h^2}W + J^2\sum \dfrac{h_z}{h}\Phi(3+\mu)
\end{cases} \tag{5-8}
$$

进行光学系统设计时,当光学系统中各个薄透镜组的光焦度 Φ 和它们之间的相互位置确定以后,第一、第二近轴光线在各组上的投射高度 h 和 h_z 也就确定了,每组的像差就由 P、W 这两个参数确定。所以把 P、W 称为薄透镜组的像差参量(或称为像差特性参数)。

由 P、W 求薄透镜系统的初始解的过程如下:

(1) 由整个系统的技术要求进行外形尺寸计算,求得 h、h_z、Φ、J 等;

(2) 根据像差要求用式(5-8)求出每个薄透镜组的像差参量 P、W;

(3) 由 P、W 确定各薄透镜组的结构参数。

5.1.3 薄透镜系统的基本像差参量

上节给出了以透镜组为单元的薄透镜系统的初级像差系数。透镜组(简称光组)的参数有两部分:一部分称为内部参数,是指光组各折射面的曲率半径 r、折射面间间隔 d 和各折射面间介质的折射率 n;另一部分称为外部参数,主要指物距 l、焦距 f'、视场角 ω 和相对孔径 $\dfrac{D}{f'}$ 等。

P、W 值不仅与内部参数有关,而且也与外部参数有关,即 P、W 值还随光组外部参数的改变而改变。为了使 P、W 和光组内部参数的关系简单化,便于由 P、W 确定光组的结构,必须使 P、W 值不受光组外部参数的直接影响。也就是说,以某一特定位置时的 P、W 值作为像差的基本参量,通常以物体位于无限远时的 P、W 值作为透镜组的基本像差参量,记之以符号 P^∞ 和 W^∞。此外,实际使用的光组具有各种不同的焦距 f' 和第一辅助光线的入射高度 h,所以由 P、W 值求薄透镜组的结构参数时,计算很麻烦。

为了简化计算和掌握 P、W 与结构参数的变化规律,常以 P^∞、W^∞ 归化于一定条件下的值作为基本像差参量。这一归化条件就是 $u_1=0, h_1=1, f'=1$ 和 $u'_k=1$,在此归化条件下的 P、W 值以 $\overline{P}^\infty$ 和 $\overline{W}^\infty$ 来表示。下面分别叙述其归化步骤。

1. 对有限距离的 P、W 值进行归化

由薄透镜的焦距公式可知,将各个折射球面半径除以 f',则这个系统的焦距便等于1。再取 $h=1$,这样的薄透镜系统的像差参量用 $\overline{P}$、$\overline{W}$ 表示。现在求 P、W 和 $\overline{P}$、$\overline{W}$ 的关系。在高斯公式两边乘以 h,由于 $\dfrac{h}{l'}=u'$,$\dfrac{h}{l}=u$,$\dfrac{h}{f'}=h\Phi$,得

$$u'-u=h\Phi$$

上式两边除以 $h\Phi$,得

$$\frac{u'}{h\Phi} - \frac{u}{h\Phi} = 1$$

令$\bar{u}' = \frac{u'}{h\Phi}, \bar{u} = \frac{u}{h\Phi}$,并代入上式,得

$$\bar{u}' - \bar{u} = 1$$

式中:$\bar{u}'$、$\bar{u}$分别为归化像方孔径角和物方孔径角。

从以上关系得知,当取$f' = 1, h = 1$时,$\bar{u}'$和$\bar{u}$为原来的u'和u乘以$\frac{1}{h\Phi}$。再由式(5-2)和式(5-3)可知,P和u、u'的三次方成比例,W和u、u'的平方成比例。所以进行归化时有如下的关系:

$$\begin{cases} \bar{u} = \frac{u}{h\Phi} \\ \bar{P} = \frac{P}{(h\Phi)^3} \\ \bar{W} = \frac{W}{(h\Phi)^2} \end{cases} \tag{5-9}$$

对于负透镜,只须将Φ以负值代入以上公式就得到归化的$\bar{P}$、$\bar{W}$。

由于

$$\beta = \frac{u}{u'} = \frac{\frac{u}{h\Phi}}{\frac{u'}{h\Phi}} = \frac{\bar{u}}{\bar{u}'}$$

所以焦距归化后放大率不变,即物像的相对位置不变。

2. 对物体位置的归化

实际的光学系统中,物体可能位于各种不同的位置,现在来分析物体位置改变时,P、W的变化,再进一步分析物体位于无限远的情况。图5-2所示为一折射面,当物体位于A时,第一近轴光线与光轴的物方夹角为u_{A1},像差参量为P_A、W_A,当物移至B时,相应的夹角为u_{B1},像差参量为P_B、W_B,用$u_{B1} - u_{A1} = \alpha$表示物体移动时u角的变化量。

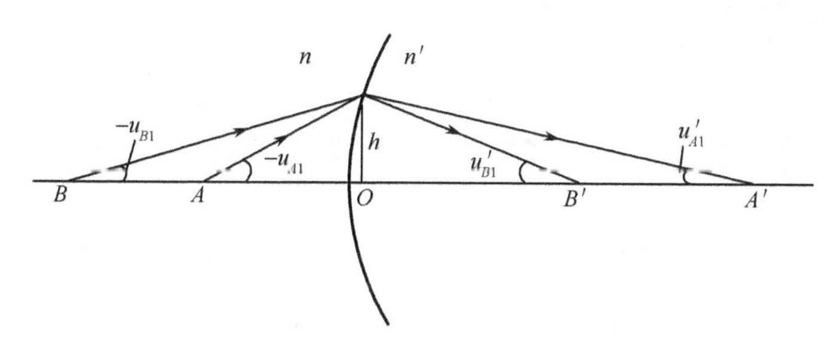

图5-2 物经一折射面的成像关系

根据球面折射公式,有

$$n'u' - nu = \frac{h(n' - n)}{r}$$

分别由A、B发出的光线,对应的n、n'、r是相同的,而h也相等,因此有

$$n'u'_A - nu_A = n'u'_B - nu_B$$

$$n(u_B - u_A) = n'(u'_B - u'_A)$$

对整个薄透镜组来说，由于 $u'_i = u_{i+1}, n'_i = n_{i+1}$，故以下关系成立：

$$n_1(u_{B1} - u_{A1}) = n'_1(u'_{B1} - u'_{A1}) = n_2(u_{B2} - u_{A2})$$
$$= n'_2(u'_{B2} - u'_{A2}) = \cdots\cdots = n'_k(u'_{Bk} - u'_{Ak})$$

式中，$u_{B1} - u_{A1} = \alpha, n_1 = 1$，则对任一折射面，以下关系成立：

$$u_B - u_A = \frac{\alpha}{n}, u'_B - u'_A = \frac{\alpha}{n'}$$

将

$$u_B = u_A + \frac{\alpha}{n}, \quad u'_B = u'_A + \frac{\alpha}{n'}$$

代入

$$W_B = -\frac{\Delta u_B}{\Delta \frac{1}{n}}\Delta \frac{u_B}{n}$$

可得

$$W_B = -\sum \frac{u'_A + \frac{\alpha}{n'} - u_A - \frac{\alpha}{n}}{\frac{1}{n'} - \frac{1}{n}}\left(\frac{u'_A}{n'} + \frac{\alpha}{n'^2} - \frac{u_A}{n} - \frac{\alpha}{n^2}\right)$$

$$= -\sum \frac{\Delta u_A + \alpha\Delta \frac{1}{n}}{\Delta \frac{1}{n}}\left(\Delta \frac{u_A}{n} + \alpha\Delta \frac{1}{n^2}\right)$$

$$= -\sum\left(\frac{\Delta u_A}{\Delta \frac{1}{n}}\Delta \frac{u_A}{n} + \alpha\Delta \frac{u_A}{n} + \frac{\Delta u_A}{\Delta \frac{1}{n}}\alpha\Delta \frac{1}{n^2} + \alpha^2\Delta \frac{1}{n^2}\right)$$

式中：

第一项 $-\sum \frac{\Delta u_A}{\Delta \frac{1}{n}}\Delta \frac{u_A}{n} = W_A$

第二项 $-\sum \alpha\Delta \frac{u_A}{n} = -\alpha\left[\left(\frac{u'_{A1}}{n'_1} - \frac{u_{A1}}{n_1}\right) + \left(\frac{u'_{A2}}{n'_2} - \frac{u_{A2}}{n_2}\right) + \cdots + \left(\frac{u'_{Ak}}{n'_k} - \frac{u_{Ak}}{n_k}\right)\right]$

$$= -\alpha\left(\frac{u'_{Ak}}{n'_k} - \frac{u_{A1}}{n_1}\right) = -\alpha(u'_{Ak} - u_{A1}) = -\alpha h\Phi$$

第三项 $-\sum \frac{\Delta u_A}{\Delta \frac{1}{n}}\alpha\Delta \frac{1}{n^2} = -\alpha\sum \frac{\Delta u_A}{\frac{1}{n'} - \frac{1}{n}}\left(\frac{1}{n'^2} - \frac{1}{n^2}\right) = -\alpha\sum \Delta u_A\left(\frac{1}{n'} + \frac{1}{n}\right)$

$$= -\alpha\sum (u'_A - u_A)\left(\frac{1}{n'} + \frac{1}{n}\right) = -\alpha\sum\left[\left(\frac{u'_A}{n'} - \frac{u_A}{n}\right) + \left(\frac{u'_A}{n} - \frac{u_A}{n'}\right)\right]$$

$$= -\alpha\sum \Delta \frac{u_A}{n} - \alpha\sum \frac{n'u'_A - nu_A}{nn'} = -\alpha h\Phi - \alpha\sum (n' - n)\frac{h}{r}\frac{1}{nn'}$$

$$= -\alpha h\Phi - \alpha h\sum \frac{\varphi}{n}$$

令 $\mu = \frac{1}{\Phi}\sum \frac{\varphi}{n}$,代入上式,得

$$-\sum \frac{\Delta u_A}{\Delta \frac{1}{n}}\alpha\Delta \frac{1}{n^2} = -\alpha h\Phi - \alpha h\Phi\mu = -\alpha h\Phi(1+\mu)$$

第四项 $-\sum \alpha^2\Delta \frac{1}{n^2} = -\alpha^2\left[\left(\frac{1}{n'^2_1} - \frac{1}{n_1^2}\right) + \left(\frac{1}{n'^2_2} - \frac{1}{n_2^2}\right) + \cdots + \left(\frac{1}{n'^2_k} - \frac{1}{n_k^2}\right)\right]$

$$= -\alpha^2\left[\frac{1}{n'^2_k} - \frac{1}{n_1^2}\right] = 0$$

将以上各项代入 W_B 中,得

$$W_B = W_A - \alpha h\Phi - \alpha h\Phi(1+\mu) = W_A - \alpha h\Phi(2+\mu) \tag{5-10}$$

用同样推导方法可得

$$P_B = P_A - \alpha[4W_A + h\Phi(u'_{Ak} + u_{A1})] + \alpha^2 h\Phi(3+2\mu) \tag{5-11}$$

由式(5-10)和式(5-11)可求得任意物面位置 B 的 P_B、W_B。若 B 位于无限远,则 $u_{B1}=0,\alpha=-u_{A1}$,这样的像差参量以 P^∞、W^∞ 表示如下:

$$\begin{cases} P^\infty = P_A + u_{A1}[4W_A + h\Phi(u'_{Ak} + u_{A1})] + u_{A1}^2 h\Phi(3+2\mu) \\ W^\infty = W_A + u_{A1}h\Phi(2+\mu) \end{cases} \tag{5-12}$$

当要由 P^∞、W^∞ 求任意物面位置 B 像差参量 P_B、W_B 时,$u_{A1}=0,u'_{Ak}=h\Phi,\alpha=u_{B1}$,则式(5-11)和式(5-10)分别为

$$\begin{cases} P_B = P^\infty - u_{B1}[4W^\infty + (h\Phi)^2] + u_{B1}^2(3+2\mu)h\Phi \\ W_B = W^\infty - u_{B1}h\Phi(2+\mu) \end{cases} \tag{5-13}$$

3. *薄透镜组的基本像差参量*

将上述 P、W 归化步骤综合如下:

(1) 按式(5-9),将 P、W 归化为 $\overline{P}$、$\overline{W}$。

(2) 将 $\overline{P}$、$\overline{W}$ 归化为 $\overline{P^\infty}$、$\overline{W^\infty}$,由于 $\overline{P}$、$\overline{W}$ 对应的 $h\Phi = \overline{u'_k} - \overline{u_1} = 1$,所以 $\overline{u'_k} + \overline{u_1} = 1 + 2\overline{u_1}$,这样式(5-12)变为

$$\begin{cases} \overline{P^\infty} = \overline{P} + \overline{u_1}(4\overline{W} + 1) + \overline{u_1}^2(5+2\mu) \\ \overline{W^\infty} = \overline{W} + \overline{u_1}(2+\mu) \end{cases} \tag{5-14}$$

如由归化条件下的 $\overline{P^\infty}$、$\overline{W^\infty}$ 求 $\overline{P}$、$\overline{W}$,可将 $h\Phi=1$ 代入式(5-13),得

$$\begin{cases} \overline{P} = \overline{P^\infty} - \overline{u_1}(4\overline{W^\infty} + 1) + \overline{u_1}^2(3+2\mu) \\ \overline{W} = \overline{W^\infty} - \overline{u_1}(2+\mu) \end{cases} \tag{5-15}$$

式中:$\overline{P^\infty}$、$\overline{W^\infty}$ 为薄透镜组的基本像差参量,是在归化条件 $u_1=0,h_1=1,f'=1,u'_k=1$ 下的 P、W 值。$\overline{P^\infty}$、$\overline{W^\infty}$ 只与光组内部参数有关,而与外部参数无直接关系。

此时的位置色差系数以 $\sum_1^k \overline{C_\mathrm{I}}$ 表示,当相接触薄透镜系统在空气中,则

$$\Delta l'_{FC} = -\frac{1}{n'u'^2}\sum_1^k \overline{C_{\mathrm{I}}} = -\sum_1^k \overline{C_{\mathrm{I}}}$$

式中

$$\sum_1^k \overline{C_{\mathrm{I}}} = \sum \frac{\overline{\varphi}}{\nu}$$

其中：$\overline{\varphi}$ 为薄透镜组的总光焦度 $\Phi = 1$ 时的各个薄透镜的光焦度。

所以，在归化条件下，相接触薄透镜组的位置色差等于它的负值位置色差系数 $-\sum_1^k \overline{C_{\mathrm{I}}}$。

归化和不归化的相接触薄透镜系统的位置色差系数有如下关系：

$$\frac{\sum_1^k C_{\mathrm{I}}}{\Phi} = \frac{h^2}{\Phi}\sum_1^k \frac{\varphi}{\nu} = h^2\sum_1^k \frac{\varphi}{\Phi}\frac{1}{\nu} = h^2\sum_1^k \frac{\overline{\varphi}}{\nu} = h^2\sum_1^k \overline{C_{\mathrm{I}}}$$

故

$$\sum_1^k C = h^2\Phi\sum_1^k \overline{C_{\mathrm{I}}} \tag{5-16}$$

式中：$\Phi = \sum_1^k \varphi$，为薄透镜组的实际光焦度；$\sum_1^k \overline{C_{\mathrm{I}}}$ 为归化色差，习惯上用$\overline{C}_{\mathrm{I}}$ 或 C_{I} 来表示，和$\overline{P}^{\infty}$、$\overline{W}^{\infty}$ 一样也是薄透镜光组的基本像差参量之一。

相应地，可得倍率色差系数 $\sum_1^k C_{\mathrm{II}}$ 和 $\sum_1^k \overline{C_{\mathrm{I}}}$ 的关系：

$$\sum_1^k C_{\mathrm{II}} = hh_z\Phi\sum_1^k \overline{C_{\mathrm{I}}} \tag{5-17}$$

4. 用$\overline{P}$、$\overline{W}$表示的初级像差系数

将式(5－9)代入式(5－8)可得到用$\overline{P}$、$\overline{W}$表示的单色初级像差系数公式，同时把式(5－16)和式(5－17)的两个色差系数也列在一起，即

$$\left\{\begin{aligned}
\sum_1^k S_{\mathrm{I}} &= \sum_1^k h^4\Phi^3\overline{P} \\
\sum_1^k S_{\mathrm{II}} &= \sum_1^k h^3h_z\Phi^3\overline{P} + J\sum_1^k h^2\Phi^2\overline{W} \\
\sum_1^k S_{\mathrm{III}} &= \sum_1^k h^2h_z^2\Phi^3\overline{P} + 2J\sum_1^k hh_z\Phi^2\overline{W} + J^2\sum_1^k \Phi \\
\sum_1^k S_{\mathrm{IV}} &= J^2\sum_1^k \mu\Phi \\
\sum_1^k S_{\mathrm{V}} &= \sum_1^k hh_z^3\Phi^3\overline{P} + 3J\sum_1^k h_z^2\Phi^2\overline{W} + J^2\sum_1^k \frac{h_z}{h}\Phi(3+\mu) \\
\sum_1^k C_{\mathrm{I}} &= h^2\Phi\sum_1^k \overline{C_{\mathrm{I}}} \\
\sum_1^k C_{\mathrm{II}} &= hh_z\Phi\sum_1^k \overline{C_{\mathrm{I}}}
\end{aligned}\right. \tag{5-18}$$

由上列公式，根据设计时实际要求的像差系数值可解得各薄透镜组的$\bar{P}$、$\bar{W}$值，它就是各光组在归化条件下的值，将其代入式(5-14)，就可求得各光组在归化条件下的基本像差参量$\bar{P}^{\infty}$、$\bar{W}^{\infty}$。

5.1.4 双胶合透镜组的$\bar{P}^{\infty}$、$\bar{W}^{\infty}$、$\bar{C}_{\text{I}}$和结构参数的关系

在薄透镜组中，应用最多的是双胶合透镜组，因为它是能够满足一定的P、W、C_{I}的最简单的结构形式。当要求设计一个具有给定的f'、h和P、W、C_{I}的透镜组时，首先利用前面的归化公式求出对应的$\bar{P}^{\infty}$、$\bar{W}^{\infty}$、$\bar{C}_{\text{I}}$。本节将进一步讨论如何由$\bar{P}^{\infty}$、$\bar{W}^{\infty}$、$\bar{C}_{\text{I}}$来求解双胶合透镜的结构参数。为此，首先必须选定双胶合透镜结构参数中对像差参数的独立变数，从而建立其间的函数关系，再分析它们之间的变化规律。

一个双胶合薄透镜的结构参数包括：三个折射球面的半径、两种玻璃材料的折射率以及玻璃的平均色散系数。设三个半径为r_1、r_2、r_3，第一个透镜的折射率和平均色散系数为n_1、ν_1，第二个透镜为n_2、ν_2，在归化条件下，双胶合透镜的总焦距$f'=1$，则$\Phi=1$。

当$\Phi=\varphi_1+\varphi_2=1$时，$\varphi_2=1-\varphi_1$，两个透镜的光焦度$\varphi_1$、$\varphi_2$中只要确定一个，另一个也完全确定。取$\varphi_1$作为双胶合透镜结构的一个独立参数。

若玻璃材料选定，光焦度也确定的条件下，只要确定三个折射球面半径之一，其余两个也就确定了。因为

$$\begin{cases}\varphi_1 = (n_1-1)\left(\dfrac{1}{r_1}-\dfrac{1}{r_2}\right)\\[2ex]\varphi_2 = (n_2-1)\left(\dfrac{1}{r_2}-\dfrac{1}{r_3}\right)\end{cases}\tag{5-19}$$

当n_1、n_2和φ_1、φ_2确定后，如给定胶合面的半径r_2，则由式(5-19)的第一式可确定r_1，由第二式可确定r_3，因此，三个半径只有一个是独立变数。所以双胶合薄透镜组以r_2或$\rho_2=\dfrac{1}{r_2}$为独立变数，并以阿贝不变量Q来表示之，即

$$Q=\frac{1}{r_2}-\varphi_1=\rho_2-\varphi_1\tag{5-20}$$

透镜弯曲的形状由Q决定，所以Q又称为形状系数。

综上所述，用以表示双胶合薄透镜的全部独立结构参数为n_1、ν_1、n_2、ν_2、φ_1、Q。

至于球面半径或其曲率，可从上述结构参数求得。计算公式如下：

$$\frac{1}{r_2}=\rho_2=\varphi_1+Q\tag{5-21}$$

将上式代入公式$\rho_1-\rho_2=\dfrac{\varphi_1}{n_1-1}$，得

$$\frac{1}{r_1}=\rho_1=\frac{\varphi_1}{n_1-1}+\rho_2=\frac{n_1\varphi_1}{n_1-1}+Q\tag{5-22}$$

同理，得

$$\frac{1}{r_3}=\rho_3=\frac{1}{r_2}-\frac{1-\varphi_1}{n_2-1}=\frac{n_2}{n_2-1}\varphi_1+Q-\frac{1}{n_2-1}\tag{5-23}$$

下面导出$\overline{P}^{\infty}$、$\overline{W}^{\infty}$、$\overline{C}_{\mathrm{I}}$与结构参数的函数关系。规化的色差系数$\overline{C}_{\mathrm{I}}$可写为

$$\overline{C}_{\mathrm{I}} = \sum \frac{\varphi}{\nu} = \frac{\overline{\varphi_1}}{\nu_1} + \frac{\overline{\varphi_2}}{\nu_2}$$

将$\overline{\varphi_2} = 1 - \overline{\varphi_1}$代入上式，得

$$\overline{C}_{\mathrm{I}} = \overline{\varphi}_1\left(\frac{1}{\nu_1} - \frac{1}{\nu_2}\right) + \frac{1}{\nu_2} \tag{5-24}$$

$\overline{P}^{\infty}$、$\overline{W}^{\infty}$和结构参数的关系可从式(5-2)与式(5-3)看出，$\overline{P}^{\infty}$、$\overline{W}^{\infty}$除了与玻璃折射率n_1、n_2有关外，还与第一近轴光线和光轴的夹角u、u'有关。为此，将u、u'表示为结构参数的函数。

根据归化条件，对于第一折射面有：$u=0,n=1,n'=n_1,h=1$，再把式(5-22)中的$\frac{1}{r_1}$代入单个折射球面的近轴光计算公式$n'u'-nu=\frac{n'-n}{r}h$，得

$$u_1' = Q\left(1 - \frac{1}{n_1}\right) + \varphi_1$$

对于第二折射面，$u=u_2=u_1',n=n_1,n'=n_2,h=1$，用式(5-21)代入单个折射面的近轴光计算公式，得

$$u_2' = Q\left(1 - \frac{1}{n_2}\right) + \varphi_1$$

根据归化条件，$u_3'=1$。

将上面所得的

$$u_1=0, u_1'=u_2=Q\left(1-\frac{1}{n_1}\right)+\varphi_1,\quad u_2'=u_3=Q\left(1-\frac{1}{n_2}\right)+\varphi_1,\quad u_3'=1$$

代入式(5-2)和式(5-3)中，此时P为$\overline{P}^{\infty}$，W为$\overline{W}^{\infty}$，即

$$\overline{P}^{\infty} = \sum_1^3\left(\frac{u'-u}{\frac{1}{n'}-\frac{1}{n}}\right)^2\left(\frac{u'}{n'}-\frac{u}{n}\right)$$

$$\overline{W}^{\infty} = -\sum_1^3\left(\frac{u'-u}{\frac{1}{n'}-\frac{1}{n}}\right)\left(\frac{u'}{n'}-\frac{u}{n}\right)$$

则展开化简并整理，得

$$\overline{P}^{\infty} = AQ^2 + BQ + C \tag{5-25}$$

$$\overline{W}^{\infty} = \frac{A+1}{2}Q + \frac{B-\varphi_2}{3} \tag{5-26}$$

$$A = 1 + \frac{2\varphi_1}{n_1} + \frac{2\varphi_2}{n_2} \tag{5-27}$$

$$B = \frac{3}{n_1-1}\varphi_1^2 - \frac{3}{n_2-1}\varphi_2^2 - 2\varphi_2 \tag{5-28}$$

$$C = \frac{n_1}{(n_1-1)^2}\varphi_1^3 + \frac{n_2}{(n_2-1)^2}\varphi_2^3 + \frac{n_2}{n_2-1}\varphi_2^2 \tag{5-29}$$

如果将$\overline{P}^{\infty}$对 Q 配方,则

$$\overline{P}^{\infty} = A(Q - Q_0)^2 + P_0 \tag{5-30}$$

$$\overline{W}^{\infty} = K(Q - Q_0) + W_0 \tag{5-31}$$

式中

$$P_0 = C - \frac{B^2}{4A} \tag{5-32}$$

$$Q_0 = -\frac{B}{2A} \tag{5-33}$$

$$K = \frac{A+1}{2} \tag{5-34}$$

$$W_0 = \frac{A+1}{2}Q_0 - \frac{1-\varphi_1-B}{3} \tag{5-35}$$

以上即为双胶合透镜组的结构参数和基本像差参量的关系式。$\overline{P}^{\infty}$和 Q 是抛物线函数,P_0是抛物线的顶点,当 $Q = Q_0$时,P_0即$\overline{P}^{\infty}$的极小值;$\overline{W}^{\infty}$和 Q 是线性函数,不存在极值点;当$\overline{P}^{\infty}$为极小值 P_0时,$\overline{W}^{\infty}$值为 W_0,这时双胶合透镜组的形状系数为 Q_0,而 Q_0、P_0、W_0是 n_1、n_2和 φ_1的函数;按式(5-24),φ_1是$\overline{C}_{\mathrm{I}}$和 ν_1、ν_2的函数。所以 P_0、W_0、Q_0和玻璃材料及位置色差有关。

如把常用光学玻璃进行组合,并按不同的$\overline{C}_{\mathrm{I}}$值计算其 A 值,A 值的变化范围不大,取平均值 $A = 2.35$,由此 $K = \frac{A+1}{2} = 1.67$。为了讨论$\overline{P}^{\infty}$、$\overline{W}^{\infty}$和玻璃材料的关系,从式(5-30)和式(5-31)中消去与形状有关的因子$(Q-Q_0)$,得

$$\overline{P}^{\infty} = P_0 + \frac{4A}{(A+1)^2}(\overline{W}^{\infty} - W_0)^2 \tag{5-36}$$

当 $A=2.35$ 时,$\frac{4A}{(A+1)^2}=0.85$;当冕牌玻璃在前时,$W_0 = -0.1$;当火石玻璃在前时,$W_0 = -0.2$。将这些近似值代入式(5-36),得

$$\begin{cases} \overline{P}^{\infty} = P_0 + 0.85(\overline{W}^{\infty} + 0.1)^2 \\ \overline{P}^{\infty} = P_0 + 0.85(\overline{W}^{\infty} + 0.2)^2 \end{cases} \tag{5-37}$$

从以上公式可知,对于不同玻璃组合和不同的$\overline{C}_{\mathrm{I}}$值,将有不同的 P_0值。由于$\overline{P}^{\infty}$和$\overline{W}^{\infty}$是抛物线函数关系,当玻璃材料和$\overline{C}_{\mathrm{I}}$改变时,$P_0$也改变,而抛物线的形状不变,只是位置上下移动。图 5-3 所示曲线为$\overline{C}_{\mathrm{I}}=0$ 时,K9、ZF2 和 K9、F4 两对玻璃的像差特性曲线。

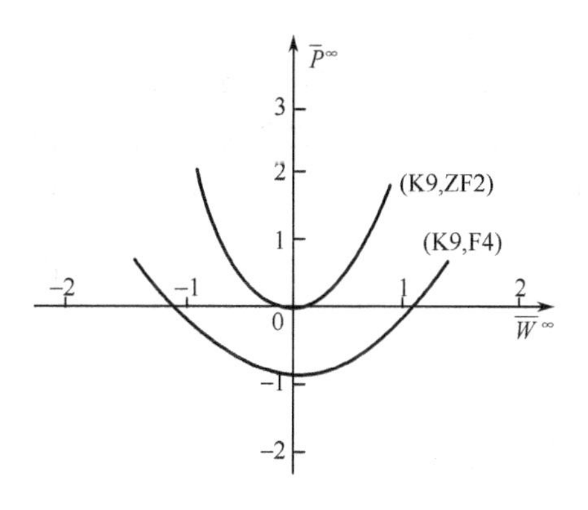

图 5-3 $\overline{C}_{\mathrm{I}}=0$ 时 K9、ZF2 和 K9、F4 两对玻璃的像差特性曲线

为了便于根据不同的 P_0值和$\overline{C}_{\mathrm{I}}$值找到所要求的一对玻璃组合,《光学仪器设计手册》中分别按 7 个不同的$\overline{C}_{\mathrm{I}}$值计算出 P_0以及它们的

φ_1、Q_0、P_0、W_0和式(5-25)、式(5-26)中的系数值,见附表A-1和附表A-2。

由要满足的$\overline{P}^\infty$、$\overline{W}^\infty$、$\overline{C}_{\mathrm{I}}$,利用前面的公式和附录附表A-1和附表A-2求玻璃组合并计算双胶合透镜的结构参数,其步骤如下:

(1) 由$\overline{P}^\infty$、$\overline{W}^\infty$按式(5-37)求P_0。

(2) 由P_0和$\overline{C}_{\mathrm{I}}$查附表A-1找出需要的玻璃组合,再查附表A-2按所选玻璃组合找出φ_1、Q_0、P_0、W_0。

(3) 由式(5-30)和式(5-31)求Q:

$$Q = Q_0 \pm \sqrt{\frac{\overline{P}^\infty - P_0}{A}} \tag{5-38}$$

$$Q = Q_0 + \frac{2(\overline{W}^\infty - W_0)}{A+1} \tag{5-39}$$

将式(5-38)求得的两个Q值和式(5-39)求得的Q值比较,取其接近的一个值。

(4) 根据Q求折射球面的曲率ρ_1、ρ_2、ρ_3。计算公式为式(5-21)、式(5-22)和式(5-23)。

(5) 由上面求得的曲率是在总焦距为1的归化条件下的曲率。从薄透镜的焦距公式可知,如果实际焦距为f',则半径和f'成正比,得

$$\begin{cases} r_1 = \dfrac{f'}{\rho_1} \\ r_2 = \dfrac{f'}{\rho_2} \\ r_3 = \dfrac{f'}{\rho_3} \end{cases} \tag{5-40}$$

5.1.5 单透镜的$\overline{P}^\infty$、$\overline{W}^\infty$、$\overline{C}_{\mathrm{I}}$和结构参数的关系

任何透镜组都由单透镜组成,如何由$\overline{P}^\infty$、$\overline{W}^\infty$、$\overline{C}_{\mathrm{I}}$求单透镜的结构参数,在实际工作中经常遇到。

单透镜可看做双胶合透镜组的特例。当$\varphi_1=1$,$\varphi_2=0$,$n_1=n$时,双胶合透镜组便变成单透镜。将以上关系代入双胶合透镜组的有关公式中,并去掉下标"1",即得单透镜的公式。由式(5-21)和式(5-22),得

$$\begin{cases} \rho_2 = 1 + Q \\ \rho_1 = \dfrac{n}{n-1} + Q \end{cases} \tag{5-41}$$

由$\overline{C}_{\mathrm{I}} = \dfrac{\overline{\varphi_1}}{\nu_1} + \dfrac{\overline{\varphi_2}}{\nu_2}$,得

$$\overline{C}_{\mathrm{I}} = \frac{1}{\nu} \tag{5-42}$$

同样,由式(5-27)~式(5-29)和式(5-34)的关系得单透镜的各系数如下:

$$\begin{cases} a = 1 + \dfrac{2}{n} \\ b = \dfrac{3}{n-1} \\ c = \dfrac{n}{(n-1)^2} \end{cases} \tag{5-43}$$

$$k = 1 + \frac{1}{n} \tag{5-44}$$

由式(5－25)和式(5－26),得

$$\begin{cases} \overline{P}^{\infty} = aQ^2 + bQ + c \\ \overline{W}^{\infty} = kQ + \dfrac{1}{n-1} \end{cases} \tag{5-45}$$

由式(5－30)和式(5－31),得

$$\begin{cases} \overline{P}^{\infty} = a(Q - Q_0)^2 + P_0 \\ \overline{W}^{\infty} = k(Q - Q_0) + W_0 \end{cases} \tag{5-46}$$

由式(5－36),得

$$\overline{P}^{\infty} = P_0 + \frac{4a}{(a+1)^2}(\overline{W}^{\infty} - W_0)^2 \tag{5-47}$$

再由式(5－32)、式(5－33)和式(5－35),得

$$\begin{cases} P_0 = c - \dfrac{b^2}{4a} = \dfrac{n}{(n-1)^2}\left[1 - \dfrac{9}{4(n+2)}\right] \\ Q_0 = -\dfrac{b}{2a} = -\dfrac{3n}{2(n-1)(n+2)} \\ W_0 = \dfrac{a+1}{2}Q_0 - \dfrac{1-\varphi_1-b}{3} = -\dfrac{1}{2(n+2)} \end{cases} \tag{5-48}$$

为了便于求出 P_0、Q_0和 W_0等参数值,《光学仪器设计手册》中把不同折射率 n 所对应的上述各参数值列成一表,用时可很快地查到,附表 A－3 列出了其中的一部分。

5.1.6 用 PW 方法求初始结构的实例

下面举例说明 PW 方法的应用。

例 5.1 设计一个焦距为 1000mm,相对孔径为 1∶10 的望远物镜,像高 $y' = 13.6\text{mm}$。

(1) 选型。这个物镜的视场角很小,所以轴外像差不大。主要校正的像差为球差、正弦差和位置色差。相对孔径也不大,可选用双胶合或双分离的类型。本例采用双胶合型,孔径光阑与物镜框重合。

(2) 确定基本像差参量。根据设计要求,设像差的初级量为零,则按初级像差公式有

$$\delta L'_0 = -\frac{1}{2n'_k u'^2_k}\sum S_{\text{I}} = 0$$

$$K'_{s0} = -\frac{1}{2n'_k u'_k}\sum S_{\text{II}} = 0$$

$$\Delta l'_{FC0} = -\frac{1}{n'_k u'^2_k}\sum C_{\text{I}} = 0$$

即

$$\sum S_{\mathrm{I}} = h^4 \Phi^3 \overline{P}^{\infty} = 0$$

$$\sum S_{\mathrm{II}} = J h^2 \Phi^2 \overline{W}^{\infty} = 0$$

$$\sum C_{\mathrm{I}} = h^2 \left(\frac{\varphi_1}{\nu_1} + \frac{\varphi_2}{\nu_2} \right) = 0$$

由此可得基本像差参量为

$$\overline{P}^{\infty} = 0, \quad \overline{W}^{\infty} = 0, \quad \overline{C}_{\mathrm{I}} = 0$$

(3) 求 P_0。由式(5-37),得

$$P_0 = \begin{cases} \overline{P}^{\infty} - 0.85(\overline{W}^{\infty} + 0.1)^2 \\ \overline{P}^{\infty} - 0.85(\overline{W}^{\infty} + 0.2)^2 \end{cases}$$

因为玻璃未选好,可暂按选用冕牌玻璃进行计算。取 $W_0 = -0.1$,并将$\overline{P}^{\infty}$和$\overline{W}^{\infty}$的值代入上式,得

$$P_0 = 0 - 0.85(0 + 0.1)^2 = -0.0085$$

(4) 根据 P_0和$\overline{C}_{\mathrm{I}}$从附表 A-1 查玻璃组合。由于 K9 玻璃性能好且熔炼成本低,因此应优先选用。可选它和 ZF2 玻璃组合,当$\overline{C}_{\mathrm{I}} = 0$ 时,由附表 A-1 查得 $P_0 = 0.038$。此外,若选玻璃对 K7、ZF3,其 P_0值也和 $P_0 = -0.0085$ 接近。所以玻璃对的选用应根据光学玻璃的供应情况确定。

从附表 A-2 查得 K9($n_1 = 1.5163$)和 ZF2($n_2 = 1.6725$)组合的双胶合薄透镜组的各系数为

$$P_0 = 0.038319, \quad Q_0 = -4.284074, \quad W_0 = -0.06099$$

$\varphi_1 = 2.009404$,并取 $A = 2.44$,$K = 1.72$

(5) 求形状系数 Q。

$$Q = \begin{cases} Q_0 \pm \sqrt{\dfrac{\overline{P}^{\infty} - P_0}{A}} \\ Q_0 + \dfrac{\overline{W}^{\infty} - W_0}{K} \end{cases}$$

由于$\overline{P}^{\infty} < P_0$,不存在严格的消像差解,但因 P_0值接近于$\overline{P}^{\infty}$,可认为$\sqrt{\dfrac{\overline{P}^{\infty} - P_0}{A}} \approx 0$,因此可得 $Q = Q_0 = -4.284074$,$\overline{W}^{\infty} = W_0 = -0.06099$。

(6) 求透镜各面的曲率(归化条件下的)。由式(5-21)~式(5-23),得

$$\rho_1 = Q + \frac{n_1 \phi_1}{n_1 - 1} = -4.284074 + \frac{1.5163 \times 2.009404}{1.5163 - 1} = 1.61726$$

$$\rho_2 = Q + \varphi_1 = -2.27467$$

$$\rho_3 = Q + \frac{n_2 \varphi_1}{n_2 - 1} - \frac{1}{n_2 - 1} = -0.773703$$

(7) 薄透镜各面的球面半径和像差计算。

$$r_1 = \frac{f'}{\rho_1} = \frac{1000}{1.61726} = 618.33$$

$$r_2 = \frac{f'}{\rho_2} = \frac{1000}{-2.27467} = -439.624$$

$$r_3 = \frac{f'}{\rho_3} = \frac{1000}{-0.773703} = -1292.486$$

现将该透镜系统结构数据整理如下：

$\tan\omega = -0.0136$，物距 $L = -\infty$，入瞳半径 $h = 50$，入瞳距第一折射面距离 $l_z = 0$。

r	d	玻璃牌号
$r_1 = 618.33$	—	—
$r_2 = -439.624$	$d_1 = 0$	K9
$r_3 = -1292.486$	$d_2 = 0$	ZF2

经光线追迹，得焦距和像方孔径角以及要校正的像差数据如下：

$f' = 997.19189$　　$u'_3 = 0.05014$

边光轴向球差　　$\delta L'_m = -0.0305$

带光轴向球差　　$\delta L'_{0.707} = -0.00075$

边光正弦差　　$SC'_m = -0.00007$

带光正弦差　　$SC'_{0.707} = -0.00003$

轴上点边光波色差　　$W_{FCm} = \sum (D-d)dn = 0.00019$

轴上点带光波色差　　$W_{FC0.707} = \sum (D-d)dn = 0.00005$

由此可见，像差都比较小。接下来将薄透镜换成厚透镜，变换时尽可能使光焦度及初级像差系数变化不大。

(8)求厚透镜各面的球面半径。为了计算方便，在光学系统初始计算时，往往把透镜看成是没有厚度的薄透镜。但是，任何实际透镜总有一定的厚度。因此，光学系统初始计算得到结果以后，必定要把薄透镜换成厚透镜，其步骤如下：

① 光学零件外径的确定。根据设计要求 $f' = 1000$，$\frac{D}{f'} = \frac{1}{10}$，则通光口径

$$D = \frac{f'}{10} = \frac{1000}{10} = 100$$

透镜用压圈固定，其所需余量由《光学仪器设计手册》查得为3.5，由此可求得透镜的外径为103.5。

② 光学零件的中心厚度及边缘最小厚度的确定。其确定有两种方法，一种是由《光学仪器设计手册》查得；另一种是保证透镜在加工中不易变形的条件下，其中心厚度与边缘最小厚度以及透镜外径之间必须满足一定的比例关系：

对凸透镜：高精度　$3d + 7t \geqslant D$

中精度　$6d + 14t \geqslant D$

其中，还必须满足　$d > 0.05D$

对凹透镜：高精度　$8d + 2t \geqslant D$ 且 $d \geqslant 0.05D$

中精度　$16d+4t \geqslant D$ 且 $d \geqslant 0.03D$

式中：d 为中心厚度；t 为边缘厚度，如图5-4所示。

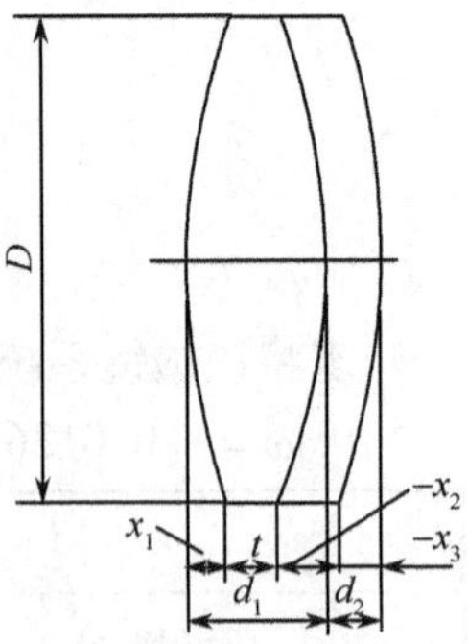

根据上面公式，可求出凸透镜和凹透镜的厚度。

对于凸透镜，有

$$3d + 7t = D$$

$$t = \frac{D - 3(|x_1| + |x_2|)}{10} \tag{5-49}$$

式中：x_1、x_2为球面矢高，可由下式求得

$$x = r \pm \sqrt{r^2 - \left(\frac{D}{2}\right)^2} \tag{5-50}$$

图5-4　双胶合透镜

式中：r 为折射球面半径；D 为透镜外径。

将已知数据代入可求得$|x_1|=2.17$，$|x_2|=2.67$。然后，再将它代入式(5-49)得凸透镜最小边缘厚度为

$$t = \frac{D-3(|x_1|+|x_2|)}{10} = \frac{103.5-3\times4.84}{10} = 8.9$$

由图5-4得凸透镜最小中心厚度为

$$d_1 = |x_1| + t + |x_2| = 4.84 + 8.9 = 13.74$$

对于凹透镜，有

$$t = \frac{D + 8|x_2| - 8|x_3|}{10} \tag{5-51}$$

$|x_3|$的求法同上，将已知数代入式(5-50)得$|x_2|=1.03$。然后，再将它代入式(5-51)便可求得凹透镜最小边缘厚度为

$$t = \frac{103.5+8\times2.67-8\times1.03}{10} = 11.66$$

凹透镜最小中心厚度：

$$d_2 = t - |x_2| + |x_3| = 11.66 - 2.67 + 1.03 = 10.02$$

在最小中心厚度基础上，根据工艺条件，可适当加厚些。最后用作图法检查计算是否有误。

③ 在保持 u 和 u'角不变的条件下，把薄透镜变换成厚透镜。薄透镜变换成厚透镜时，要保持第一近轴光线每面的 u 和 u'角不变。由式(5-2)和式(5-3)可知，当 u 和 u'不变时，P、W 在变换时可保持不变，放大率也保持不变。当透镜由薄变厚时，第一近轴光线在主面上入射高度不变，则光学系统的光焦度也保持不变。

5.2 缩放法

随着电子计算机的发展和光学设计技术的提高，人们已经设计出很多性能优良的各种光学系统，并把这些资料载入技术档案和专利文献中。有些光学设计手册也专门收集了有关设计资料。如能从这些专利文献中选择出一些光学特性与所设计的物镜尽可能接

近的结构作为初始结构，不但会给设计者节省好多时间，而且也容易获得成功。尤其是设计高性能的复杂物镜时，一般都从专利文献中选择初始结构，建议按以下步骤选择初始结构。

5.2.1 物镜选型

在光学系统整体设计完成以后，应根据计算的光学特性，选择镜头的结构型式，确定其结构参数 r、d 和 n。

现有的常用镜头可分为物镜和目镜两大类。目镜主要用于望远系统和显微系统；物镜可分为望远、显微和照相摄影三大类，其主要结构型式和像差特性可参照本书相关章节。选型时，首先要了解各种结构的基本光学特性及其所能承担的最大相对孔径和视场角，然后进行像差分析，在同类结构中选择高级像差小的结构。

图5-5表示了各种类型物镜基本光学特性之间的关系，可供选型时参考。从图中可以看出，物镜的焦距越长，对于同样结构型式的物镜，能够得到具有良好像质的相对孔径数值，且视场角也越小。相同焦距、相同结构型式的物镜，相对孔径越大，所能提供的视场角也越小；反之视场角越大，相对孔径也越小。总之，选型是物镜设计的出发点，选型是否合适关系到设计的成败。

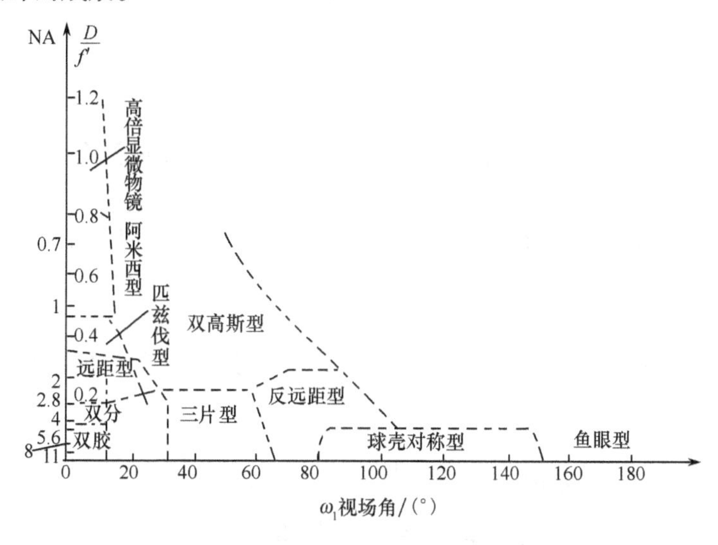

图5-5　各种类型物镜基本光学特性之间的关系

5.2.2 缩放焦距

结构型式选好之后，它的焦距不一定完全符合设计要求，因此必须缩放焦距。假定已有结构的焦距为 f'，要求的焦距为 f'^*，则缩放后的结构参数为

$$\begin{cases} r_i^* = r_i \dfrac{f'^*}{f'} \\ d_i^* = d_i \dfrac{f'^*}{f'} \end{cases} \tag{5-52}$$

式中：r_i 为已有结构的曲率半径；r_i^* 为缩放后的曲率半径；d_i 为已有结构的透镜厚度和间

隔;d_i^* 为缩放后的透镜厚度和间隔。

专利文献或镜头手册上的结构参数一般都是按 $f'=1$ 给出的。这时,只要把查出的结构参数乘以 f'^* 即可。

5.2.3 更换玻璃

在国外的专利文献中,物镜选用的玻璃牌号与国产的玻璃牌号很多是不相符的,尤其是一些高性能的物镜多数都采用高折射率的镧玻璃。这些玻璃价格昂贵,加工性能差,在满足设计要求的前提下尽量少选用这些玻璃,因此必须对已有的结构更换玻璃。

1. 保持色差不变更换玻璃

为了保持色差不变(或变化很小),更换玻璃时,应尽量选用色散(或阿贝数 ν)接近的玻璃。正透镜尽量选用高折射率的冕牌玻璃,它可减小系统的高级像差和 S_{IV}。对于双胶合透镜应尽量使胶合面两边的折射率差变化不大,这样可使原来系统的像差不会发生太大的变化。

玻璃换好之后,还应把更换玻璃的透镜的半径做相应的修改,以保证该透镜的光焦度不变。根据薄透镜的光焦度公式,欲保持各折射面的光焦度不变,新的折射率 n^*、曲率半径 r^* 和原来的折射率 n、曲率半径 r 之间应符合以下关系:

$$r_i^* = r_i \frac{n^* - 1}{n - 1} \tag{5-53}$$

2. 更换玻璃校正色差

如果选择的初始结构经过更换玻璃之后,单色像差很好,而色差不好,可用更换玻璃的方法校正色差。

为使两种色差都能同时得到校正,应根据两种色差的大小和符号来决定更换哪一块玻璃。如果 0.707 口径的位置色差较大,而全视场的倍率色差较小,则应更换靠近光阑的那块透镜的玻璃。因为越靠近光阑,h_z越小,倍率色差变化也越小;反之,则应更换远离光阑透镜的玻璃。如果两种色差符号相反,则应更换光阑前边那块透镜的玻璃,因为在光阑前 h 和 h_z符号相反,所以 C_{I} 和 C_{II} 反号。

由像差理论 $\Delta l'_{FC} = -\frac{1}{n'_k u'^2_k} C_{\mathrm{I}}$,微分得

$$\Delta C_{\mathrm{I}} = -n'_k u'^2_k \delta\Delta L'_{FC} \tag{5-54}$$

式中:n'_k、u'_k分别为像空间的折射率和孔径角,是已知量;$\delta\Delta l'_{FC}$为需校正的初级位置色差改变量,可由三种色光的球差曲线估算出来;ΔC_{I}是由 $\delta\Delta l'_{FC}$变化引起的初级色差系数的变化量。

由 $C_{\mathrm{I}} = luni\left(\frac{\delta n'}{n'} - \frac{\delta n}{n}\right)$可知,$C_{\mathrm{I}}$与 δn 成比例,要改变 C_{I},只需按比例改变 δn 即可。假定被更换玻璃的色散为 δn,它产生的色差系数为 C_{I},希望将色差系数改变 ΔC_{I},则色散应改变

$$\Delta\delta n^* = \delta n \frac{\Delta C_{\mathrm{I}}}{C_{\mathrm{I}}} \tag{5-55}$$

计算出 $\Delta\delta n^*$之后,再按下式求出需要更换玻璃的色散,即

$$\delta n^{*} = \delta n + \Delta\delta n^{*} \tag{5-56}$$

算出 δn^{*}之后,就可在玻璃目录中找出色散与 δn^{*}接近的玻璃进行更换。换过玻璃之后,可以使位置色差得到校正,但倍率色差不一定改善。这要看倍率色差的大小和符号是否符合前边介绍的原则。下面举一实例说明具体应用。

例 5.2 有一双高斯照相物镜,其相对孔径 $D/f'=1/2$,单色像差都已校好,位置色差较大,希望能减小 -0.2mm 左右,被更换的玻璃为 ZK9,$n_D=1.6203$,$\delta n=0.01029$,色差系数 $C_{\mathrm{I}}=0.09$,求更换的新玻璃。

解 首先将 $\delta\Delta l'_{FC}$换成 ΔC_{I}。由式(5-54),得

$$\Delta C_{\mathrm{I}} = -n'_k u'^2_k \delta\Delta L'_{FC}$$

已知:$n'_k=1$,$u'_k=0.25$,$\delta\Delta l'_{FC}=-0.2$mm,代入上式得 $\Delta C_{\mathrm{I}}=-0.0125$。

然后按式(5-55)和式(5-56)求新的玻璃色散:

$$\Delta\delta n^{*} = \delta n\frac{\Delta C_{\mathrm{I}}}{C_{\mathrm{I}}} = 0.01029\times\frac{0.0125}{0.09} = 0.00143$$

$$\delta n^{*} = \delta n + \Delta\delta n = 0.01029 + 0.00143 = 0.01172$$

由玻璃目录中找到 $ZBaF_1$,$n_D=1.6222$,$\delta n=0.01172$,正好符合要求。调换后位置色差基本得到校正。

5.2.4 估算高级像差

在选择已有结构时,往往有很多光学特性相近的结构可供选择,究竟选哪一个要由结构的高级像差来决定,应该选高级像差小的结构作为初始结构。由像差理论可知,当系统的边缘孔径或视场校正了像差以后,在系统各带区孔径或带区视场有最大剩余像差,它的大小完全由高级像差决定。也就是说,在能够校正初级像差的条件下,剩余像差完全由高级像差大小决定,因此可以用剩余像差大小来估算高级像差。但应注意,当估算光学系统高级像差大小时,必须使各种初级像差达到初步校正。如果系统的初级像差很大,这时的高级像差的数量不能完全说明该系统像差平衡以后的高级像差大小,因为在校正大量初级像差的过程中必然会引起高级像差的变化。所以只有在初级像差得到初步校正时,估算出的高级像差,才能完全说明系统像差平衡后的高级像差。

在专利文献中,已有结构的像差都是经过校正的,只是由于缩放焦距和更换玻璃才使像差发生一些变化。它们的初级像差初步得到校正,所以估算出来的高级像差基本上能够代表系统平衡后的高级像差。下面介绍一种根据实际像差计算结果近似估计高级像差的方法。

1. 球差

高级球差包括两项,一项是孔径高级球差,一项是视场高级球差。

1) 孔径高级球差

球差级数展开式:

$$\delta L' = a_1 h^2 + a_2 h^4$$

式中包括两项,第一项为初级球差,第二项为孔径高级球差。如果计算出两个不同孔径的球差,将其代入上式得到两个方程式,就能求出系数 a_1和 a_2。已知系数 a_1、a_2就可求出相应的高级球差,但这样做是比较麻烦的,不便于应用。根据像差理论,当边缘孔径球差等

于零时，$0.707h_m$ 的剩余球差最大，等于高级球差的1/4。因此，可以用剩余球差来估算高级球差。如果边缘球差不为零，但数量很小，可以认为小量的球差变化不会引起高级像差的变化，而只改变初级球差。这样就可以按初级球差的变化规律将曲线由 a 移到 b，如图5-6所示。由于初级球差与 h^2 成比例，所以0.707孔径的变化量等于边缘球差变化量的1/2，故剩余球差为

$$\delta L'_{sn} = \delta L'_{0.707h} - \frac{\delta L'_m}{2} \tag{5-57}$$

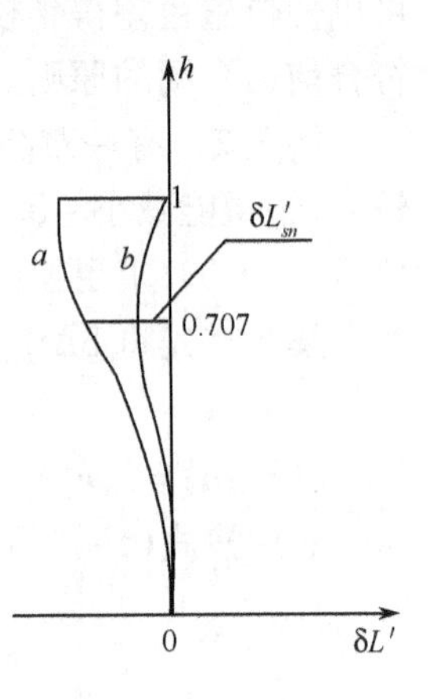

图5-6　球差曲线

可以用上式来估算系统的高级球差。只要计算出系统的边缘球差 $\delta L'_m$ 和0.707孔径的球差 $\delta L'_{0.707h}$ 就能很方便地计算出 $\delta L'_{sn}$，用它作为估算高级球差的指标。

2）视场高级球差

视场高级球差定义为轴外球差和轴上球差的差。

$$\delta L'_{Ty} = \delta L'_T - \delta L' \tag{5-58}$$

$$\delta L'_{Sy} = \delta L'_S - \delta L' \tag{5-59}$$

2. 彗差

1）孔径高级彗差

初级彗差和孔径高级彗差和孔径的关系与球差推导方法完全一样，它的剩余彗差按下式计算：

$$K'_{Tsnh} = K'_{T0.707h} - \frac{K'_{Tm}}{2} \tag{5-60}$$

2）视场高级彗差

根据像差平衡的结果，视场边缘彗差为零时，在0.58视场剩余彗差最大，等于视场高级彗差的0.4倍。但是考虑到光路计算的工作量，仍然采用0.707视场的剩余彗差表示视场高级彗差。计算表明，0.707视场的剩余彗差为视场高级彗差的0.35倍，它和0.58视场的最大剩余彗差很接近，可以用它表示视场高级彗差。

当视场边缘彗差不为零时，同样可以按初级彗差的规律移动曲线使边缘彗差为零，求出0.707视场的剩余彗差。由于初级彗差和视场的一次方成比例，因此得

$$K'_{Tsny} = K'_{T0.707ym} - 0.707K'_{Tm} \tag{5-61}$$

对于弧矢彗差可以用0.707孔径的剩余正弦差 SC'_{sn} 表示孔径弧矢彗差：

$$SC'_{sn} = SC'_{0.707h} - \frac{1}{2}SC'_m \tag{5-62}$$

用最大视场的实际弧矢彗差和由正弦差确定的最大视场彗差之差来表示弧矢视场高级彗差：

$$K'_{ssny} = K'_{sm} - SC'_m y_m \tag{5-63}$$

弧矢高级彗差一般比较小，所以在设计中用的不多，主要考虑子午高级彗差。

3. 细光束子午和弧矢场曲

初级、高级子午和弧矢场曲及视场的关系与轴上点初级、高级球差及孔径的关系完全

一样,仿照剩余球差公式,得

$$x'_{tsn} = x'_{t0.707\omega} - \frac{1}{2}x'_{tm} \tag{5-64}$$

$$x'_{ssn} = x'_{s0.707\omega} - \frac{1}{2}x'_{sm} \tag{5-65}$$

4. 畸变

当边缘视场的畸变校正到零时,0.707 视场剩余畸变并不是最大的。为计算方便,仍然用它来估算高级畸变,因为实际上并不把边缘视场畸变校正为零。根据初级畸变与视场的三次方成比例的关系,可得

$$\delta y'_{zsm} = \delta y'_{z0.707y} - 0.35\delta y'_{zm} \tag{5-66}$$

上面就是根据实际像差来估计各种高级像差数量的公式。为了求得这些高级像差值,需要计算以下 16 种实际像差值:$\delta L'_m$、$\delta L'_{0.707h}$,SC'_m、$SC'_{0.707h}$、K'_{Tm}、$K'_{T0.707h}$、$K'_{T0.707y}$、K'_{Sm},x'_{tm}、$x'_{t0.707y}$、x'_{sm}、$x'_{s0.707y}$,$\delta L'_T$、$\delta L'_s$、$\delta y'_{zm}$、$\delta y'_{z0.707y}$。

通过估算它们的高级像差值,就可以预测经过像差平衡以后剩余像差的大小以及成像质量。

5.2.5 检查边界条件

在进行像差校正前一定要检查边界条件,因为经过缩放以后的结构往往会出现透镜的中心厚度变薄、边缘变尖的情况,在设计时要随时进行检查,以免浪费时间。

正透镜要检查边缘厚度是否变尖,负透镜要检查中心厚度是否太薄。此外,还应注意工作距是否满足要求。边界条件满足之后再开始像差校正就不会出问题。

5.2.6 计算举例

例 5.3 计算一个摄影物镜,其结构参数为:$f' = 50\text{mm}$,$\frac{D}{f'} = \frac{1}{2}$,画面尺寸 24mm × 36mm,后工作距 $l'_F \geqslant 37\text{mm}$,结构总长 $L < 38\text{mm}$。

解 此物镜边界条件要求严格,成像质量要求高,根据其基本光学特性的要求,选用双高斯型及其变型结构可满足要求。从已有的资料中选择初始结构是比较合适的。由《镜头设计手册》上选两个结构作为初始结构,如图 5-7 和图 5-8 所示。

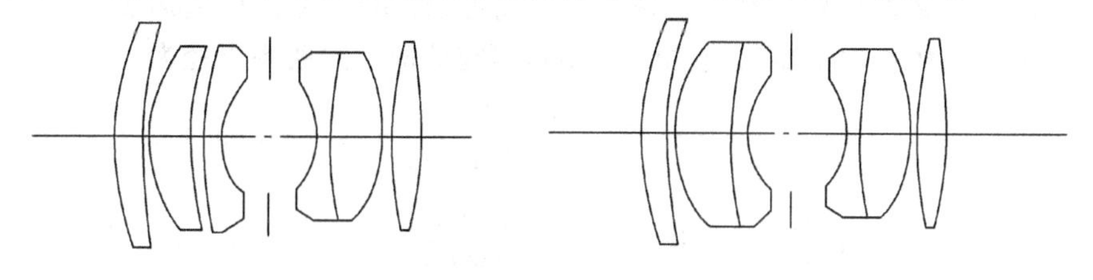

图 5-7 第一初始结构　　图 5-8 第二初始结构

(1) 缩放焦距。手册上的结构参数都是在 $f' = 1$ 时的数据,把这些参数乘 50,则得新的结构参数,见表 5-1 和表 5-2。

(2) 更换玻璃。从上述两种结构的玻璃来看,都与国产玻璃有些差异,有的玻璃价格

很昂贵,希望把它换成较便宜的国产玻璃。

表 5-1　第一种结构参数

序 号	r/mm	d/mm	n_D	ν
1	30.82	2.85	1.72341	50.1
2	86.565	2.55		
3	20.395	3.4	1.694	54.6
4	36.12	0.1		
5	36.225	1.8	1.64416	34.4
6	13.15	5		
7	光阑	4.5	1.67764	32
8	-16.045	1.8		
9	75.13	5.15	1.694	54.6
10	-25.015	1.75		
11	∞	2.8	1.8245	43.2
12	-32.065			

表 5-2　第二种结构参数

序 号	r/mm	d/mm	n_D	ν
1	39.37	3.095	1.78847	50.45
2	98.19	2.095		
3	20.975	4.275	1.691	54.8
4	41.03	2.455	1.62588	35.64
5	14.22	6.795		
6	光阑	5.0		
7	-15.18	2.095	1.6668	33.09
8	∞	5.65	1.713	53.89
9	-20.915	0.05		
10	627.725	3.195	1.7835	51.04
11	-39.045			

① 第一种结构。将第一和第六透镜的高折率的镧玻璃换成 ZBaF6 和 LaF2,将第二~第五透镜的玻璃换成 LaK2、ZF1、ZF2、LaK2。由于第一和第六透镜的玻璃的折射率较原来的低,所以系统的焦距和单色像差都要发生较大的变化,为了减小这些变化应该把透镜的曲率半径做相应的修改。由式(5-53)可得修改后的曲率半径为

$$r_1^* = r_1 \frac{n_2^* - 1}{n_2 - 1} = 30.82 \times \frac{1.6935 - 1}{1.72341 - 1} = 29.546(\text{mm})$$

$$r_2^* = r_2 \frac{n_2^* - 1}{n_2 - 1} = 86.565 \times \frac{1.6935 - 1}{1.72341 - 1} = 82.986(\text{mm})$$

用同样计算方法得 $r_{12}^* = -29.416\text{mm}$。

第二~第五透镜的曲率半径不需要进行修正,因为玻璃的折射率变化不大。

② 第二种结构。第二~第五透镜的玻璃与国产玻璃很接近,把它换成 LaK2,F6,ZF9,LaK6,它们的曲率半径也不必修正。把第一和第六透镜的玻璃换成 ZBaF6,它的折

射率较原来的低,因此它的曲率半径应做修改。用上边相同的方法得 $r_1^* = 34.628\text{mm}$, $r_2^* = 86.363\text{mm}$, $r_{10} = 593.49\text{mm}$, $r_{11} = -36.915\text{mm}$。

(3) 检查边界条件。换好玻璃后,上机进行光路计算,得出全视场、全孔径的通光口径,按着拦光的要求,计算各透镜的厚度。

经计算知:对于第一种结构, $d_1 = 2.85\text{mm}$, $d_{11} = 2.8\text{mm}$,使透镜变尖; $d_6 = 5\text{mm}$, $d_7 = 4.5\text{mm}$,不能安放可变光阑结构。将它们改为 $d_1 = 5.3\text{mm}$, $d_3 = 3.5\text{mm}$, $d_6 = 5.4\text{mm}$, $d_7 = 5\text{mm}$, $d_{11} = 5\text{mm}$。它们的总长度 $L = 36.5\text{mm} < 38\text{mm}$,后工作距 $l' = 37.724\text{mm} > 37\text{mm}$,全部满足边界条件要求。

对于第二种结构, $d_1 = 3.095\text{mm}$, $d_{10} = 3.195\text{mm}$ 不满足边界条件要求,将各透镜厚度改为 $d_1 = 4\text{mm}$, $d_2 = 2\text{mm}$, $d_3 = 4.2\text{mm}$, $d_4 = 2.1\text{mm}$, $d_5 = 6.8\text{mm}$, $d_6 = 5\text{mm}$, $d_7 = 2.1\text{mm}$, $d_8 = 5.7\text{mm}$, $d_9 = 0.1\text{mm}$, $d_{10} = 5\text{mm}$,总长度 $L = 37\text{mm} < 38\text{mm}$,后工作距 $l' = 38.137\text{mm} > 37\text{mm}$,全部满足边界条件要求。经过调整后的两个结构见表 5-3 和表 5-4。

表 5-3 第一种结构参数

序 号	r/mm	d/mm	n_D	ν	玻璃牌号
1	29.546	4.3	1.6935	49.2	ZBaF6
2	82.986	2.5			
3	20.395	3.5	1.692	54.5	LaK2
4	36.12	0.1			
5	36.225	1.8	1.6475	33.9	ZF1
6	13.15	5.4			
7	光阑	5.0			
8	-16.045	1.8	1.6725	32.2	ZF2
9	75.13	5.2	1.692	54.5	LaK2
10	-25.015	1.75			
11	∞	5.0	1.74385	44.9	LaF2
12	-29.415				

表 5-4 第二种结构参数

序 号	r/mm	d/mm	n_D	ν	玻璃牌号
1	34.65	4	1.6935	49.2	ZBaF6
2	86.363	2			
3	20.975	4.2	1.692	54.5	LaK2
4	41.03	2.1	1.6248	35.6	F6
5	14.22	6.8			
6	光阑	5.0			
7	-15.18	2.1	1.6662	33.0	ZF9
8	∞	5.7	1.69338	53.4	LaK6
9	-20.34	0.1			
10	592.75	5	1.6935	49.2	ZBaF6
11	-36.95				

(4) 估算系统的高级球差。将上述两种结构上机进行光路计算,其像差结果见

表5－5和表5－6。

表5－5　第一种结构的像差计算结果

像差 / h(或 ω)	$\delta L'$ /mm	$\Delta L'_{FC}$ /mm	SC′	x'_t /mm	x'_s /mm	$K'_T(1\omega)$ /mm	$K'_T(0.7\omega)$ /mm	$\delta y'_Z$ /mm	$\Delta y'_{FC}$ /mm	$\delta L'_T$ /mm
1.0	－1.157	－0.11	－0.006	－1.227	－0.593	－0.5224	0.285	－0.023	－0.029	2.235
0.707	－0.506	－0.044	－0.00325	－0.5384	－0.402	－0.3043	－0.1787	－0.011	－0.02	1.695
注：f'＝50.369mm，l'＝37.724mm										

表5－6　第二种结构的像差计算结果

像差 / h(或 ω)	$\delta L'$ /mm	$\Delta L'_{FC}$ /mm	SC′	x'_t /mm	x'_s /mm	K'_T /mm	K'_T /mm	$\delta y'_Z$ /mm	$\Delta y'_{FC}$ /mm	$\delta L'_T$ /mm
1.0	－1.037	－0.161	－0.0041	1.363	0.239	－0.48	－0.301	－0.018	－0.017	4.403
0.707	－0.567	－0.152	－0.0022	0.645	－0.018	－0.2147	－0.14	－0.0089	－0.013	2.222
注：f'＝50.365mm，l'＝38.137mm										

上述两种结构的基本光学特性完全相同，透镜的数量和像差校正的可能性也完全相同，因此它们最后的成像质量完全由高级像差决定。由式(5－57)～式(5－66)可计算出它们的高级像差，见表5－7。

表5－7　两种结构高级像差的计算结果

像差 / 结构	$\delta L'_{Sn}$ /mm	$\delta L'_{Ty}$ /mm	K'_{Tsny} /mm	K'_{Tsnh} /mm	SC'_{sn}	x'_{tsn} /mm	x'_{ssn} /mm	$\delta y'_{zsm}$
第一种结构	0.0725	3.477	－0.415	0.654	－0.00025	0.075	－0.1055	0.0005
第二种结构	－0.0485	3.04	0.0253	0.038	－0.00015	－0.036	－0.1375	0.0001

从计算结果可以看出，第二种结构的各项高级像差都比第一种结构要小，应该选用第二种结构作为初始结构。

第6章　望远物镜设计

前几章已经对光学设计的基本理论做了概要性介绍。从本章开始,分别介绍各种典型光学系统的设计方法。由于不同类型光学系统的设计方法和步骤差别很大,因此有必要对各类典型光学系统的具体设计方法进行讨论。不同类型的光学系统,其设计特点主要是由它们的光学特性决定的。在此,首先介绍望远系统的基本特性。

6.1　望远光学系统

6.1.1　望远系统的一般特性

望远系统是用于观察远距离目标的一种光学系统,相应的目视仪器称为望远镜。由于通过望远光学系统所成的像对眼睛的张角大于物体本身对眼睛的直观张角,因此给人一种“物体被拉近了”的感觉。利用望远镜可以更清楚地看到物体的细节,扩大了人眼观察远距离物体的能力。

望远系统一般由物镜和目镜组成,有时为了获得正像,需要在物镜和目镜之间加一棱镜式或透镜式转像系统。其特点是物镜的像方焦点与目镜的物方焦点重合,光学间隔 $\Delta=0$,因此平行光入射望远系统后,仍以平行光出射。图6－1表示了一种常见的望远系统的光路图。这种望远系统没有专门设置的孔径光阑,物镜框就是孔径光阑,也是入射光瞳。出射光瞳位于目镜像方焦点之外,观察者就在此处观察物体的成像情况。系统的视场光阑设在物镜的像平面处,即物镜和目镜的公共焦点处。入射窗和出射窗分别位于系统的物方和像方的无限远,各与物平面和像平面重合。

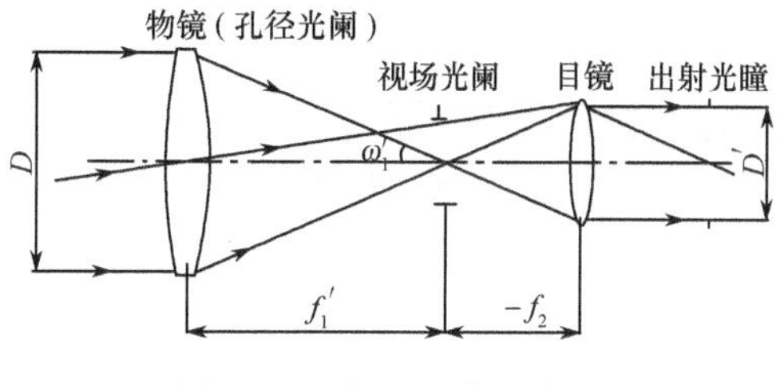

图6－1　望远系统光路图

望远系统的放大率主要有以下几种:

垂轴放大率　$\beta=-\dfrac{f'_2}{f'_1}$

角放大率　$\gamma=-\dfrac{f'_1}{f'_2}$

轴向放大率　$\alpha=\left(\dfrac{f'_2}{f'_1}\right)^2$

式中:f'_1、f'_2分别为物镜和目镜的焦距。

望远系统的放大率取决于望远系统的物镜和目镜焦距。

对于目视光学仪器来说，更有意义的特性是它的视放大率，即人眼通过望远系统观察物体时，物体的像对眼睛的张角 ω' 的正切值与眼睛直接观察物体时物体对眼睛的张角 ω 的正切值之比，用 Γ 表示：

$$\Gamma = \frac{\tan\omega'}{\tan\omega} \tag{6-1}$$

$\tan\omega'/\tan\omega$ 就是望远系统的角放大率，则

$$\Gamma = \gamma = -\frac{f'_1}{f'_2} \tag{6-2}$$

由图 6-1 可知

$$\frac{D}{2f'_1} = \frac{D'}{2f'_2} = \tan\omega'_1$$

则

$$\Gamma = -\frac{D}{D'} \tag{6-3}$$

从式中可以看到：视放大率仅取决于望远系统的结构参数，其值等于物镜和目镜的焦距之比，欲增大视放大率，必须使 $|f'_1| > |f'_2|$。

表示目视仪器观察精度的指标是它的极限分辨角。若以 60″作为人眼的分辨极限，为使望远镜所能分辨的细节人眼也能分辨，即达到充分利用望远镜分辨率的目的，因此望远镜的视放大率应与它的极限分辨角 ψ 有如下的关系：

$$\psi\Gamma = 60'' \tag{6-4}$$

若减小分辨角 ψ，需增大视放大率 Γ。

望远镜的极限分辨角以刚能被分辨的远方两发光点之间的最小角间距，由衍射理论可得

$$\psi = \frac{1.22\lambda}{D} \tag{6-5}$$

式中：D 为望远镜的入瞳直径。

如果 $\lambda = 550\text{nm}$，并将 ψ 化为角秒，则有

$$\psi = \frac{140''}{D}$$

将望远镜的极限分辨角 ψ 代入式(6-5)，就得到了望远镜应该具备的最小视放大率：

$$\Gamma = \frac{60''}{\left(\frac{140}{D}\right)''} \approx \frac{D}{2.3} \tag{6-6}$$

由式(6-6)求出的视放大率称为正常放大率，它相当于出射光瞳直径 $D' = 2.3\text{mm}$ 时望远镜所具有的视放大率。

由于 60″是人眼的分辨极限，因此按正常放大率设计的望远镜，须以很大的注意力去观察物体通过望远镜的像。为了减轻操作人员的疲劳，设计望远镜时宜用大于正常放大率的值，即工作放大率作为望远镜的视放大率，使望远镜所能分辨的极限角以大于 60″的

视角成像在眼前。工作放大率通常为正常放大率的 1.5 倍 ~2 倍。

在瞄准仪器中,仪器的精度用瞄准误差 $\Delta\alpha$ 来表示,它和视放大率的关系与式(6-4)相似,只是因瞄准方式不同,需用不同的值代替等号右面的值。例如压线瞄准时,有

$$\Delta\alpha\Gamma = 60'' \tag{6-7}$$

对线、双线或叉线瞄准时,有

$$\Delta\alpha\Gamma = 10'' \tag{6-8}$$

由此可见,望远镜的视放大率越大,它的瞄准精度越高。

望远系统的视放大率与仪器结构尺寸的关系可由式(6-2)和式(6-3)中看出。当目镜的焦距确定时,望远镜物镜的焦距随视放大率的增大而加大;当目镜所要求的出瞳直径确定时,望远镜物镜的直径随视放大率的增大而加大。这种关系在军用望远镜设计中显得非常重要,体积、重量问题往往是军用仪器增大视放大率的障碍。

选取望远系统的视放大率也需要考虑具体的使用条件。例如,大气抖动可能引起景物的抖动达 1″~2″之多,为了减小这种现象对成像清晰度的影响,地面观测瞄准仪器的视放大率不宜太大,通常都得小于 $30^{\times}$ ~ $40^{\times}$。处于抖动状态使用的望远镜,视放大率更小,手持望远镜的视放大率不超过 $8^{\times}$,超过 $8^{\times}$ 者需要使用支架固定。

6.1.2 伽利略望远镜和开普勒望远镜

伽利略发明了第一台折射式天文望远镜,该天文望远镜的物镜是一块正透镜,目镜是一块负透镜,如图 6-2 所示,这种结构型式的望远镜称为伽利略望远镜。伽利略就用这种望远镜发现了木星的卫星。

在不考虑眼瞳的作用时,伽利略望远镜的物镜框就是整个系统的入射光瞳。入瞳被目镜所成的像是一个虚像,位于目镜的前面,在图 6-2中以 O_1' 表示,这就是整个系统的出射光瞳。由于眼瞳无法与出射光瞳重合,所以轴外光束中有一部分光线不能进入眼瞳,而产生拦遮现象。若把眼瞳也作为一个光孔来考虑,则它就是整个系统的出射光瞳,也是孔径光阑。该光阑被目镜和物镜所成的像位于眼瞳之后,是一个放大的虚像,这就是系统的入射光瞳。在考虑眼瞳作用时,伽利略望远镜的视场光阑为物镜框,它被目镜所成的像位于物镜和目镜之间,这就是系统的出射窗。伽利略望远镜的成像关系如图 6-3 所示。由于入射窗不能与物平面重合,因此边缘视场在成像时必然有渐晕现象。在确定伽利略望远镜的视场时,必须考虑到光束渐晕的要求。一般情况下,以 50% 的光束渐晕来规定视场的大小。

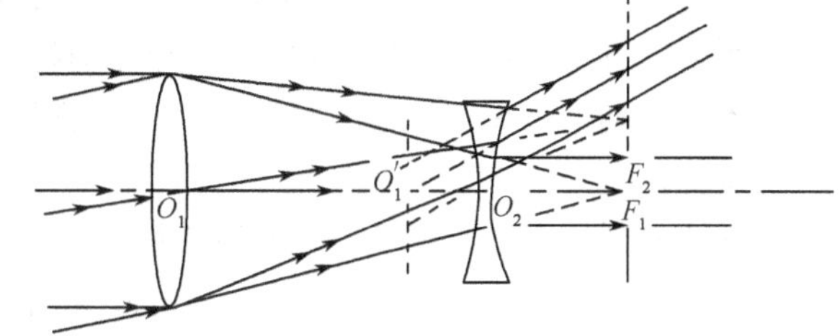

图 6-2 伽利略望远镜光学结构图

伽利略望远镜的放大率一般不超过 $6^{\times}$ ~ $8^{\times}$,以便获得较大的视场。伽利略望远镜的优点是结构简单、筒长短、较为轻便、光能损失少,并且使物体成正立的像(后者是做普通观察仪器时所必需的)。但是伽利略望远镜没有中间实像,不能用来瞄准和定位。因此,它问世不久就被开普勒望远镜代替了。

入射窗
(视场光阑)
出射窗
眼瞳
(出射光瞳)
入射光瞳
O_1'
O_1
O_2
$P'=F_1'$, F_2
$-y_1'$
P

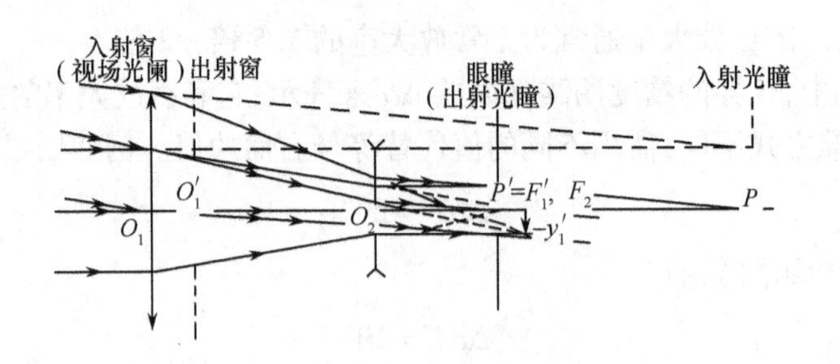

图 6-3　伽利略望远镜的成像关系图

开普勒望远镜是 1611 年在开普勒的光学书上首先介绍的，并于 1615 年制造的。早期的开普勒望远镜并没有考虑消色差的问题，它的物镜和目镜都由单块正透镜构成。设物镜和目镜所用的玻璃都是 ν 值小于 60 的，则单透镜产生的色差为

$$-\Delta l'_{FC}=\frac{f'}{\nu}\geqslant\frac{f'}{60} \tag{6-9}$$

若使它小于焦深，需满足下式要求：

$$\frac{f'}{60}\leqslant\frac{\lambda}{n'\sin^2U'}=\frac{\lambda}{n'\left(\frac{D}{2f'}\right)^2}=\frac{0.0005\times4f'^2}{D^2} \tag{6-10}$$

即

$$f'\geqslant\frac{D^2}{60\times0.0005\times4} \tag{6-11}$$

以制造口径 $D=100\text{mm}$ 的物镜为例，计算所需焦距，其值应大于 80m，显然这种结构是不适用的。直到消色差问题解决之后，开普勒望远镜的长度才得到缩短。

由于开普勒望远镜在物镜和目镜中间构成物体的实像，所以具备了测量和瞄准的条件。在实像位置上可安置一块分划板，并以此作为视场光阑。

望远镜的视场光阑直径 $2y'$ 由物镜的焦距 f' 和视场角 ω 决定，即

$$2y'=2f'\tan\omega \tag{6-12}$$

在开普勒望远镜中，目镜的口径足够大时，光束没有渐晕现象，这是因为视场光阑与实像平面重合的缘故，则系统的入射窗与物平面重合。但是，在大视场和大孔径望远镜中，目镜的口径可以适当地减小，使边缘视场的成像光束直径小于中心点成像光束的直径，渐晕系数可达 50%。这样一来，有利于结构尺寸的减小，也有利于轴外成像质量的提高。有渐晕现象的望远镜如图 6-4 所示。

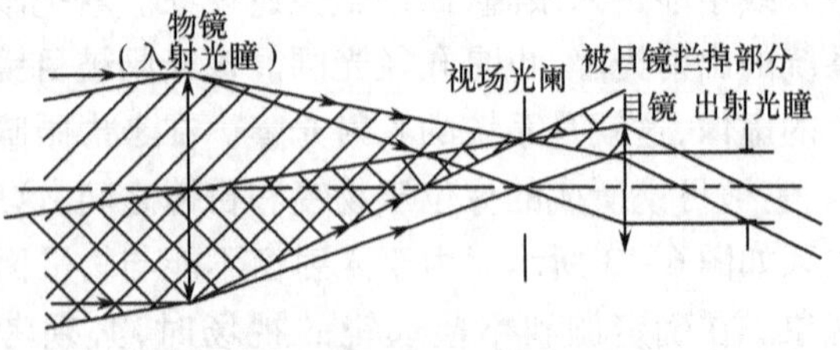

物镜
(入射光瞳)
视场光阑
被目镜拦掉部分
目镜
出射光瞳

图 6-4　有渐晕现象的望远镜

在开普勒望远镜中，物镜和目镜的焦距都是正值，视放大率 $\Gamma=-\frac{f_1'}{f_2'}$，因此，物体通过望远镜时形成倒像。在天文观察和远距离目标的观测中是无关紧要的，但是在一般观察用的望远镜中，总是希望出现正像。为此，应该在系统中加入转像系统。

6.2 望远物镜设计

6.2.1 望远物镜特点

望远物镜是望远系统的一个组成部分,它的光学特性具有以下两个特点:

1. 相对孔径不大

在望远系统中,入射的平行光束经过系统以后仍为平行光束,因此物镜的相对孔径($D/f'_{物}$)和目镜的相对孔径($D'/f'_{目}$)是相等的。目镜的相对孔径主要由出瞳直径 D'和出瞳距离 l'_z决定。目前,军用望远镜的出瞳直径 D'一般为 4mm 左右,出瞳距离 l'_z一般要求 20mm 左右。为了保证出瞳距离,目镜的焦距$f'_{目}$一般大于或等于 25mm,这样,目镜的相对孔径约为

$$\frac{D'}{f'_{目}}=\frac{4}{25}\approx\frac{1}{6}$$

所以望远物镜的相对孔径一般小于$\frac{1}{5}$。

2. 视场较小

望远物镜的视场角 ω 和目镜的视场角 ω'以及系统的视放大率 Γ 之间有以下关系:

$$\tan\omega=\frac{\tan\omega'}{\Gamma}$$

目前,常用目镜的视场 $2\omega'$大多在 70°以下,这就限制了物镜的视场不可能太大。例如,对于一个 $8^{\times}$的望远镜,由上式可求得物镜视场 $2\omega\approx10°$,通常望远物镜的视场不大于 10°。由于望远物镜视场较小,同时视场边缘的成像质量一般允许适当地降低,因此望远物镜中都不校正对应像高 y'的二次方以上的各种单色像差(像散、场曲、畸变)和垂轴色差,只校正球差、彗差和轴向色差。

由于望远物镜要和目镜、棱镜或透镜式转像系统配合使用,因此在设计物镜时应当考虑到它和其他部分的像差补偿。在物镜光路中有棱镜的情况下,物镜的像差应当和棱镜的像差互相补偿。棱镜中的反射面不产生像差,棱镜的像差等于展开以后的玻璃平板的像差。由于玻璃平板的像差和它的位置无关,因此不论物镜光路中有几块棱镜,也不论它的相对位置如何,只要它们所用的材料相同,都可以合成一块玻璃平板来计算像差。另外,目镜中通常有少量剩余球差和轴向色差,需要物镜给予补偿,所以物镜的像差常常不是真正校正到零,而是要求它等于指定的数值。在系统装有分划镜的情况下,由于要求通过系统能够同时看清目标和分划镜上的分划线,因此分划镜前后两部分系统应当尽可能分别消像差。

6.2.2 望远物镜的类型和设计方法

上节已经介绍过,望远物镜的相对孔径和视场都不大,要求校正的像差也比较少,所以它们的结构一般比较简单,多数采用薄透镜组或薄透镜系统。它们的设计方法大多建立在薄透镜系统初级像差理论的基础上,因此其设计理论比较完整。本节介绍常用的望

远物镜的类型和它们的设计特点。

望远物镜有折射式、反射式和折反射式三种型式。

1. 折射式物镜

1）双胶合物镜

望远物镜要求校正的像差主要是轴向色差、球差和彗差。由薄透镜系统的初级像差理论知道，一个薄透镜组除了校正色差以外，还能校正两种单色像差，正好符合望远物镜校正像差的需要，因此望远物镜一般由薄透镜组构成。最简单的薄透镜组就是双胶合透镜组。如果恰当地选择玻璃组合，则双胶合物镜可以达到校正三种像差的目的，所以双胶合物镜是最常用的望远物镜。

由于双胶合物镜无法校正像散、场曲，因此它的可用视场受到限制，一般不超过10°。如果物镜后面有较长光路的棱镜，则由于棱镜的像散和物镜的像散符号相反，可以抵消一部分物镜的像散，视场可达15°~20°。双胶合物镜无法控制孔径高级球差，因此它的可用相对孔径也受到限制。不同焦距时，双胶合物镜可能得到满意成像质量的相对孔径，见表6-1。

表6-1　双胶合物镜的焦距与相对孔径对应关系

f'	50	100	150	200	300	500	1000
$\frac{D}{f'}$	1:3	1:3.5	1:4	1:5	1:6	1:8	1:10

一般双胶合物镜的最大口径不能超过100mm，这是因为当直径过大时，透镜的质量过大胶合不牢固，同时当温度改变时，胶合面上容易产生应力，使成像质量变坏，严重时可能脱胶。所以，对于直径过大的双胶透镜组，往往不进行胶合，而是中间用很薄的空气层隔开，空气层两边的曲率半径仍然相等。这种物镜从像差性质来说实际上和双胶合物镜完全相同。

2）双分离物镜

双胶合物镜由于孔径高级球差的限制，它的相对孔径只能达到1/4左右。如果使双胶合物镜正、负透镜之间有一定间隙，则有可能减小孔径高级球差，使相对孔径可以增加到1/3左右。双分离物镜对玻璃组合的要求不像双胶合物镜那样严格，一般采用折射率差和色散差都较大的玻璃，这样有利于增大半径，减小孔径高级球差。但是这种物镜的色球差并不比双胶合物镜小，另外，空气间隙的大小和两个透镜的同心度对成像质量影响很大，所以装配调整比较困难。由于上述原因，目前使用不是很多。

3）双单物镜和单双物镜

如果物镜的相对孔径大于1/3，则一般采用一个双胶合和一个单透镜组合而成。随着它们前后位置的不同，分双单物镜和单双物镜两种，如图6-5(a)、(b)所示。

这种型式的物镜，如果双胶合组和单透镜之间的光焦度分配合适，胶合组的玻璃选择恰当，孔径高级球差和色球差都比较小，则相对孔径最大可达1/2左右，这是目前采用较多的大相对孔径的望远物镜。

4）三分离物镜

三分离物镜的结构如图6-6所示，它能够很好地控制孔径高级球差和色球差，相对孔径可达1/2。这种物镜的缺点是装配调整困难，光能损失和杂光都比较大。

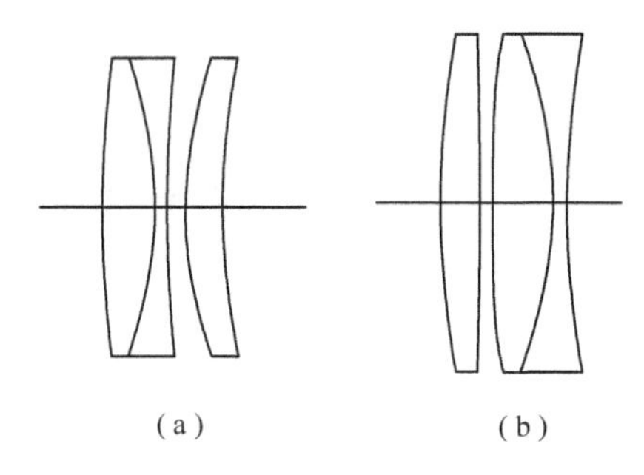

图 6-5　双单物镜和单双物镜

(a)双单物镜；(b)单双物镜。

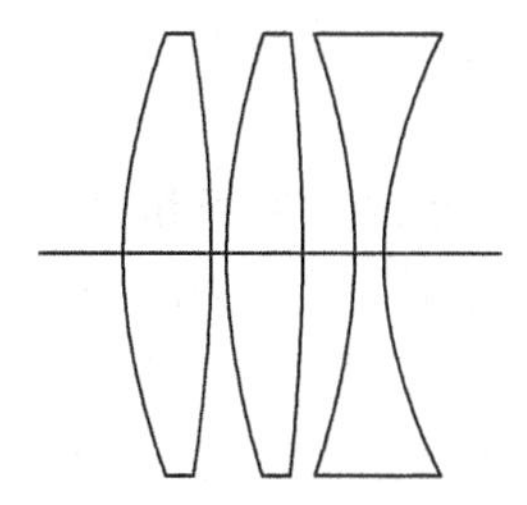

图 6-6　三分离物镜

5）摄远物镜

一般物镜长度（物镜第一面顶点到像面的距离）都大于物镜的焦距，在某些高倍率的望远镜中，由于物镜的焦距比较长，为了减小仪器的体积和质量，希望减小物镜系统的长度，这种物镜一般由一个正透镜组和一个负透镜组构成，称摄远物镜，如图 6-7 所示。

摄远物镜的优点如下：

（1）系统的长度 L 小于物镜的焦距 f'，一般可达焦距的 2/3～3/4。

（2）由于整个系统有两个薄透镜组，因此有可能校正四种单色像差，即除了球差、彗差而外，还可能校正场曲和像散。因此它的视场角比较大，同时可以充分利用它的校正像差的能力来补偿目镜的像差，使目镜的结构简化或提高整个系统的成像质量。

这种物镜的缺点是系统的相对孔径比较小，因为前组的相对孔径一般都要比整个系统的相对孔径大 1 倍以上。如果前组采用双胶合，相对孔径大约为 1/4，则整个系统的相对孔径一般在 1/8 左右。要增大整个系统的相对孔径，就必须使前组复杂化，提高它的相对孔径，例如，采用双分离或者双单、单双的结构。

6）对称式物镜

对于焦距比较短而视场角比较大的望远镜物镜（$2\omega > 20°$），一般采用两个双胶合组构成，如图 6-8 所示。这种物镜实际上和第 7 章中要介绍的对称式目镜相似，它的视场可以达到 30°左右。

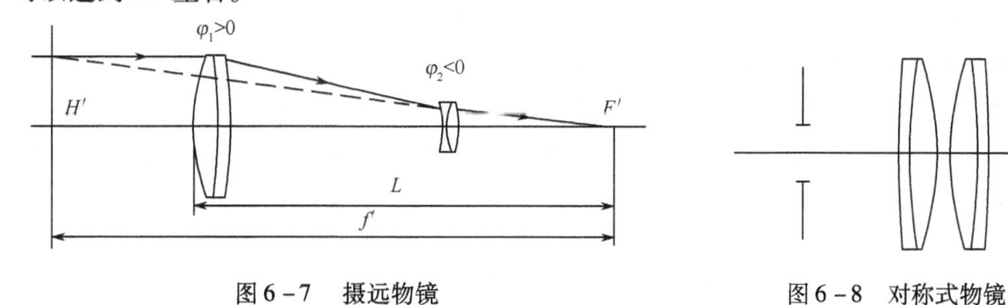

图 6-7　摄远物镜

图 6-8　对称式物镜

7）内调焦物镜

对于测量用的望远物镜在其焦平面上安装有分划板，要求无限远物体的像平面与分划板的刻线平面重合，这样通过目镜可以同时看清分划板刻线和无限远物体的像。如果物体的位置变化，像平面就不再和分划板的刻线面重合，这就需要通过调节使分划板的刻线平面和像平面重合，这个过程就是调焦。能实现调焦的光学系统有两种调焦方式，即外调焦和内调焦。

外调焦是通过目镜和分划板的整体移动而使望远物镜对不同距离物体的像与分划板刻线重合，完成调焦。这种调焦的结构比较简单。

内调焦望远物镜由正、负光组组合而使主面前移，缩短了望远镜的筒长。在调焦过程中，前组正光组与分划板的相对位置不变，仅通过移动调节中间负光组，使不同位置的远方物体像落在分划板的刻线面上完成调焦。其结构形式如图6-9所示，当物在无限远时，望远物镜正、负光组间隔为 d_0，此时无限远物体的像落在分划板刻线平面上。当物体在有限距离 $-l_1$ 时，调焦镜需要移动 Δd 使 A_1 物体的像落在分划板刻线平面上。利用高斯公式：

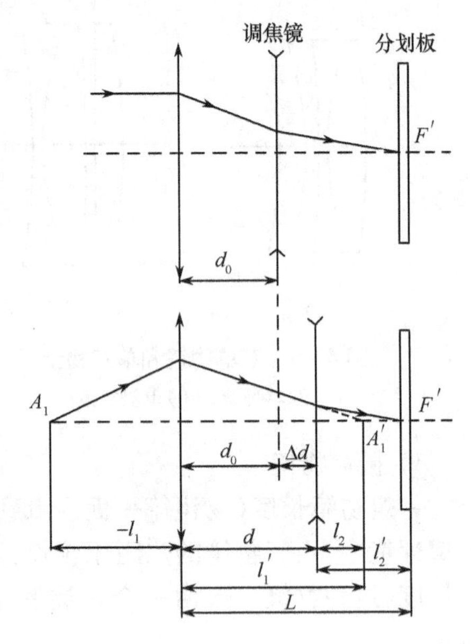

图6-9　内调焦望远镜基本结构

$$\frac{1}{l_1'}-\frac{1}{l_1}=\frac{1}{f'}, l_2=l_1'-d$$

$$d=d_0+\Delta d, l_2'=L-d$$

$$\frac{1}{L-d}-\frac{1}{l_1'-d}=\frac{1}{f_2'}$$

由以上公式可以解得 Δd。式中，L 为物镜正光组和分划板的距离。

2. *反射式物镜*

除了用透镜成像外，反射镜也能用于成像。在消色差物镜发明以前，绝大部分天文望远镜都是用反射镜构成。目前虽然在大多数场合反射镜已被透镜所代替，但是反射镜和透镜比较，在某些方面有它的优越性，因此在有些仪器中仍然必须使用反射镜。

反射镜的主要优点如下：

(1) 完全没有色差，各种波长光线所成的像是严格一致、完全重合的。

(2) 可以在紫外到红外的很大波长范围内工作。

(3) 反射镜的镜面材料比透镜的材料容易制造，特别对大口径零件更是如此。

由于反射镜的这些优点，因此在某些特殊领域中使用的光学仪器仍然必须用反射镜。

反射式物镜主要有以下三种型式：

1) 牛顿系统

牛顿系统由一个抛物面主镜和一块与光轴成45°的平面反射镜构成，如图6-10所示。抛物面能把无限远的轴上点在它的焦点 F' 处成一个理想的像点。第二个平面反射镜同样能理想成像。

2) 格里高里系统

格里高里系统由一个抛物面主镜和一个椭球面副镜构成，如图6-11所示。

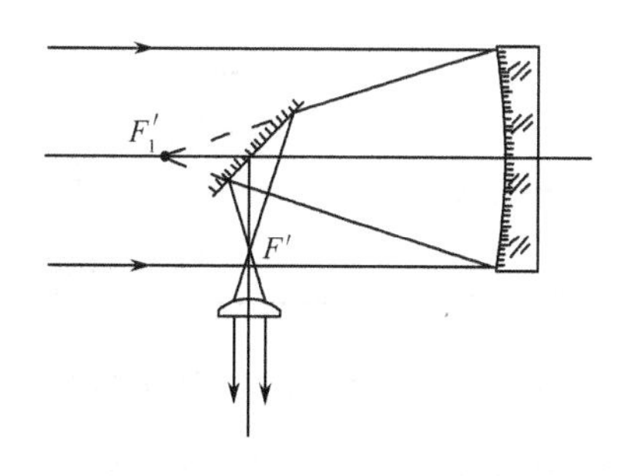

图 6－10　牛顿反射式物镜

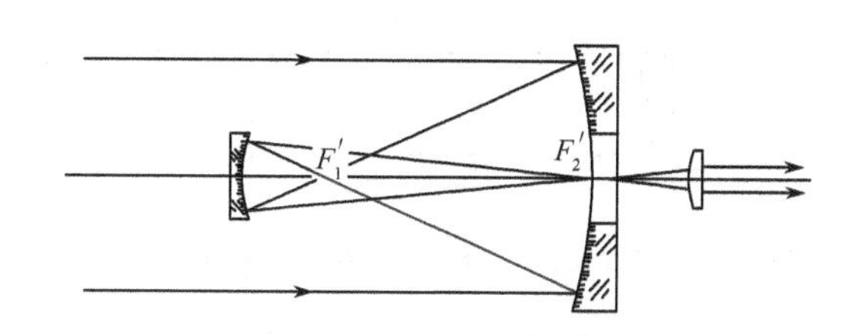

图 6－11　格里高里反射式物镜

抛物面的焦点和椭球面的一个焦点 F_1' 重合。无限远轴上点经抛物面理想成像于 F_1'，F_1' 又经椭球面理想成像于另一个焦点 F_2'。

3）卡塞格林系统

卡塞格林系统由一个抛物面主镜和一个双曲面副镜构成，如图 6－12 所示。抛物面的焦点和双曲面的虚焦点 F_1' 重合，F_1' 经双曲面理想成像于实焦点 F_2'。

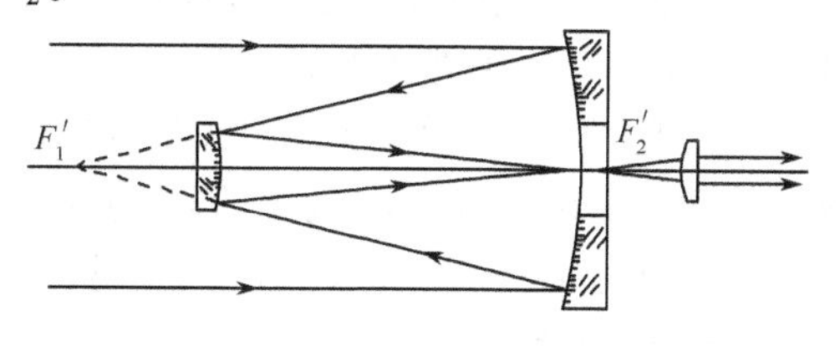

图 6－12　卡塞格林系统

由于卡塞格林系统的长度短，同时主镜和副镜的场曲符号相反，有利于扩大视场。

上述反射系统对轴上点来说，满足等光程条件，成像符合理想情况。但是就轴外点而言，它们的彗差和像散很大，因此可用的视场十分有限。例如，对抛物面来说，如果要求彗差引起的弥散斑直径小于 1″，当相对孔径 $D/f' = 1/5$ 时，视场只有 ±2.2′；当相对孔径 $D/f' = 1/3$ 时，视场为 ±0.8′。

为了扩大系统的可用视场，可以把主镜和副镜做成高次曲面，代替原来的二次曲面。这种系统的缺点是主镜焦面不能独立使用，因为主镜焦点的像差没单独校正，而是和副镜一起校正的。同时，也不能用更换副镜来改变系统的组合焦距。这种高次非球面系统目前被广泛地用作远红外激光的发射和接收系统，可以获得较大的视场。

另一种扩大系统视场的方法是，在像面附近加入透镜式的视场校正器，用以校正反射系统的彗差和像散。

3. 折反射式物镜

为了避免非球面的制造困难和改善轴外像质，采用球面反射镜作主镜，然后用透镜来校正球面镜的像差，这样就形成了折反射系统。最早的校正透镜是施密特校正板，如图 6－13所示。

在球面反射镜的球心上，放置一块非球面校正板，校正板的近轴光焦度近似等于零，用它校正球面反射镜的球差，并作为整个系统的入瞳，因此球面不产生彗差和像散，校正板也没有轴向色差和垂轴色差，只有少量色球差。这种系统的相对孔径可达到 $D/f' = 1/2$，甚至达到 1。它的缺点是系统长度比较大，等于主反射镜焦距的 2 倍。

马克苏托夫发现，利用一块由两个球面构成的弯月形透镜，也能校正球面反射镜的球差和彗差。这种透镜称为马克苏托夫弯月镜，如图 6－14 所示。

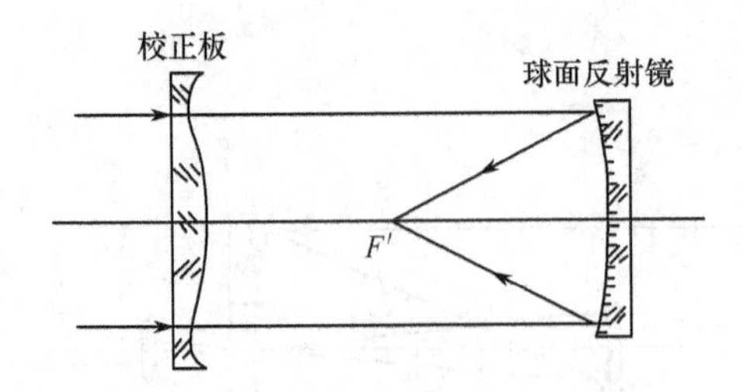

图 6－13 带有施密特校正板的折反射式物镜

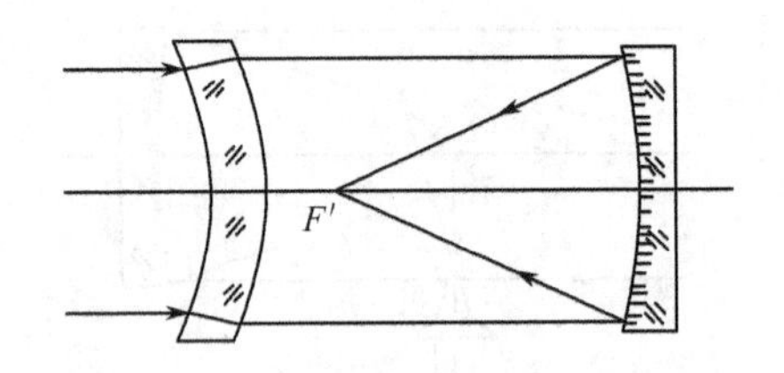

图 6－14 马克苏托夫折反射式物镜

这种系统和施密特校正板不同，它不能同时校正整个光束的球差，而是和一般的球面系统一样只能校正边缘球差，因此存在剩余球差，也有色球差。轴外彗差可以得到校正，但像散不能校正。它的相对孔径一般不大于 1/4。

如果用和主反射镜同心的球面构成的同心透镜作为校正透镜，既能校正反射面的球差，也可以不产生轴外像差。

上面的两种折反射系统的共同特点是校正镜结构比较简单，只有一块玻璃，并且自行校正色差，没有二级光谱色差，因此多用于较大口径的望远镜上（例如，从数百毫米到 1m）。而且便于使用一些特殊的光学材料，如石英玻璃，这样，系统还可以用于紫外与远红外，保持了反射系统工作波段宽的优点。它们的缺点是校正像差的能力有限，系统的相对孔径和视场都受到限制。

某些小型望远镜的物镜也采用折反射系统，一般有两个目的：一个是利用反射镜折叠光路，以缩小仪器的体积和减轻仪器的重量；另一个是由于主反射镜没有色差，和相同光学特性的透镜系统比较，可以大大减小二级光谱色差，因此应用在一些相对孔径比较大或焦距特别长的系统中。由于系统的实际口径不是很大，因此有可能采用一些结构更复杂的校正透镜组，以使系统的像差校正得更好。例如，用一个双透镜组作为校正透镜，如图 6－15 所示。如果这两块透镜用同样的玻璃构成，则系统也没有二级光谱色差。

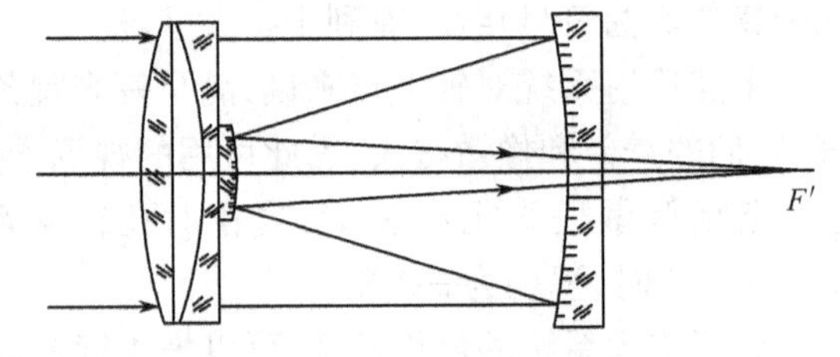

图 6－15 双透镜组作为校正透镜的折反射系统

有些系统中把负透镜和主反射面结合成一个内反射镜，如图 6－16 所示。

有些系统中把第二反射面和校正透镜组中的一个面结合，如图 6－17 所示。

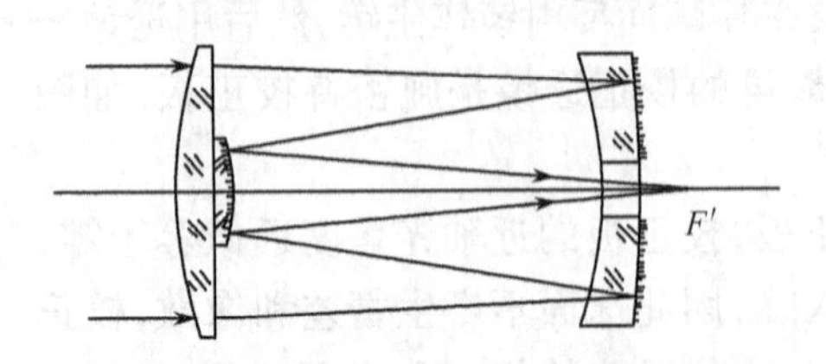

图 6－16 内反射型式的折反射系统

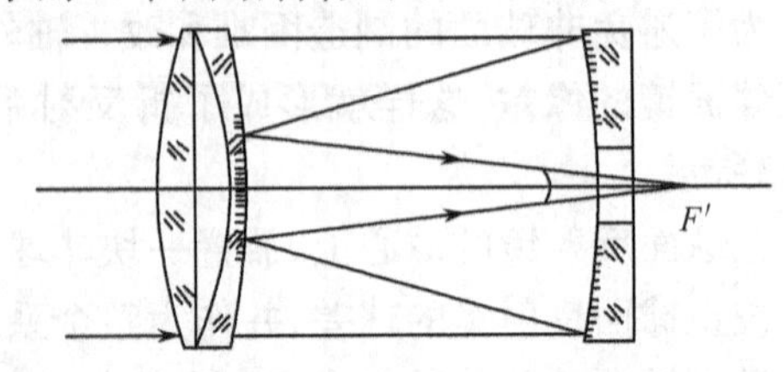

图 6－17 反射面和透射面共面的折反射系统

上面介绍了一些常用的望远物镜，这些物镜基本上都是由薄透镜系统或反射系统构成的，而且多数望远物镜的相对孔径和视场都不大，高级像差比较小。因此，多数望远物镜的设计方法都可以建立在薄透镜初级像差理论的基础上，所以比较简单，也比较系统。

一般整个设计过程可以大致分为三个步骤：

（1）根据外形尺寸计算对物镜的焦距、相对孔径和视场以及成像质量提出的要求，选定物镜的结构型式；

（2）应用薄透镜系统初级像差公式求透镜组的初始结构参数；

（3）通过光路计算求出实际像差，然后进行微量校正，得到最后结果。

下面举例说明其设计过程。

例 6.1 设计一个望远物镜，其结构参数为：$D = 20\text{mm}$，相对孔径$\frac{D}{f'} = \frac{1}{6.15}$，视场$2\omega = 7°$。

根据题目要求，选择双胶合望远物镜较合适。焦距$f' = 6.15D = 123\text{mm}$，按上述光学参数可对该物镜进行设计计算。

设计方法主要有 PW 法和缩放法两种。PW 法是一种传统且有效的光学设计方法，但是这种方法繁琐，计算工作量较大，目前采用最多的是缩放法。所谓缩放，即根据对光学系统的要求，找出性能参数比较接近的已有结构，将其各尺寸乘以缩放比 K，得到所要求的系统结构，并估计其像差的大小或变化趋势。其缩放步骤如下：

（1）根据所设计光学系统的外部参数，由镜头手册等资料选取比较接近的现有结构。

外部参数指 D（或 $n\ \sin u$）、f'、2ω 等，其中主要是f'不能相差太大，相差太大即失去原有数据的参考价值。

（2）根据焦距计算缩放比 K：

$$K = \frac{f'_{\text{设计焦距}}}{f'_{\text{现有焦距}}} \qquad （最好 K > 1）$$

（3）将现有结构中的所有线量（r、d、D、l、l_z、y、δL、…）放大 K 倍，角量（如 ω、$\sin u$）和相对量（如 $\delta y'_z / y'$）不变。

（4）估计使用条件下的像差和瞳孔位置的变化。

所选结构被放大后，所有线量像差也随之被放大，原有结构的使用条件不可能与现在的使用条件完全相同，但可根据原来使用的孔径和视场及像差曲线的趋势，推算出新的使用条件下的像差值等。

（5）检查和调整间隔（中心厚或边缘厚）以满足工艺要求，必要时更换玻璃材料（尽可能国产化，并保证折射率和色散值）。

（6）上机计算。首先检查焦距是否为预想值，若相差太远，可复查缩放过程或原始值，再查其他值，或做像差校正等。

由例 6.1 得到的参数，找到一满足该系统的近似结构，见表 6－2。

表 6－2 近似结构的系统参数及像差

r	d	n_D			$1h(\omega)$	$0.7h(\omega)$	$0.5h(\omega)$	$0h(\omega)$
136.14	6	K9	$f' = 200.49$	$\delta L'$	0.0486	−0.0122	−0.0143	0
−78.89	4	ZF1	$D = 36$	$\Delta L'_{FC}$	0.0120	−0.0952	−0.1427	−0.1575
−223.9			$L'_F = 196.44$	$K'_{T(0.5)}$	0.0309	0.0167	0.0088	0
			$2\omega = 12°$	x'_t	−3.8729	−1.9060	−0.9744	0
				x'_s	−1.8235	−0.8952	−0.4571	0

由表 6－2 中数据可知，缩放比 $K=123/200.49=0.6135$，缩放后的结构和像差见表6－3。

表 6－3　缩放后的结构和像差

r	d	n_D			1	0.7	0.5	0
83.521 −48.399 −137.363	3.68 2.45	K9 ZF1	$f'=123$ $D=22.086$ $L'_F=120.51$ $2\omega=12°$	$\delta L'$	0.0298	−0.0075	−0.0088	0
				$\Delta L'_{FC}$	0.0073	−0.0584	−0.0876	−0.1168
				$K'_{T(0.5)}$	0.0189	0.0102	0.0054	0
				x'_t	−2.3761	−1.1694	−0.5978	0
				x'_s	−1.11426	−0.5492	−0.2804	0

可见，在 $D=22.086$，$2\omega=12°$的使用条件下，球差和场曲较大，需要对像差进行微量校正。同时，根据设计条件，满足有效口径、视场及相对孔径的要求，对上述计算参数进行规整。计算结果见表 6－4。

表 6－4　系统校正后的结构参数和像差

r	d	n_D			1	0.7	0.5	0
82.76 −47.14 −136.857	3.81 2.50	K9 ZF1	$f'=123$ $D=20$ $L'_F=120.42$ $2\omega=7°$	$\delta L'$	0.1064	0.0353	0.0142	0
				$K'_{T(0.5)}$	0.0077	0.0042	0.0022	0
				x'_t	−0.8134	−0.3991	−0.2037	0
				x'_s	−0.3820	−0.1873	−0.0956	0
				SC'	0.0002	0.0001	0.00006	0
				$\Delta L'_{FC}$	0.0609	0.0030	−0.0228	−0.0489

对上述双胶合望远物镜进行像质评价。根据物镜的光学特性，$f'=123$，$h_m=10$，有

$$u'_m=\frac{h_m}{f'}=\frac{10}{122.97}=0.0813$$

根据焦深公差的公式，有

$$\Delta=\frac{\lambda}{n'u'^2_m}$$

对目视光学仪器，取平均波长 0.00055mm 代入上式，得

$$\Delta=\frac{0.00055}{1\times(0.0813)^2}=0.0832$$

（1）球差。根据表 6－4 的像差结果：

$$\delta L'_m=0.1064,\delta L'_{0.7}=0.0353$$

由以上结果看到，球差没有完全校正，主要为初级球差。根据初级球差公差的公式，得

$$\delta L'_m\leqslant 4\Delta=0.3328$$

实际的边缘球差只有公差的 1/3，所以这个透镜组球差满足公差要求。

（2）色差。根据表 6－4，有

$$\Delta L'_{FCm}=0.0609,\Delta L_{FC0.7}=0.0030,\Delta l'_{FC}=-0.0489$$

以上色差在0.7孔径小于1倍焦深,边缘带和近轴色差之差属于色球差(F光和C光的初级球差之差)。由色球差性质可知,对应色球差的公差为2倍焦深,等于0.1664,而实际的近轴色差在公差范围以内。二级光谱色差也在1倍焦深公差范围内。

(3) 正弦差。设计结果 $SC'=0.0002<0.0025$。

从以上设计结果可以看出,上述双胶合系统经校正后其像差均在公差范围以内,满足设计要求。

例6.2 设计一种变焦距光学系统。

(1) 技术要求。

① 视场变化范围:5°~60°。

② 相对孔径:1/4。

③ CCD像面尺寸:1/2英寸(1英寸=2.54cm),像元尺寸8.6μm。

(2) 技术参数的确定。根据设计要求,1/2英寸CCD的靶面对角线 $l=8\text{mm}$。

① 计算焦距的公式为

$$f'=\frac{l}{2\tan\omega}$$

当视场为 $2\omega_{\min}=5°$ 时,长焦时:

$$f'_1=\frac{8}{2\tan2.5°}\approx91.6(\text{mm})$$

当视场为 $2\omega_{\max}=60°$ 时,短焦时:

$$f'_s=\frac{8}{2\tan30°}\approx6.9(\text{mm})$$

选择四个焦距位置进行设计计算,按等比数列来取焦距值,由 $6.9q^3=91.6$ 得 $q=2.3678$,将另外两个焦距取整,分别为16.5mm及38.7mm。

② 像高的计算:

$$y'=f'\tan\omega=91.6\tan2.5°\approx4(\text{mm})$$

③ 视场角的计算。

当次短焦 $f'_{sm}=16.5\text{mm}$ 时,有

$$\omega=\arctan\frac{y'}{f'_{sm}}=\arctan\frac{4}{16.5}\approx13.6°$$

当中焦 $f'_m=38.7\text{mm}$ 时,有

$$\omega=\arctan\frac{y'}{f'_m}=\arctan\frac{4}{38.7}\approx5.9°$$

由此,确定了变焦距系统在四个焦距位置时的视场,每个焦距位置对应的视场见表6-5所,系统的变倍比为13.1倍。

表6-5 系统在四个变焦结构的焦距和视场值

多重结构	结构1	结构2	结构3	结构4
焦距 f'/mm	6.9	16.5	38.7	91.6
视场 2ω/(°)	60	27.2	11.8	5

(3) 初始结构选择及优化方法。技术参数确定后,选择视场相近、相对孔径相近的初始结构,尽量保持变焦比大的系统。表 6-6 为变焦系统的初始结构参数,表 6-7 为多重结构的初始参数设置。

表 6-6 变焦系统的初始结构参数

Surf Type	Radius	Thickness	Glass	Semi-Diameter(m)
OBJ STANDARD	Infinity	Infinity	—	Infinity
1 STANDARD	222.609467	18	LAK9	52.767555
2 STANDARD	-118.180483	6	ZF2	52.857900
3 STANDARD	125.564123	0.5	—	47.178870
4 STANDARD	110.401970	7.5	BAF8	45.199116
5 STANDARD	323.272714	$V(d_1)$	—	44.869666
6 STANDARD	105.35254	3.3	LAK9	21.537456
7 STANDARD	34.552134	8.7	—	18.134784
8 STANDARD	-45.215121	7	LAK9	18.312996
9 STANDARD	21.012534	11	ZF2	17.266094
10 STANDARD	Infinity	$V(d_2)$	—	17.193185
11 STANDARD	100.256342	2.7	LAKN12	13.446748
12 STANDARD	622.027254	1	—	13.468125
13 STANDARD	41.002914	3.6	ZF3	13.568589
14 STANDARD	13.910636	6.5	LAKN12	12.461169
15 STANDARD	-189.254670	$V(d_3)$	—	12.600448
16 STANDARD	Infinity	2.3	—	6.165732
17 STANDARD	-20.453114	7.5	ZF10	7.619776
18 STANDARD	-20.099843	5.5	—	8.869200
19 STANDARD	18.142159	11	BAK1	8.560041
20 STANDARD	-11.766768	2.5	ZF3	7.240563
21 STANDARD	26.321500	6	—	6.615477
IMA STANDARD	Infinity		—	h
注:$V(d_1)$、$V(d_2)$、$V(d_3)$分别表示不同焦距时第 5-6、10-11、15-16 面之间的间隔长度,h 表示像高尺寸				

表 6-7 多重结构的参数设置

Active:1/4		Config 1*	Config 2	Config 3	Config 4
1:THIC	5	1.720594	56.235892	90.388446	109.794727
2:THIC	10	130.677840	72.242052	31.933511	0.500000
3:THIC	15	3.117477	7.038030	13.193954	25.231277
4:YEIE	2	15	6.8	3	1.25
5:YEIE	3	30	13.6	6	2.5

由此可以得到初始结构的 MTF 曲线,如图 6-18 所示。从图 6-18 中可以看出在四个不同焦距的情况下,该系统的 MTF 值在 40lp/mm 时已经截止,成像质量较差,无法满足设计指标的要求,这时的垂轴像差曲线如图 6-19 所示。因此必须对其进行优化。

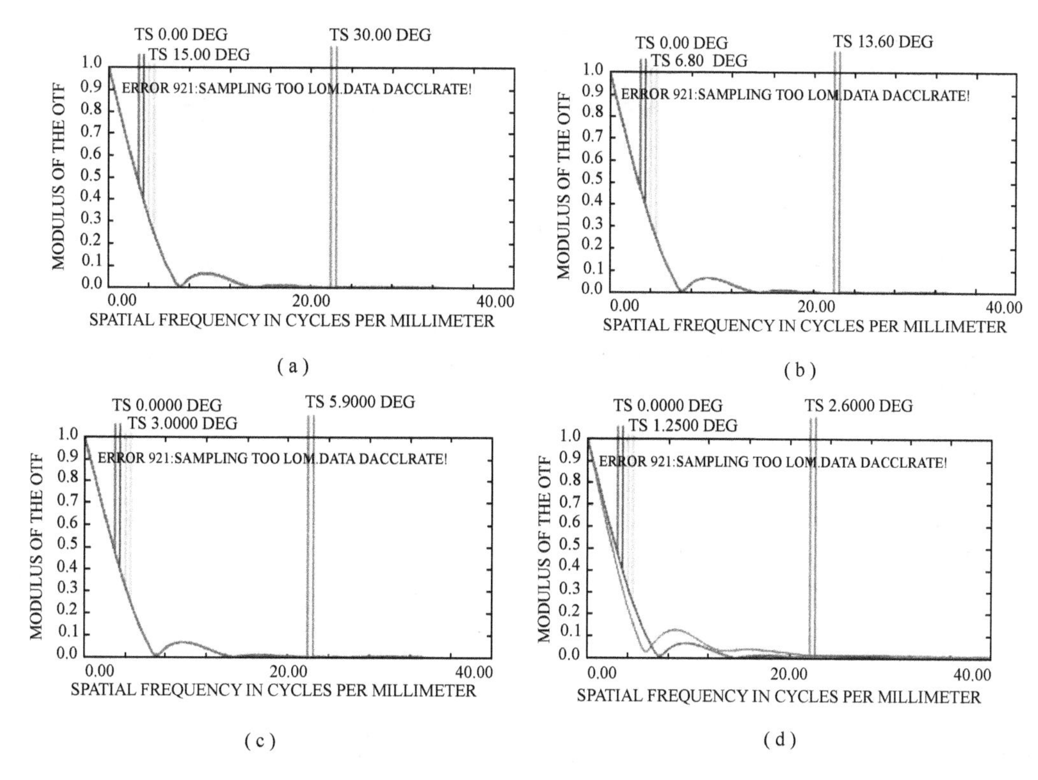

图 6－18　初始结构在四个不同焦距情况下的 MTF 图

(a)6.9mm；(b)16.5mm；(c)38.7mm；(d)91.6mm。

在优化系统过程中，先从影响系统像质最为严重的像差入手。观察初始结构的垂轴像差曲线 6～19，可以发现初始结构的球差及彗差极大，降低了初始结构的成像质量，导致整个系统在每个变焦位置处的 MTF 在 40lp/mm 时全部截止。通过优化系统，减小球差及彗差的影响。在调整像差的过程中，通过观察场曲及畸变图可以发现，短焦时大视场的畸变最为严重，长焦时子午面内像散及场曲最为严重。前者尽管不影响成像的清晰度，但是导致了像面的变形，因此必须校正；后者影响四个焦距情况下全视场成像质量，所以都必须将其控制在一定的范围内，以保证成像质量。为了校正畸变在 8% 以下，需以降低光学系统的整体的成像质量作为代价，减小畸变的影响。将长焦时 1 视场的子午场曲和弧矢场曲相减，其值越小，像散越小，再通过减小子午面内子午光线对连线的斜率，减小子午场曲。然后，再次观察垂轴像差曲线，可以发现单色像差基本没有影响，主要为垂轴色差，通过控制不同焦距时子午面全视场 ±1 孔径两个边缘光线的高度差，减小垂轴色差，提高整个系统的成像质量。表 6－8、表 6－9 为优化后的多重结构参数及光学系统结构参数。表中 * 代表系统在此多重结构参数状态下。

表 6－8　优化后的多重结构参数

Active：1/4	Config 1 *	Config 2	Config 3	Config 4
1：THIC　5	1.992857	59.737608	95.546850	113.066677
2：THIC　10	135.448133	74.107679	32.197613	1.056182
3：THIC　15	0.748154	4.343865	10.444680	24.066285
4：YEIE　2	15	6.8	3	1.25
5：YEIE　3	30	13.6	6	2.5

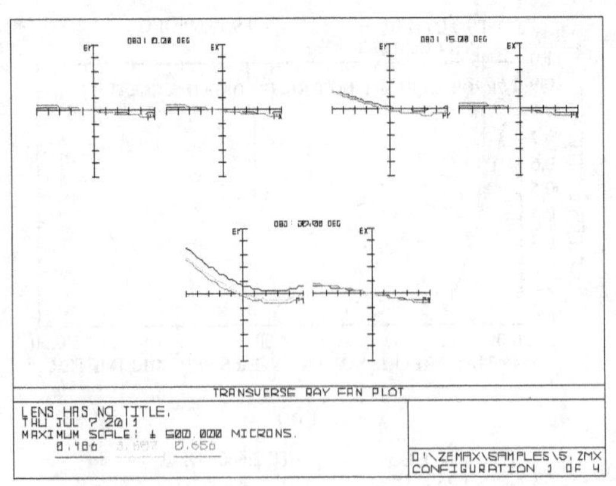

(a)

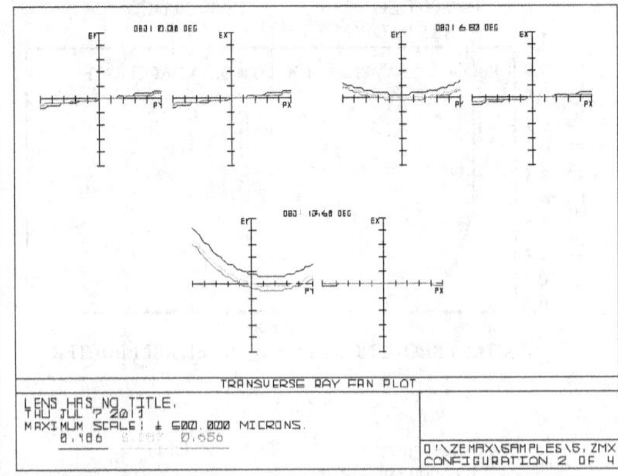

(b)

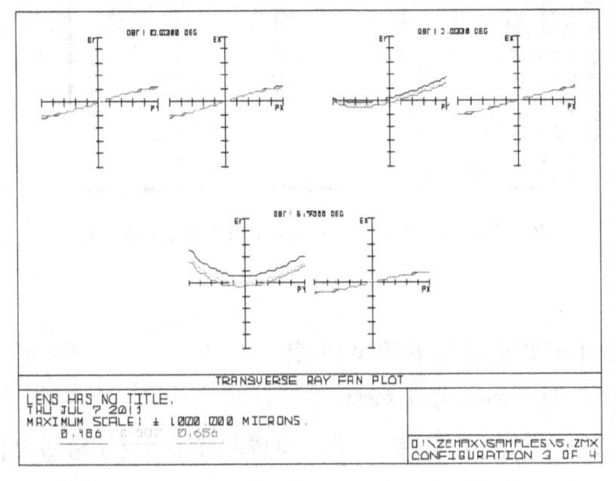

(c)

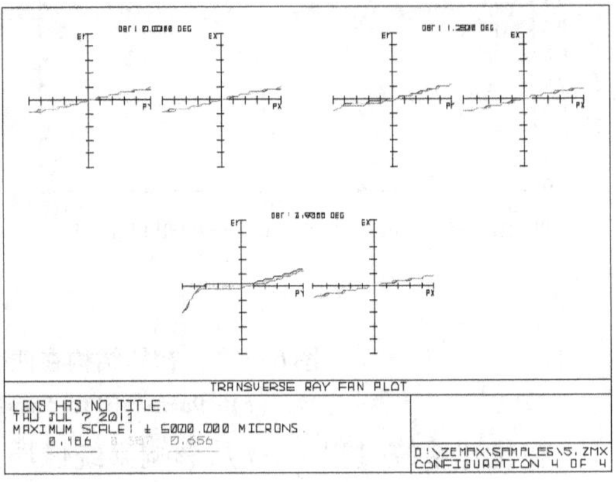

(d)

图6-19　初始结构在四个不同焦距情况下的垂轴像差曲线

(a)6.9mm；(b)16.5mm；(c)38.7mm；(d)91.6mm。

表6-9　优化后的变焦系统结构参数

Surf Type	Radius	Thickness	Glass	Semi-Diameter(m)
OBJ STANDARD	Infinity	Infinity		Infinity
1 STANDARD	216.459218	16.785894	LAK9	48.711162
2 STANDARD	-124.228781	0.473244	ZF2	48.371717
3 STANDARD	457.694311	0.473244	—	44.188991
4 STANDARD	124.423143	5.141642	BAF8	42.168166
5 STANDARD	250.250909	$V(d_1)$	—	41.711890
6 STANDARD	132.088668	1.475631	LAK9	21.122634
7 STANDARD	28.680845	9.414933	—	18.005358
8 STANDARD	-63.250396	6.348884	LAK9	17.841672
9 STANDARD	26.492995	10.230124	ZF2	16.945355
10 STANDARD	Infinity	$V(d_2)$	—	16.738453

(续)

Surf Type	Radius	Thickness	Glass	Semi - Diameter(m)
11 STANDARD	68.413706	2.890811	LAKN12	11.314320
12 STANDARD	-214.136118	0.914065	—	11.306501
13 STANDARD	33.302314	1.984402	ZF3	11.165833
14 STANDARD	14.369122	7.912613	LAKN12	10.390506
15 STANDARD	-880.780459	$V(d_3)$	—	9.864066
16 STANDARD	Infinity	3.294743	—	3.263972
17 STANDARD	-20.585991	14.401026	ZF10	3.263972
18 STANDARD	-21.760023	6.461865	—	4.719221
19 STANDARD	18.852602	10.261714	BAK1	4.745769
20 STANDARD	-9.087945	1.864404	ZF3	3.953117
21 STANDARD	25.794977	7.137747	—	3.826106
IMA STANDARD	Infinity		—	h

(4) 系统像质评价。图 6-20 为系统优化后在四个焦距时的 MTF 曲线图,由 CCD 靶面的像元 $d = 8.6\mu m$,取奈奎斯特(Nyquist,频率 60lp/mm,此时四个不同焦距处全视场的 MTF 约为 0.3,轴上的传递函数值均在 0.5 左右。由于畸变只和视场有关,因此只看短焦时的畸变大小,如图 6-21 所示,此时的畸变小于 7.8%,成像质量已满足设计要求。

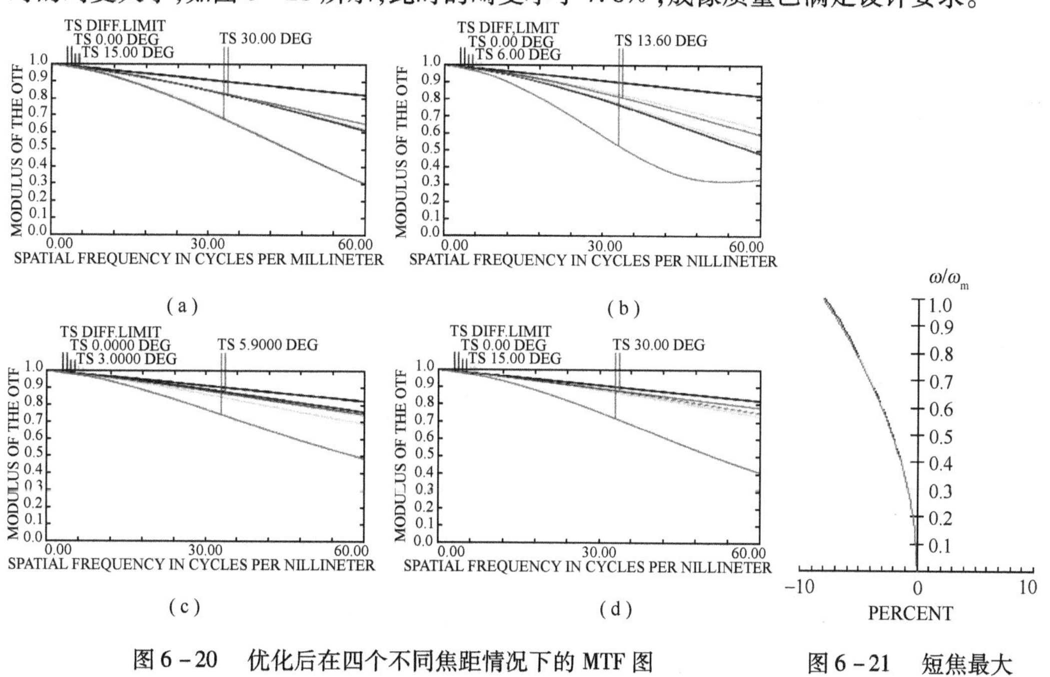

图 6-20　优化后在四个不同焦距情况下的 MTF 图
(a)6.9mm;(b)16.5mm;(c)38.7mm;(d)91.6mm。

图 6-21　短焦最大视场时的畸变

优化之后在不同焦距时变焦系统的二维输出图如图 6-22 所示。图中的不同灰度的光线代表不同视场的情况,它们经过光学系统后发生偏折,会聚在像面上。变焦系统需要均衡每个视场的成像质量,使其达到设计指标的要求。本例最终设计得到的相对孔径变化范围:1/4.02 ~1/3.976,像面高度变化范围:3.71mm ~4.09mm。

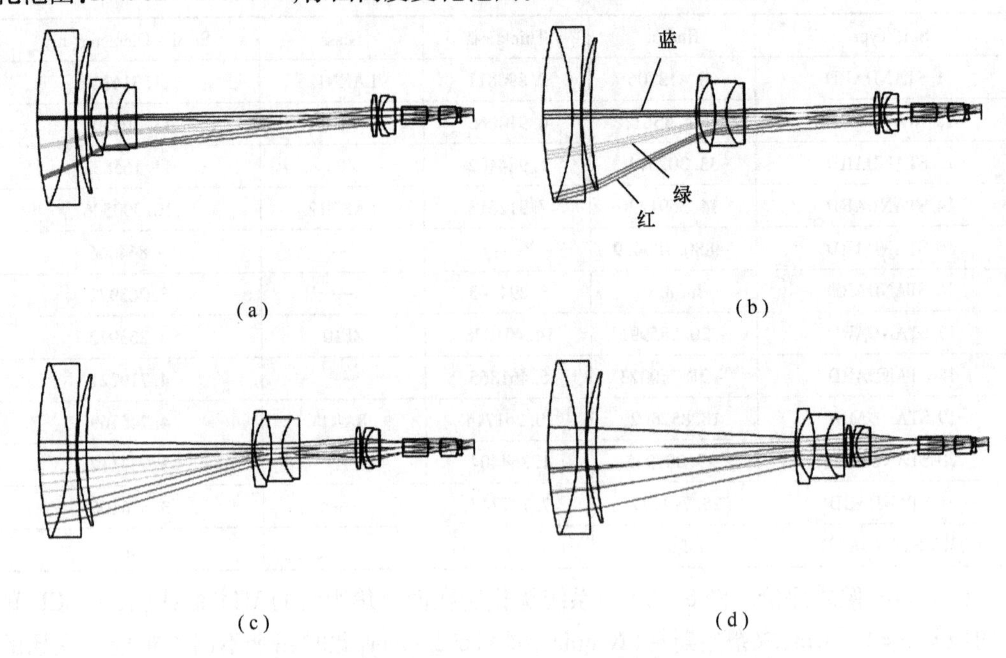

图 6-22 优化之后在不同焦距时系统的二维输出图

(a)6.9mm; (b)16.5mm; (c)38.7mm; (d)91.6mm。

第 7 章　显微镜物镜设计

7.1　显微镜及其光学特性

显微光学系统是用来帮助人眼观察近距离物体微小细节的一种光学系统，由其构成的目视光学仪器称为显微镜，它由物镜和目镜组合而成。显微镜和放大镜的作用相同，都是把近处的微小物体通过光学系统后成一放大的像，以供人眼观察。区别是，通过显微镜所成的像是实像，且显微镜比放大镜可以具有更高的放大率。

显微镜的光学特性主要有衍射分辨率和视放大率，由于显微镜物镜决定了物点能够进入系统成像的光束大小，所以显微镜的光学特性主要由它的物镜决定。本章着重介绍显微镜物镜的有关设计问题。

7.1.1　显微镜成像原理

图 7－1 是显微镜成像的原理图，为方便说明，把物镜 L_1 和目镜 L_2 均以单块透镜表示。物体 AB 位于物镜前方，离物镜的距离大于物镜的焦距，但小于 2 倍物镜焦距。所以，它经物镜以后，必然形成一个倒立的放大的实像 $A'B'$。$A'B'$ 位于目镜的物方焦点 F_2 上，或者在很靠近 F_2 的位置上。再经目镜放大为虚像 $A''B''$ 后供人眼观察。虚像 $A''B''$ 的位置取决于 F_2 和 $A'B'$ 之间的距离，可以在无限远处（当 $A'B'$ 位于 F_2 上时），也可以在观察者的明视距离处（当 $A'B'$ 在图中焦点 F_2 的右边时）。目镜的作用与放大镜一样，所不同的只是眼睛通过目镜看到的不是物体本身，而是物体被物镜所成的、已经放大过一次的像。

由于经过物镜和目镜的两次放大，所以显微镜总的放大倍率 Γ 应该是物镜放大倍率 β 和目镜放大倍率 Γ_1 的乘积。和放大镜相比，显然，显微镜可以具有高得多的放大率，并且通过更换不同放大倍率的目镜和物镜，能方便地改变显微镜的放大率。由于在显微镜中存在着中间实像，故可以在物镜的实像平面上放置分划板，从而可以对被观察物体进行测量，并且在该处还可以设置视场光阑，消除渐晕现象。

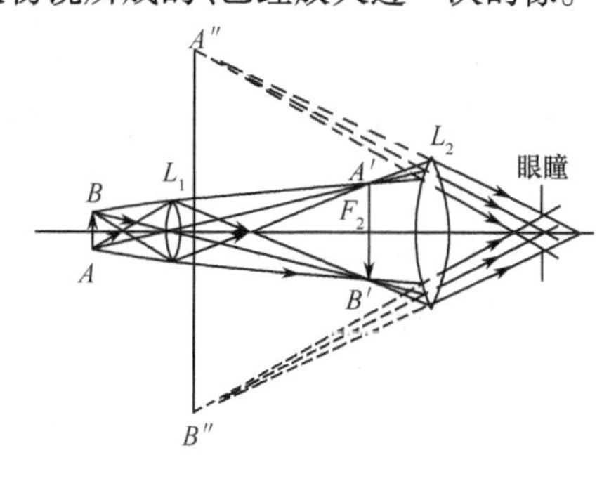

图 7－1　显微镜成像原理图

因为物体被物镜成的像 $A'B'$ 位于目镜的物方焦面上或附近，所以此像相对于物镜像方焦点的距离 $x' \approx \Delta$。这里，Δ 为物镜和目镜的焦点间隔，在显微镜中称为光学筒长。

设物镜的焦距为 f'_1，则物镜的放大率为

$$\beta = -\frac{x'}{f'_1} = -\frac{\Delta}{f'_1}$$

物镜的像再被目镜放大，其放大率为

$$\Gamma_1=\frac{250}{f'_2}$$

式中：f'_2为目镜的焦距。

由此，显微镜的总放大率为

$$\Gamma=\beta\Gamma_1=-\frac{250\Delta}{f'_1f'_2} \tag{7-1}$$

由上式可见，显微镜的放大率和光学筒长成正比，和物镜及目镜的焦距成反比。并且，由于式中有负号，所以当显微镜具有正物镜和正目镜时（一般如此），整个显微镜给出倒像。

根据几何光学中合成光组的焦距公式可知，整个显微镜的总焦距f'和物镜及日镜焦距之间，符合以下公式：

$$f'=-\frac{f'_1f'_2}{\Delta}$$

代入式(7-1)，有

$$\Gamma=\frac{250}{f'}$$

它与放大镜的放大率公式具有完全相同的形式。可见，显微镜实质上就是一个复杂化了的放大镜。由单组放大镜发展成为由一组物镜和一组目镜组合起来的显微镜，它和单组放大镜相比具有更高的放大率。

7.1.2 显微镜中的光束限制

1. 显微镜的孔径光阑

在显微镜中，孔径光阑按如下的方式设置：对于单组的低倍物镜，物镜框就是孔径光阑，它被目镜所成的像是整个显微镜的出瞳，显然要在目镜的像方焦点之后；对于由多组透镜组成的复杂物镜，一般以最后一组透镜的镜框作为孔径光阑，或在物镜的像方焦面上或其附近设置专门的孔径光阑。在后一种情况下，如果孔径光阑位于物镜的像方焦面上，则整个显微镜的入瞳在像方无限远。出瞳则在整个显微镜的像方焦面上，其相对于目镜像方焦点的距离为

$$x'_F=-\frac{f_2f'_2}{\Delta}=\frac{f'^2_2}{\Delta}$$

式中：f'_2为目镜焦距；Δ 为光学筒长。它们总是正值，因此 $x'_F>0$，即此时出瞳所在的显微镜像方焦面位于目镜像方焦点之外。

如果孔径光阑位于物镜像方焦点附近相距为x'_1的位置（图 7-2），则整个显微镜的出瞳相对于目镜像方焦点的距离为

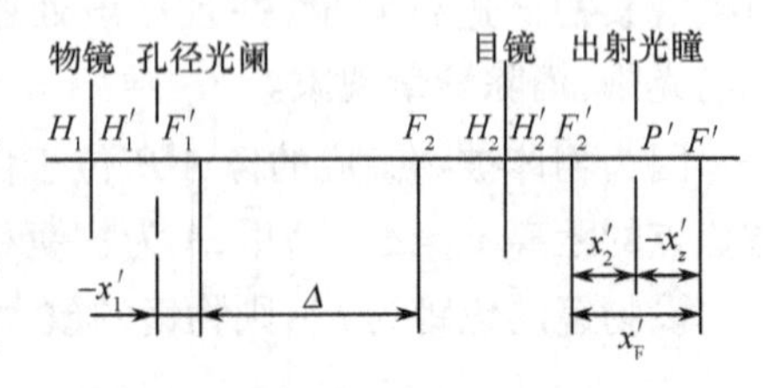

图 7-2　显微镜出瞳与光阑位置关系

$$x'_2=\frac{f_2f'_2}{x'_1-\Delta}=\frac{f'^2_2}{\Delta-x'_1}$$

而显微镜出瞳相对于显微镜像方焦点的距离为

$$x'_z=x'_2-x'_F=\frac{f'^2_2}{\Delta-x'_1}-\frac{f'^2_2}{\Delta}=\frac{x'_1f'^2_2}{\Delta(\Delta-x'_1)}$$

式中，x'_1和Δ相比较是一个很小的值，故上式可表示为

$$x'_z=\frac{x'_1f'^2_2}{\Delta^2}$$

由于x'_1是一很小的值，而$\frac{f'^2_2}{\Delta^2}$也是一个很小的数，约为几十分之一，甚至几百分之几，因此x'_z的值很小。这说明，即使孔径光阑位于物镜像方焦点的附近，整个显微镜的出瞳仍可认为与显微镜的像方焦面重合，即总是在目镜像方焦点之外距离x'_F处。所以，用显微镜来观察时，观察者的眼瞳总可以与出瞳重合。

2. 显微镜出瞳直径

图7－3为像方空间成像光束示意图。设出瞳和显微镜的像方焦面重合，$A'B'$是物体AB被显微镜所成的像，大小为y'。

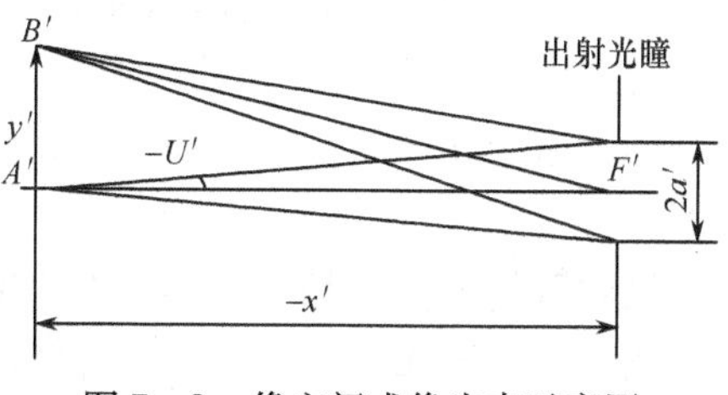

图7－3　像空间成像光束示意图

由图可见，出瞳半径为

$$a'=x'\tan U'$$

因显微镜的像方孔径角U'很小，故可以用正弦来代替其正切，则

$$a'=x'\sin U' \tag{7-2}$$

另外，显微镜应满足正弦条件，有

$$n'\sin U'=\frac{y}{y'}n\sin U$$

式中

$$\frac{y}{y'}=\frac{1}{\beta}=-\frac{f'}{x'}$$

并且，显微镜中n'总等于1，故

$$\sin U'=-\frac{f'}{x'}n\sin U$$

将其代入式(7－2)，得

$$a'=-f'n\sin U=-f'\mathrm{NA} \tag{7-3}$$

式中：$\mathrm{NA}=n\sin U$，为显微镜物镜的数值孔径。它是表征显微镜物镜特性的一个重要参数。此外，公式中的负号，并没有实际意义。

将

$$f'=\frac{250}{\Gamma}$$

代入式(7－3),得

$$a'=250\frac{\mathrm{NA}}{\Gamma} \tag{7-4}$$

由上式可见,当已知显微镜的放大率 Γ 及物镜数值孔径 NA,即可求得出瞳直径 $2a'$。表7－1列出了放大率和数值孔径及出瞳孔径之间的关系。

表7－1　放大率和数值孔径及出瞳孔径之间的关系

Γ	$1500^{\times}$	$600^{\times}$	$50^{\times}$
NA	1.25	0.65	0.25
$2a'$/mm	0.42	0.54	2.50

由表7－1中数据可以看出,显微镜的出瞳很小,一般小于眼瞳直径,只有当放大率较低时,才能达到眼瞳的大小。

3. 显微镜的视场光阑和视场

显微镜的视场是被安置在物镜像平面上的专设视场光阑所限制。因此,在显微镜中,由于入射窗与物平面重合,所以在观察时可以看到界限清楚和照度均匀的视场。

与放大镜一样,显微镜的视场也是以在物平面上所能看到的圆直径来表示的,该范围内物体的像应该充满视场光阑。据此,视场光阑的直径和线视场大小的比值是物镜的放大率。

显微镜物镜,特别是高倍镜,因要提高分辨率,必须有很大的数值孔径。因此,物镜是以很宽的光束来成像的。这需要首先保证轴上点和视场中心部分有良好的像差校正,在这种情况下,视场一增大,视场边缘部分的像质就会急剧变化,所以,一般显微镜只能有很小的视场。通常,当线视场 $2y$ 不超过物镜焦距的1/20时,成像质量是满意的,即

$$2y\leqslant\frac{f_1'}{20}=\frac{\Delta}{20\beta}$$

可见,显微镜的视场特别是在高倍物镜时,是很小的。

7.1.3　显微镜的景深

当显微镜调焦于某一物平面(称为对准平面)时,如果位于其前面和后面的物平面仍能被观察者看清楚,则该两平面之间的距离称为显微镜的景深。

在图7－4中,$A'B'$是对准平面的像(称为景像平面),$A_1'B_1'$是位于对准平面之前的物平面之前的像,它相对于景像平面的距离为 $\mathrm{d}x'$,并设显微镜的出瞳与其像方焦点 F'重合。

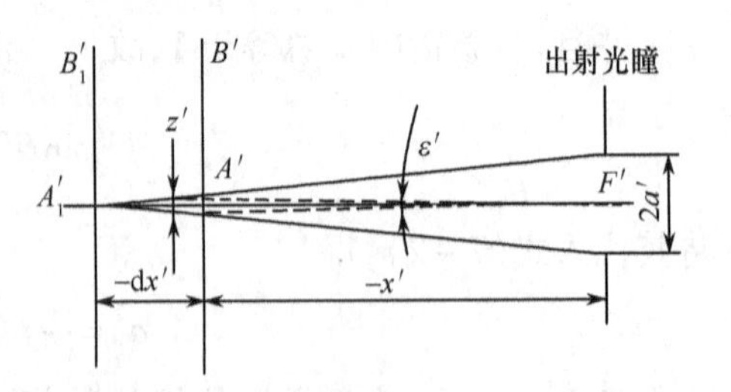

图7－4　显微镜出瞳与光阑位置关系

由图可见,A_1'点的成像光束在景像平面上截出直径为 z'的弥散斑,可得如下关系:

$$\frac{z'}{2a'}=\frac{\mathrm{d}x'}{x'+\mathrm{d}x'}$$

上式分母 $x'+\mathrm{d}x'$中的 $\mathrm{d}x'$与 x'相比是一个很小的值,可以略去,则得

$$\mathrm{d}x'=\frac{x'z'}{2a'}$$

要使直径为 z' 的弥散斑被肉眼看起来仍是点像，它对出瞳中心的张角 ε' 必须不大于眼睛的极限分辨角。此时 dx' 的 2 倍就可以认为是在像方能同时看清楚的景像平面前后两个平面之间的深度，即

$$2dx' = \frac{x'z'}{a'} = \frac{x'^2\varepsilon'}{a'} \tag{7-5}$$

将 $2dx'$ 换算到物方空间去，即可得到显微镜景深的表达式。显然，这只要将 $2dx'$ 除以轴向放大率 α 即可。根据几何光学的有关公式，有

$$\alpha = \frac{dx'}{dx} = -\beta^2\frac{f'}{f} = -\frac{x'^2}{f'^2}\cdot\frac{f'}{f} = -\frac{x'^2}{ff'} = \frac{n'x'^2}{nf'^2} = \frac{x'^2}{nf'^2}$$

由此可得

$$2dx = \frac{2dx'}{\alpha} = \frac{nf'^2\varepsilon'}{a'} \tag{7-6}$$

或

$$2dx = \frac{nf'\varepsilon'}{NA} = \frac{250n\varepsilon'}{\Gamma NA} \tag{7-7}$$

由上式可见，显微镜的放大率越高，数值孔径越大，景深越小。

例如，有一显微镜 $n=1$，$NA=0.5$，并设弥散斑的极限角 $\varepsilon'=0.0008$（约 2.75′），$\Gamma=10^\times \sim 500^\times$ 时，按上式计算得的景深见表 7－2。

表 7－2　放大率和景深的关系

放大倍率 Γ/倍	10	50	100	500
景深 $2dx$/mm	0.04	0.008	0.004	0.0008

可见，显微镜的景深是很小的。但是，式（7－7）以及按其所计算得到的景深值，是在观察时假定眼睛的调节不变。实际上，眼睛总能在近点和远点之间进行调节，因此，实际的景深还应该考虑到眼睛的调节本领。

设在像空间，近点和远点到显微镜出瞳的距离为 p' 和 r'，因出瞳与像方焦面重合，对应于物空间中的近点和远点距为

$$p = \frac{ff'}{p'},\quad r = \frac{ff'}{r'}$$

或

$$p = -\frac{nf'^2}{p'},\quad r = -\frac{nf'^2}{r'}$$

其差值 $(r-p)$ 即为通过显微镜观察时，眼睛的调节深度，有

$$r - p = -nf'^2\left(\frac{1}{r'} - \frac{1}{p'}\right) \tag{7-8}$$

式中，括号内的 r' 和 p' 如果以米（m）为单位，则括号内的值，就是以折光度为单位的眼睛的调节范围 $\overline{A}$，故

$$r - p = -0.001nf'^2\overline{A} \tag{7-9}$$

或以$\Gamma=\frac{250}{f'}$中的f'代入，得

$$r-p=-62.5\frac{n\bar{A}}{\Gamma^2}$$

对于具有正常视力的30岁左右的人来说，调节范围$\bar{A}$约为7个折光度，则

$$r-p=-437.5\frac{n}{\Gamma^2}$$

式中，负号仅表示远点在近点的远方（或左方）。仍以上面所举显微镜为例，求得不同倍数时的眼睛调节深度见表7-3。

表7-3 放大率与眼睛调节深度对应关系

Γ/倍	10	50	100	500
$(r-p)$/mm	4.375	0.175	0.044	0.002

显微镜的景深应该是按式(7-7)和式(7-9)算得的$2dx$和$(r-p)$之和。

用显微镜观察时，通过调焦来看清被观察物体。调焦时，不可能把对准平面正好重合于被观察平面，但由于有上述的景深范围，只要将被观察面调焦到位于该范围以内时，就可以观察清楚。不过，从上面的计算例子看到，显微镜的景深特别是在高倍时是很小的，要把被观察平面调焦到这样小的范围内，必须有微动调焦装置。

7.2 显微镜的分辨率和有效放大率

显微镜的分辨率以它所能分辨的两点间最小距离来表示，其表示式如下：

$$\sigma_0=\frac{0.61\lambda}{\mathrm{NA}}$$

式中：λ为观测时所用光线的波长；NA为物镜数值孔径。

实际上，人眼对两个亮点间照度对比为1:(0.93~0.95)就可以分辨，所以实际分辨率可以比理论分辨率高。

上式表示显微镜对两个自发光亮点的分辨率，对于不能自发光的物点，根据照明情况不同，分辨率是不同的。阿贝在这方面做了很多研究。当被观察物体不发光，而被其他光源照明时，分辨率为

$$\sigma_0=\frac{\lambda}{\mathrm{NA}}$$

在斜照明时，分辨率为

$$\sigma_0=\frac{0.5\lambda}{\mathrm{NA}}$$

从以上公式可见，显微镜对于一定波长的光线的分辨率，在像差校正良好时，完全由物镜的数值孔径所决定，数值孔径越大，分辨率越高。这就是希望显微镜要有尽可能大的数值孔径的原因。

当显微镜的物方介质为空气时($n=1$)，物镜可能具有的最大数值孔径为1(一般只能

达到0.9左右）。而当在物体与物镜第一片之间浸以液体，一般是浸以 $n=1.5\sim1.6$ 甚至1.7的油或高折射率的液体（如杉木油 $n_D=1.517$，溴化萘 $n_D=1.656$，二碘甲烷 $n_D=1.741$ 等），数值孔径可达1.5~1.6。因此，光学显微镜的分辨率基本上与所使用光线的波长是同一数量级。

数值孔径大于1的物镜，设计时必须考虑物方介质（即浸液）的折射率，这种物镜称为阿贝浸液物镜。

为了充分利用物镜的分辨率，使已被显微物镜分辨出来的细节，能同时被眼睛所看清，显微镜必须有恰当的放大率，以便把它放大到足以被人眼所分辨的程度。

便于眼睛分辨的角度距离为2′~4′。若取2′为分辨角的下限，4′为分辨角的上限，则在明视距离250mm处能分辨开两点之间的距离为

$$250\times2\times0.00029<\sigma'<250\times4\times0.00029$$

式中：σ'为显微镜像空间被人眼所能分辨的线距离。

换算到显微镜的物方，相当于显微镜的分辨率乘以视放大率，取 $\sigma_0\approx\frac{0.5\lambda}{\mathrm{NA}}$，得如下表示式：

$$250\times2\times0.00029<\frac{0.5\lambda}{\mathrm{NA}}\Gamma<250\times4\times0.00029$$

设所使用光线的波长为0.00055mm，则上式为

$$527\mathrm{NA}<\Gamma<1054\mathrm{NA}$$

或近似写成

$$500\mathrm{NA}<\Gamma<1000\mathrm{NA} \tag{7-10}$$

满足式（7-10）的放大率，称为显微镜的有效放大率。

一般浸液物镜最大数值孔径约为1.5，所以光学显微镜能够达到的有效放大率不超过1500$^{\times}$。

由以上公式可见，显微镜的放大率取决于物镜的分辨率或数值孔径。当使用比有效放大率下限更小的放大率时，不能看清楚物镜已经分辨出来的某些细节。如果盲目取用高倍目镜得到比有效放大率上限更大的放大率，是无效放大。

7.3 显微镜物镜的类型

显微镜物镜根据它们的性能及用途不同可分为消色差物镜、复消色差物镜、平像场物镜、反射物镜和折反射物镜。下面分别进行介绍。

7.3.1 消色差物镜

这是一种结构相对来说比较简单、应用最多的一类显微镜物镜，在这类物镜中它只校正球差、正弦差以及一般的消色差，而不校正二级光谱色差，所以称为消色差物镜。这类物镜根据它们的倍率和数值孔径不同又分为低倍、中倍和高倍以及浸液物镜四类。

1. 低倍消色差物镜

这类物镜的倍率为3× ~4×，数值孔径为0.1 ~0.15，对应的相对孔径约为1/4。由于相对孔径不大，视场又比较小，只要求校正球差、彗差和轴向色差，因此这些物镜一般都采用最简单的双胶合组，如图7 -5(a)所示。其设计方法和一般的双胶合望远镜物镜的十分相似，不同的只是物体不位于无限远，而位于有限距离。

2. 中倍消色差物镜

这类物镜的倍率为8× ~12×，数值孔径为0.2 ~0.3。由于物镜的数值孔径加大，对应的相对孔径也增加，因此采用一个双胶合组已不能符合要求，因为孔径高级球差将大大地增加。为减小孔径高级球差，这类物镜一般采用两个双胶合组构成，如图7 -5(b)所示。每个双胶合组分别消色差，这样整个物镜同时校正轴向色差和垂轴色差。两个透镜组之间通常有较大的空气间隔，这是因为如果两透镜组密接，则整个物镜组和一个密接薄透镜组相当，仍然只能校正两种单色像差；如果两透镜组分离，则相当于由两个分离薄透镜组构成的薄透镜系统，最多可能校正四种单色像差，这就增加了系统校正像差的可能性，因此，除了显微镜物镜中必须校正的球差和彗差以外，还有可能在某种程度上校正像散，以提高轴外物点的成像质量。这种物镜也称为李斯特型显微物镜。

3. 高倍消色差物镜

这类物镜的倍率为40× ~60×，数值孔径为0.6 ~0.8，这类物镜的结构如图7 -5(c)所示。这种物镜可以看做是在李斯特型物镜的基础上，加上一个或两个由无球差、无彗差的折射面构成的会聚透镜，这些透镜的加入基本上不产生球差和彗差，但系统数值孔径和倍率可以得到提高。图7 -5(c)中的前片透镜是由一个等明面和一个平面构成的。等明面不产生球差和彗差，如果把物平面和前片的第一面重合，则相当于物平面位于球面顶点，也不产生球差和彗差。但是为了工作方便，实际物镜和物平面之间一般需要留有一定间隙，这样物镜的第一面就将产生少量的球差和彗差。它们可以由后面的两个胶合组进行补偿，前片的色差也同样由后面的两个胶合组进行校正。

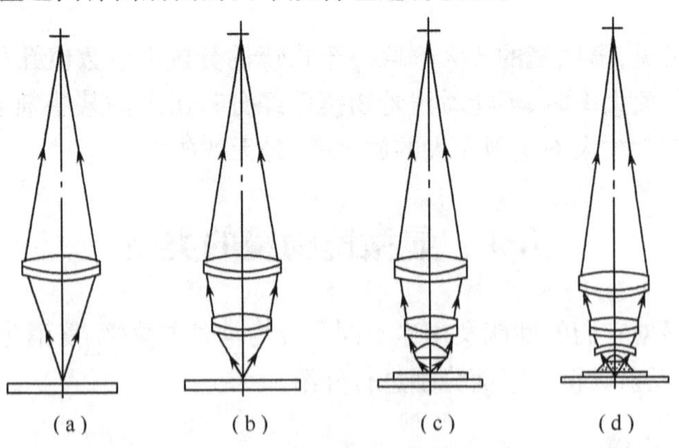

图7 -5　显微物镜的基本型式

这种结构的物镜也称为阿米西型显微物镜。设计时，在前片玻璃和结构确定以后，其所产生的色差、球差和正弦差均为已知，这些像差可以通过中组和后组来补偿。

4. *浸液物镜*

在前面的几种物镜中,成像物体都位于空气中,物空间介质的折射率 $n=1$,因此它们的数值孔径($NA=n\sin U$)显然不可能大于1,目前这种物镜的数值孔径最大的约为0.9,为了进一步增大数值孔径,把成像物体浸在液体中,这时物空间介质的折射率等于液体的折射率,因而可以大大地提高物镜的数值孔径,这样的物镜称为浸液物镜,也称为阿贝型物镜。这类物镜的数值孔径可达1.2~1.4,最大倍率可达 $100^{\times}$,这种物镜的结构如图7-5(d)所示。

采用浸液方式,除了可以提高物镜的数值孔径以外,还可以使第一面接近于不产生像差,光能损失较小。

7.3.2 复消色差物镜

复消色差物镜主要用于高分辨率显微照相以及成像质量要求较高的显微系统中。这种物镜可以严格地校正轴上点的色差、球差和正弦差,并能校正二级光谱色差,但是不能完全校正倍率色差。因此,在使用复消色差物镜时,常用目镜来补偿倍率色差。设计复消色差物镜时,为了校正二级光谱色差,通常采用特殊的光学材料作为部分透镜材料,最常用的是萤石($\nu=95.5, P=0.706, n=1.433$),它和一般重冕牌玻璃有相同的部分相对色散,同时具有足够的色散差和折射率差。图7-6(a)、(b)为一般消色差物镜和复消色差物镜的轴上球差和色差曲线。复消色差物镜的结构一般比相同数值孔径的消色差物镜复杂,因为它要求孔径高级球差和色球差也应该得到很好的校正。图7-7为不同倍率和数值孔径的复消色物镜的结构,图中画有斜线的透镜就是由萤石做成的。

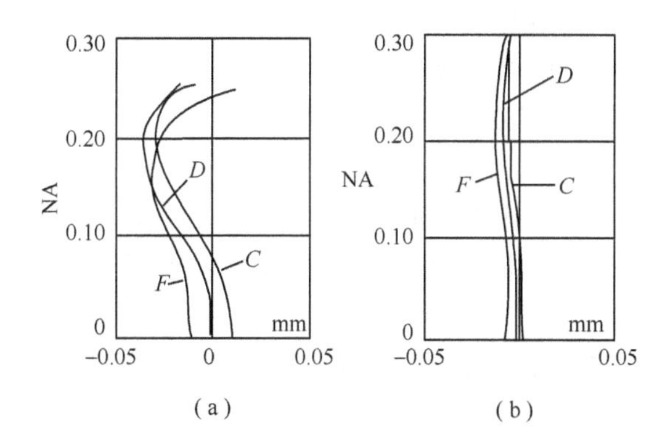

图7-6　消色差物镜和复消色差物镜的球差、色差曲线

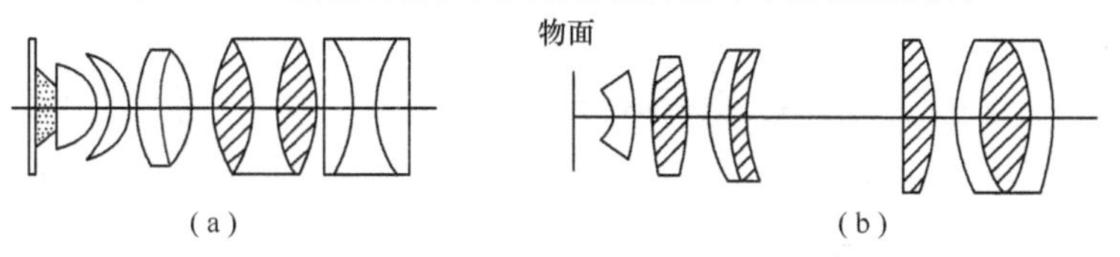

图7-7　$90^{\times}$和$40^{\times}$数值孔径分别为1.3和0.85两种复消色差物镜结构型式

7.3.3 平像场物镜

对于某些特殊用途的显微系统,如显微照像、显微摄影、显微投影等,除了要求校正轴

上点像差(球差、轴向色差、正弦差)以及二级光谱外,还必须严格校正场曲,以获得较大的清晰视场,而前面介绍的几种物镜中都没有很好的校正场曲,因此,为了满足实际使用的要求,出现了校正场曲的平像场物镜。平像场物镜又分为平像场消色差物镜和平像场复消色差物镜。前者倍率色差不大,不必用特殊目镜补偿;而后者必须用目镜来补偿它的倍率色差。这种物镜虽然能使场曲和像散都得到很好的校正,但是结构非常复杂,往往是依靠若干个弯月形厚透镜来达到校正场曲的目的。物镜的孔径角越大,需要加入的凹透镜数量越多。图 7-8(a)、(b)为两个平像场物镜的结构图,第一个 $40^{\times}$ 的物镜中场曲主要依靠第一个弯月形厚透镜的第一个凹面来校正的,而第二个 $160^{\times}$ 的浸液物镜是依靠中间的两个厚透镜来校正的。

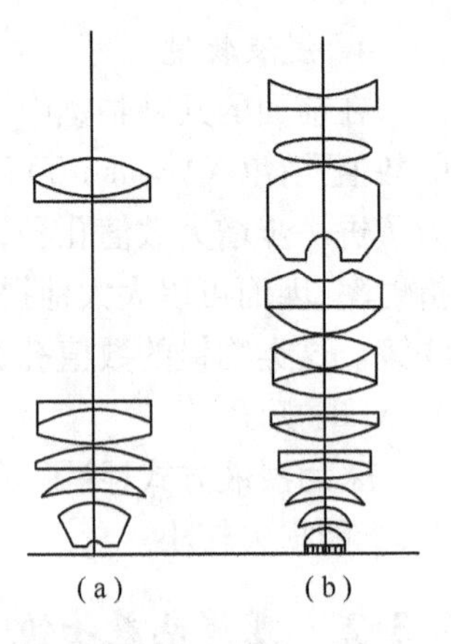

图 7-8　$40^{\times}$ 和 $160^{\times}$ 两种平像场物镜结构简图

7.3.4　反射和折反射显微镜物镜

在显微镜中使用反射或折反系统主要有两种情况:

一种情况是用于紫外或近红外的系统。由于能够透过紫外或近红外的光学材料十分有限,无法设计出高性能的光学系统,只能使用反射或折反射系统。在这些系统中起会聚作用的主要是反射镜。为了补偿反射面的像差,往往加入一定数量的补偿透镜,构成折反射系统。

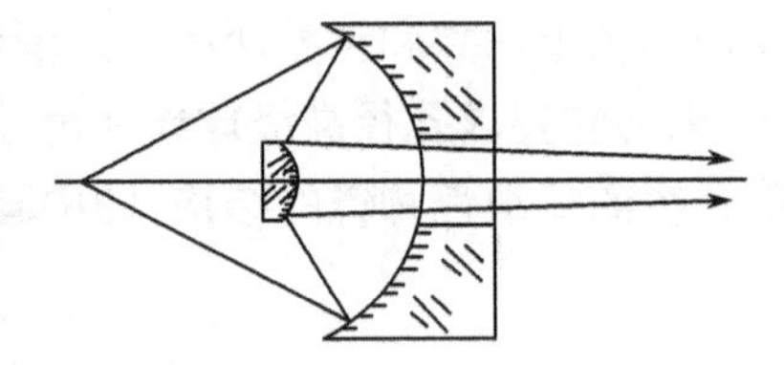
图 7-9　反射式显微物镜

图 7-9 为反射式的显微物镜,光学特性为 $50^{\times}$,NA = 0.56,它可以在波长 0.15μm ~ 10μm 范围内工作。中心遮光比为 0.5。

图 7-10 为折反射显微镜物镜,光学特性为 $53^{\times}$,NA = 0.72。系统中只使用了能透过紫外光的石英玻璃和萤石,因此可以在 0.25μm 到整个可见光波段范围内工作。它的中心遮光比为 0.3。

图 7-11 中是用水作为浸液的紫外物镜。整个物镜都由石英玻璃构成,它的光学特性为 $172^{\times}$,NA = 0.9。

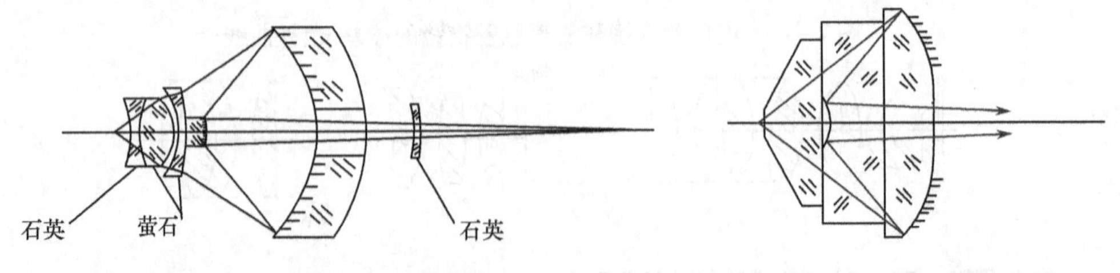

图 7-10　折反射显微镜物镜　　图 7-11　浸液紫外物镜

使用折反射系统的另一种情况是为了增加显微镜的工作距离。由于反射镜能折叠光路,因此能构成一种工作距离长、倍率高而筒长和一般显微镜物镜相同的系统。图 7-12 是使显微镜物镜工作距离增长的附加系统,光学特性为 NA = 0.57。工件距离可达

12.8mm。它的第一个反射面镀半透膜，光在它上面透过一次，再反射一次，因此整个附加系统的透光率低于1/4。

图7-13为长工作距离的反射式物镜。光学特性为$40^{\times}$，NA=0.52。

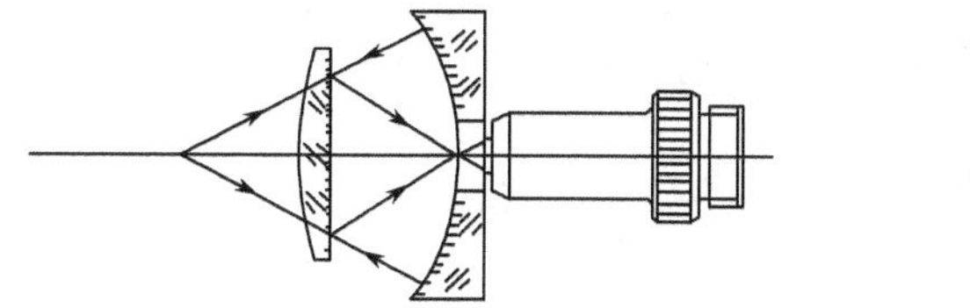

图7-12 使显微镜物镜工作距离增长的附加系统

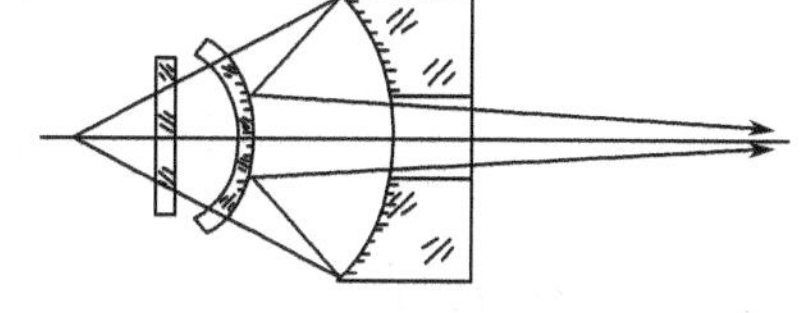

图7-13 长工作距离的反射式物镜

7.4 显微镜物镜的像差校正说明及设计举例

7.4.1 像差校正说明

对显微镜物镜的像差要求主要是校正近轴区的球差($\delta L'$)、轴向色差($\Delta L'_{FC}$)和正弦差(SC′)；此外，设计时针对不同的光学特性要求，在校正上述三种像差的同时，还必须校正它们的边缘像差，有时对其孔径高级像差，如高级球差、色球差和正弦差也要校正。对于视场较大的物镜还必须校正轴外像差；若是用于显微照相、摄影等特殊用途的物镜，为了保证清晰的视场，除了校正近轴区的三种像差外，还要求校正场曲、像散、垂轴色差以及二级光谱。

7.4.2 设计举例

设计一个李斯特型中倍显微镜物镜，要求$\beta=-10^{\times}$，NA=0.3，共轭距离约为200。

(1) 根据条件给出像方的起始数据u_1、l_1。

$$u_1=\frac{0.3}{-10}=-0.03$$

$$l_1=-170$$

(2) 分配前后组的偏角。

$$总偏角=0.3+0.03=0.33$$

平均分担时，每组偏角为0.165。

(3) 求后组的焦距$f'_{后}$。后组的折射高度$h_1=l_1u_1=5.1$，故

$$u'_3-u_1=\frac{h_1}{f'_{后}}$$

$$0.165=\frac{5.1}{f'_{后}}$$

得$f'_{后}=30.91$。

(4) 选择后组的玻璃组合。只要玻璃选得恰当，一般总是可以有解的，现选

K9　　　　$n_D = 1.5163$，　　　　$\delta n = 0.00806$

ZF2　　　　$n_D = 1.6725$，　　　　$\delta n = 0.02087$

（5）按消色差求焦距分配。就后组而言，有

$$\varphi_a = \frac{\nu_a}{\nu_a - \nu_b} \frac{1}{f'_{后}}$$

$$C_a = C_1 - C_2 = \frac{1}{f'_{后}(\nu_a - \nu_b)\delta n_a} = 0.125$$

最后一面半径可以按消色差求出。

（6）计算后组四个弯曲。一般可取 C_1 为 0、$\frac{1}{5}C_a$、$\frac{1}{3}C_a$、$\frac{2}{3}C_a$。现取四组来计算，即 C_1 为 0、0.02、0.04、0.06。并适当取透镜厚度 $d_{12} = 2.8$，$d_{23} = 1.6$。由 C_a、C_1 即可求出 C_2，再按下式求 r_3：

$$x_3 = \left[\frac{(d-D)_1 \delta n_1}{\delta n_2} + d_{23}\right]\cos U'_2 + x_2 - d_{23}$$

$$y_3 = PA_2 \cos\frac{l_2 + U_2}{2} - \sin U'_2\left[\frac{(d-D)_1 \delta n_1}{\delta n_2} + d_{23}\right]$$

$$r_3 = \frac{x_3^2 + y_3^2}{2 \times 3}$$

计算后组得出表 7－4 所列的像差结果。

（7）上一步中各种 C_1 所计算出来的 $\sin U'_3$ 是不一致的，因而球差还不能直接比较其大小，应该选择同一个标准的 $\sin U'_3$ 来计算才行。此处选择 $\sin U'_3$ 有很大的任意性，可以选 $\sin U'_3$ 诸值中相近的一个，也可选其平均值。本例中选择 $\sin U'_3 = 0.13917$，$U'_3 = 8°$，得表 7－5所列计算结果。

表 7－4　后组初始像差计算结果

C_1	LA_3	OSC'_3	l'_3	$\sin U'_3$
0	3.689	0.054	36.89	0.15350
0.02	0.977	0.0097	35.922	0.14384
0.04	0.117	0.0005	35.389	0.14002
0.06	0.484	0.0243	35.124	0.13975

表 7－5　重新选择 $\sin U'_3$ 后得到的计算结果

C_1	LA'	OSC'
0	3.0323	0.044
0.02	0.914	0.0091
0.04	0.116	0.0005
0.06	0.480	0.0241

（8）决定前组的结构参数。前后两组之间隔 d 的选择须考虑到两组不能相碰。现取 L'_3 为 35～36，取 $d \approx 10$，则

$$l_4 = L_4 = 25$$

$$u_4 = u'_3 = 0.135$$

由 $l_4 u_4 = l_6 u_6$ 求出

$$l'_6 = \frac{25 \times 0.135}{0.3} = 11.3$$

（9）计算前组像差。仍选 K9、ZF2 玻璃组合，这样便可由薄透镜公式和消色差条件，

用与后组同样的方法求出结构参数。

前组弯曲 $C_a=0.19$。取四组弯曲进行光路计算,即 C_4 为 0.16、0.14、0.12、0.08。且 $L_4=L_3'-d=25$,$\sin U_4=0.13917$。求得一系列的 L_6'、$\sin U_6'$值见表 7-6。

再令 $l_6'=L_6'$,$u_6'=\sin U_6'$,自左至右倒算求 l_4,得球差和正弦差计算结果见表 7-7。

表 7-6　前组 L_6'、$\sin U_6$ 计算结果

C_4	L_6'	$\sin U_6'$
0.16	8.262	0.31088
0.14	8.485	0.31080
0.12	8.6605	0.31096
0.08	8.8235	0.31754

表 7-7　前组球差和正弦差计算结果

C_4	LA'	OSC'
0.16	0	-0.0086
0.14	0.293	0.01368
0.12	0.173	0.01862
0.08	-1.282	-0.02405

(10) 画像差曲线,配合求解,如图 7-14 所示。

配合求解的意义,是在前后两组的像差曲线上找 LA'、OSC'分别互相配合相消的解,由图 7-14 中得 $C_1=0.04$,$C_4=0.154$ 的配合结果。

(11) 得出全部的结构参数,并最后进行一次光路计算,其结果见表 7-8。

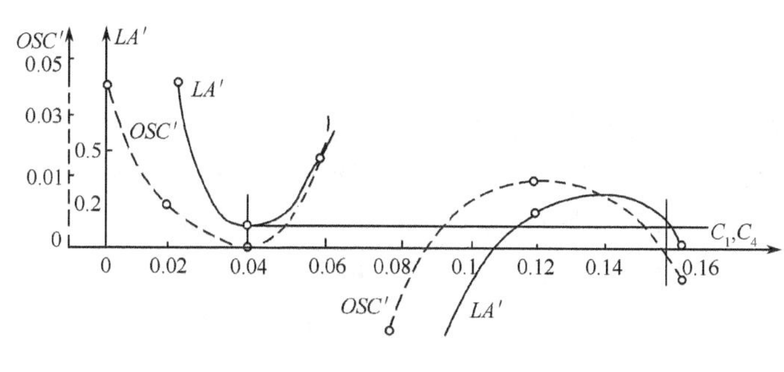

图 7-14　组合像差曲线

表 7-8　整个系统的结构参数

r	d	玻璃材料
25	2.8	K9
-11.598	1.6	F2
-25.54	10.272	—
6.494	2.0	K9
-27.24	1.5	F2
19.309		

放大倍率:$\beta=-10^{\times}$

数值孔径:NA=0.31

共轭距离:$C=196.5$

工作距离:$l'=8.339$

像距:$l=-170$

像差:

$$LA'_M=-0.078, LA'_Z=0.02$$

$$OSC'_M=0.00084, OSC'_Z=0.00074$$

$$(d-D_M)\delta n=0.00001, (d-D_Z)\delta n=0.00028$$

第8章　目镜设计

8.1　目镜的特点

8.1.1　目镜的光学特性

目镜是目视光学系统的重要组成部分。被观察的物体通过望远物镜和显微物镜成像在目镜的物方焦平面处，经目镜系统放大后将其成像在无穷远，供人眼观察。观察时，人眼与目镜的出瞳重合，出瞳的位置在目镜的像方焦点附近。目镜可以看成是一个与物镜相匹配的放大镜，因此，目镜的放大率为

$$\Gamma = \frac{250}{f'_2}$$

式中：f'_2为目镜的焦距。

从上式可以看出，要使目镜有足够的放大率，必须缩小它的焦距f'_2，所以，在望远系统中，目镜焦距一般为10mm ~ 40mm；在显微系统中，目镜焦距更短，甚至是几毫米。表示目镜光学特性的参数主要有焦距f'_2、像方视场角$2\omega'$、工作距离l_2及镜目距p'。

目镜的视场光阑即是物镜的视场光阑，二者重合在目镜的物方焦平面上。

目镜的视场一般是指像方视场，目镜的像方视场角$2\omega'$和物镜的视场角2ω以及系统的视放大率三者有如下关系：

$$\tan\omega' = \Gamma\tan\omega$$

由此可以看出，无论是提高系统的视放大率，还是增大物镜的视场角，都会引起目镜视场角的增大。但是，如果增大目镜视场，轴外像差势必增大，影响系统的成像质量。因此，望远系统的视放大率和视场主要受目镜视场的限制。

对于显微系统的目镜，其视场角取决于目镜焦距f'_2的大小。目镜焦距越短，所对应的视场角就越大，同时可以获得较大的放大率。

目镜的视场一般是比较大的，普通目镜的视场角为40° ~ 50°，广角目镜的视场角为60° ~ 90°，超广角目镜的视场角大于90°。

镜目距p'是指出瞳到目镜最后一面顶点的距离，也是观察时眼睛瞳孔的位置，镜目距一般不小于6mm ~ 8mm，由于军用目视仪器需要加眼罩或防毒面具，通常镜目距$p' \geqslant$ 20mm。对于一定型式的目镜，镜目距与焦距的比值p'/f'_2（称为相对镜目距）近似地等于常数。

目镜出瞳的大小受眼瞳限制，大多数仪器的出瞳直径与眼瞳直径相当，即出瞳直径为2mm ~ 4mm，军用仪器的出瞳直径较大，一般在4mm左右变化。而目镜焦距常用的范围为15mm ~ 30mm，因此目镜的相对孔径比较小，在$\frac{1}{4} \sim \frac{1}{5}$之间。

目镜的工作距离 l_2 是指目镜第一面顶点到物方焦平面的距离，一般物镜的像在目镜的物方焦平面附近。如果显微镜和望远镜不带分划板，可以允许 $l_2>0$，这样目镜的物方焦平面在目镜内部；如带分划板，则 $l_2<0$，此时必须使目镜的物方焦平面在外面，否则没有分划板的安置空间。

8.1.2　目镜的像差特点

由目镜的光学特性可知，目镜是一种短焦距、大视场、相对孔径较小的光学系统。目镜的光学特性决定了目镜的像差特点。其轴上点像差不大，无须严格校正就可使球差和位置色差满足要求。由于目镜的视场比较大，出瞳又远离透镜组，所以轴外像差如彗差、像散、场曲、畸变、倍率色差都很大，为了校正这些像差，使得目镜的结构比较复杂。在上述五种轴外像差中，以彗差、像散、场曲和倍率色差对目镜的成像质量影响最大，是系统像差校正的重点。但受目镜结构限制，目镜的场曲不易校正，可用像散来对场曲做适当补偿，再加上人眼有自动调节能力，所以对场曲要求可以降低。而畸变由于不影响成像清晰，一般不做完全校正。

为提高整个系统的成像质量，目镜在校正像差的同时，还必须要考虑与物镜之间的像差补偿问题。设计时，若系统带有分划板，需要对物镜和目镜分别独立校正像差，然后再对整个系统进行像差平衡；如系统不带分划板，则物镜和目镜的像差校正可以按整个系统来考虑，在初始计算时就要考虑像差补偿的可能性，通常是先计算和校正目镜像差，然后根据目镜像差的校正结果，把剩余像差作为物镜像差的一部分，再对物镜进行像差校正。需要注意的是，目镜通常是按反光路计算的，所以在像差补偿时一定要考虑像差符号。

8.1.3　目镜的视度调节

为了使目镜适应于近视眼和远视眼的需要，目镜应该有视度调节的能力。比如，对望远镜或显微镜来说，为了瞄准和测量的需要往往在系统中要安置分划板。对正常眼而言，分划板的位置应在目镜的物方焦平面处；而对于近视眼和远视眼来说，由于人眼视差的存在，必须使分划板的位置相对目镜的物方焦平面有一定量的移动，以便看清分划板像。

视度调节的目的是使分划板被目镜所成的像位于非正常眼的远点上。如图 8－1 所示，将分划板相对目镜的物方焦点向右移动 Δ 距离至 A 点位置，A 点经目镜所成的像为 A' 点，眼睛位于目镜的出瞳位置，A' 与人眼的距离为 r，它是非正常眼的远点。由牛顿公式有

$$xx'=f_2 f_2'$$

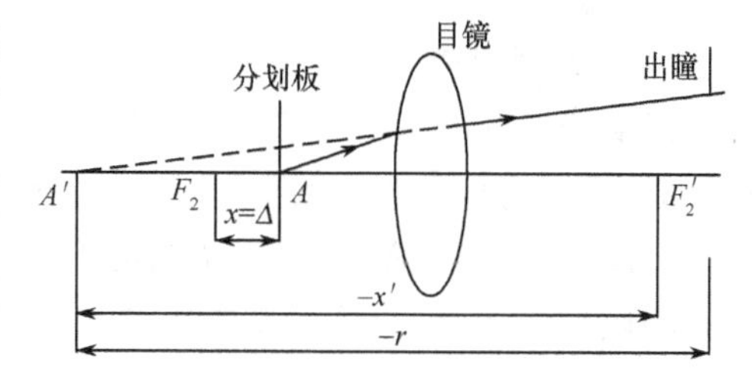

图 8－1　目镜的视度调节

式中：f_2、f_2' 分别为目镜的物方和像方焦距，通常出瞳在 F_2' 点之外不远处，因此有 $r\approx x'$，而 $\Delta=x$。对于近视眼 $r<0,\Delta>0$；对于远视眼 $r>0,\Delta<0$。当分划板由 F_2 移动到 Δ 时，视度调节了 N 个折光度，即

$$N=\frac{1}{r}$$

式中，r 以米(m)为单位，由此可以得到

$$\Delta = x = \frac{N \cdot f_2'^2}{1000}(\text{mm})$$

一般视度调节 $N = \pm 5$ 个折光度，根据视度调节范围可通过上式计算分划板与目镜相对调节范围，这是目镜结构设计的重要参数。需要注意的是，为了保证视度调节时不使目镜表面与分划板相碰，目镜的工作距离应该大于视度调节时最大的轴向位移 x。

8.2 目镜的基本类型

在望远镜和显微镜中，目前常用的目镜有惠更斯目镜、冉斯登目镜、凯涅尔目镜、对称式目镜、无畸变目镜、广角目镜等。

8.2.1 惠更斯目镜和冉斯登目镜

1. 惠更斯目镜

图 8-2 为惠更斯目镜的结构示意图，它由两块间隔为 d 的平凸透镜组成。其中口径较大靠近物镜一方的透镜 L_1 为场镜，另一透镜 L_2 靠近目方，称为接目镜，两块透镜的焦距分别为 f_1' 和 f_2'。场镜的作用是把物镜所成的像再一次成像在两透镜中间，并且使物镜射来的轴外光束不过于分散而折向后面的接目镜，成像位置是接目镜的物方焦平面处，中间像再由接目镜成像在无穷远。

惠更斯目镜的像方焦点 F' 位于接目镜之后，物方焦点 F 在两透镜之间。所以物体被物镜所成的放大像位于两透镜之间，对于场镜来说是一虚物 y，它被场镜成一实像 y' 位于接目镜的物方焦平面处。惠更斯目镜的场镜和接目镜通常选用同一种光学材料，如果二者间隔 d 满足 $d = (f_1' + f_2')/2$ 条件，则惠更斯目镜可以校正垂轴色差。

惠更斯目镜的视场光阑安置在接目镜的物方焦平面上，出射窗在无穷远处。惠更斯目镜在视场光阑处不安置分划板，这主要是由于场镜产生的轴外像差太大，很难校正和补偿。惠更斯目镜的视场在 45°左右，相对镜目距 $p'/f_2' = 1/3$，通常用于观察显微镜和天文望远镜中。

2. 冉斯登目镜

冉斯登目镜的结构与惠更斯目镜相似，它由两块凸面相对并具有一定间隔的平凸透镜组成，其结构示意图如图 8-3 所示。冉斯登目镜的特点是物方焦点 F 在场镜之前，接目镜的焦点 F_2 在 F 之前，视场光阑位于目镜的物方焦平面 F 处。经物镜所成的实像 y 在目镜的焦平面 F 上，再经场镜成虚像 y'，该虚像位于接目镜的物方焦点 F_2 处，经接目镜成像在无穷远。

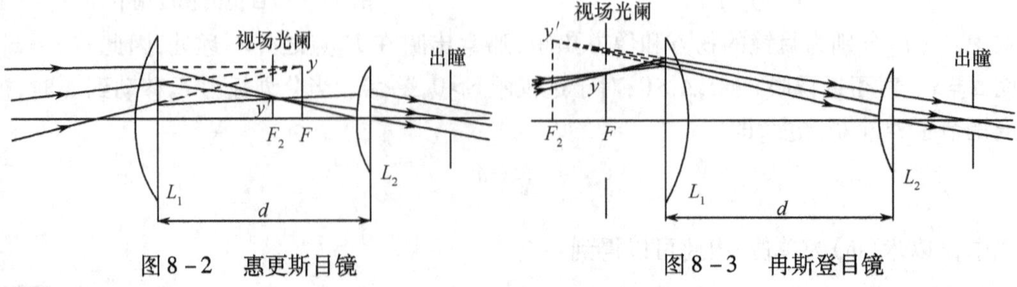

图 8-2　惠更斯目镜　　　　图 8-3　冉斯登目镜

冉斯登目镜的视场为30°～40°，相对镜目距$p'/f'_2=1/3$，由于这种目镜有实像面，在视场光阑处可以安置分划板，所以冉斯登目镜能够用于测量仪器中。

8.2.2 凯涅尔目镜

凯涅尔目镜可以看做是冉斯登目镜的演变型式，其结构型式如图8－4所示。它是用双胶合透镜替换冉斯登目镜中的接目镜，目的是弥补冉斯登目镜不能校正垂轴色差的缺陷。这样，凯涅尔目镜不仅可以校正彗差、像散以及垂轴色差，而且在场镜和接目镜间隔较小的情况下，也能校正垂轴色差，并且可以使场曲进一步减小，目镜的结构也会相应缩短。

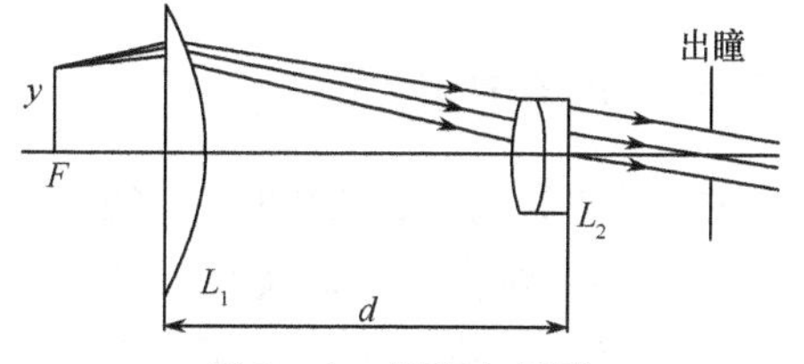

图8－4 凯涅尔目镜

凯涅尔目镜的视场可以达40°～50°，相对镜目距$p'/f'_2=1/2$，同时，出瞳距也比冉斯登目镜的出瞳距要大，有利于对出瞳距要求较高的目镜系统，如军用目视光学仪器。

8.2.3 对称式目镜

对称式目镜是目前应用比较多的一种中等视场目镜，如图8－5所示，它由两个双胶合透镜组成。为了加工方便，大多数对称式目镜都采取两个透镜组完全相同的结构。由薄透镜系统的消色差条件知道，如果这两个双胶合透镜组分别消色差，则整个系统可以同时消除轴向色差和垂轴色差。另外，这种目镜还能够校正彗差和像散，与前面介绍的目镜相比较，对称式目镜的结构更紧凑、场曲更小。

对称式目镜的视场可达40°左右，相对镜目距$p'/f'_2=1/1.3$。

对称式目镜是中等视场目镜中成像质量比较好的一种，出瞳距离也比较大，有利于减小整个仪器的体积和质量，因此在一些中等倍率和出瞳距离要求较大的望远系统中使用的非常广泛。

8.2.4 无畸变目镜

无畸变目镜由一个平凸的接目镜和一组三胶合透镜组构成，其结构如图8－6所示。三胶合透镜组的作用是：①可以补偿接目镜产生的一定量的像散和彗差；②三胶合透镜组的第一个面与接目镜相结合（总光焦度近似等于整个目镜的总光焦度），可以减小场曲和增大出瞳距离；③利用三胶合透镜的两个胶合面来校正像差，如像散、彗差及垂轴色差等；④把最后一个半径作为场镜，来调整目镜的光瞳位置。

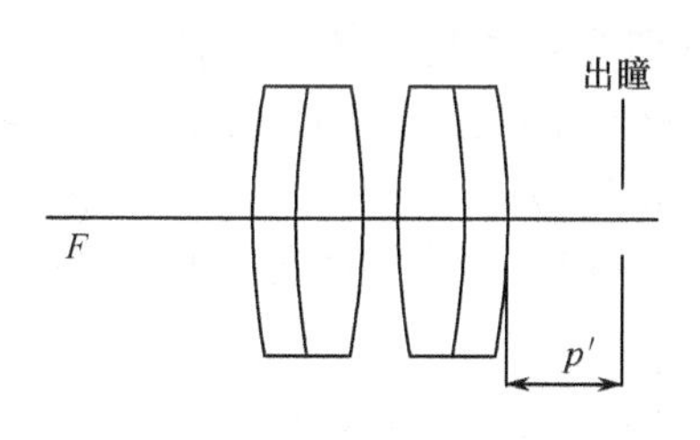

图8－5 对称式目镜

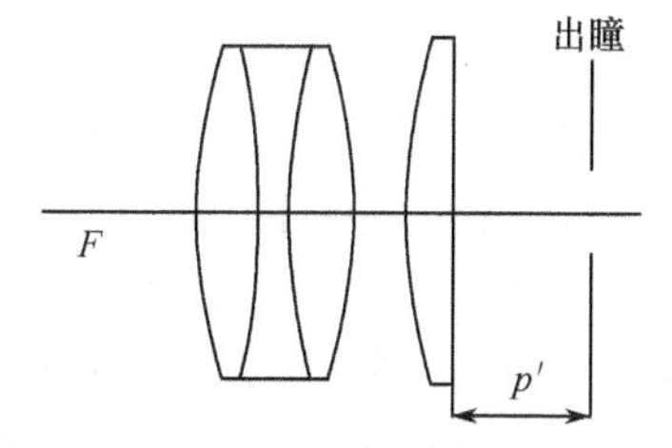

图8－6 无畸变目镜

无畸变目镜的特点是接目镜所成的像恰好落在三胶合透镜组第一个面的球心和等明

点之间，有利于整个系统像差的校正。另外，接目镜的焦距一般为

$$f'_{眼}=1.6f'_{目}\approx 2p'$$

也就是说，接目镜的入瞳位于平凸透镜前方1/2焦距处。无畸变目镜的光学特性为$2\omega'=40°$，$p'/f'=1/0.8$。它是一种具有较大出瞳距离的中等视场的目镜，广泛用于大地测量仪器和军用目视仪器中。这种目镜的畸变比一般目镜小一些，通常在40°视场内，相对畸变为3% ~4%。

8.2.5 广角目镜

图8-7为两种目前应用较多的视场在60°以上的广角目镜结构，这两种广角目镜的共同点是接目镜由两组透镜组成，区别是组成接目镜的两组透镜型式不同。Ⅰ型广角目镜[图8-7(a)]由两组单透镜组成接目镜，三胶合透镜是用来校正像差，其中加入负光焦度是为了减小场曲。Ⅱ型广角目镜[图8-7(b)]由胶合透镜和中间的凸透镜组成接目镜，而另一个胶合透镜是用来补偿整个系统像差的。这两种广角目镜的光学特性如下：

Ⅰ型　$2\omega'=60°\sim70°$，$p'/f'=1:1.5\sim1:1.3$

Ⅱ型　$2\omega'=60°\sim70°$，$p'/f'=1:1.5$

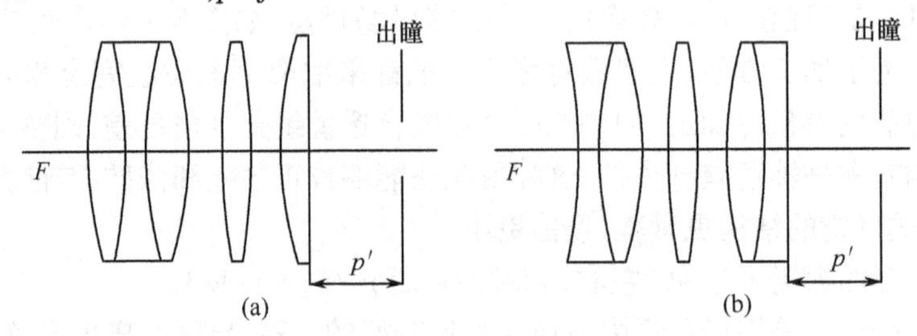

图8-7　广角目镜

(a)Ⅰ型广角目镜；(b)Ⅱ型广角目镜。

8.3 目镜设计

8.3.1 目镜设计原则

在设计目镜时，通常按反向光路计算像差，即假定物平面位于无限远，目镜对无限远目标成像(图8-8)，在目镜的焦面上衡量系统的像差。至于目镜的光瞳位置，可以按两种方式给出：

第一种方式是把实际系统的出瞳，作为反向光路时目镜的入瞳，给出入瞳距离p，入瞳的直径D等于系统要求的出瞳直径。在目镜像差较正过程中，要求保证边缘视场的主光线通过正向光路时物镜的出瞳中心(正向光路目镜的入瞳中心)。其他视场的主光线，由于存在光阑球差，而并不通过同一点，这样计算出来的像差和实际成像光束的像差虽不完全相同，但一般差别较小，可以忽略。

第二种方式是如果像差计算程序能够在给出实际光阑后，自动求出入瞳位置，并用调整主光线位置的方法，保证不同视场的主光线通过实际光阑中心。这样可以把正向光路时物镜的出瞳作为目镜的实际光阑给出，计算出来的像差和实际成像光束的情况符合。

后面实例均按第一种方式计算目镜。

在目镜设计中，主要校正像散、垂轴色差和彗差这三种像差。目镜的球差和轴向色差一般不能完全校正，需要由物镜来补偿。

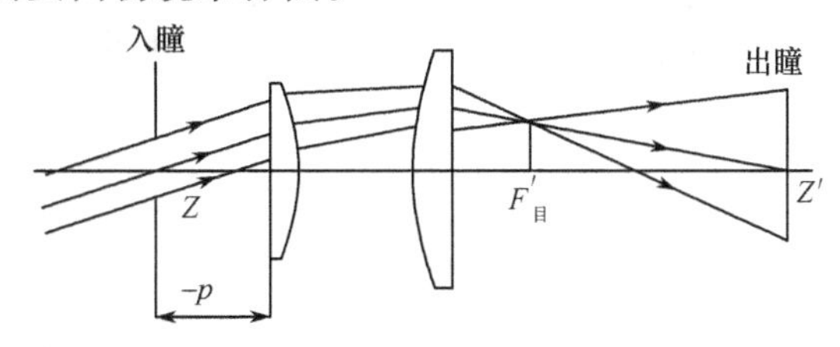

图 8-8　反向光路计算图

8.3.2　目镜设计实例

前面介绍了目镜的特点及其基本类型，并分析了各种目镜的像差性质。本节将结合具体实例介绍目镜的设计方法。

1. 广角目镜设计

笔者应国内某公司邀请设计一种 82°广角目镜。已知技术要求为视场 82°，焦距 20mm，相对孔径 1/8，出瞳直径 3mm ~ 4mm，出瞳距离 10mm。具体设计过程如下：

从福建光学技术研究所、国营红星机电厂的《光学镜头手册》第八册中，得到一种与设计要求较为接近的目镜结构。如果选的目镜参数越接近要设计的参数，就越容易校正和平衡像差，达到所要设计的要求。将手册中的各项参数输入到计算程序相应的选项中，见表 8-1。在工具栏里选择快速生成焦距项，输入所要设计的目镜焦距 20mm，则系统自动将初始的结构进行缩放，缩放时所有的角量和相对量不改变。

表 8-1　初始参数

Surf:Type		Radius		Thickness		Glass		Semi-Diameter
OBJ	Standard	Infinity		Infinity				Infinity
STO	Standard	Infinity		10.000000				1.750000
2	Standard	Infinity		2.080000		ZF7		10.442867
3	Standard	43.450000		14.540000		ZK7		11.911151
4	Standard	-22.900000		0.210000				15.393534
5	Standard	Infinity		7.110000		ZK1		17.235142
6	Standard	-39.500000		0.210000				17.772385
7	Standard	24.490000		8.690000		ZBAF3		17.952481
8	Standard	79.000000		5.920000				16.947721
9	Standard	-55.300000		2.180000		ZF7		16.140162
10	Standard	61.620000		3.880000	V			15.539463
IMA	Standard	Infinity						15.620056

得到目镜的二维图像如图 8-9 所示。

本次设计的目镜属于广角目镜。由于视场角较大，在一定的出瞳距离要求下，斜光束的倾斜角在透镜表面的投射高随之增加。各种高级像差很快增大，场曲也随之增大。因

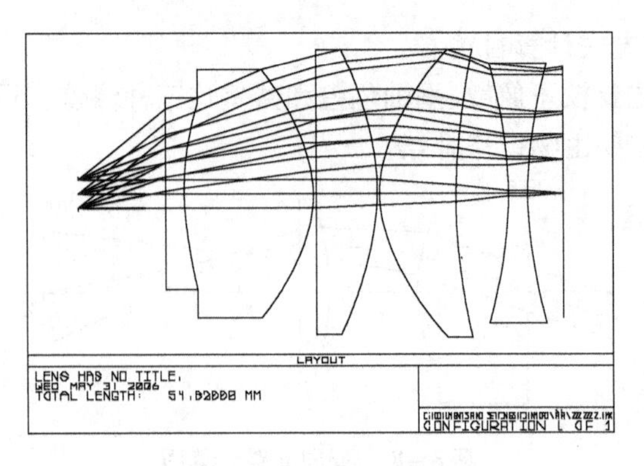

图 8-9　目镜的二维图像

此该系统的轴外像差如彗差、像散、垂轴色差等较大，重点和难点也在于对目镜轴外像差的校正与平衡。像差平衡是一项通过反复修改结构参数以逐步逼近最佳结果的工作。计算机应用于光学设计后先是取代了繁重的光路计算，随后又用于像差自动平衡。应用像差的自动平衡方法，不仅大大加快了设计进程，而且显著提高了设计质量。对设计结果进行评价，认为像差已全面校正和平衡良好后，需对像质做全面评价，以确定设计结果是否达到要求。如果没有达到要求，仍需做像差平衡工作；如果属于结构型式的局限或初始参数不合理，应另选结构型式或另定初始参数，并重复前面的工作。对于不同的设计结果，采用不同的像质评价方法。

本次设计在人工调整阶段，利用像差变化报表进行光学系统的像差校正时，假定系统的结构参数和像差之间符合线性关系（实际上，系统的结构参数和像差之间是非线性关系）。在这一阶段，同时参加校正的像差数和自变量数都不能太多。在每次校正中选择几种重要的、对系统像质影响较大的参数进行校正。在调整阶段，主要遵循以下原则：

（1）入射角很大的一面弯向光阑，以使主光线的偏角尽量小，以减少轴外像差。

（2）选择对像差变化敏感、贡献量较大的曲面，改变其曲率半径，以调整该曲面对整个系统的影响。

（3）像差不可能校正到完美无缺的理想程度，最后的像差应有合理的匹配。这主要是指轴上点的像差与各个视场的轴外像差要尽可能一致。轴上点或近轴点的像差与轴外点的像差不要有太大区别，使整个视场内的像质比较均匀，至少应使 0.7 视场以内的像质比较均匀。为确保 0.7 视场内有较好的成像质量，必要时放弃全视场的像质（让它有更大的像差）。因为在 0.7 视场以外是成像区的非主要区域，其像质可以适当降低。

（4）连续改变每个结构参数计算出像差变化量，从中可分析各结构参数对各种像差影响的大小和方向，然后决定应改变哪几个结构参数，改变多少，向哪个方向改变，然后再计算出新的像差结果。多次重复前面的工作，直到整个系统达到设计要求为止。

（5）利用透镜自身或透镜处于特殊位置时的像差性质。例如，处于光阑位置或与光阑位置相接近的透镜或透镜组，主要用于改变球差和彗差；远离光阑位置的透镜组，主要用来改变像散、畸变和倍率色差。在像面或像面附近的场镜可校正像面弯曲。

初始结构的像差报表见表 8-2。

表 8－2　初始结构的像差报表

Surf	SPHAS1	COMAS2	STIS3	FCURS4	DISTS5	CLA(CL)	CTR(CT)
STO	0.000000	0.000000	0.000000	0.000000	0.000000	0.000000	0.000000
2	0.000000	0.000000	0.000000	0.000000	0.797211	0.000000	-0.026765
3	-0.000028	-0.000484	-0.008470	-0.003531	-0.209891	0.001441	0.025206
4	0.001160	0.003369	0.009784	0.038409	0.139964	-0.001375	-0.003994
5	-0.000074	0.000780	-0.008245	0.000000	0.087122	0.000427	-0.004515
6	0.000864	0.002952	0.010085	0.021244	0.107019	-0.000988	-0.003376
7	-0.000000	-0.000058	-0.037533	0.037465	-0.044710	-0.000018	-0.012017
8	0.000459	0.000080	0.000014	-0.011614	-0.002029	-0.000695	-0.000122
9	-0.000376	-0.001896	-0.009557	-0.018680	-0.142356	0.000873	0.004401
10	0.000140	-0.000823	0.004854	-0.016764	0.070220	-0.000506	0.002983
IMA	0.000000	0.000000	0.000000	0.000000	0.000000	0.000000	0.000000
TOT	0.002145	0.003921	-0.039070	0.046528	0.802549	-0.000842	-0.018198
Surf	W040	W131	W222	W220	W311	W020	W111
STO	0.000000	0.000000	0.000000	0.000000	0.000000	0.000000	0.000000
2	0.000000	0.000000	0.000000	0.000000	678.406046	0.000000	-45.552969
3	-0.005892	-0.412166	-7.208104	-1.502553	-178.612043	1.226527	42.899837
4	0.246766	2.866695	8.325644	16.342534	119.106010	-1.170133	-6.796756
5	-0.015711	0.664046	-7.016526	0.000000	74.138907	0.363622	-7.684298
6	0.183866	2.512320	8.581998	9.039061	91.070052	-0.841096	-5.746307
7	-0.000019	-0.048979	-31.939720	15.940687	-38.047470	-0.015681	-20.451528
8	0.097621	0.068310	0.011950	-4.941613	-1.726846	-0.591813	-0.207060
9	-0.079995	-1.613165	-8.132743	-7.948101	-121.141467	0.742807	7.489695
10	0.029707	-0.700563	4.130258	-7.132911	59.755525	-0.430557	5.076812
IMA	0.000000	0.000000	0.000000	0.000000	0.000000	0.000000	0.000000
TOT	0.456343	3.336497	-33.247243	19.797105	682.948713	-0.716324	-30.972574

由报表得出该系统的球差、彗差、像散、场曲及垂轴色差都比较大，对于目镜而言主要校正球差、彗差、像散及垂轴色差，由于场曲是与视场密切相关的，随着视场增大而变化。不同视场的子午像点和弧矢像点的位置是不同的。而对于目镜来说只需控制场曲。畸变对系统的成像质量没有影响，一般规定对于视场角大于 70°的目镜，畸变可大于 10% 。因此，重点校正彗差、像散及垂轴色差。图 8－10 是初始结构的 MTF 曲线。

从图 8－10 中可以看到，在空间频率为 40lp/mm 时，轴外的光学传递函数 MTF 不理想，这主要是由轴外像差较大造成的。因此，对该系统的结构参数进行调整，以提高系统传函值。

调整后的结构参数见表 8－3。

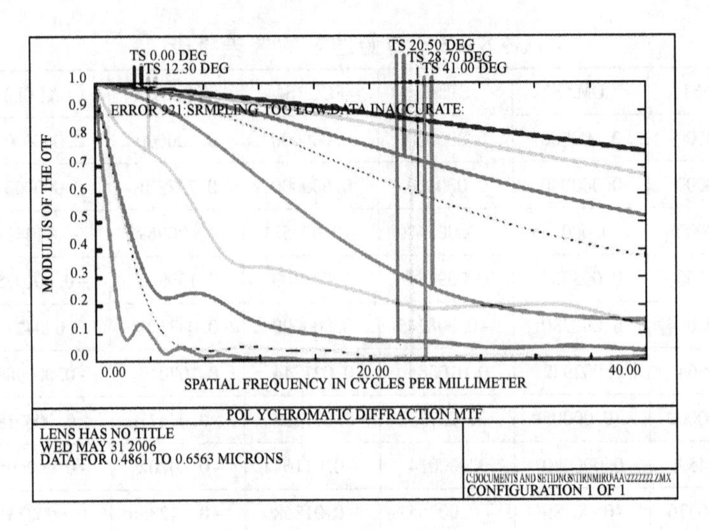

图 8－10　目镜的 MTF 曲线

表 8－3　调整后的结构参数

Surf:Type		Radius		Thickness		Glass		Semi-Diameter	
OBJ	Standard	Infinity		Infinity				Infinity	
STO	Standard	Infinity		10. 000000				1. 750000	U
2	Standard	-490. 000000	V	2. 000000	V	ZF7		9. 817431	
3	Standard	33. 000000	V	7. 000000	V	ZK7		11. 504921	
4	Standard	-27. 800000	V	0. 120000	V			12. 553596	
5	Standard	142. 000000	V	8. 5000000	V	ZK1		14. 768115	
6	Standard	-23. 000000		0. 120000				15. 307156	
7	Standard	20. 500000	V	7. 400000	V	ZBAF3		14. 962964	
8	Standard	48. 000000	V	3. 500000	V			13. 811225	
9	Standard	-95. 000000	V	5. 000000	V	ZF7		13. 587100	
10	Standard	19. 200000	V	4. 000000	V			11. 936558	
IMA	Standard	Infinity						11. 868728	

二维图像如图 8－11 所示。

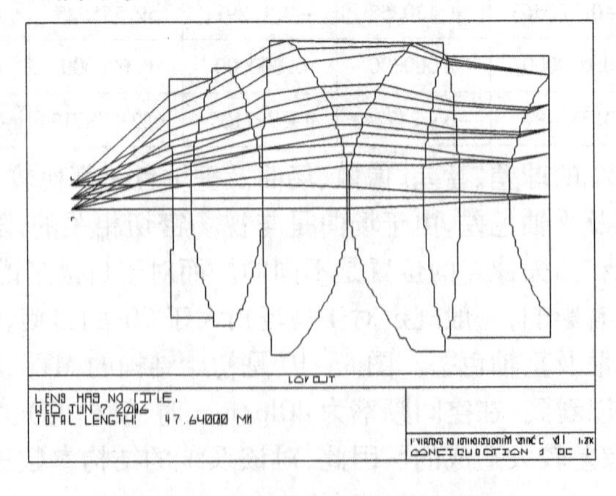

图 8－11　调整后的目镜二维图像

该结构的像差报表见表 8 - 4。

表 8 - 4　调整后结构的像差报表

Surf	SPHA S1	COMA S2	ASTI S3	FCUR S4	DIST S5	CLA (CL)	CTR (CT)
STO	0.000000	0.000000	0.000000	0.000000	0.000000	0.000000	0.000000
2	-0.000000	0.000002	-0.000535	-0.001008	0.532220	0.000053	-0.018130
3	-0.000016	-0.000337	-0.006976	-0.002223	-0.190174	0.000938	0.019392
4	0.000111	-0.000249	0.000558	0.015127	-0.035125	-0.000499	0.001117
5	-0.000001	0.000080	-0.006037	0.002825	0.242682	0.000070	-0.005285
6	0.000469	0.002701	0.015562	0.017444	0.190198	-0.000647	-0.003727
7	-0.000000	-0.000068	-0.021440	0.021399	-0.012741	-0.000027	-0.008567
8	0.000127	-0.000296	0.000690	-0.009139	0.019728	-0.000349	0.000815
9	-0.000168	-0.000672	-0.002695	-0.005199	-0.031654	0.000659	0.002643
10	0.000025	-0.000663	0.017752	-0.025724	0.213549	-0.000221	0.005912
IMA	0.000000	0.000000	0.000000	0.000000	0.000000	0.000000	0.000000
TOT	0.000546	0.000497	-0.003121	0.013503	0.928685	-0.000023	-0.005830
Seidel Aberration Coefficients in Waves							
Surf	W040	W131	W222	W220	W311	W020	W111
STO	0.000000	0.000000	0.000000	0.000000	0.000000	0.000000	0.000000
2	-0.000001	0.001464	-0.487223	-0.458628	467.406427	0.047845	-31.845130
3	-0.003983	-0.318417	-6.363885	-1.011274	-167.611162	0.853388	34.111590
4	0.026685	-0.228039	0.487178	6.842148	-30.275731	-0.451651	1.929800
5	-0.000251	0.073879	-5.445623	1.279378	212.789730	0.062995	-9.286652
6	0.108718	2.401164	13.258161	7.764554	158.950542	-0.578544	-6.388930
7	-0.000078	-0.077932	-19.468166	9.722244	-5.914816	-0.030466	-15.221521
8	0.029939	-0.278840	0.649247	-4.142380	17.778428	-0.314209	1.463202
9	-0.042725	-0.663238	-2.573963	-2.343275	-28.177328	0.634745	4.926763
10	0.005515	-0.623661	17.630722	-11.650779	160.312860	-0.208005	11.760481
IMA	0.000000	0.000000	0.000000	0.000000	0.000000	0.000000	0.000000
TOT	0.123820	0.286379	-2.313551	6.001989	785.258951	0.016096	-8.550397

该系统的球差、彗差、像散、场曲及色差都有所减小，但畸变增大，由于畸变不影响成像质量，只需控制在一定范围内。该结构的 MTF 曲线如图 8 - 12 所示。

由 MTF 曲线可以看出，轴上的传递函数较好达到 0.7，但轴外的 2/3 视场的传递函数不是很理想，有一定的波动。再次进行人工调整，主要改变第一面的曲率半径，并局部调整间隔，得到结构参数见表 8 - 5。

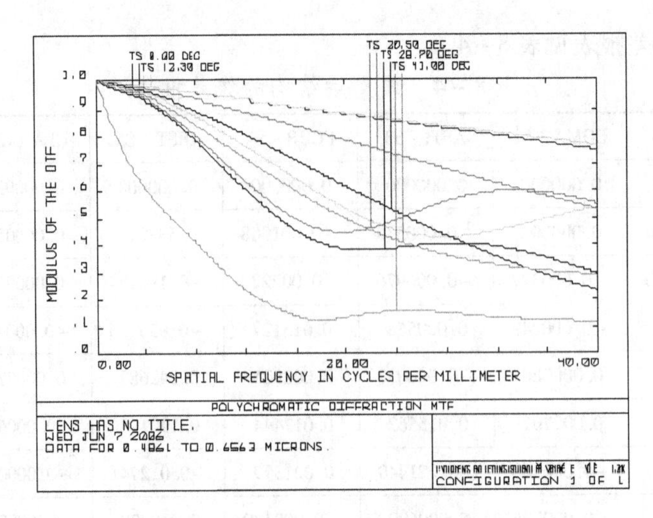

图 8-12　调整后的目镜 MTF 曲线

表 8-5　再次调整后的结构参数

Surf:Type		Radius		Thickness		Glass		Semi-Diameter	
OBJ	Standard	Infinity		Infinity				Infinity	
STO	Standard	Infinity		10.000000				1.750000	U
2	Standard	-488.156264	V	1.999879	V	ZF7		9.855352	
3	Standard	32.883772	V	7.130807	V	ZK7		11.554306	
4	Standard	-27.860772	V	0.120000	V			12.641615	
5	Standard	142.151795	V	8.530092	V	ZK1		14.884432	
6	Standard	-23.422573	V	0.120000	V			15.435937	
7	Standard	20.453140	V	7.448770	V	ZBAF3		15.176988	
8	Standard	48.003909	V	3.140087	V			14.056864	
9	Standard	-95.542363	V	5.020509	V	ZF7		14.058790	
10	Standard	19.216055	V	4.677200	V			12.330492	
IMA	Standard	Infinity						12.464307	

二维图像如图 8-13 所示。

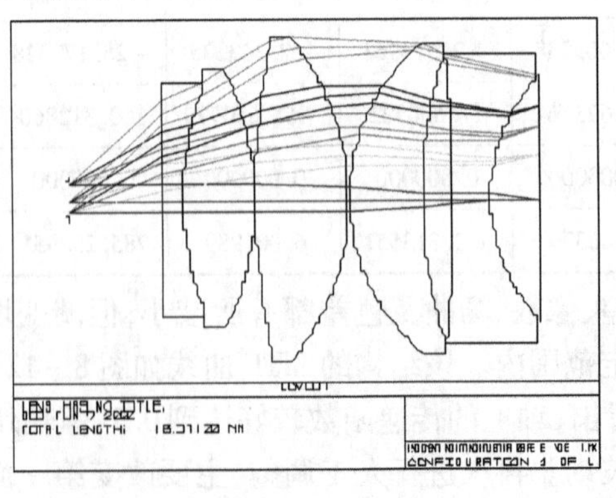

图 8-13　再次调整后的目镜二维图像

该结构的像差报表见表 8-6。

表 8-6　再次调整后结构的像差报表

Surf	SPHA　S1	COMA　S2	ASTI　S3	FCUR　S4	DIST　S5	CLA (CL)	CTR (CT)
STO	0.000000	0.000000	0.000000	0.000000	0.000000	0.000000	0.000000
2	-0.000000	0.000002	-0.000573	-0.001078	0.549260	0.000056	-0.018711
3	-0.000019	-0.000374	-0.007478	-0.002377	-0.196964	0.001003	0.020043
4	0.000125	-0.000268	0.000572	0.016081	-0.035578	-0.000531	0.001134
5	-0.000001	0.000087	-0.006399	0.003007	0.250054	0.000074	-0.005456
6	0.000511	0.002822	0.015580	0.018249	0.186787	-0.000680	-0.003754
7	-0.000000	-0.000092	-0.022878	0.022850	-0.006951	-0.000036	-0.008944
8	0.000141	-0.000328	0.000763	-0.009736	0.020892	-0.000369	0.000860
9	-0.000201	-0.000779	-0.003025	-0.005507	-0.033112	0.000746	0.002895
10	0.000026	-0.000733	0.020718	-0.027382	0.188387	-0.000244	0.006910
IMA	0.000000	0.000000	0.000000	0.000000	0.000000	0.000000	0.000000
TOT	0.000582	0.000337	-0.002719	0.014106	0.922776	0.000019	-0.005024
Surf	W040	W131	W222	W220	W311	W020	W111
STO	0.000000	0.000000	0.000000	0.000000	0.000000	0.000000	0.000000
2	-0.000001	0.001464	-0.487223	-0.458628	467.406427	0.047845	-31.845130
3	-0.003983	-0.318417	-6.363885	-1.011274	-167.611162	0.853388	34.111590
4	0.026685	-0.228039	0.487178	6.842148	-30.275731	-0.451651	1.929800
5	-0.000251	0.073879	-5.445623	1.279378	212.789730	0.062995	-9.286652
6	0.108718	2.401164	13.258161	7.764554	158.950542	-0.578544	-6.388930
7	-0.000078	-0.077932	-19.468166	9.722244	-5.914816	-0.030466	-15.221521
8	0.029939	-0.278840	0.649247	-4.142380	17.778428	-0.314209	1.463202
9	-0.042725	-0.663238	-2.573963	-2.343275	-28.177328	0.634745	4.926763
10	0.005515	-0.623661	17.630722	-11.650779	160.312860	-0.208005	11.760481
IMA	0.000000	0.000000	0.000000	0.000000	0.000000	0.000000	0.000000
TOT	0.123820	0.286379	-2.313551	6.001989	785.258951	0.016096	-8.550397

与上一个结构比较,除了球差稍增大以外,其余各像差均减小。对于一个光学系统来说,像差不可能校正到完美无缺的理想程度,最后的像差应有合理的匹配。该结构的 MTF 曲线如图 8-14 所示。

从 MTF 曲线可以看出,传递函数也有所提高,系统的像质有明显的改善。由于本次设计的目镜需要有 8 个视度的调节量,调节距离为

$$l = N\frac{f'^2}{1000} = 8 \times \frac{20^2}{1000} = 3.2(\text{mm})$$

经分析该系统不能满足视度调节要求,因为最后一面透镜的边缘到像面的距离要求不少于 3.2mm,因此,为满足视度调节及结构安装要求,设定最后一面透镜到像面的距离为 8.5mm,同时,保证技术指标及透镜和透镜组的结构工艺要求的前提下,对系统进行自动优化。优化后的结构参数见表 8-7。

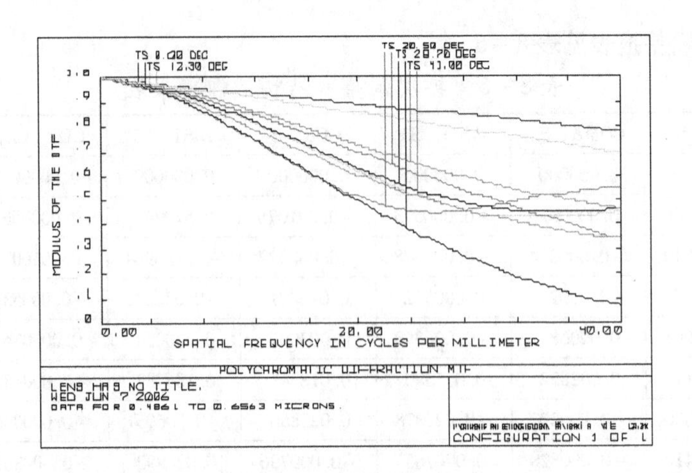

图 8－14　再次调整后的目镜 MTF 曲线

表 8－7　优化后的结构参数

Surf:Type		Radius		Thickness		Glass		Semi-Diameter	
OBJ	Standard	Infinity		Infinity				Infinity	
STO	Standard	Infinity		10. 000000				1. 750000	U
2	Standard	－26. 354590	V	2. 865591	V	ZF7		8. 813685	
3	Standard	131. 761917		7. 750566		ZK7		11. 798674	
4	Standard	－18. 196771	V	0. 100000	V			13. 052925	
5	Standard	43. 341322	V	8. 985305	V	ZK1		19. 057854	
6	Standard	－64. 538241	V	0. 100000	V			19. 232728	
7	Standard	25. 853122	V	10. 613757	V	ZBAF3		19. 122604	
8	Standard	Infinity	V	4. 113707	V			18. 268070	
9	Standard	－112. 389511	V	1. 702532	V	ZF7		16. 032750	
10	Standard	21. 225634	V	8. 500000				19. 900055	
IMA	Standard	Infinity						14. 559411	

得到目镜的二维图像如图 8－15 所示。

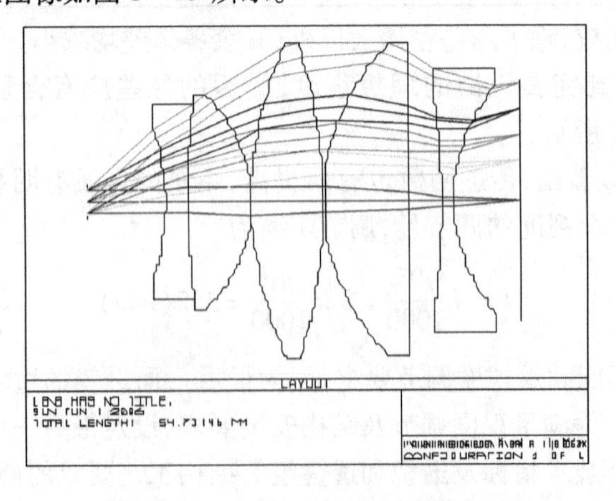

图 8－15　优化后的目镜二维图像

该结构的系统像差报表见表 8 - 8。

表 8 - 8　优化后结构的系统像差报表

Surf	SPHA　S1	COMA　S2	ASTI　S3	FCUR　S4	DIST　S5	CLA (CL)	CTR (CT)
STO	0.000000	0.000000	0.000000	0.000000	0.000000	0.000000	0.000000
2	-0.000058	0.000573	-0.005658	-0.026537	0.317864	0.001384	-0.013666
3	-0.000027	-0.000535	-0.010568	-0.000788	-0.224344	0.001107	0.021863
4	0.000596	0.001497	0.003764	0.032725	0.091738	-0.001166	-0.002931
5	0.000003	0.000097	0.003421	0.013108	0.582890	-0.000278	-0.009790
6	0.000272	0.000177	0.000115	0.008803	0.005811	-0.000636	-0.000414
7	-0.000003	-0.000258	-0.022817	0.024027	0.106973	-0.000127	-0.011230
8	0.000407	0.001073	0.002830	0.000000	0.007464	-0.000654	-0.001724
9	-0.000323	-0.001297	-0.005213	-0.006223	-0.045957	0.000994	0.003994
10	0.000028	-0.000914	0.030193	-0.032949	0.091019	-0.000350	0.011574
IMA	0.000000	0.000000	0.000000	0.000000	0.000000	0.000000	0.000000
TOT	0.000894	0.000413	-0.003931	0.012165	0.933458	0.000274	-0.002324
Seidel Aberration Coefficients in Waves							
Surf	W040	W131	W222	W220	W311	W020	W111
STO	0.000000	0.000000	0.000000	0.000000	0.000000	0.000000	0.000000
2	-0.012598	0.495042	-4.863168	-11.405301	271.860258	1.189816	-23.376922
3	-0.006375	-0.491314	-9.466713	-0.372060	-196.744066	0.981152	37.809998
4	0.128623	1.284370	3.206275	14.064849	78.226462	-1.001428	-4.999885
5	0.000640	0.089306	3.114955	5.633688	501.652156	-0.240548	-16.780512
6	0.057647	0.157906	0.108135	3.783361	5.255768	-0.540007	-0.739597
7	-0.000615	-0.219694	-19.633570	10.326600	91.121999	-0.107442	-19.203630
8	0.086319	0.926178	2.484395	0.000000	6.664183	-0.555319	-2.979194
9	-0.068404	-1.114397	-4.538767	-2.674467	-40.271065	0.843566	6.871429
10	0.005896	-0.781345	25.885083	-14.161274	80.750474	-0.298062	19.748884
IMA	0.000000	0.000000	0.000000	0.000000	0.000000	0.000000	0.000000
TOT	0.191134	0.346051	-3.703376	5.195395	798.516170	0.271730	-3.64942

从上面报表中可以看到，该系统的场曲及垂轴色差有所减小，其余像差都有所增大，但成像质量达到一个较好的状态。这是由于像差不可能校正到完美无缺的理想程度，将各个像差校正到极小的地步，所得到的整个系统的成像质量不一定是最好的。因为某些像差之间有一定的制约关系，所以像差之间如果能达到合理的匹配，整个系统才能得到较好的成像质量。优化后的 MTF 曲线如图 8 - 16 所示。

由 MTF 曲线知，该目镜的传递函数（MTF）在空间频率为 40lp/mm 时，轴上达到 0.7 以上，轴外全视场的传递函数（包括 MTFs 和 MTFt）均可达到 0.5 以上，成像质量满足设计要求。

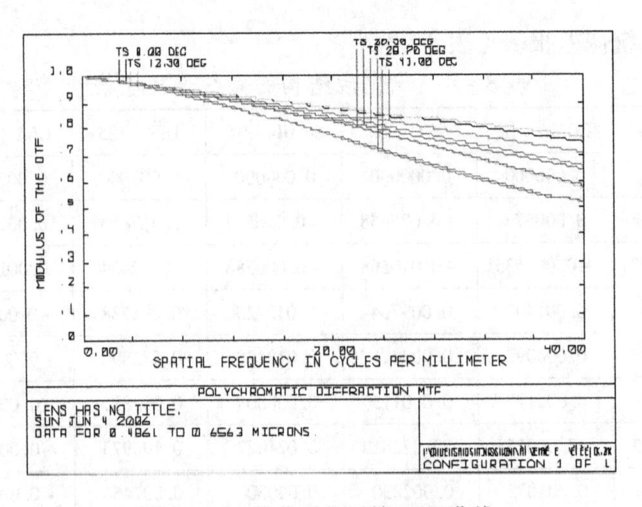

图8－16　优化后的目镜MTF曲线

2. 望远系统设计

前面已经介绍了望远物镜和目镜设计的有关知识。下面举例说明包含望远物镜、目镜及转向系统在内的望远系统设计的有关问题。

1）对光学性能的要求

放大率　　$\Gamma=2.7^{\times}$

视场　　$2\omega=13°$

出射光瞳直径　$d=4.5\text{mm}$

出射光瞳距离　$p'=26\text{mm}$

鉴别率　　$\alpha\leqslant 20''$

另外，出射光轴应与入射光轴平行；体积小，重量轻。

2）方案选择和外形尺寸计算

（1）目镜选型：

① 目镜视场$2\omega'$

$$\tan\omega'=\Gamma\tan\omega=2.7\tan 6.5°$$

$$2\omega'=35°$$

考虑目镜3%～5%的负畸变，要求$2\omega'=37°$；又考虑要求的出射光瞳距离较大，采用对称型目镜较合适。

② 目镜焦距$f'_{目}$。对称型目镜的后截距S'_f，一般有

$$S'_f=0.75f'_{目}$$

把物镜框作为有效光阑，入射光瞳与物镜框重合，对入射光瞳和出射光瞳应用共轭点方程式，得

$$P'-S'_f=\frac{f'^2_{目}}{f'_{物}}=\frac{f'_{目}}{\Gamma}$$

由此解得

$$f'_{目} = 25\text{mm}$$

③ 目镜相对孔径

$$\frac{d}{f'_{目}} = \frac{4.5}{25} \approx \frac{1}{5.6}$$

（2）选择物镜：

① 物镜焦距$f'_{物}$

$$f'_{物} = \Gamma f'_{目} = 2.7 \times 25 = 67.5(\text{mm})$$

② 物镜视场 $2\omega = 13°$

③ 物镜通光直径

$$\Phi_{效} = D = \Gamma d = 2.7 \times 4.5 \approx 12.2(\text{mm})$$

④ 物镜相对孔径 $\frac{D}{f'_{物}} \approx \frac{1}{5.6}$

上述要求用双胶合物镜可以满足。

（3）计算分划板通光直径（即视场光阑直径）：

$$\Phi_{分} = 2f'_{物}\tan\omega = 14.4(\text{mm})$$

取分划板厚度 $d_{分} = 2\text{mm}$。

（4）选择转像系统：

为使系统成正像，并使仪器结构紧凑，可采用棱镜作转像系统。

① 按对棱镜的要求，为了实现正像，棱镜必须是偏角为0°的倒像棱镜。为此，从手册中查得四种棱镜列于表8－9中。

表8－9 转向棱镜

棱镜代号	全反射面数	镀反射膜面数	最大尺寸（长、宽、高）	加工难易程度
$\text{LIII}_J-0°$	4	0	$1.7\Phi_{棱}$ $\Phi_{棱}$ $3.7\Phi_{棱}$	难
$\text{FA}_J-0°$	4①	0	$3.5\Phi_{棱}$ $\Phi_{棱}$ $2\Phi_{棱}$	难
FP－0°	4	0	$\Phi_{棱}$ $2\Phi_{棱}$ $2\Phi_{棱}$	较易
$\text{FB}_J-0°$	4	1	$1.3\Phi_{棱}$ $\Phi_{棱}$ $2.1\Phi_{棱}$	难
①表示此棱镜材料应满足 $n_D \geq 1.5688$（ZK1）时，才能产生全反射，故一般选 ZK1 作为此棱镜的材料				

② 计算光线射入棱镜时的最大入射角 $i_{最大}$，这是为了判断棱镜反射面上是否需镀银。应计算两条光线。

a. 轴向边缘光线的会聚角 U'_m

$$\tan U'_m = \frac{D}{2f'_{物}} = \frac{6.1}{67.5}$$

$$U'_m = 5°11'$$

b. 视场边缘像点对应的斜光束最大倾角 ω'_b。取线渐晕系数为 0.5，则 b 光的倾角最大，如图 8－17 所示，有

$$\tan\omega'_b = \frac{\left(\frac{\Phi_{分}}{2} + \frac{D}{4}\right)}{f'_{物}} = \frac{\left(\frac{14.4}{2} + \frac{12.2}{4}\right)}{67.5}$$

$$\omega'_b = 8°30'$$

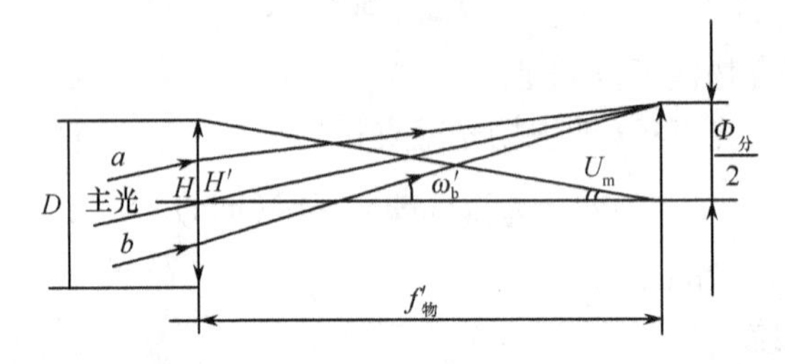

图 8－17　斜光束倾角计算光路

比较 U'_m 与 ω'_b 可知，棱镜入射光的最大倾角 $i_{最大} = 8°30'$。

③ 计算棱镜的通光直径 $\Phi_{棱}$。一般应严格按边光和 a 光计算，尽量使棱镜在入射和出射通光直径接近相等的位置，算出值应加些余量（一般加 2mm）。此处，因 D 与 $\Phi_{分}$ 接近，故直接取 $\Phi_{棱} = \Phi_{分} = 14.4$mm。

④ 选择棱镜。主要应考虑尽量利用全反射面，使镀银（或铝）面少；外形尺寸小，加工容易等。比较表 8－9 中四种棱镜可知，采用第三种形式（FP－0°）较好。

⑤ 棱镜计算。

棱镜材料 ZK1　　$n_D = 1.5688$

通光直径　　$\Phi_{棱} = 14.4$(mm)

光轴长度　　$L = 4\Phi_{棱} = 57.6$(mm)

等效空气层厚度　$\frac{L}{n} = \frac{57.6}{1.5688} = 36.8$(mm)

由此，不难画出系统光路，如图 8－18 所示。

3）像差设计

目镜和棱镜选定后，余下的问题是设计双胶物镜。按设计要求，物镜后焦面上要放分划板，因此分划板前、后系统（物镜加棱镜与目镜）的像差，原则上应独立校正到公差以内，但为了进一步改善全系统的像质，使物镜部分剩余像差与目镜的剩余像差互相补偿更为合理。为了给物镜设计提出像差要求，首先应计算目镜和棱镜的像差。

（1）计算目镜的像差。目镜结构参数选定如表 8－10 所列。

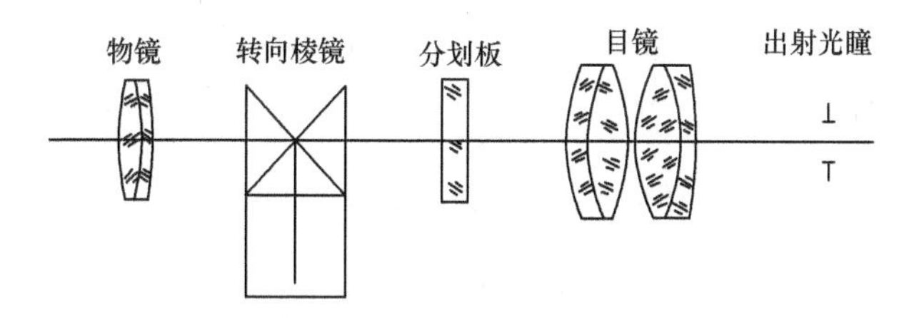

图 8-18　系统光路

表 8-10　目镜初始结构参数

r	d	n_D	n_C	n_F	玻璃
		1.0	1.0	1.0	
154.53					
	2.5	1.6475	1.64208	1.66120	ZF1
25.00					
	7.5	1.5163	1.51389	1.52195	K9
-23.99					
	0.5	1.0	1.0	1.0	
23.99					
	7.5	1.5163	1.51389	1.52195	K9
-25.00					
	2.5	1.6475	1.64208	1.66120	ZF1
-154.53					
	1.0	1.0	1.0		

初始数据：

$$h_1 = 2.25,\ \omega_1 = -18.5°,\ L_p = -26, L_1 = \infty$$

光路计算结果如下：

$$f' = 24.5952, S_f = -17.8318, S'_f = 17.8318$$

像差验算结果见表 8-11 和表 8-12。

表 8-11　轴上点像差

h	LA′	$\Delta L'_{CF}$	OSC′
1	0.132	0.043	0.0018
0.7	0.066	0.044	0.0009
0	0	0.045	0

表 8-12　轴外像差

ω_1	L_p	ω'	L'_p	x'_t	x'_s	$x'_t - x'_s$	H'	$\Delta H'$	DT'	$\Delta H'_{CF}$	K'_{T1}
-18.5°	-26	7.52°	90.0	-1.68	0.37	-2.05	7.95	0.38	3.4%	-0.0103	-0.039
-13°	-26	4.95°	91.89	-0.28	0.28	-0.56	5.69	0.07	2.2%	0.0118	0.012

（2）计算棱镜的初级像差。

初始数据：

$$d = 57.6, u = 5°12' = 0.0908, u_p = -6°30' = -0.1134$$

$$n_D = 1.5688, \delta n_{FC} = 0.00904$$

初级像差计算如下：

$$LA'_{棱} = \frac{1-n^2}{2n^3} du^2 = -0.088$$

$$OSC'_{棱} = \frac{1-n^2}{2n^3 H'_0} du^2 u_p = 0.00142$$

$$\Delta L'_{CF} = -\frac{\delta n_{FC}}{n^2} d = -0.212$$

（3）对双胶物镜的像差要求：

$$LA'_{物} = -LA'_{棱} = 0.088$$

$$OSC'_{物} = OSC'_{棱} = -0.00142$$

$$\Delta L'_{CF物} = -\Delta L'_{CF棱} = 0.212$$

（4）求解双胶物镜的结构参数。根据上述像差要求设计双胶物镜最简单的方法，是从已知双胶望远物镜中找一个现有的结果，并进行焦距缩放，这在实践中是行之有效的。也可以用 PW 法求解结构参数。

① 将对物镜像差系数的要求转换成 P、W、C。

根据计算公式有

$$P = \frac{2f'}{h^2} LA'_{物} = \frac{2 \times 67.5}{6.1^2} \times 0.088 = 0.3197$$

$$W = \frac{2f'^2}{h^2} OSC'_{物} = \frac{2 \times 67.5^2}{6.1^2} \times (-0.00142) = -0.3250$$

$$C = \frac{1}{f'} \Delta L'_{CF物} = \frac{1}{67.5} \times 0.212 = 0.00314$$

② 按 P_0 和 C 的要求选择玻璃组合。

求 P_0：选择王冕在前

$$P_0 = P^\infty - 0.85 \times (W^\infty + 0.1)^2 = 0.3197 + 0.85 \times (-0.3250 + 0.1)^2 = 0.3627$$

$$C = 0.00314$$

根据 P_0 和 C 查表，并用内插法找到玻璃组合：

$$K9, \quad n_D = 1.5163$$

$$F2, \quad n_D = 1.6128$$

再通过内插法找到

$$\varphi_1 = 2.083565$$

$$Q_0 = -4.502188$$

③ 解方程式，求形状系数 Q。

将 Q_0 分别代入公式中，得

$$Q = Q_0 + \sqrt{\frac{P^{\infty} - P^0}{2.35}} = -4.502188 \pm \sqrt{\frac{0.3197 - 0.3627}{2.35}}$$（两根中取与下式接近的一个根）

$$Q = Q_0 - \frac{W^{\infty} + 0.1}{1.67} = -4.502188 - \frac{-0.3250 + 0.1}{1.67} = -4.367457$$

为了同时照顾球差和彗差的要求，形状系数 Q 应取平均值

$$Q = \frac{-4.366832 - 4.367457}{2} = -4.367144$$

④ 由 Q、φ_1 计算曲率和半径：

$$c_2 = \varphi_1 + Q = 2.083565 - 4.367144 = -2.283579$$

$$c_1 = c_2 + \frac{\varphi_1}{n_1 - 1} = -2.283579 + \frac{2.083565}{0.5163} = 1.751991$$

$$c_3 = c_2 - \frac{\varphi_2}{n_2 - 1} = -2.283579 - \frac{1 - 2.083565}{0.6128} = -0.515359$$

最后得到

$$r_1 = \frac{f'_{物}}{c_1} = \frac{67.5}{1.751991} = 38.53，取标准半径\ r_1 = 38.55$$

$$r_2 = \frac{f'_{物}}{c_2} = \frac{67.5}{-2.283579} = -29.56，取标准半径\ r_2 = -29.58$$

$$r_3 = \frac{f'_{物}}{c_3} = \frac{67.5}{-0.515359} = -130.98，取标准半径\ r_3 = -130.92$$

（5）确定透镜外径 $D_{外}$ 和厚度 d_1、d_2。

① 透镜外径 $D_{外}$。采用压圈固定有

$$D_{外} = D + 1.5 = 12.2 + 1.5 = 13.7$$

取标准直径 $D_{外} = 14\text{mm}$。

② 透镜厚度 d_1、d_2。取正透镜边缘最小厚度 $t_1 = 1$。

计算弧高：

$$h_1 = r_1 - \sqrt{r_1^2 - \left(\frac{D_{外}}{2}\right)^2} = 0.64$$

$$h_2 = r_2 - \sqrt{r_2^2 - \left(\frac{D_{外}}{2}\right)^2} = 0.84$$

$$h_3 = r_3 - \sqrt{r_3^2 - \left(\frac{D_{外}}{2}\right)^2} = 0.19$$

于是

$$d_1 = h_1 + h_2 + t_1 = 0.64 + 0.84 + 1 = 2.48$$

取 $d_1 = 2.5\text{mm}$（标准化）。

负透镜的厚度按$\left(\frac{1}{10}\sim\frac{1}{8}\right)D_{外}$选取，得

$$d_2 = 1.6(\text{mm})$$

负透镜之边缘厚度 t_2

$$t_2 = d_2 + h_2 - h_3 = 1.6 + 0.84 - 0.19 = 2.25(\text{mm})$$

（6）验算物镜加棱镜的像差，结构参数见表 8－13。

表 8－13　物镜加棱镜结构参数

r	d	n_D	n_C	n_F	玻璃
		1.0	1.0	1.0	
38.55					
	2.5	1.5163	1.51389	1.52195	K9
−29.58					
	1.6	1.6128	1.60807	1.62466	F2
130.92					
	10.0	1.0	1.0	1.0	
∞					
	57.6	1.5688	1.56611	1.57515	ZF1
∞					
		1.0	1.0	1.0	

初始数据：

$$h_1 = 6.1,\ \omega_1 = -6.5°,\ L_p = 0, L_1 = \infty$$

光路计算结果如下：

$$f' = 67.864, S'_f = 18.96$$

像差验算结果见表 8－14 和表 8－15。

表 8－14　物镜加棱镜系统的轴上点像差

h	LA′	$\Delta L'_{CF}$	OSC'
6.1	0.013	−0.035	0.0020
4.27	0.014	−0.008	0.0010
0	0	0.016	0

表 8－15　物镜加棱镜系统的轴外像差

ω_1	L_p	ω'	L'_p	x'_t	x'_s	$x'_t - x'_s$	H'	$\Delta H'$	DT'	$\Delta H'_{CF}$	K'_{T1}
−6.5°	0	6.45°	−49.38	1.14	0.59	0.55	7.71	0.018	0.23%	0.0245	0.049
−4.55°	0	4.57°	−49.38	0.57	0.30	0.27	5.46	0.007	0.11%	0.0173	0.034

（7）系统合成计算。将物镜、棱镜、分划板及目镜合起来计算光路，主要目的如下：

① 计算系统总焦距满足要求时，目镜相对于物镜的位置；

② 计算实际的眼点距离 L'_p；

③ 计算系统出射光束的综合像差（同一束光的不平行性和不对称性）；

④ 计算全系统各面的通光孔径 $\Phi_{效}$。

（8）实际光学性能计算。

① 放大率：

$$\Gamma = \frac{f'_{物}}{f'_{目}} = \frac{67.86}{24.6} = 2.76^{\times}$$

② 出射光瞳距离：

$$P' = \frac{f'^2_{目}}{f'_{物}} + S'_{f目} = \frac{24.6^2}{67.86} + 17.83 = 26.75(\mathrm{mm})$$

③ 出射光瞳直径：

$$d = \frac{D}{\Gamma} = \frac{12.2}{2.76} = 4.42(\mathrm{mm})$$

④ 鉴别率：

$$\alpha = \frac{140''}{12.2} \times 1.5 = 17'' < 20''$$

⑤ 透过率：

$$K = 0.985^{8.5} \times 0.98^{9} \times 0.95^{2} = 0.66$$

至此，设计的主要计算工作已经基本完成，接下来就是制图。对制图的要求可参考第14章的内容。

第9章　照相物镜设计

9.1　照相物镜的光学特性和像差要求

9.1.1　照相物镜的光学特性

照相物镜的特点是以感光底片(或 CCD)作为接收器,它的作用是把外界景物成像在感光底片(或 CCD)上,使底片曝光(或通过 CCD 的输出)产生影像。照相物镜的基本光学性能主要由三个参数表征,即焦距f'、相对孔径$\frac{D}{f'}$和视场角 2ω。

1. 焦距f'

照相物镜的焦距决定了所成像的大小,当物体处于有限距离时,像高为

$$y' = (1-\beta)f'\tan\omega \tag{9-1}$$

式中:β 为垂轴放大率,$\beta = \frac{y'}{y} = \frac{l'}{l}$。

对一般照相机来说,物距 l 都比较大,通常在 1m 以上,而镜头的焦距一般只有几十毫米,因此像平面靠近焦面,$l' \approx f'$,故有

$$\beta = \frac{f'}{l}$$

当物体处于无限远时,式(9-1)可以简化为

$$y' = f'\tan\omega \tag{9-2}$$

由此可以看出,像高 y'与物镜的焦距成正比。

由于用途不同,照相物镜的焦距也不相同,照相物镜的焦距标准见表 9-1。

表 9-1　照相物镜的焦距标准

物镜类型	物镜焦距f'/mm	物镜类型	物镜焦距f'/mm
鱼眼物镜	7.5	望远物镜	135
	15		200
超广角物镜	17		300
	20	超望远物镜	400
广角物镜	24		500
	28		600
	35		800
标准物镜	50		1200
短望远物镜	85		
	100		

2. 相对孔径

照相物镜的相对孔径决定其受衍射限制的最高分辨率和像面光照度，这里的最高分辨率是通常所说的截止频率 N，即

$$N = \frac{D/f'}{\lambda} = \frac{2u'}{\lambda} \tag{9-3}$$

式中：D/f'为相对孔径；u'为孔径角；λ 为波长。

照相物镜中只有很少几种如微缩物镜和制版物镜追求高分辨率，多数照相物镜因其接收器本身的分辨率不高，相对孔径的作用并不是为了提高物镜分辨率，而是为了提高像面光照度，可表示为

$$E' = \frac{1}{4}\pi L\tau(D/f')^2 \tag{9-4}$$

式中：τ 为物镜的透过率。

从式(9-4)可以看出，当物体光亮度与光学系统的透过率一定时，像面光照度 E'仅与相对孔径的平方成正比。

照相物镜按其相对孔径的大小，大致分为：弱光物镜，相对孔径小于 1:9；普通物镜，相对孔径 1:9~1:3.5；强光物镜，相对孔径 1:3.5~1:1.4；超强光物镜，相对孔径大于 1:1.4，甚至高达 1:0.6 左右。

弱光物镜要求有非常好的照明条件，而且对曝光时间没有要求，通常只用在户外拍摄。普通物镜和强光物镜则广泛使用于各种照明条件下。超强光物镜则在拍摄快速运动物体和照明条件不好的场合下使用。

为了使同一照明物镜在各种照明条件下所拍摄的像具有适当的光照度，照明物镜的孔径光阑均采用直径可以连续变化的可变光阑。它的变化档次均以 $1/\sqrt{2}$为公比的等比级数排列，即像面光照度每档次之间相差 1/2 倍。通常把相对孔径规划为表 9-2 所列的规格，并把相对孔径的倒数称为 F 数或 F 光圈。

表 9-2　相对孔径与 F 数的关系

相对孔径	1:1	1:1.4	1:1.2	1:2.8	1:4	1:5.6	1:8	1:11	1:16	1:22	1:32
F 数	1	1.4	2	2.8	4	5.6	8	11	16	22	32

F 光圈只表明物镜的名义相对孔径，称为光阑指数，如考虑到光学系统的透过率 τ 的影响，那么标明实际相对孔径的有效光阑指数为

$$F/\sqrt{2} = T \tag{9-5}$$

式中：T 为光圈。

3. 视场角

照相物镜的视场角决定其在接收器上成清晰像的空间范围。按视场角的大小，照相物镜又分为：小视场物镜，视场角在 30°以下；中视场物镜，视场角在 30°~60°之间；广角物镜，视场角在 60°~90°之间；超广角物镜，视场角在 90°以上。

照相物镜没有专门的视场光阑，视场大小被接收器本身的有效接收面积所限制，即以

接收器的边框作为视场光阑。在相对孔径最大时，物镜中的某些透镜还要遮拦掉一些离主光线较远的轴外斜光束，离开中心视场越远，遮拦越严重。这种光线遮拦的现象称为渐晕，渐晕导致轴外点成像的相对孔径比中心点成像的相对孔径要小。

在相机画面大小一定的条件下，视场角直接和物镜的焦距有关，根据无限远物体的理想像高公式：

$$y' = -f'\tan\omega$$

相机的幅面一定，也就是像高一定，只要焦距确定，则视场角 ω 也就随之确定了；物镜的焦距越短，视场角也就越大，因此短焦距的镜头也就是大视场的镜头。在计算照相物镜的视场角时，一般按画面的对角线计算像高，即按最大的视场角计算。

照相物镜上述三个光学性能参数是相互关联、相互制约的，这三个参数决定了物镜的光学性能。企图同时提高这三个的指标则是困难的，甚至是不可能的。只能根据不同的使用要求，在侧重提高一个参数指标的同时，相应降低其余两个参数的指标。比如，长焦距物镜的相对孔径和视场角均不能很大；而广角物镜的相对孔径和焦距也不能太大。这种关系可以从表 9-3 所列的几种物镜的光学特性反映出来，这些物镜结构的复杂程度是相似的，它们都是由四块透镜构成。

表 9-3　几种物镜的光学性能比较

名 称	型 式	相对孔径 D/f'	视场角 $2\omega/(°)$
托普岗		1: 6.3	90
天塞		1: 3.5	50
松纳		1: 1.9	30

从表 9-3 中可以看到，随着相对孔径的增加，相应的视场角减小。如果要求在相对孔径不变的条件下提高视场，或在视场不变的条件下提高相对孔径，或使二者同时提高，都必须使物镜的结构复杂化才有可能办到。Д. С. Волосов 曾经给出下列经验公式：

$$D/f' \cdot \tan\omega \cdot \sqrt{\frac{f'}{100}} = c \tag{9-6}$$

用来表示三个光学性能参数之间的关系。对于多数照相物镜来说，c 差不多是个常数，约为 0.24。

既然上述三个光学性能参数代表了一个物镜的性能指标，那么它们之间的乘积

$$f' \cdot D/f' \cdot \tan\omega = 2h\tan\omega = 2J \tag{9-7}$$

式中：h 为入瞳半径；J 为拉赫不变量。

该乘积是 2 倍的拉赫不变量。因此，拉赫不变量可以表征一个物镜总的性能指标。

对于同一种结构型式，如果相对孔径和视场不变，增加系统的焦距，相当于把整个系

统按比例放大，显然，系统的剩余像差也将按比例增加。为了保证成像质量，减小剩余像差，只能减小系统的相对孔径或视场。

照相物镜具有的光学特性也和成像质量有关，成像质量要求越高，允许的剩余像差越小，物镜的光学特性就要降低。

9.1.2 照相物镜的像差要求

与目视光学系统相比，照相物镜同时具有大相对孔径和大视场，因此，为了使整个像面都能得到清晰的并与物平面相似的像，差不多需要校正所有 7 种像差。但是，并不要求这些像差都校正的与目视光学系统一样完善。这是由于照相物镜的接收器，无论是感光底片还是摄像管，它们的分辨率都不高。由于接收器的这种特性决定了照相物镜是大像差系统，波像差在 $2\lambda \sim 10\lambda$ 之间仍然有比较好的成像质量，但这是对大多数照相物镜而言。以超微粒感光底片为接收器的微缩物镜和制版物镜，则要求它们的像差校正应与目视光学系统一样完善。

照相物镜的分辨率是相对孔径和像差残余量的综合反映。在相对孔径确定后，制定一个既能满足使用要求，又易于实现的像差最佳校正方案，则是非常必要的。为此，首先必须有一个正确的像质评价方法。在像差校正过程中，为方便起见，往往采用弥散圆半径来衡量像差的大小，最终则以光学传递函数对成像质量做出评价。

9.2 照相物镜的基本类型

评价一个光学设计的好坏，一方面要看它的光学特性和成像质量，另一方面还要看结构的复杂程度。在满足光学特性和成像质量要求的条件下，系统的结构最简单，这才算是一个好的设计。如何根据要求的光学特性和成像质量选定一个恰当的结构型式，是设计过程中十分重要的一环。这就需要对现有物镜的结构型式，它们的光学特性和像差特性有较全面的了解。由于照相物镜的结构型式非常丰富，最古老的物镜仅由一片弯月透镜构成，它只适用于光学性能很低的条件。随着光学性能要求的提高，物镜的结构型式越来越多。下面就主要的镜头结构及其像差特点做一些介绍，其中包括大孔径物镜、广角物镜、长焦物镜和变焦距物镜。

9.2.1 常用大孔径物镜

1. 匹兹伐物镜

这种物镜是在 1841 年由匹兹伐设计的，它是世界上第一个用计算方法设计出来的镜头，也是 1910 年以前在照相机上应用最广、孔径最大的镜头。

最初的结构型式如图 9－1(a)所示，1878 年以后，后组改为胶合形式，如图 9－1(b)所示。匹兹伐物镜能够适应的孔径为 1: 1.18，适用的视场在 16°以下。

匹兹伐物镜由彼此分开的两个正光焦度镜组构成。由于物镜的光焦度由两组承担，球面半径比较大，对球差的校正比较有利。但是也正因为正光焦度是分开的，匹兹伐场曲加大了。为了减小匹兹伐场曲，可以尽量地提高正透镜的折射率，减小负透镜的折射率。但是，由于折射率差减小，球差和正弦差的校正就很困难，中间胶合面的半径必然随之减

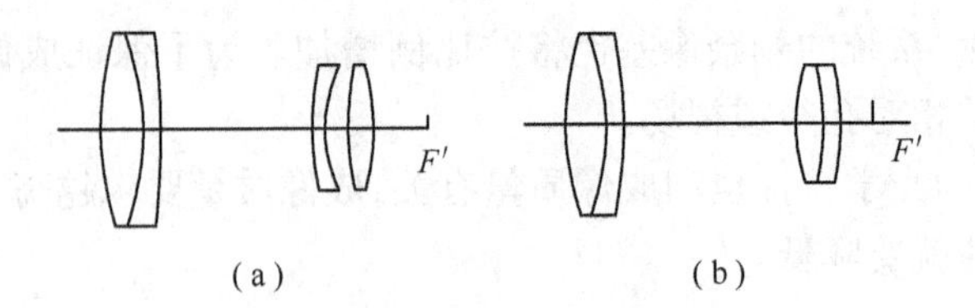

图 9-1　匹兹伐物镜

小,球差的高级量随之增加。若把前后胶合透镜组改为分离式的,如图 9-2(a)所示,可以稍有改善。最好的办法是在像面附近增加一组负透镜,如图 9-2(b)所示,使匹兹伐场曲得到完全的校正,同时还可以用这块负透镜的弯曲来平衡整个物镜的畸变。它的缺点是工作距离太短,只能用在短工作距离的条件下,如用作放映物镜等。

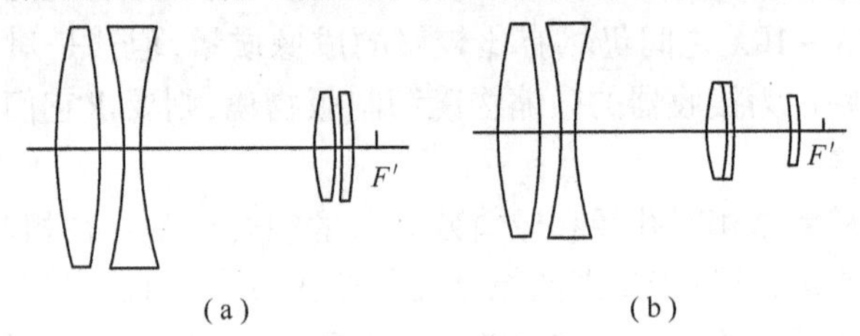

图 9-2　分离式匹兹伐物镜

2. 柯克物镜(三片式物镜)

柯克物镜是薄透镜系统中能够校正全部 7 种初级像差的简单结构,它所能适应的孔径 $D/f'=1/4.5$,视场 $2\omega=50°$。

柯克物镜由三片透镜组成,如图 9-3 所示为了校正匹兹伐场曲,应该使正、负透镜分离。考虑到校正垂轴像差,即彗差、畸变和倍率色差的需要,应该把镜头做成对称式的,所以三片式的物镜应按“正—负—正”的次序安排各组透镜,并且在负透镜附近设置孔径光阑。

柯克物镜有 8 个变数,即 6 个半径和 2 个间隔。在满足焦距要求后还有 7 个变数,这 7 个变数正好用来校正 7 种初级像差。

为了使设计过程简化,最好用对称的观点设计柯克物镜。把中间的负透镜用一平面分开,组成一个对称系统,然后求解半部结构。

由一个正透镜和一个平凹透镜组成的半部系统只有 4 个变数,即两个光焦度、一个弯曲和一个间隔。然而,必须在光焦度一定的条件下,同时校正 4 种初级像差,即球差、色差、像散和场曲。为了使方程有解,必须把玻璃材料的选择视为一个变数。实际计算表明:负透镜的材料选用色散较大的火石玻璃时,各组透镜的光焦度都减小,这对轴上点和轴外点的校正是有利的,但是必须注意正、负透镜的玻璃的匹配;否则,透镜间的间隔加大了,轴外光束在正透镜上的入射高度增大,影响轴外像差的校正。

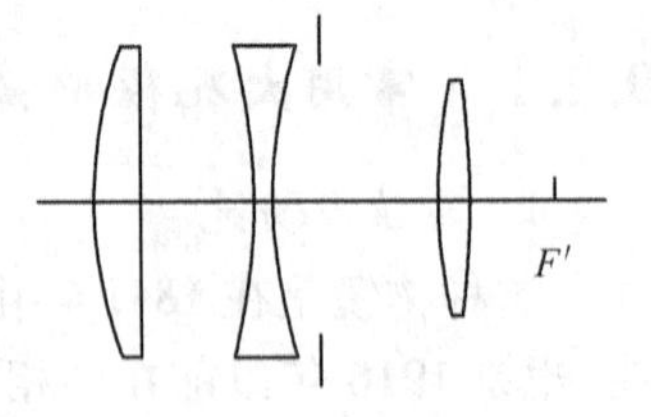

图 9-3　柯克物镜

3. 天塞物镜和海利亚物镜

天塞物镜和海利亚物镜都是由柯克物镜改进而成的。柯克物镜的剩余像差中以轴外正球差最严重，若把最后一片正透镜改为双胶合透镜组，轴外光线中以上光线在胶合面上有最大的入射角，可造成高级像散和轴外球差的减小，这就构成了天塞物镜，如图 9－4 所示。天塞物镜能够适用的视场略有增加，光学性能指标为 $D/f' = 1/3.5 \sim 1/2.8$，$2\omega = 55°$。

如果把柯克物镜中的正透镜全部改成胶合透镜组，就得到了海利亚物镜，如图 9－5 所示。海利亚物镜的轴外成像质量得到了进一步改善，它所适用的视场更大，所以常用于航空摄影。

4. 松纳物镜

松纳物镜也可以认为是在柯克物镜的基础上发展起来的，它是一种大孔径和小视场的物镜，其结构型式如图 9－6 所示。在柯克物镜的前两块透镜中间引入一块近似不晕的正透镜，光束进入负透镜之前就得到收敛，这样减轻了负透镜的负担，高级像差减小，相对孔径增大，但是因为引入一个正透镜，使 S_{IV} 增大，并且破坏结构的对称性，使垂轴像差的校正发生困难。计算结果表明，松纳物镜的轴外像差随视场的增大急剧变大，尤其是色彗差极为严重，于是松纳物镜不得不降低使用要求，它所适用的视场只有 20°～30°。

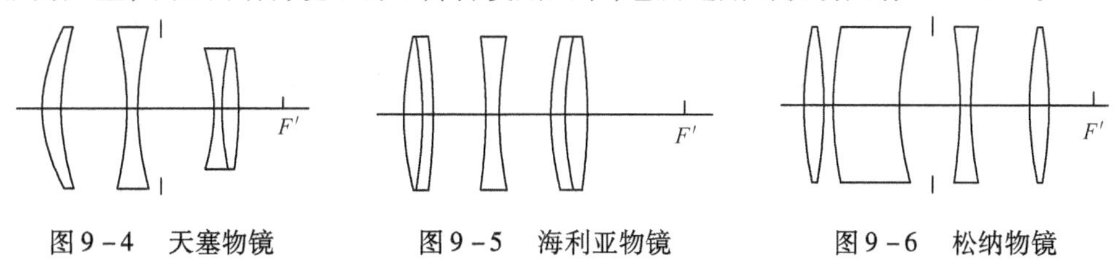

图 9－4　天塞物镜　　图 9－5　海利亚物镜　　图 9－6　松纳物镜

5. 双高斯物镜

双高斯物镜是一种中等视场大孔径的摄影物镜，它的光学性能指标是 $D/f' = 1/2$，$2\omega = 40°$。双高斯物镜是以厚透镜校正匹兹伐场曲的光学结构，半部系统由一个弯月形的透镜和一个薄透镜组成，如图 9－7 所示。

由于双高斯物镜是个对称的系统，垂轴像差很容易校正。设计这种类型系统时，只需要考虑球差、色差、场曲、像散的校正。在双高斯物镜中依靠厚透镜的结构变化可以校正场曲 S_{IV}，利用薄透镜的弯曲可以校正球差 S_{I}，改变两块厚透镜间的距离可以校正像散 S_{III}，在厚透镜中引入一个胶合面可以校正色差 C_{I}。

双高斯物镜的半部结构可以看做厚透镜演变来的，一块校正了匹兹伐场曲的厚透镜是弯月形的，两个球面的半径相等。在厚透镜的背后加上一块正、负透镜组成的无光焦度薄透镜组，对整个光焦度的分配和像差分布没有明显的影响，然后把靠近厚透镜的负透镜分离出来，且与厚透镜合为一体，这样就组成了一个两球面半径不等的厚透镜和一个正光焦度的薄透镜的双高斯物镜半部结构，如图 9－8 所示。

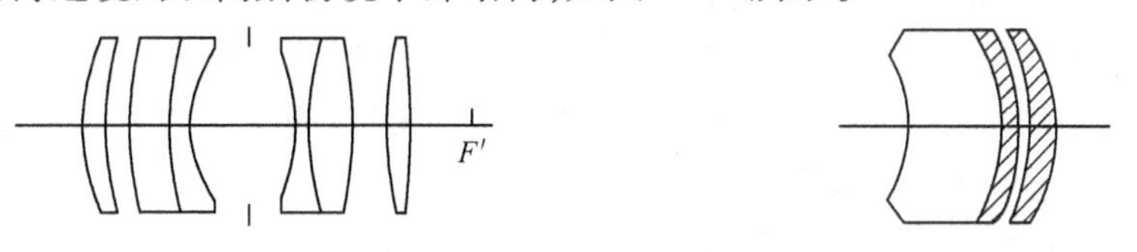

图 9－7　双高斯物镜　　图 9－8　双高斯物镜半部结构

这个半部系统承受无限远物体的光线时，可用薄透镜的弯曲校正其球差。由于从厚透镜射出的轴上光线近似平行于光轴，所以薄透镜越向后弯曲，越接近于平凸透镜，其上所产生的球差及高级量越小。但是，该透镜上轴外光线的入射状态变坏，随着透镜向后弯曲，轴外光线的入射角增大，于是产生了较大的像散。为了平衡 S_{III}，需要把光阑尽量地靠近厚透镜，使光阑进一步偏离厚透镜前表面的球心，用该面上产生的正像散平衡 S_{III}。与此同时，轴外光线在前表面上的入射角急剧增大，产生的轴外球差及其高级量也在增大。从而引出了球差校正和高级量减小时，像散的高级量和轴外球差增大的后果。相反，若把光阑离开厚透镜，使之趋向厚透镜前表面球心，轴外光线的入射状态就能大大地好转，轴外球差很快下降，此时厚透镜前表面产生的正像散减小。为了平衡 S_{III}，薄透镜应该向前弯曲，以便使球面与光阑同心。这样球差及其高级量就要增加。

以上分析表明：进一步提高双高斯物镜的光学性能指标，将受到一对矛盾的限制，即球差高级量和轴外球差高级量的矛盾，或称球差与高级像散的矛盾。

解决这对矛盾的方法有三种：①选用高折射率低色散的玻璃做正透镜，使它的球面半径加大；②把薄透镜分成两个，使每一个透镜的负担减小，同时使薄透镜的半径加大，这种结构如图 9-9 所示；③在两个半部系统中间引进无光焦度的校正板，使它只产生 S_{V} 和 S_{III}，实现拉大中间间隔的目的，这样，轴外光束可以有更好的入射状态。图 9-10 是在前半部系统中加入无光焦度校正板的一种结构。采用上述方法所设计的双高斯物镜可达到视场角 $2\omega=50°\sim60°$。

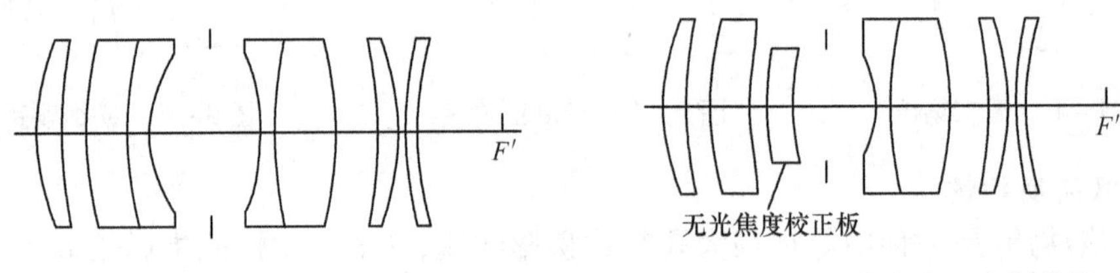

图 9-9　双高斯物镜　　图 9-10　无光焦度双高斯物镜

9.2.2　广角物镜

1. 反远距物镜

在普通照相和电影摄影中，为了获得较大视场的画面和丰富的体视感，宜采用短焦距的广角物镜。由于物镜和底片之间要放置分光元件或反光元件，希望物镜有较长的工作距，在焦距短的情况下用普通照相物镜，可能达不到设计上的这一要求。例如，双高斯物镜的后工作距为焦距的 0.5 倍～0.7 倍，DF 相机镜头要求有 38.5mm 的后截距。显然在设计 $f'=38\mathrm{mm}$，$2\omega=63°$ 的短焦距广角镜时，这一要求就不能得到满足。采用反远距物镜结构，就能得到大于焦距的后工作距离。

反远距物镜由分离的负、正光组构成，如图 9-11 所示。靠近物空间的光组具有负光焦度，称为前组。靠近像平面的光组具有正光焦度，称为后组。入射光线经过前组发散后，再经过后组会聚于焦平面 F'。由于像方主面位于正组的右侧靠近像平面的空间里，所以反远距的后工作距可以大于焦距。

反远距物镜的光阑常设在正组中间，所以前组远离光阑，轴外光束有较大的入射高度，产生较大的初级轴外像差和高级轴外像差。视场不大时，前组可以采用单片负透镜；视场较大时，前组应该采用双胶合的负透镜或双分离的负光焦度结构，甚至可能用其他更复杂的结构，如鼓型透镜等。前组产生的轴外像差力求由本身解决，剩余的量可以由后组补偿。反远距物镜的后组承担了较大的孔径，其视场由于有前组的发散作用，已经有所减小。和一般照相物镜比较，反远距物镜的后组是对近距离成像的，在成像关系上它处于更加对称的位置，所以后组似乎有更充分的理由采用对称结构。但是考虑到前组剩余的像差，尤其是垂轴像差 S_{II}、S_{V} 和 C_{II} 需要后组给予补偿，则采用不对称的结构型式更为合理。如三片式或匹兹伐结构都可以成为后组的理想结构。

根据像面边缘照度 E' 与中心照度 E'_0 的关系式 $E' = E'_0\cos^4\omega'$ 得知，广角镜头视场边缘的照度，随视场角的增大而减小的速度是很快的。特别是在像差校正中，为了保证边缘视场的成像质量，需要拦掉一部分轴外光线，更加重了边缘视场的渐晕现象。

对称系统中，像方视场角 ω' 与物方视场角 ω 大致相等。反远距系统中，像方视场角 ω' 随前后组光焦度的分配而变，前组的光焦度与后组的光焦度比值越大，同一视场角所对应的像方视场角越小，如图 9-12 所示。假设后组的光焦度不变而增大前组的负光焦度，在保证总光焦度不变的条件下，间隔 d 与前、后组光焦度有如下关系：

$$d = \frac{\varphi_1 + \varphi_2 - \varphi}{\varphi_1\varphi_2} = \frac{1 + \dfrac{\varphi_2 - \varphi}{\varphi_1}}{\varphi_2} = \frac{1 - \dfrac{\varphi_2 - \varphi}{|\varphi_1|}}{\varphi_2}$$

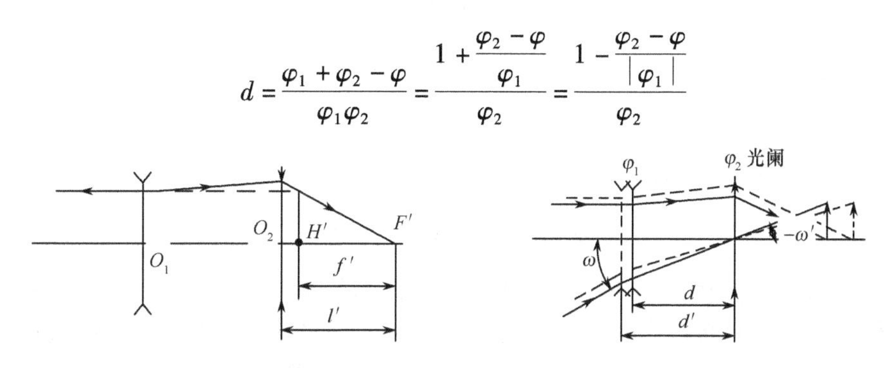

图 9-11　反远距物镜结构　　　　图 9-12　各组位置与成像关系图

由于反远距系统的总光焦度 $\varphi < \varphi_2$，则当 $|\varphi_1|$ 提高时，间隔 d 应该随之增大。根据轴外偏角的公式

$$\omega' - \omega = h_{z1}\varphi_1 = d\omega'\varphi_1$$

可求得

$$\omega'(1 - d\varphi_1) = \omega'(1 + d|\varphi_1|) = \omega \tag{9-8}$$

则在物方视场角不变的情况下，$|\varphi_1|$ 提高，像方视场角 ω' 将要减小。图 9-12 中虚线所示的各组位置和成像关系就是 $|\varphi_1|$ 提高后的情况。

如果把光阑移至后组的前焦点 F_2 上，像方视场角 $\omega' = 0$。如图 9-13 所示，这是一种远心光路，由于 $\omega' = 0$，在没有渐晕的条件下，整个像面的照度是均匀的。

2. 超广角物镜

视场角 $2\omega > 90°$ 的照相物镜称为超广角物镜，它是航空摄影中常用的镜头。

由于视场大，轴外像差也大，像面照度更不均匀，当视场角 $2\omega = 120°$ 时，边缘视场的照度仅为中心视场照度的 6.25%。这样的照度比例，对于底片特别是彩色底片是不允许的。所以研究轴外像差的校正问题和像面照度的补偿问题是设计广角物镜的两个关键。为了校正轴外像差，几乎所有的超广角物镜都做成弯向光阑的对称型结构。如最早出现的海普岗物镜，它是由两个弯曲非常厉害的弯月形透镜构成的，如图 9-14 所示。对称性使垂轴像差自动得到校正,调整两透镜的间隔,可以使 S_{II} 得到校正。但是因为透镜弯曲过于厉害及对称排列,则球差和色差都不能校正,所以这种物镜的孔径指标相当小。

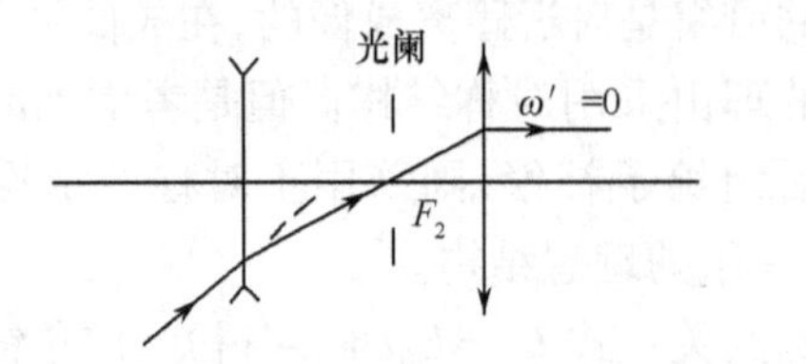

图 9-13　反远距物镜的远心光路

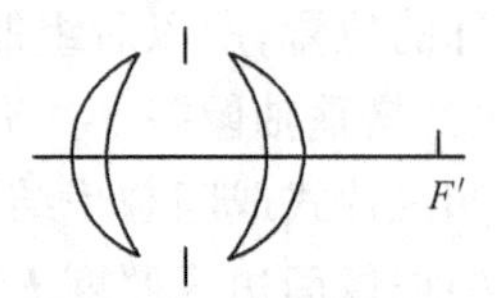

图 9-14　超广角物镜

为了校正球差和色差,在海普岗物镜的基础上加入两块对称的无光焦度的透镜组,并且把正透镜与弯月型透镜组合起来,负透镜单独分离出来,就构成了托普岗型广角物镜,如图 9-15 所示,图(a)中间两块透镜是无光焦度的透镜组,图(b)为正透镜与弯月镜合并后的结构。负透镜极度弯曲,且与光阑同心,可以产生大量的正球差,但产生的像散很少。同时采用火石玻璃,可以校正色差。相对孔径可提高到 $D/f'=1/6.3$。

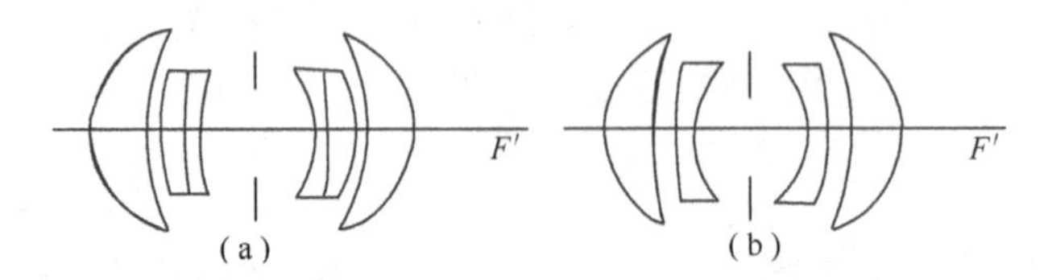

图 9-15　托普岗型广角物镜

反远距物镜改善像面照度均匀性的方法在超广角物镜中是不适用的,因为超广角物镜为了校正垂轴像差,特别是畸变,一律采用"负—正—负"的对称结构,像方视场角 ω' 与物方视场角 ω 几乎相等。目前,在超广角物镜中,利用像差渐晕现象提高像面照度的方法是一种很好的设计方案。

光学系统中存在着两种渐晕现象,一种是几何渐晕,另一种是像差渐晕。几何渐晕是因提高轴外大孔径成像质量时,有意识拦掉一部分光线而造成的。几何渐晕使轴外成像光束的截面积小于视场中心成像光束的截面积,进一步降低了边缘视场的照度。像差渐晕则是由光阑彗差产生的。为了说明像差渐晕的概念,先从反远距物镜说起。图 9-16 中,反远距的前组存在着大量的光阑彗差,使得交于入瞳边缘 P_1 点的所有光线,在光阑和出瞳处不再交于一点,轴上的光束交于 P'_1 点,轴外光束交于 P''_1 点,$P'_1P''_1$ 就称为光阑彗差 K_{Tz},它使得轴外点出瞳的面积小于轴上点出瞳的面积。

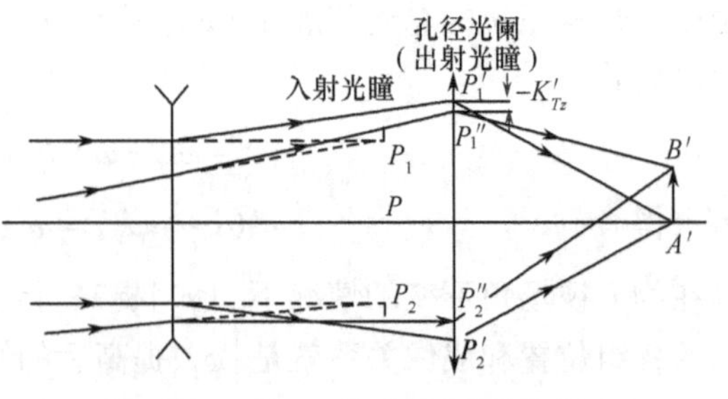

图 9-16　反远距物镜的像差渐晕

据以前分析,一个光学系统的照度分布实际上应该遵守如下规律:

$$E'=E'_0K_1K_2\cos^4\omega'$$

式中:K_1 为面渐晕系数;K_2 为像差渐晕系数。

K_1总是小于 1。K_2则不然，只是对于反远距物镜 K_2才是小于 1 的。在像差允许的情况下，扩大轴外点的入射光束直径，是出射光束充满出瞳面积，极限状态下可以使 $K_2=1$。

目前，普遍用于超广角物镜的球壳型结构是一种“负—正—负”的对称结构。它可以看做两个反远距物镜对称地合成的。显然两部分的光阑彗差是大小相等，符号相反；入瞳和出瞳也是对称的。所以对球壳型物镜，尽管在半部系统中存在着光阑彗差，但是只要轴上点和轴外点在入瞳处的光束面积相等，则在出瞳处也一定相等，即 $K_2=1$。在像差校正能够允许时，加大轴外光束的入射孔径，直到光束完全充满位于镜头中间的光阑，如图 9－17所示。由于在入射（和出射）光瞳面上有光阑 K_{Tz}，当射入入射光瞳的轴外点光束孔径 D_ω大于轴上点光束孔径 D 时，由出射光瞳射出的轴外点光束孔径一定大于轴上点光束孔径，即像差渐晕系数 $K_2>1$。这种考虑对提高轴外像点的照度是有效的。但是必须注意，上述考虑是有条件的，即轴外像差必须校正到足够理想的程度，而且光学系统前、后组光阑彗差必须是对称的。

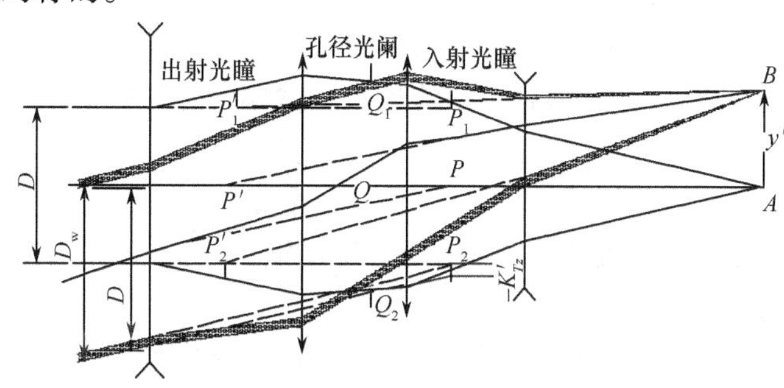

图 9－17 “负—正—负”球壳型对称结构的超广角物镜

鲁萨型超广角物镜就是采用加大光阑彗差来补偿边缘像面照度的。图 9－18（a）、（b）是两种鲁萨型超广角物镜的结构图。这两种鲁萨型物镜的光学性能指标可达 $D/f'=1/8$，$2\omega=122°$。这种超广角物镜为了增大光阑彗差，极度地弯曲了前后组的球壳。虽然照度分布的规律由 $\cos^4\omega'$变成了 $\cos^3\omega'$，但轴外像差增大了，以致由于光阑彗差太大，使轴外宽光束的聚焦效果变得很坏，影响了轴外分辨率。

图 9－19 是瑞士设计的一种阿维岗超广角物镜，它是一个四球壳的物镜，有的做成五球壳或六球壳型物镜。这种物镜首先着眼于像差的校正，由于利用了分散的球壳透镜分担光焦度，轴上和轴外都很理想，相对孔径可达 1∶5.6。为了补偿照度不均匀的缺陷，在物镜前面增加一块滤光镜，滤光镜上镀有不均匀的透光膜，中心透光率只有边缘透光率的 50%。这样阿维岗物镜的照度分布是：从中心到 $\omega=45°$的视场处 $E'=E_0'\cos^2\omega'$，45°视场以外的照度 $E'=E_0'\cos^3\omega'$。

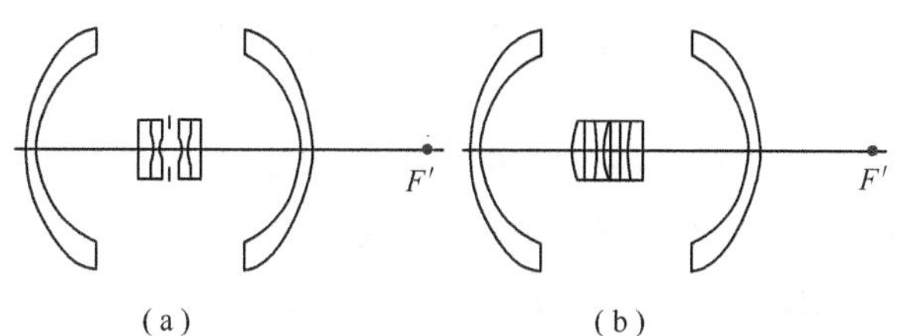

图 9－18 鲁萨型超广角物镜

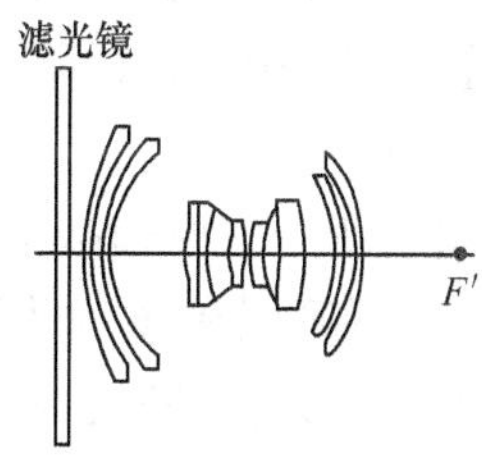

图 9－19 阿维岗超广角物镜

9.2.3 长焦物镜

为了适应远距离摄影的需要，物镜要有较长的焦距，使远处的物体在像面上有较大的像。高空摄影物镜的焦距可达3m，现在普通照相机上也可配有焦距600mm的长焦距镜头。

由于焦距长，结构必然很大，为了缩短筒长，宜采用正、负组分离且正组在前的结构，或者采用折反射式的结构。和反远距系统相反，正组在前的正、负组分离结构使主面推向物空间，筒长小于焦距，如图9－20所示。这种结构称为远距型系统（或摄远系统），一般筒长L可缩短1/3左右。

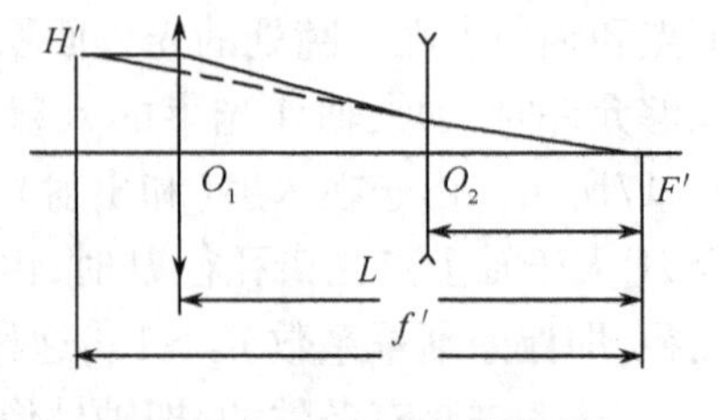

图9－20 长焦物镜结构

随着焦距的加大，物镜的球差和二级光谱都要成比例地加大。为了校正二级光谱，远距物镜常采用特殊玻璃，甚至是晶体材料。负透镜可用低折射率和低色散的玻璃或晶体，如特种火石玻璃及氟化钙、氟化钠晶体。此外，为了避免色差和二级光谱的产生，还可以采用反射系统。

远距型物镜的前组承担了较大的光焦度，前组的结构应该比后组复杂。简单的远距型物镜前组采用双胶合镜组或用双分离镜组，使负镜组弯向光阑，这样有利于像差的校正，如图9－21所示。

当相对孔径要求较大时，前组宜采用三片或四片透镜，如图9－22所示。图9－22(a)中，前组用了一片正透镜与一双胶合镜组相配，它可以承担较大的相对孔径，减轻胶合面的负担。而图9－22(b)是用一块负透镜与双胶合镜组配合，可以使色差得到较好的校正。

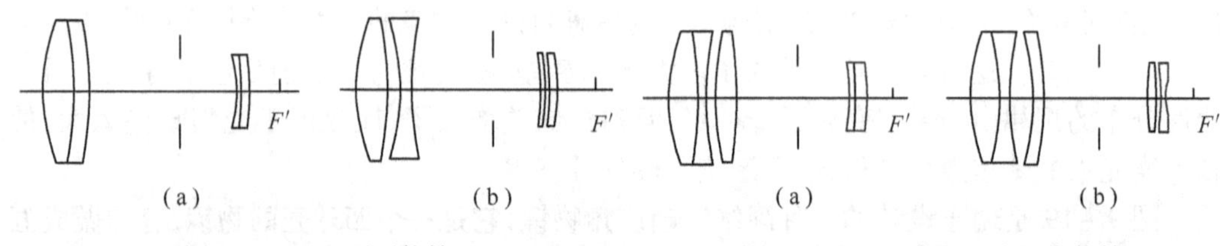

图9－21 远距型物镜

图9－22 三片和四片长焦物镜

9.2.4 变焦距物镜

变焦距物镜是一种利用系统中某些镜组的相对位置移动来连续改变焦距的物镜，特别适宜于电影或电视摄影，能达到良好的艺术效果。变焦距物镜在变焦过程中除需满足像面位置不变、相对孔径不变或变化不大这两个条件外，还必须使各档焦距均有满足要求的成像质量。

变焦或变倍的原理基于成像的一个简单性质——物像交换原则，即透镜要满足一定的共轭距可有两个位置，两个位置的放大率分别为β和$1/\beta$。若物面一定，当透镜从一个位置向另一位置移动时，像面将要发生移动，若采取补偿措施使像面不动，便构成一个变焦距系统。

变焦距系统有光学补偿和机械补偿两种："前后固定组＋双组联动＋中组固定"构成

光学补偿变焦距系统,使像面位置的变化量大为减小,如图 9－23 所示;“前固定组＋线性运动的变倍组＋非线性运动的补偿组＋后固定组”构成机械补偿变焦距系统,使像面位置不动。各运动组的运动须由精密的凸轮机构来控制。

实际的变焦距物镜,为满足各焦距的像质要求,根据变焦比的大小,应对 3、5 个焦距校正好像差,所以各镜组都需由多片透镜组成,结构相当复杂。现在,由于光学设计水平的提高,光学玻璃的发展,光学塑料及非球面加工工艺发展,变焦距物镜的质量已可与定焦距物镜相媲美,正向着高变倍、小型化、简单化的方向发展,并且不仅在电影和电视摄影中广泛采用,也已普遍用于普通照相机中。后者主要要求结构紧凑、体积小、重量轻,目前多采用二组元、三组元和四组元的全动型变焦距系统。图 9－24 是日本 Minolta 公司推出的一个成功的商品化实例,它是一个二组元全动型系统,并使用了一个非球面。

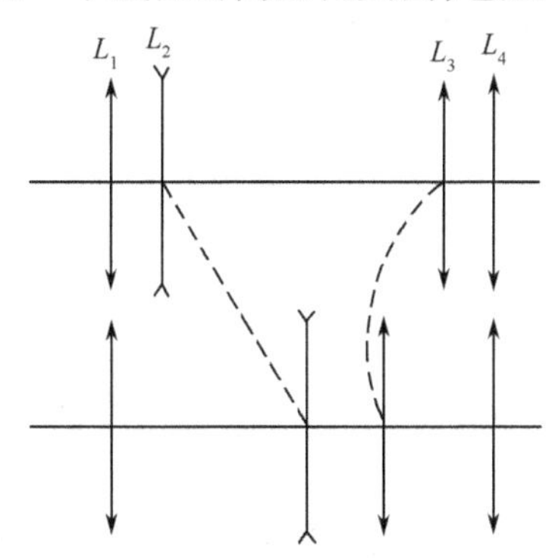

图 9－23　变焦距物镜结构

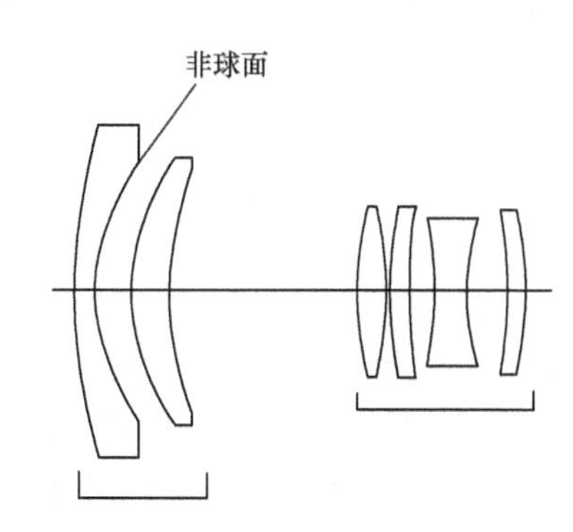

图 9－24　Minolta35－70 二组元全动型变焦系统

9.2.5　折反射照相物镜

对于照相物镜,折反射系统主要用在长焦距系统中,目的是利用反射镜折叠光路,或者是为了减少系统的二级光谱色差。

目前在折反射照相物镜中,使用较多的是图 9－25 所示的系统。系统前部校正透镜的结构决定了它的相对孔径。一般在离最后像面不很远的会聚光束中,还要加入一组校正透镜,以校正系统的轴外像差,增大系统的视场。这类系统普遍存在的问题是,由于像面和主反射镜接近,因此主反射镜上的开孔,要略大于幅面对角线。增加系统的视场必须扩大开孔,这样就增加了中心遮光比(中心遮光部分的直径和最大通光直径之比),所以在这类系统中,幅面一般只有反射镜直径的 1/3 左右,中心遮光比通常大于 0.5。另外,这种系统的杂光遮拦问题比较难于处理,为了防止外界景物的光线不经过主反射镜而直接到像面,要求图 9－25 中遮光罩的边缘 K 和中心遮光筒的端点 M 的连线 KM,不能进入像面。因此扩大视场,除要增加主反射镜的中心开孔而外,还要增加中心遮光筒的长度,这样也会使中心遮光比增加,而且会使斜光束渐晕加大。在初步计算系统外形尺寸时必须考虑到这些因素,否则由于杂光遮挡不好,系统根本无法使用。即使光线不能直接到达像面,通过镜筒内壁反射的杂光也比一般透射系统严重。因此在这种系统中镜筒内壁的消光问题也应该特别重视。

为了解决折反射系统的杂光遮拦问题,可以采用两次成像的原理构成折反射系统,如

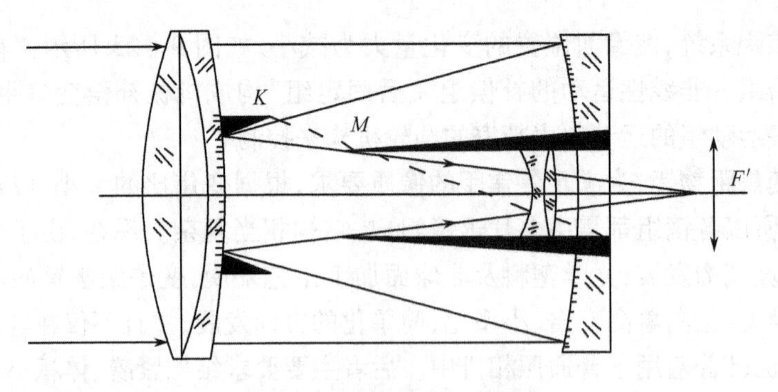

图 9－25 折反射照相物镜

图 9－26 所示。外界景物通过主反射镜和副镜一次成像于 F_1'，再通过一个后组透镜放大到达最后像面 F'。把整个系统合理安排，可以使后放大镜组位于主反射镜的开孔附近，这样幅面的大小基本上和主反射镜的开孔大小没有关系，所以幅面尺寸可以接近主反射镜的直径，也就是说，可以在折反射系统中获得大幅面。假定校正镜组的中心挡光部分 MN，经放大镜组成一实像 $M'N'$，若在 $M'N'$ 处设置光阑，则可以挡住直接射入系统的全部杂光，而且不影响中心遮光，因此系统可以达到较小的中心遮光比。不过由于系统需要两次会聚成像，而且在第一个实像平面 F_1' 的附近，必须加入起聚光作用的正场镜，因此整个系统像差的校正比较困难，特别是场曲。

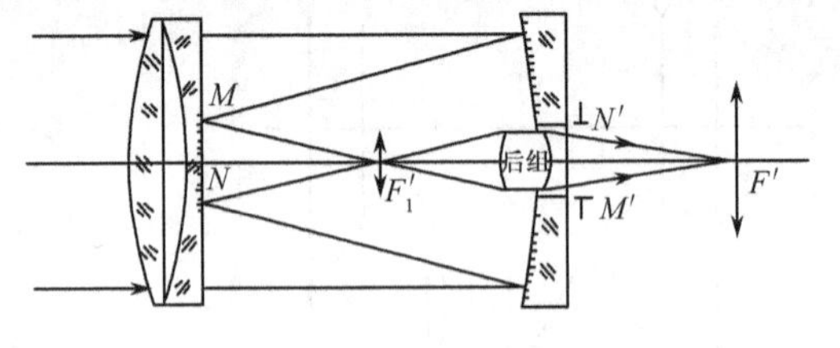

图 9－26 采用两次成像原理构成的折反射系统

9.3 照相物镜设计实例

上面介绍了照相物镜的基本类型和它们的像差特点，这仅仅是一个初步的分析，要真正掌握不同类型照相物镜的具体的像差特点，以及它们的设计方法，还必须对各类物镜进行具体的研究。这样就可以更加深入了解具体物镜型式的像差特点。由于照相物镜结构比较复杂，而且它们的结构主要是由高级像差决定的，因此大多不能用初级像差求解来确定初始结构。目前设计照相物镜最常用的方法之一，就是从现有资料中找一个光学特性相近的结构，通过像差计算逐步进行修改，达到满足要求的光学特性和成像质量。本节介绍用这种方法设计一个反摄远物镜。

例 要求设计一个 35# 照相机用的照相物镜，光学特性的要求：$f' = 18\text{mm}$，$2\omega = 74°$，$D/f' = 1/2$。

从任务要求看，它是属于大视场、大孔径、长工作距离的摄影系统。根据以上光学特性，认为利用负—鼓形式组合的前组可以使结构紧凑。为此对系统做一粗略的安排，如图 9－27 所示。

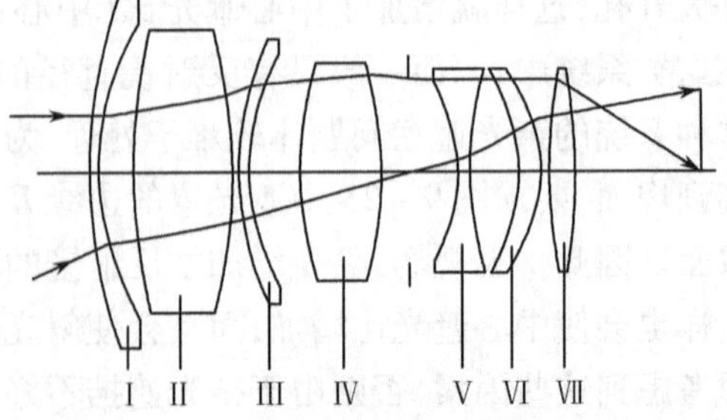

图 9－27 负—鼓形式反远距物镜的初始结构

第一组由负一鼓透镜组成，为了减轻负透镜的负担，让这组本身的光焦度为零，它只负责校正像差，第二负前组为弯月型单负透镜，后组则采用应用较多的三片式复杂化形式。考虑到进一步压缩它的结构，前半部再用一鼓型透镜来取代双薄透镜。由于这个系统要求有大的视场和相对孔径，因此暂时确定不利用胶合面，以避免高级色差，一共由 7 块单透镜组成。为此选了如下的一组数据，其结构参数见表 9－4。

表 9－4　初始结构参数

r	d	n_D	ν	玻 璃	r	d	n_D	ν	玻 璃
45.15						1.0			
	2.5	1.5163	64.1	K9	光阑				
15.05						2.4			
	7.0				－26.62				
400.0						1.5	1.755	27.5	ZF6
	13	1.6725	32.2	ZF2	26.62				
－42.86						2.2			
	0.1				－44.07				
40.24						2.0	1.62031	60.2	ZK9
	2.0	1.62031	60.3	ZK9	－14.69				
13.41						0.1			
	7.2				41.68				
26.0						2.0	1.62031	60.2	ZK9
	12	1.6385	55.1	ZK11	－41.68				
－20.2									

从以上结构验算表明，它起码能够满足焦距、工作距离及 S_{IV} 的要求，至于 C_{I}、C_{II} 目前还不过分追求，准备以后通过变换玻璃来平衡。下面就单色像差 S_{I}、S_{II}、S_{III}、S_{V} 的平衡做一些分析。通过图的通光情况及由像差理论可看出下列几点：

（1）主光线在透镜Ⅰ、Ⅱ处都有较大的高度，弯曲这两块透镜对 S_{II}、S_{III}、S_{V} 的影响都较大。在这里 $S_{\mathrm{III}}<0$ 时，S_{II} 和 $S_{\mathrm{V}}>0$，主光线 h_p 在透镜Ⅰ最高，而轴上光束 h 较低，因此对 S_{V} 影响较大，而透镜Ⅲ则 h 较大，而 h_p 相对小一些，因此对 S_{II} 的影响较大。透镜Ⅰ、Ⅱ对高级彗差和高级像散影响都较敏感，特别是高级彗差在弯曲时要注意。

（2）透镜Ⅱ、Ⅳ都是厚透镜，弯曲它们就相当于前、后光焦度的交换，对后工作距离有显著的影响，r_3 增大 r_4 减小，或 r_7 增大 r_8 减小，都会使 $\Delta S_{\mathrm{II}}<0$，$\Delta S_{\mathrm{V}}<0$，但 $\Delta S_{\mathrm{III}}>0$，需要弯曲时必须根据工作距离的要求配合起来，一般以满足工作距离为主。为了不影响工作距离的变化，可以弯曲 r_4、r_5 空气透镜，使 $\Delta S_{\mathrm{II}}<0$；$\Delta S_{\mathrm{V}}<0$（当然这时 $\Delta S_{\mathrm{III}}>0$），不过它对 S_{V} 特别敏感，因此常作为校正 S_{V} 的手段。由图 9－27 还可看出来，轴上光束 l 在透镜Ⅳ内较平缓，因此厚度的改变对于轴上光线在后边透镜的高度并没有多大的变化，因此对系统的焦距和工作距离的影响都不大，像差变化也较为单纯，利用它来修改 S_{III} 是较理想的。

（3）透镜Ⅴ紧挨着光阑，轴上光束在这里的高度也较大，因此弯曲透镜Ⅴ对 OSC′的变化是较显著的，特别是高级 OSC′可以利用这块透镜的弯曲适当调整。

（4）轴上光束在透镜Ⅵ、Ⅶ处有最大的高度，而且 h_p 也较大，因此，它们对 S_{I}、S_{II} 的变化是较敏感的。由于在透镜Ⅵ、Ⅶ前已有较大的球差和 OSC′，因此在这里会产生较大的球差，只要透镜Ⅵ和Ⅶ的弯曲配合得当，就能使它产生 7 级正球差，而对增大相对孔径带来了非常有利的贡献。适当交换它们的光焦度还可以变化 OSC′而保持 S_{I} 不变，以 D_1 来调整一些 OSC′往往是很有效的。

通过像差实际平衡的结果，发现它的 14 个折射面中每一面都负担很大的光焦度和像差。几乎弯曲每一面和改变中心间隔都会伴随较大的高级像差，这样，在像差的平衡中就不但要考虑到它的初级像差，而且还要照顾到高级像差的变化量。特别是彗差、像散和畸变三者之间几乎总是矛盾的，由于摄影物镜对畸变的一般要求，所以一开始就限制它的畸变小于 2%，因此在系统中就变成了对彗差与像散的平衡。现在视场和相对孔径都较大，而且前组离开光阑又特别远，图 9－28 是它最大视场的特性曲线。从图中可看出，它的高级彗差还是较大的，全孔径的弥散也较显著。弯曲 $r_4 \sim r_5$ 或 $r_5 \sim r_6$ 都能减小高级彗差使 b 点收敛，同时又使像散变正。虽然增加透镜Ⅳ的厚度能减小一些 S_{III}，不过其高级量并没有相应下降，其弥散范围也还较大。在上海设计"东风"牌 120#新闻照相机时，曾采用增加胶合面的方法来解决彗差与像散的矛盾问题。图 9－29 是供该相机用的 $f'=50\mathrm{mm}$ 的一个镜头，在透镜Ⅳ中加一个不等折射率的胶合面，其折射率差是很小的，但让下光束 b 在这里有特别大的入射角，这样的结果其初级量是较小的，但能产生很大的高级量，使 b 光收敛得特别快（当然，在这里必须是 $n_{正} > n_{负}$）。因此也引进了一些正像散，因此在负透镜处加一产生负像散的胶合面（其厚度也相应增加一些），让其产生一定量的高级负像散与之抵消。其最大视场的特性曲线如图 9－30 所示，使弥散大大地缩小。使用这种方法对像差修改当然是有效的，但相应地也使结构复杂起来。

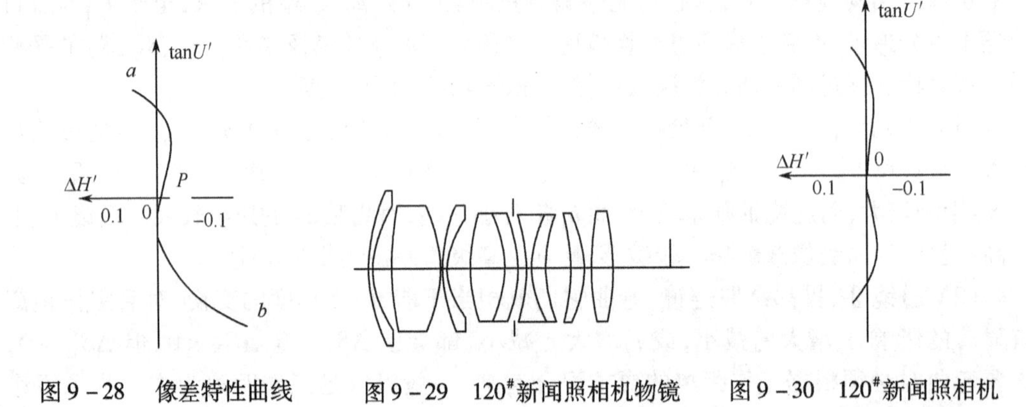

图 9－28　像差特性曲线　　图 9－29　120#新闻照相机物镜　　图 9－30　120#新闻照相机像差特性曲线

造成高级正彗差的主要原因是下光束在 r_2 和 r_5 处的高度较大，其入射角都特别大，使光束在这里强烈发散。尽管这时 r_4 能部分与之相平衡，但是 r_8 已贴近光阑，作用已不显著，因此这种平衡是不够的，要打破这种僵局只有破坏它们的现有平衡状况，或增加 r_8 的影响，或减小 r_6 的影响，将光阑往后移能使下光束在 r_8 上的入射高度增大。但是，这样不但会增大前组的通光口径，而且也使光束在 r_6 的高度同时增大，抵消了 r_8 的影响，因此并没有多大的好处；将光阑往前移至透镜Ⅲ和透镜Ⅳ之间，使下光束在负透镜 r_2 和 r_6 的高度大大下降，从而改善了这种不平衡状况。这时 a 光的高度又有所提高，但是这里是负透镜在前、正透镜在后，也就是说，光束在正透镜处的高度比负透镜要大，虽然双凹透镜有较大的轴外的负球差，但是只要适当的弯曲Ⅵ、Ⅶ两块正透镜就可使其产生正的轴外球差与之相平衡，由此而解决了彗差的平衡问题。图9-31是这个物镜的最后结构，其结构数据见表9-5。

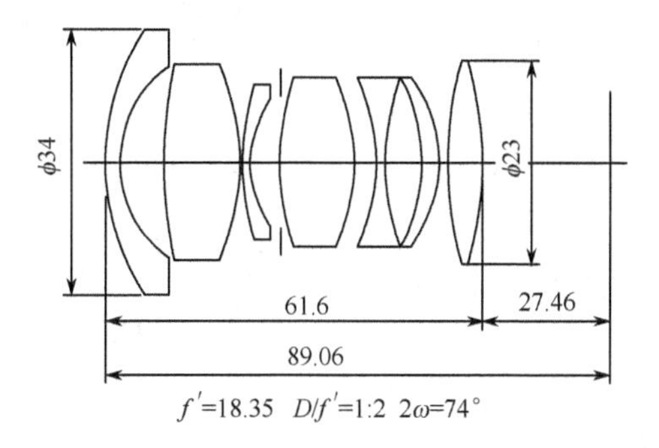

图9-31 最终设计的照相物镜结构

表9-5 最终设计的结构参数

r	d	n_D	ν	玻璃	r	d	n_D	ν	玻璃
48.75						14.8			
	2.7	1.5163	64.1	K9	-18.88				
15.417						3.6			
	7.0				-20.28				
389.0						1.3	1.755	27.5	ZF6
	13	1.6725	32.2	ZF2	32.14				
-40.74						2.4			
	0.1				-47.86				
26.92						3.2	1.62031	60.2	ZK9
	2.2	1.62031	60.3	ZK9	-16.368				
10.641						0.1			
	6.0				50.00				
光阑						4.2	1.62031	60.2	ZK9
	1.0	1.6385	55.1	ZK11	-33.19				
25.00					像面	27.46			

像差曲线如图9-32所示。

从结构来看，这个物镜是简单、紧凑的。这个结果没有采用胶合透镜来校正像差，从而避免了入射角较大的折射面，因此各种像差的色变化都较小，使 g 到 c 光波段的能量都较集中。球差和OSC′都出现了7级量，这点对增大孔径是很有利的。7级正球差不但使整个孔径的球差弥散较小，而且还使轴外特性曲线得到适当平衡，从而减小了它的拦光比。7级正的OSC′也使弧矢负彗差得到一定的平衡，减小了它的 TA_y 值（图中没有画出），不过从数值来看最大视场的 TA_y 目前还有 -0.14，与其负像差比较起来还是大了一些。可见，这个系统的弧矢高级负彗差还没有得到充分的平衡（OSC′还正得不够），不过到了0.85视场就下降到了 -0.08左右。从 x'_t、x'_s 曲线来看似乎0.85视场以上的 x_t 太正了一些，这是为了与轴外负球差相匹配的缘故，它的特性曲线弥散并不大，而且0.85视场以下所有像散值都很小（在0.85以内）。整个画面的畸变都在2%以内，保证了摄影的需要。

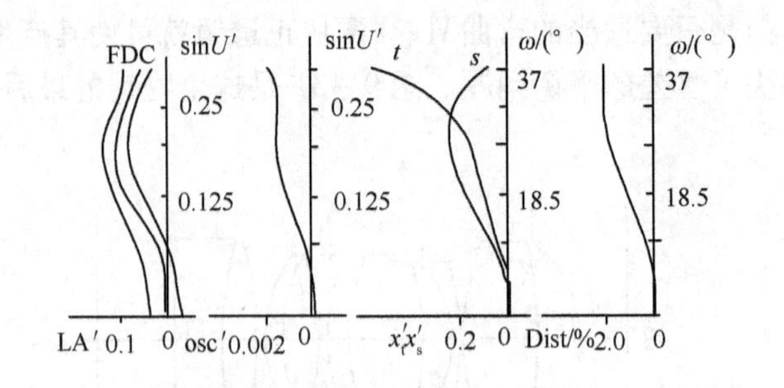

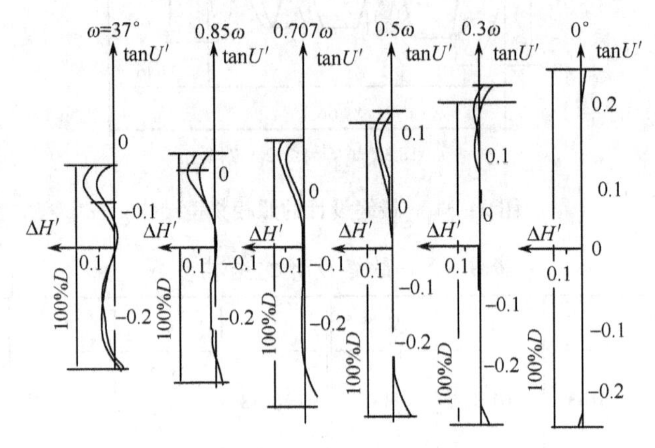

图 9-32　最终设计的像差特性曲线

第 10 章　照明光学系统设计

10.1　照明系统的方式和要求

照明系统是指由光源与集光镜、聚光镜及辅助透镜组成的一种照明装置。它是光学仪器的一个重要组成部分，不少光学仪器在工作时，需要用光源照明，如投影仪、放映机等。这些仪器一般都是利用光源把物体照明，再通过系统进行成像，为了提高光源的利用率和充分发挥成像光学系统的作用，需要在光源和被照明物平面之间再加入一个聚光照明系统。

1. 照明系统的要求

(1) 被照明面要有足够的光照度，且要足够均匀。

(2) 要保证被照明物点的数值孔径，且照明系统的渐晕系数与成像系统的渐晕系数应一致。

(3) 尽可能减少杂光，限制视场以外的光线进入，防止多次反射，以免降低像面对比和照明均匀性。

(4) 对于高精度的仪器，光源和物平面以及决定精度的主要零部件不要靠得很近，以免造成温度误差。

2. 照明方式

为了提供必要的照明视场和孔径，光源和照明系统组成的光管必须充满后面光学系统的入瞳和物平面。根据照明方式不同可以分为两种：

(1) 光源直接照明。这是最简单的照明方式，即直接用光源照射物平面，为了使照明均匀，需要光源发光面积大一些，如图 10－1(a)所示，并且光源离物面越远，所需光源的尺寸就越大。为了充分的利用光能，还可以加反射镜。反射镜表面涂以冷光膜，使有害的红外光透过而反射出需要的光谱。有时还可以插入一个毛玻璃使视场均匀。这种照明方式简单，视场较均匀并且结构紧凑。但是毛玻璃的散射使光能利用率不高，还伴有杂光，故只用于对光能要求不高的目视系统。

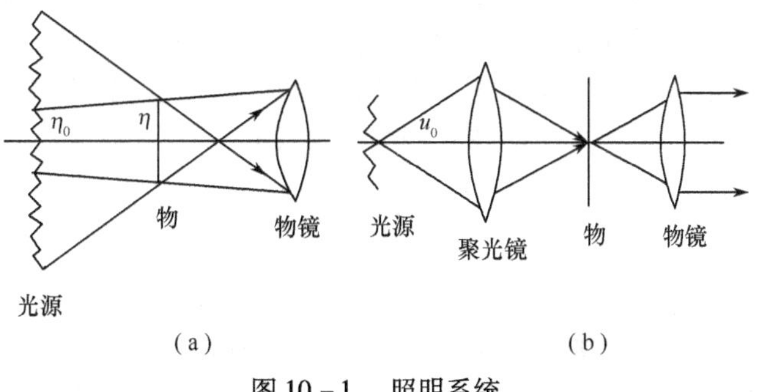

图 10－1　照明系统

（2）采用聚光镜照明系统。这种照明方式就是在光源和物平面之间加一个聚光镜，光源发出的光线经聚光镜把投影平面照明，它可以提高光源的利用率，如图 10－2(b) 所示，也可以缩小光源的尺寸，实现了小面积光源照明大面积物体。

10.2　聚光照明系统

这类光学系统一般由光源、聚光照明系统、成像物镜三部分构成，如图 10－2 所示。光源发出的光线经聚光镜把投影物平面照明，投影物镜把物平面成像在屏幕上，聚光照明系统的作用总的来说大致有以下几个方面：

（1）提高光源的利用率，使光源发出的光线尽可能多地进入投影物镜。

（2）充分发挥成像物镜的作用，使照明光束能充满物镜的口径。

（3）使成像物平面照明均匀，即物平面上各点的照明光束口径尽可能一致。

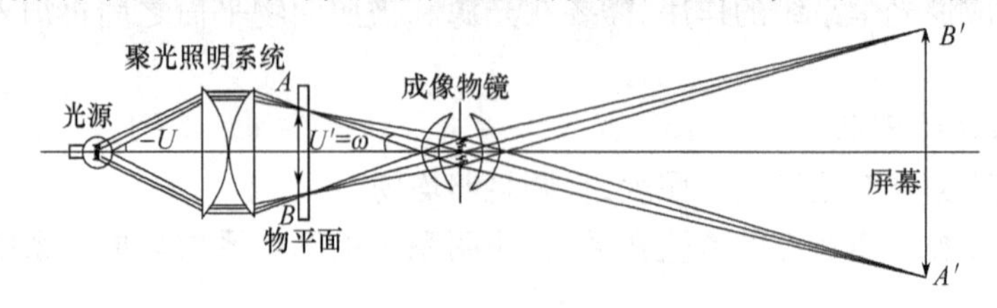

图 10－2　柯勒照明系统

1. 聚光照明系统的类型

第一类，把发光体成像在投影物镜的光瞳上，即柯勒照明，这类系统的原理如图10－2所示。聚光照明系统的口径由物平面的大小决定，为了缩小照明系统的口径，一般尽量使照明系统和投影物平面靠近。投影物镜的视场角 ω 决定了照明系统的像方孔径角 U'。为了尽可能提高光源的利用率，应尽量增大照明系统的物方孔径角 U，而增加物方孔径角一方面会使照明系统的结构复杂化，另一方面在照明系统口径一定的情况下，光源和照明系统之间的距离缩短，这就要求使用体积更小的光源，以上两个方面都限制了 U 角的增大。

照明系统的物方孔径角 U 和像方孔径角 U' 决定了照明系统的放大率：

$$\beta = \frac{\sin U}{\sin U'}$$

这里垂轴放大率用孔径角正弦之比代替理想光学系统的孔径角正切之比，这是因为照明系统中像差很大，采用理想光学系统的公式误差太大。而且在照明系统中像面位置是按边缘光线的聚交点计算的，即投影物镜的入瞳和边缘光线的聚交点重合，所以采用大光束弧矢不变式决定的倍率 β_s 来代替 β 较为合理，即

$$\beta = \beta_s = \frac{\sin U}{\sin U'}$$

投影物镜的光瞳直径一般是根据像面照度确定的。物镜的口径确定以后，根据照明系统的倍率 β 就可以求出充满物镜光瞳所必须的发光体的尺寸，作为选用光源的根据。

第二类，把发光体成像在投影物平面附近，即临界照明，这种系统的结构原理如图

10－3所示。在这类系统中，要求照明系统的像方孔径角 U' 大于投影物镜的孔径角。为了充分利用光源的光能，同样要求增大系统的物方孔径角 U。当 U 和 U' 确定以后，照明系统的倍率 β 也就决定了。根据投影物平面的大小，利用放大率公式

$$\beta = \frac{\sin U}{\sin U'} = \frac{y'}{y}$$

就可以求出发光体尺寸，作为最后选定光源的功率和型号的依据。由于发光体直接成像在物平面附近，为了达到比较均匀的照明，就要求发光体本身比较均匀，同时使投影物平面和光源像之间有足够的离焦量。这类系统的投影物镜的孔径角应该取得大一些，如果物镜的孔径角过小，物镜的焦深很大，容易反映出发光体本身的不均匀性。

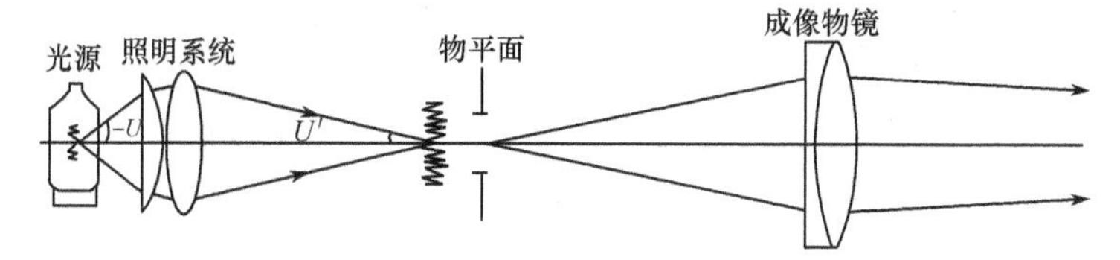

图 10－3　临界照明系统

从上面对两类不同照明系统的分析可以看出，对照明系统来说，主要的光学特性有两个，一个是它的孔径角，另一个是它的倍率。

2. 照明系统的像差

一般的照明系统只要求物面和光瞳获得均匀照明，因此对像差要求并不严格，因为它并不影响投影物平面的成像质量，而只是影响像面的照度。只需校正球差和色差，使两个光阑能成清晰的光孔边界像即可。例如，在第一类系统中，如果照明系统有较大的球差，当某一视场角的主光线正好通过物镜光瞳中心时，其他视场的主光线就不通过光瞳中心，这就可能使投影物镜产生渐晕，如图 10－4 所示。为了减小球差的影响，一般把成像物镜的入瞳和边缘视场的主光线聚交点重合，而不是和发光体的近轴像面重合。在第二类照明系统中，像差将引起光源像的扩散，使视场边缘部分照明不均匀，有效的均匀照明范围就缩小了。由于发光体的尺寸一般不大，而照明的孔径角 U、U' 比较大，因此对照明系统来说，主要的像差是球差，但是对于球差的要求也并不严格，并不需要完全校正，而只要控制到适当范围即可。

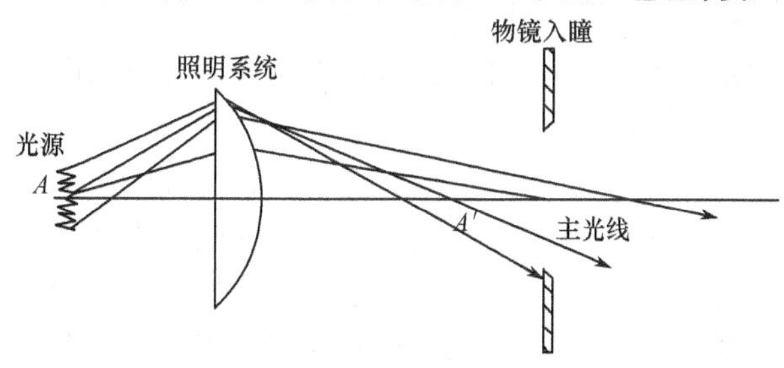

图 10－4　照明系统的渐晕

10.3　聚光照明系统的设计

1. 聚光照明系统的设计原则

在设计聚光照明系统时要遵循以下两个原则：

（1）光孔转接原则。照明系统的光瞳应与接收系统的光瞳统一，若照明系统的入瞳

定在光源上,则其出瞳应与成像物镜的入瞳重合,照明系统的出射光就能全部进入成像系统,这样照明系统光束就得到充分利用,如图 10-5(a)所示。图 10-5(b)表示照明系统与后面成像系统光瞳不重合的情形,这时照明系统出射的光束只有部分进入后面的成像系统,不仅光能会损失,还会造成杂光。

(2) 照明系统所组成的拉赫不变量(J)应等于或稍大于成像系统的拉赫不变量。这时,即使照明系统的像差较大,也能保证物面得到充分的照明。

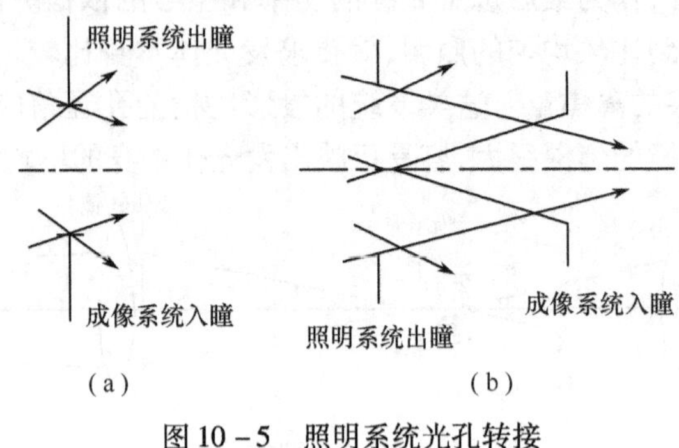

图 10-5　照明系统光孔转接

(a)光瞳重合;(b)光瞳不重合。

2. 照明系统的结构型式

根据上节的分析,照明系统一般并不要求严格校正像差,通常只要适当控制球差,使它不要过大,其他像差一般都不考虑。照明系统的结构是由光束的最大偏转角($U'-U$)决定的。($U'-U$)越大,结构就越复杂。这是因为光线在光学系统中的偏转是由透镜的各个表面折射产生的,在透镜个数一定的情况下,光束的总偏转角越大,透镜每个表面分担的偏转角也就大,这就要求增大光线在透镜表面的入射角,这将产生两个方面的不良后果:第一,光线的入射角增大,引起球差增加,在照明系统中虽然不要求完全校正球差,但是正如上节所述,过大的球差将使投影物镜产生渐晕,而使像面照度不均匀;第二,孔径边缘光线的入射角增加,就使这些光线在透镜表面的反射损失增加,在第一类系统中,将引起像面照度不均匀,在第二类系统中使整个像面照度下降。所以在照明系统中一般用限制光线最大入射的方法,达到控制系统的球差和保证照明均匀的要求。这样就必须随着偏转角的增加而增加透镜的个数,使透镜每一面的偏转角不致过大,最好每个面的偏转角不要超过10°,如果透镜玻璃的折射率 $n=1.5$,则对应的入射角(或折射角)在空气中大约为30°,这时的反射损失和垂直入射相差不多,同时球差也不会很大。表 10-1 为不同偏转角时,球面照明系统的结构。

表 10-1　球面照明系统的结构类型

偏转角 $(U'-U)/(°)$	结构型式	偏转角 $(U'-U)(°)$	结构型式
<20	$-U$　U'	35~50	
20~35		50~60	

为了简化照明系统的结构，并能很好地校正球差，可以使用非球面。在一般成像系统中，对透镜表面的精度要求很高，需要用样板检验光圈，这样的非球面加工十分困难，所以很少使用。在照明系统中，对表面精度的要求较低，相对来说加工制造要容易得多，所以在照明系统中使用非球面，比成像系统中广泛得多。一般采用二次非球面就能满足要求，很少采用高次非球面。在一个照明系统中通常只把其中的一个表面做成非球面，用它来校正系统中其他球面或平面的球差。在使用二次非球面的情况下，采用一个非球面就可以使整个照明系统孔径边缘的光线球差达到校正。在非球面聚光镜中，仍然存在孔径边缘的光线由于入射角增大而使反射损失增加的缺点，因此，在非球面照明系统中，偏转角的限制主要是考虑边缘光线光能损失增加所引起的照明不均匀问题。

某些要求孔径角和口径都很大的照明系统，如果采用一般的球面或者非球面的透镜，它们的体积和重量都很大，而且在球面系统中，系统的球差也将很大。为了减少系统的体积重量，同时能较好地校正球差，采用环带状的螺纹透镜，如图 10－6 所示。它的每一个环带实际上是一个透镜的边缘部分，利用改变不同环带的球面的半径，达到校正球差的目的。一般来说，一个环带中只有某一个高度的光线球差为零，其他高度仍有球差，但它们的数量不会很大。由于螺纹透镜的表面形状比较复杂，一般直接用玻璃压型制作，因此表面精度较差，同时存在暗区，一般不适用于第一类照明系统。

为了进一步减轻重量，改善加工条件，消除暗区，近来发展了一种密纹螺纹透镜。它的原理和一般螺纹透镜相同，只是把每一个环带的宽度减小，通常在 0.5mm 以下，有的甚至达到 0.1mm～0.05mm。由于环带的宽度很小，因此不再存在明显的暗区。它一般采用透明塑料热压成型。

以上介绍的是透射式照明系统，也可以用反射镜作为聚光照明系统，但它们只能用于第二类照明系统中，一般都是利用椭球面的反射镜，把光源放在椭球面的一个焦点上，通过椭球面反射以后成像在另一焦点上，如图 10－7 所示。

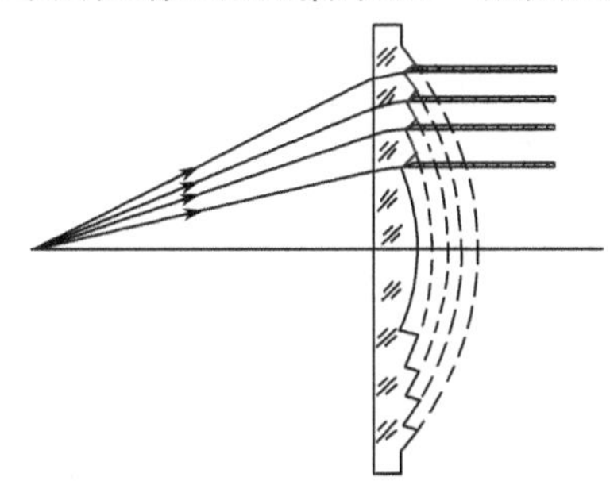

图 10－6　螺纹透镜

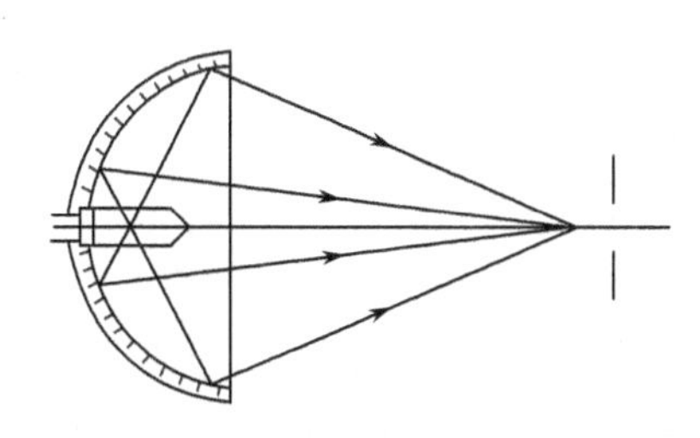

图 10－7　反射式照明系统

反射聚光镜和透射式聚光系统比较，它的优点是能更充分地利用光能，它对应的物方孔径角 U 可以超过 90°，同时也不随孔径角的增大而增加光能损失。近年来由于光学镀膜技术的发展，在反射镜上镀冷光膜，这种膜能反射可见光透过红外线，可减轻被照明物平面过热的问题，所以照明反光镜的应用正逐步扩大。

3. 设计实例

要求设计一个物方孔径角 $U=20°$，$\beta=-1$，物距 $l_1=-100$mm 的照明系统。聚光镜的透镜选用 K9 玻璃（$n_0=1.51829$）。

解 首先求 U'：

根据 $\beta=\beta_s=\dfrac{\sin U}{\sin U'}$

将 $U=-10°$，$\beta=-1$ 代入上式，得 $U'=10°$。因此系统中光束的最大偏转角为

$$U'-U=10°-(-10°)=20°$$

根据偏转角可以初步的选定系统的型式，现在偏转角等于 20°，根据表 10－1，可以采用双透镜型式的照明系统，最常用的是两个平凸透镜相对的情况。这种型式加工方便，光线在两个透镜之间接近平行，球差也接近于最小值。由像差理论可知，当平凸透镜的凸面朝向平行光时，具有最小球差，因此，可以采用两个凸面朝向中间的双平凸透镜系统。聚光系统的结构如图 10－8 所示。为了保证两个凸面之间是平行光束，则有

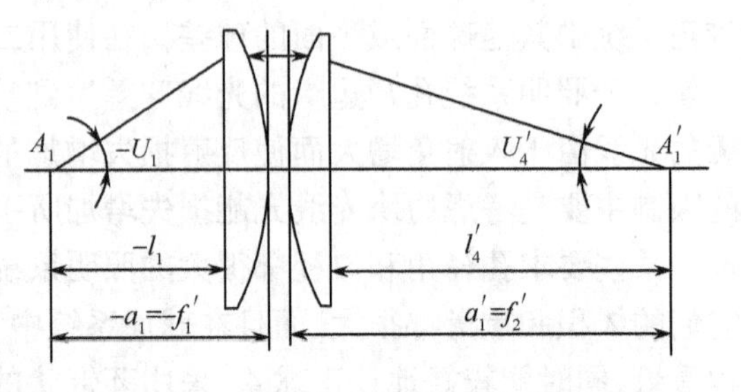

图 10－8 两个平凸透镜聚光系统的结构

$$f_1'=-a_1,f_2'=a_1',\beta=\frac{-f_2'}{f_1'}=-1$$

所以 $f_1'=f_2'=100\text{mm}$。

当 $r_1=\infty$ 时，有

$$r_2=-f_1'(n-1)=-100\times0.51829=-51.829(\text{mm})$$

当 $r_4=\infty$ 时，有

$$r_2=f_2'(n-1)=100\times0.51829=51.829(\text{mm})$$

为求透镜的厚度，首先计算透镜的通光口径 D 和全口径 D_p。由图 10－8 得

$D=2l_1\tan(-10°)=2\times(-100)\times(-0.1763)=35.3(\text{mm})$

$D_p=D+\delta=38(\text{mm})$

$d_1=K_1+2-K_2$

$K_1=0,K_2=r_2^2+\sqrt{r_2^2-\left(\dfrac{D_p}{2}\right)^2}=-3.47(\text{mm})$

$d_1=2+3.47=5.47(\text{mm})$，取 $d_1=5.5(\text{mm})$

用同样的方法可得 $d_2=5.5\text{mm}$。整个聚光系统的结构参数见表 10－2 所列。其像差结果见表 10－3 所列。

表 10－2 两个平凸透镜聚光系统结构参数

r/mm	d/mm	n_0	玻璃	D_p
	1			
∞				
	5.5	1.51829	K9	38
−51.88				
	0.4	1		

（续）

r/mm	d/mm	n_0	玻 璃	D_p
51.88 ∞	5.5	1.51820 1	K9	38

表 10－3　像差结果计算

孔 径 像 差	1.0	0.85	0.707	0.50	0.30	0
$\delta L'$/mm	6.703	4.888	3.408	1.720	0.623	0
SC′	－0.0020	－0.0013	－0.00062	－0.00017	－0.00003	0

第 11 章　轴对称非球面设计概述

11.1　使用非球面的可能性

非球面很早就应用于一些像质要求不高的光学系统中,如在反射式望远系统中用于校正球差;在照明系统中广泛用于反射、聚光等光路中,以提高系统照度和数值孔径。由于非球面设计较球面设计复杂,加工检测也较困难,工艺水平难以达到设计质量的要求,以致批量生产成了非球面应用于光学系统中所遇到的主要问题。但是,非球面设计理论与其工艺相比是比较成熟的。

如果非球面加工与球面加工的成本具有同一数量级,那么,在光学系统中广泛使用非球面来简化结构,校正初级像差或提高质量才是合理的;否则,只能用于非用它不可的情况。例如,将大型天文反射望远镜的反射面非球面化(抛物面)或加非球面校正板,不然单球面反射面不能得到必要的成像质量。随着球面校正板理论和实践的发展,例如 Mak-cytob 板,这个方面有日渐被球面校正板所代替的趋势。但对于相对孔径特大的情况而言,复杂的球面校正系统显然不如非球面校正系统。

对于大孔径聚光镜来说,当光束聚敛角达 100°以上时,使用球面透镜必然会有很大的直径、厚度和随之而来的重量,采用非球面可以解决这一难题。并且由于加工要求较低,非球面聚光镜可以批量生产。另外,大孔径显微镜物镜也可以使用非球面,但是由于加工要求较高,在显微系统中很少应用。

广角目镜对于主光线(光瞳位置)而言是大相对孔径的,因而,完全用球面透镜组成目镜系统时,往往会使系统结构复杂,透镜也会较厚,因此出瞳距离不可能太大,长出瞳距离的广角目镜用非球面宜于实现。

将球面非球面化,也就是使离轴较远的面形改变,这种变形显然可以用来控制高级像差。

近年来非球面的应用日益增多,不仅用于成像质量要求不高的光学系统中,在照像摄影、广角、大孔径、变焦距等物镜中都有应用。

总的来说,宜用非球面使光学系统结构简单,透镜厚度变薄,使大相对孔径(或大视场)成为可能,或用非球面控制某一高级像差,便于提高系统成像质量。

11.2　初级像差理论

初级像差理论是光学设计中最简单且较为完善的理论,考虑问题之初先用它来判断某些问题的可能或不可能以及如何实现时,可以更快达到预定目的。

同轴非球面完全遵守同轴光学系统的一般理论,即物体移动和光阑移动时像差系数变化的规律，物面像差和光阑像差等相同，所不同的只是像差的分布值，为求出像差分布值，设非球面都是无限薄的、没有光焦度的，即只考虑非球面校正板，任意非球面都看做是球面与无限薄非球面校正板的叠合。

如图 11-1 所示，先令光阑处在校正板上，校正板的厚度方程式（不是曲面方程式）为

$$D=\bar{a}(y^2+z^2)^2 \tag{11-1}$$

式中：y、z 为归一化后的光阑坐标，其数值等于光阑坐标除以最大孔径 y_0 后之值。由于波面经校正板后变形，所以，波差 W 为

$$\begin{cases} 2W=a(y^2+z^2)^2 \\ a=-(n-1)\bar{a}_0 \end{cases} \tag{11-2}$$

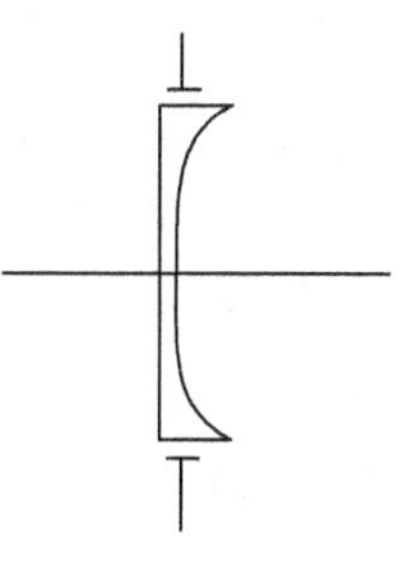

图 11-1　理想校正板

将它和初级波像差方程式比较，得

$$\begin{cases} S_{\mathrm{I}}=8a \\ S_{\mathrm{II}}=0 \\ S_{\mathrm{III}}=0 & ,C_{\mathrm{I}}=0 \\ S_{\mathrm{IV}}=0 & ,C_{\mathrm{II}}=0 \\ S_{\mathrm{V}}=0 \\ S_{\mathrm{Ip}}=0 \end{cases} \tag{11-3}$$

当光阑移动后光阑不在校正板上时，则有

$$\begin{cases} S_{\mathrm{I}}=8a \\ S_{\mathrm{II}}=8a\times\left(\dfrac{h_{\mathrm{p}}}{h}\right) \\ S_{\mathrm{III}}=8a\times\left(\dfrac{h_{\mathrm{p}}}{h}\right)^2 & ,C_{\mathrm{I}}=0 \\ S_{\mathrm{IV}}=0 & ,C_{\mathrm{II}}=0 \\ S_{\mathrm{V}}=8a\times\left(\dfrac{h_{\mathrm{p}}}{h}\right)^3 \\ S_{\mathrm{Ip}}=8a\times\left(\dfrac{h_{\mathrm{p}}}{h}\right)^4 \end{cases} \tag{11-4}$$

由此可见，在初级像差范围内，单个非球面形成的自由度仅有一个，只能用来校正一种初级像差。依次类推，两个非球面可以校正两种初级像差。在光学系统寻找合适的校正板位置（h_{p}的大小）是很重要的，校正某一像差时，同时伴生的其他像差的大小由 h_{p} 决定。

例 11.1　球面反射面的校正板，当物体位于无限远，光阑在球心时，此球面的像差系数为

$$S_{\mathrm{I}}=2\frac{h^4}{r^3},S_{\mathrm{II}}=S_{\mathrm{III}}=S_{\mathrm{V}}=0$$

故只需校正板参数 $a=-\frac{2h^4}{r^3}$ 时，$\sum S_{\mathrm{I}}=0$。若校正板在球心，$h_{\mathrm{p}}=0$，则不伴生其他初级像差，这就是 Schmidt 板（考虑到最佳焦点上波像差减小，实际使用的校正板厚度方程式中包括二次方项，以使厚度差为最小，从而使色球差、轴外球差等高级像差为极小）；当校正板不在球心时，伴生其他初级像差而使轴外点成像质量变坏，例如，使板与此反射面——抛物面重合。

按上述初级像差理论可得抛物面子午彗差 K'_{T}、相对孔径 $1:A$、焦距 f'、视场角 u_{p} 间关系为

$$\frac{K'_{\mathrm{T}}}{f'}=\frac{3u_{\mathrm{p}}}{16A^2} \tag{11-5}$$

故可得抛物面彗差张角小于 1″或 5″的视场限制，见表 11－1。

表 11－1　抛物面彗差张角小于 1″或 5″的视场限制

1: A		1: 15	1: 10	1: 5	1: 3	1: 2
$2u_{\mathrm{p}}$	容许 1″时	40′	17.8′	4.4′	1.6′	43″
	容许 5″时	3.3°	1.5°	22.2′	8′	3.5′

当非球面更靠近焦点时，$\frac{h_{\mathrm{p}}}{h}$ 更大，彗差更大。

如前所述，两个非球面一定可以校正两种初级像差。现以双反射面为例，先由预定的外形要求确定两反射面焦距分配，于是就可以计算出两面均为球面时的 S_{I}、S_{II}，然后就可以用解方程式计算出此两面应有的非球面校正状况。

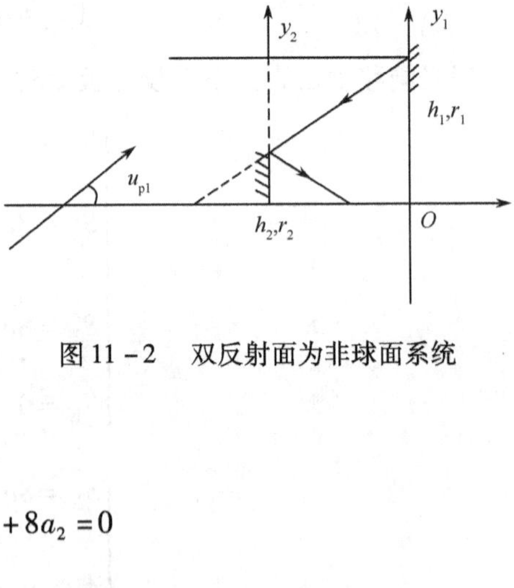

图 11－2　双反射面为非球面系统

例 11.2　如图 11－2 所示，设 $r_1=2$，$r_2=\infty$，$h_1=1$，$h_2=\frac{1}{4}$，$u_{\mathrm{p1}}=-1$，$h_{\mathrm{p1}}=2$，$h_{\mathrm{p2}}=\frac{5}{4}$。故得校正 S_{I}、S_{II} 的方程式为

$$S_{\mathrm{I}}=2\frac{h_1^4}{r_1^3}+8a_1+8a_2=0$$

$$=-\frac{2}{8}+8(a_1+a_2)=0$$

$$S_{\mathrm{II}}=8a_1\cdot\left(\frac{h_{\mathrm{p1}}}{h_1}\right)+8a_2\left(\frac{h_{\mathrm{p2}}}{h_2}\right)=0$$

$$4a_1+10a_2=0$$

故得

$$a_1=\frac{5}{96}$$

$$a_2 = -\frac{2}{96}$$

故第一面的方程式为

$$x_1 = -\frac{y_1^2}{4} + \frac{y_1^4}{96}$$

第二面的方程式为

$$x_2 = \frac{8}{3}y_2^4$$

用非球面也可以校正单透镜的轴外像差或轴上像差，例如，对单薄透镜，弯曲到使 $W=0$，再将其中一面非球面化，以校正好此时余下的球差（P_0），即得一个同时校正球差、彗差的透镜。

将单透镜用作目镜时，像差为（$\varphi=1$）

$$\begin{cases} S_{\mathrm{I}} = h^4 P \\ S_{\mathrm{II}} = h^3 h_{\mathrm{p}} P - h^2 jW \\ S_{\mathrm{III}} = h^2 h_{\mathrm{p}}^2 P - 2hh_{\mathrm{p}} jW + j^2 \\ S_{\mathrm{V}} = hh_{\mathrm{p}}^3 P - 3h_{\mathrm{p}}^2 jW + \left(3 + \frac{1}{n}\right)\frac{h_{\mathrm{p}}}{h}j^2 \end{cases} \tag{11-6}$$

而将其中一面修改为非球面时，产生像差为

$$\begin{cases} S_{\mathrm{I}} = 8h^4 a \\ S_{\mathrm{II}} = 8h^3 h_{\mathrm{p}} a \\ S_{\mathrm{III}} = 8h^2 h_{\mathrm{p}}^2 a \\ S_{\mathrm{V}} = 8hh_{\mathrm{p}}^3 a \end{cases} \tag{11-7}$$

故当选择适当的 h_{p} 和 a 时，可能同时校正 S_{II}、S_{III} 或 S_{IV}、S_{V}。

总而言之，非球面化的作用在初级像差范围内与 P_0 由胶合透镜而发生变化完全相同，但是，高级像差则一般不会一样，非球面可能同时消除某种高级像差。

11.3 用单个非球面准确校正球差

用单个非球面准确校正像差，即使波面成为准确的球面或使光束准确地相交于一点，单单对于轴上点达到这一点一般是不难的，有时这种问题可由解方程式解决，有时则尚需用逐次接近法解决。

1. 单面使无限远物点成像

如图 11-3 所示，面的子午截线上点坐标为 x、y，则远轴光线光程为

$$nx + n'\sqrt{(f'-x)^2 + y^2}$$

近轴光线光程则为 $n'f'$，故对任一 x、y 而言，光程恒等的曲面是

$$n'f' = nx + n'\sqrt{(f'-x)^2 + y^2}$$

即

$$\left(1 - \frac{n^2}{n'^2}\right)x^2 + y^2 - 2\left(1 - \frac{n}{n'}\right)f'x = 0 \qquad (11-8)$$

当$f' > 0, n' > n$时，为椭圆；当$n'/n = -1$时，为抛物面。

2. 单反射面

仍由光程相等的要求出发，单个反射面（图 11－4）对轴上物点成像理想的条件可表示为

$$a + a' = l + l'$$

即

$$\sqrt{(l-x)^2 + y^2} + \sqrt{(l'-x)^2 + y^2} = l + l'$$

平方，得

$$-\sqrt{l^2 + x^2 + y^2 - 2lx} \cdot \sqrt{l'^2 + x^2 + y^2 - 2lx} = x^2 + y^2 - (l + l')x - ll'$$

再平方，得

$$(l + l')^2 y^2 + 4ll'x^2 - 4ll'(l + l')x = 0$$

或

$$y^2 = \frac{4ll'}{l + l'}x - \frac{4ll'}{(l + l')^2}x^2 \qquad (11-9)$$

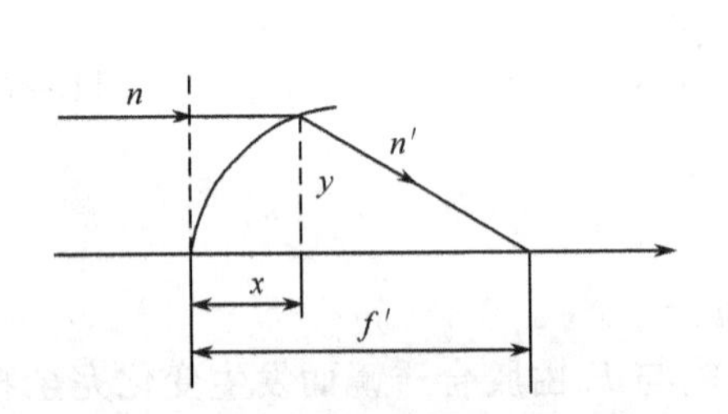

图 11－3　单面使无限远物点成像

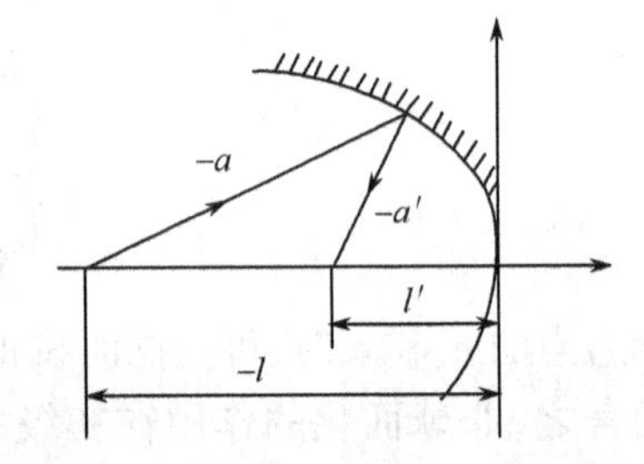

图 11－4　单个反射面对轴上物点成像

故消球差的曲面仍是二次的。当$l \to \infty$时，得抛物面$y^2 = 4l'x$；当$l = -l'$时，得平面$x^2 = 0$；当$l = l'$时，得球面$y^2 = 2lx - x^2$；l和l'同号时为椭圆；l和l'异号时为双曲面。

3. 一般的消球差单非球面

一般的消球差单非球面仍可用上节的方式得到应有的曲面方程式，由两次平方而得到的是四次曲线（对反射面而言，三、四次方项恰好相消）。

4. 用非球面校正原有球差

通过初级像差理论计算的上面几个实例，得出的二次或四次曲面都具有一定量的彗差，无论是单反射面或单折射面都是如此，如前所述先将球面透镜弯曲到彗差极小位置（$W = 0$），而后将一面非球面化，则可在准确校正球差时校正彗差。但是这种非球面本身不再是等光程的，它需抵消另一面所产生的高级球差和彗差，由于球面产生的球差有高次

项，一般而言，此时的非球面将是高次的。另外，由于将球差表示为准确的函数是很困难的，如用逐次接近法来校正球差显然更方便些。下面叙述常用的设计非球面单透镜（大相对孔径聚光镜）的方法，大致通过下列步骤：

（1）确定入射非球面的光线位置，并规定出射非球面的光线位置；

（2）先以二次曲面来满足校正边缘球差的要求，满足这个要求的二次曲面可由解方程式得出（条件特殊时所需解的方程式是二次的）；

（3）计算出此时余下的中间带球差，加上已定系数的三次方项重复上述的解方程式法计算出其他系数（仍校正边缘带球差），再计算出中间带球差；

（4）用内插法求出校正中间带球差的三次方项系数，解出其他系数，算出其他带球差（若校正了0.7带，则计算0.85带和0.5带）。由此确定所加的高次项是否合适，其他带的球差过大时，则需根据符号变更方次（例如，不用三次而用四次项来校正带球差）。

例 11.3 做一聚光镜使平行光束聚焦，张角122°，工作距离为23。

首先确定用平凸透镜，以球面接收平行光束，此时有较小的彗差（图11-5）。先将边缘光线经平面折射后的光路算出，规定它和非球面交点高度为43。设曲面方程式为

$$y^2 = 2ax + bx^2 \qquad (11-10)$$

则由此得条件（折射点在非球面上）为

$$43^2 = 2ad + bd^2 \qquad (11-11)$$

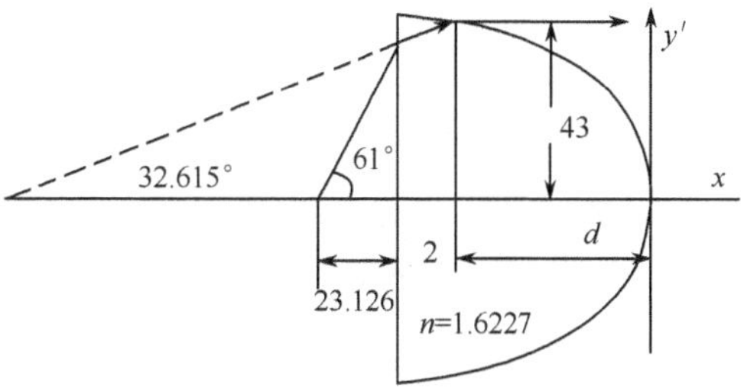

图 11-5　平凸非球面聚光镜

由于61°光线经平面折射后与轴交角为32.615°，故需在非球面上折射时满足 $I' = 67.24°$，$I = 34.63°$，这就是说非球面上该点的法线与轴交角为67.24°，即

$$\left(\frac{\mathrm{d}x}{\mathrm{d}y}\right)_{y=43,x=d} = \tan 67.24°$$

即

$$\frac{43}{a+bd} = 2.3835 \qquad (11-12)$$

当 a、b、d 间满足式（11-11）和式（11-12）后，射出的边缘光线一定平行于光轴，如近轴光线也在折射后成为平行的，非球面的近轴曲率半径就需满足：

$$\frac{1.6227}{1.62270 \times 23.126 + 2 + d} = \frac{0.6227}{a} \qquad (11-13)$$

由式（11-11）~式（11-13）就完全决定了校正边缘带球差的曲面形状，先由三式消去 a、b 得 d 的二次方程式，解出 d：

$$d = 38.526, a = 29.952, b = 0.3092$$

计算出中间带负球差过大。

于是将式（11-10）改为

$$y^2 = 2ax + bx^2 + 0.01x^3$$

同样，用近似解消去法得出 d 的三次方程式，即可求出校正边缘球差的曲面方程式

$y^2 = 65.56x - 1.01x^2 + 0.01x^3$ 和厚度 $d = 45.9$，计算中间带球差已过正，最后内插得 $d = 40.5$。

$$y^2 = 61.4x - 0.544x^2 + 0.038x^3$$

计算出的各带球差均小于 0.1（无三次项时达 5）。

例 11.4 做一个倍率为 1 的聚光镜，物方和像方的光束张角均为 38°。

确定透镜是双凸的，第一球面已将光束偏折到接近平行，而第二面做成非球面来校正第一面产生的球差，这样做的原因是为了减小彗差。

令物距 $l_1 = -1$，$r_1 = 0.7$，计算出边缘带光线光路。首先，令曲面方程式仍是二次的，如式（11-10）表示的那样；然后在要求边缘带光线与光轴交成一定角时，不难如上例那样得出类似式（11-11）的两个关系式。但近轴光线交于同一点的方程式要比式（11-13）复杂些，如图 11-6 所示。

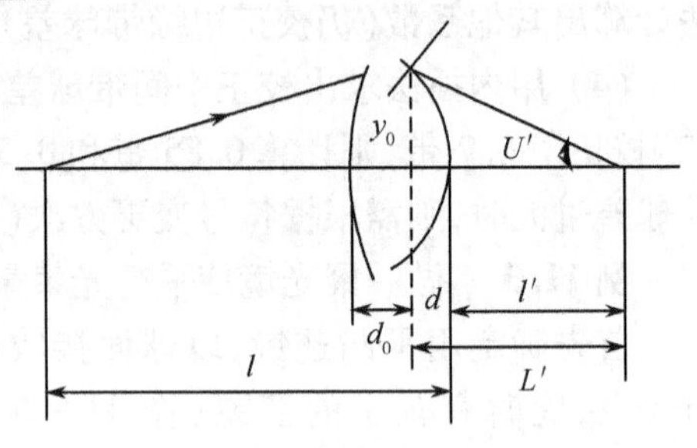

图 11-6 双凸非球面聚光镜

近轴光线的 l 和 l' 都是 d 的函数，因此消去法所得 d 的方程不再是二次的，计算出球差曲线和变更 x 的高次项系数的结果如图 11-7 所示，图 11-7(d) 是最后结果。

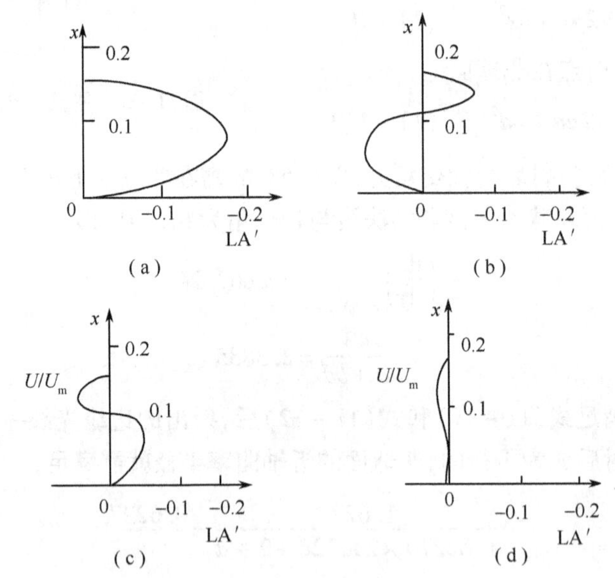

图 11-7 非球面方程及球差曲线

(a) $y^2 = 0.6151x + 2.066x^2$；(b) $y^2 = 0.6029x + 0.4089x^2 + 6x^2$；

(c) $y^2 = 0.6086x + 1.288x^2 + 13x^4$；(d) $y^2 = 0.6067x + 1.160x^2 + 11x^3$。

11.4 用单个非球面准确校正像散

由于像散与光瞳位置有关，因此准确校正只能对某一定光瞳位置而言。由此可见，球差和光束原有像散均将引起面形改变。另外，在校正像散后的像面仍然可能是不平的。

非球面化并不影响匹兹伐面，故单个非球面根本不可能形成平的像面，但它有可能在保留像散时，使某一像面（如子午像面）为平面。

对细光束焦点有影响的是该折射面在主光线折射点的曲率，对球面而言曲率到处相同，而轴对称非球面在任一点的两方向曲率半径 r_t 和 r_s 可以由微分几何的已有结果求出，如图 11－8 所示。

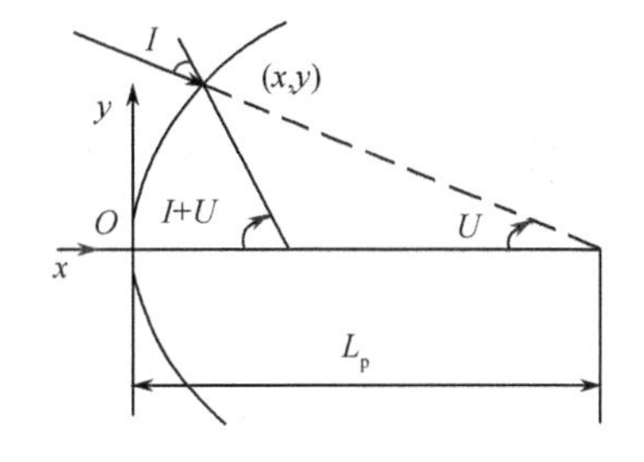

图 11－8　轴对称非球面像散计算图

设曲面的子午截线方程式为

$$y^2 = f(x) \tag{11-14}$$

则子午曲率半径为平面曲线在该点的曲率半径，即

$$r_t = -\frac{(1+y'^2)^{\frac{3}{2}}}{y} \tag{11-15}$$

由于回转曲面以 x 轴为对称轴，所以曲面法线之长（由折射点到法线和光轴交点之长）即为弧矢方向的曲率半径 r_s。故

$$r_s = \frac{y}{\sin(I+U)} \tag{11-16}$$

由于

$$\tan(I+U) = \frac{1}{y'}, \sin(I+U) = \frac{1}{(1+y'^2)^{\frac{1}{2}}}$$

故

$$r_s = y(1+y'^2)^{\frac{1}{2}} \tag{11-17}$$

$$r_t = -\frac{r_s^3}{y^3 y''} \tag{11-18}$$

而焦线位置则由杨氏公式决定：

$$\frac{n'\cos^2 I'}{t'} = \frac{n'\cos I' - n\cos I}{r_t} + \frac{n\cos^2 I}{t} \tag{11-19}$$

$$\frac{n'}{s'} = \frac{n'\cos I' - n\cos I}{r_s} + \frac{n}{s} \tag{11-20}$$

由此可见，使 t' 和 s' 经过非球面后形成一定形状曲线的问题，可归结为解一个二阶非线性常微分程。下面就对一些特殊情况导出曲面的方程式。

1. 物体在无限远时要求校正像散

由式（11－19）和式（11－20）可得

$$\frac{n'\cos I' - n\cos I}{r_t n'\cos^2 I'} = \frac{1}{t'} = \frac{1}{s'} = \frac{n'\cos I' - n\cos I}{n' r_s}$$

故得条件

$$\cos^2 I' r_t = r_s$$

或将式（11－18）代入，得

$$-r_s^2\cos^2 I' = y^3 y''$$

或

$$(1+y'^2)\cos^2 I' + yy'' = 0 \tag{11-21}$$

于是只需将 $\cos^2 I'$ 表示为 y 的函数即得出曲面微分方程，显然 I 是和光瞳位置有关的。

由于

$$\tan(I+U) = \frac{1}{y'} = \frac{\tan I + \tan U}{1 + \tan I \tan U}$$

故

$$\tan I = \frac{1 - y'\tan U}{y + \tan U}$$

因此

$$\cos^2 I' = 1 - \frac{n^2}{n'^2}\sin^2 I = 1 - \frac{n^2}{n'^2}\frac{(1-y'\tan U)^2}{1+y'^2+\tan^2 U + y'^2\tan^2 U} \tag{11-22}$$

式中：$\tan U$ 为光阑位置和 x、y 的函数，即

$$\tan U = \frac{y}{L_p - x} \tag{11-23}$$

故式(11-21)可表示为

$$1 + y'^2 + yy'' - \frac{n^2}{n'^2}\frac{(1-y'\tan U)^2}{1+\tan^2 U} = 0 \tag{11-24}$$

另外，将 $\cos I'$ 表示为 $L'_p\tan U'$ 时，则有

$$\cos^2 I' = \frac{1}{1+\tan^2 I'} = \frac{(y'+\tan U')^2}{(1+y'^2)(1+\tan^2 U')}$$

$$\tan U' = \frac{y}{L'_p - x} \tag{11-25}$$

$$yy'' + \frac{(y'+\tan U')^2}{1+\tan^2 U'} = 0 \tag{11-26}$$

式(11-26)又是一个与式(11-24)等效的曲面方程式，无论式(11-24)或式(11-26)，在一般情况下都难以解出。当 $L_p = x + f(y)$ 时可归化为一个复杂的一阶微分方程。当 $L'_p \to \infty$ 时，$\tan U' \to 0$，此时式(11-26)成为

$$yy'' + y'^2 = 0$$

其通解为

$$y^2 = ax + a_0$$

即是一抛物面。

除了这个例子以外，在已定 L_p 的函数形式时，方程式难以准确解出。但是，反过来对每一个曲面推求消像散的主光线位置倒是容易的。例如，设

$$y^2 = ax + bx^2$$

则

$$yy' = \frac{a}{2} + bx$$

$$yy' + y'^2 = b$$

故由式(11-26),得

$$\tan^2 U'\left(1 - \frac{a^2}{4y^2}\right) + \frac{a+2bx}{y}\tan U' + b = 0$$

从而

$$L'_p = \frac{-a \pm a\sqrt{1+b}}{2b}$$

即二次曲线的消像散光阑位置恰好与 x、y 无关。这个结果是 M. M. Pycnhob 首先得到的。容易由计算证明,一般的三次曲线的消像散光阑位置随 y 而变,也就是不存在准确校正像散的三次曲面。

2. 物体在无限远处,要求子午像面是平面

因为子午像面是平面,因此要求:

$$t'\cos U' + x = 常数 = K$$

故由式(11-15)和式(11-18)得出满足要求的曲面方程:

$$\frac{n'\cos^2 I'\cos U'}{K-x} + \frac{(n'\cos I' - n\cos I)y''}{(1+y'^2)^2} = 0$$

这个方程式显然比式(11-24)更复杂些,所以更不易求出准确的解。

从这里可看到单个非球面或能校正像散或能校正子午像面弯曲,一般是不可能同时达到两个目的的,一个要求已完全确定了面形,因而,显然不能同时再校正其他轴外像差。而由初级像差理论观点来看,这些结论可以由式(11-1)表达得更为清楚。

另一方面,就校正高级像散而言,对物距有限而且已有像差(如光阑球差)的光学系统来说,上述精确解法也仍然是不现实的。实际上,如在校正球差方面表示过的那样,校正高级像散也宜用逐次接近法来实现。

3. 用非球面校正原有像散

以采用逐次接近法校正单正透镜像散为例,此透镜用作放大镜,希望基本校正彗差并同时完善校正像散,设此透镜:$\varphi=-1$,$l_p r_1=-1$,$h_p=-1$,$u_{p1}=1$,$j=1$,则由薄透镜理论:

$$S_{\mathrm{II}} = h^3 h_p \varphi^3 P - Jh\varphi^2 W^2 = P - W = 0$$

$$S_{\mathrm{III}} = h^2 h_p^2 \varphi^3 P - 2Jhh_p \varphi^2 W + J^2\varphi = P - 2W + 1 = 0$$

故要求

$$P = W = 1$$

单透镜 $n=1.6$,则 $P_0=1.67$,$Q=-1.64$,$W=1$ 时,$P=2.31$,故对应的非球面校正板应有 $a=-0.164$,由式(11-7),设第一面作成非球面则透镜如图 11-9 所示。

$r_1=0.98$　　非球面

$r_2=-1.56$

非球面方程式是：

$$x=\frac{y^2}{2R}+\left(\frac{1}{8R^3}+\frac{a}{n-1}\right)y^4=0.51y^2-0.14y^4$$

这只是校正初级像散而已。为校正高级像散可先算出此时的像散，计算 $U_{p1}=35°$ 的主光线，根据算出的像散值由方程式（11－17）～式（11－20）决定 y^6 的系数使像散为零。按照这种方式可以得到完全校正像散的曲面方程式。

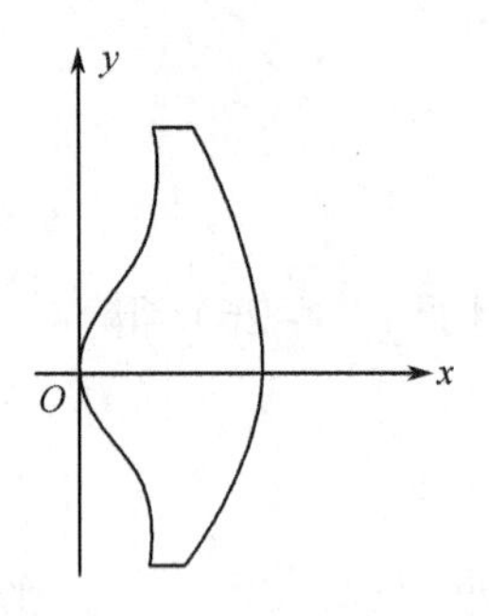

图 11－9　非球面校正板

可以看出，这种方式不仅可以用来校正高级球差和高级像散，也可以用来校正畸变和轴外子午彗差和球差，但一个非球面只能完成上述几种任务之一，不能同时完成所有要求。

11.5　非球面在照相物镜中的应用

随着照相物镜的不断进步，对其性能则不断提出更高的要求，除要求提高成像质量之外，还要求提高相对孔径，增大视场角，改善像面光照度的均匀性，以及结构型式的简化和小型化。为达到上述要求，就促使光学设计者在照相物镜中应用非球面。

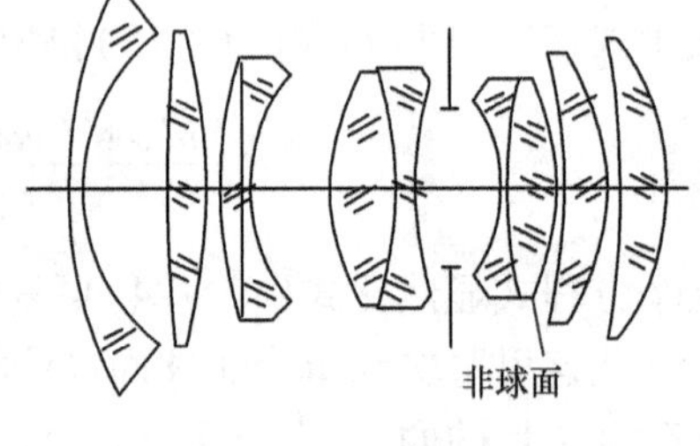

图 11－10　在光阑附近使用非球面的反远距物镜

在反远距物镜中，在光阑附近使用非球面，如图 11－10 所示，非球面校正与孔径有关的高级球差，从而把相对孔径提高到 1∶1.2。在远离光阑的前组使用非球面，如图 11－11 所示，非球面校正与视场有关的高级像散和畸变，在相对孔径为 1∶2.8 时，视场角提高到 $2\omega=114°$。

在 Pyccap 物镜的前部使用非球面，不但因校正了像散和畸变而增大视场角，而且可以改善像面光照度的均匀性。如图 11－12 所示，它的视场角高达 $2\omega=148°$，而像面光照度的均匀性也提高到按 $\cos^2\omega$ 的规律变化。

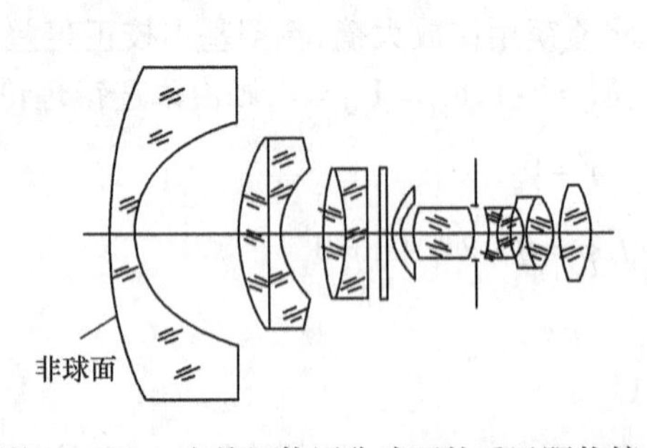

图 11－11　在前组使用非球面的反远距物镜

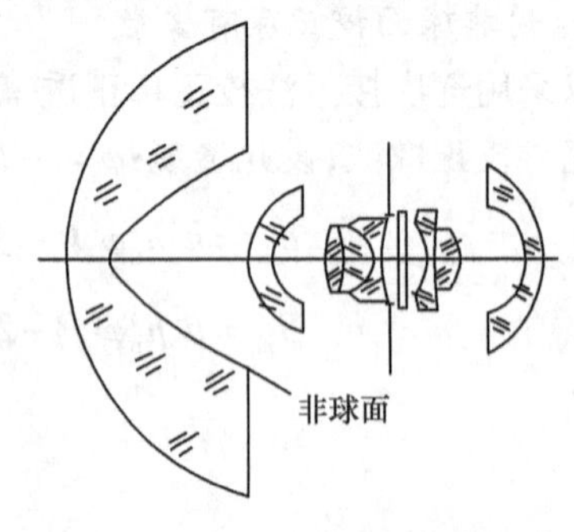

图 11－12　在 Pyccap 物镜的前部使用非球面

例 11.5　在前组使用非球面的超广角反远距物镜，焦距 $f'=14.3025\text{mm}$，相对孔径 1∶2.8，视场角 $2\omega=114.2°$。

表 11－2 列出了系统结构参数，非球面方程为

$$x=\frac{y^2}{r-r\sqrt{1-\left(\frac{y}{r}\right)^2}}+By^4+Cy^6+Dy^8+Ey^{10}+\cdots$$

非球面系数：$B=4\times10^{-6}$，$C=-9.7912\times10^{-10}$，$D=2.0882\times10^{-13}$，$E=2.6494\times10^{-17}$。

图 11－13 为系统结构二维图，表 11－3 列出了系统初级像差和数，图 11－14 为计算后的 MTF 图，图 11－15 为点列图，图 11－16 是场曲及畸变图。

表 11－2　在前组使用非球面的超广角反远距物镜结构参数

Surf:Type		Radius	Thickness	Glass	Semi-Diameter
OBJ	Standard	Infinity	Infinity		Infinity
1	Even Asphere	1034.133818	5.000000	ZK14	37.289379
2	Standard	29.288000	22.654000		24.452948
3	Standard	-332.102654	2.500000	LAF10	16.999723
4	Standard	24.556000	12.425000		14.352120
5	Standard	38.030513	7.000000	ZF3	13.389333
6	Standard	-64.714647	8.744000	ZK9	12.700047
7	Standard	Infinity	1.500000		11.190177
8	Standard	Infinity	1.800000	K9	10.898220
9	Standard	Infinity	0.500000		10.670461
10	Standard	19.068016	1.500000	LAF10	10.019474
11	Standard	15.440578	1.500000		9.348173
12	Standard	19.215508	14.600000	QK3	9.274136
13	Standard	-88.180942	1.500000		6.372349
STO	Standard	Infinity	1.500000		6.091116
15	Standard	-28.110515	2.500000	ZK9	6.011614
16	Standard	-78.448939	3.000000	ZF3	6.958106
17	Standard	-54.090867	1.000000		7.831626
18	Standard	-177.335101	1.000000	ZF14	8.454612
19	Standard	25.917387	7.000000	QK3	9.169186
20	Standard	-29.200412	0.100000		10.771249
21	Standard	63.262235	5.800000	LAF10	12.620856
22	Standard	-56.894597	34.586115		13.126225
IMA	Standard	Infinity			17.284592

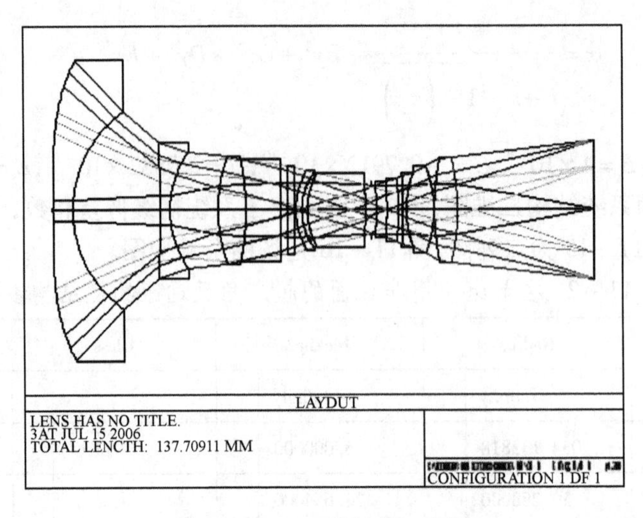

图 11－13　系统结构二维图

表 11－3　系统初级像差和数

Surf	SPHA　S1	COMA　S2	ASTI　S3	FCUR　S4	DIST　S5	CLA (CL)	CTR (CT)
1	0. 000723	－0. 011837	0. 197362	0. 005668	2. 320938	－0. 000039	－0. 023863
2	－0. 002505	0. 008196	－0. 026818	－0. 200132	0. 742617	0. 002184	－0. 007147
3	0. 000190	0. 004127	0. 089640	－0. 020680	1. 497988	－0. 001372	－0. 029814
4	－0. 069424	0. 105721	－0. 160997	－0. 279686	0. 671088	0. 011822	－0. 018004
5	0. 110883	－0. 062570	0. 035308	0. 171134	－0. 116493	－0. 029116	0. 016430
6	0. 000050	－0. 000414	0. 003438	0. 008392	－0. 098179	－0. 004944	0. 041035
7	－0. 000799	－0. 006966	－0. 060749	0. 000000	－0. 529745	0. 002440	0. 021281
8	0. 000739	0. 006442	0. 056172	0. 000000	0. 489838	－0. 002067	－0. 018026
9	－0. 000746	－0. 006508	－0. 056748	0. 000000	－0. 494855	0. 002088	0. 018211
10	0. 150322	0. 017923	0. 002137	0. 360182	0. 043198	－0. 026314	－0. 003137
11	－0. 361394	0. 038550	－0. 004112	－0. 444799	0. 047886	0. 033500	－0. 003574
12	0. 209808	0. 035445	0. 005988	0. 265715	0. 045901	－0. 014874	－0. 002513
13	0. 010950	－0. 044277	0. 179038	0. 057902	－0. 958095	－0. 004744	0. 019181
STO	0. 000000	0. 000000	0. 000000	0. 000000	0. 000000	0. 000000	0. 000000
15	－0. 059013	0. 119045	－0. 240146	－0. 212207	0. 912520	0. 011498	－0. 023196
16	－0. 000039	0. 000286	－0. 002108	－0. 006922	0. 066597	0. 0004000	－0. 029501
17	0. 006600	－0. 025635	0. 099571	0. 120322	－0. 854100	－0. 012690	0. 049289
18	－0. 000954	0. 008471	－0. 075203	－0. 042041	1. 040856	0. 009237	－0. 082002
19	－0. 053928	－0. 115834	－0. 248805	－0. 090656	－0. 729146	0. 047401	0. 101815
20	0. 019820	－0. 028311	0. 040441	0. 174855	－0. 307540	－0. 007138	0. 010196

（续）

Surf	SPHA　S1	COMA　S2	ASTI　S3	FCUR　S4	DIST　S5	CLA（CL）	CTR（CT）
21	0.000969	0.007524	0.058434	0.108563	1.296954	-0.005560	-0.043179
22	0.077077	-0.055934	0.040591	0.120714	-0.117057	-0.016638	0.012074
IMA	0.000000	0.000000	0.000000	0.000000	0.000000	0.000000	0.000000
TOT	0.039328	-0.006557	-0.067565	0.096322	4.971169	-0.001325	0.005558

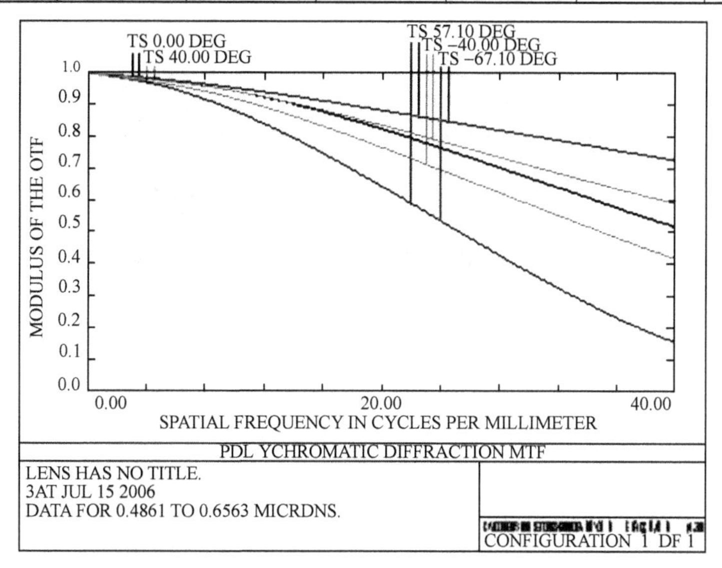

图 11-14　在前组使用非球面的超广角反远距物镜的 MTF

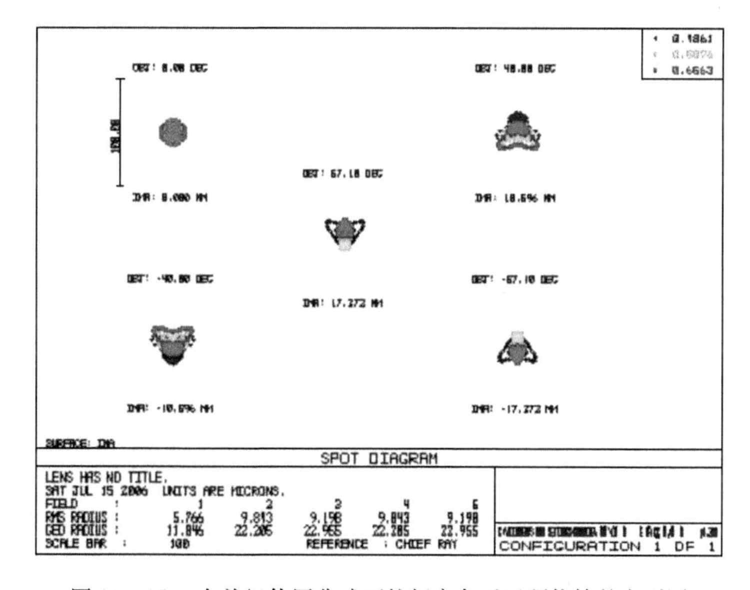

图 11-15　在前组使用非球面的超广角反远距物镜的点列图

从计算结果上看，系统边缘视场的 MTF 较低，畸变略大，这主要是由于视场和相对孔径较大造成的，但在 0.7 视场 MTF 值较高，能够满足设计要求。另外，系统结构较复杂，若在第五个面和在光阑附近允许增加非球面，系统结构可以进一步简化。

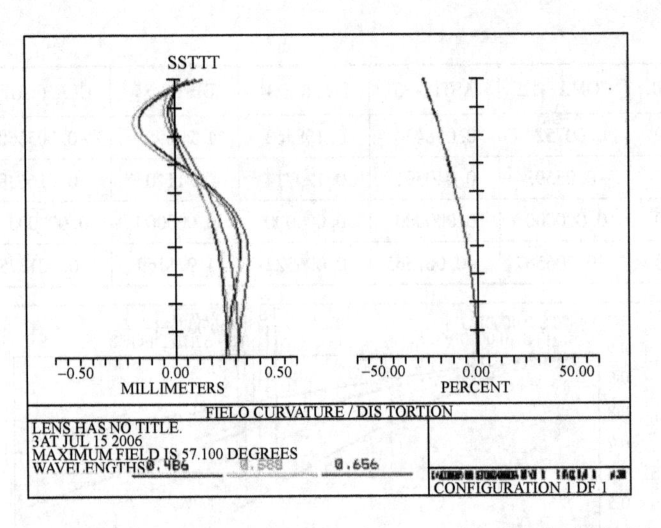

图 11－16　在前组使用非球面的超广角反远距物镜的场曲及畸变

第12章　夜视仪器的光学系统

各类夜视仪器的结构及工作原理可能有很大差异，但其基本组成部分类似，如图12－1所示。

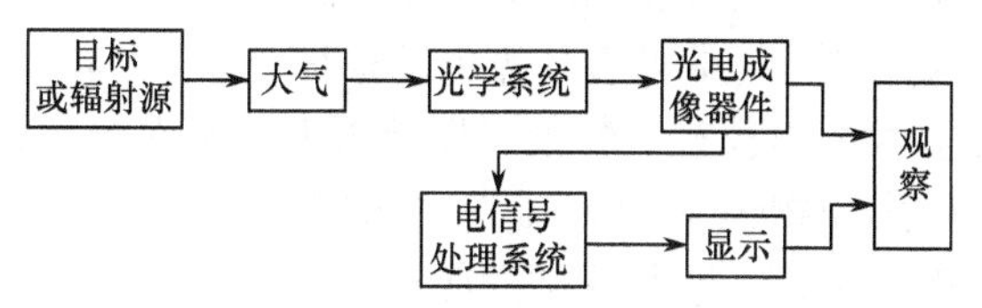

图12－1　夜视仪器的基本组成

夜视系统按观察方式的不同大致可以分为两大类：直接观察型和间接观察型，简称为直视型和间视型。直视型夜视系统就是人眼通过目镜观察夜视器件荧光屏上目标图像的夜视仪器，如主动红外夜视仪、直视微光夜视仪等。间视型夜视系统就是人眼不通过目镜而是直接观察监视器荧光屏上目标图像的夜视仪器，如微光电视系统、红外电视系统及热成像系统等。

直视型夜视系统主要包括物镜组、光电成像器件（变像管、像增强器等，简称像管）和目镜组。

夜视仪器的光学性能（放大率、视场、分辨力等）在概念上与白天观察仪器相同，但由于夜视仪器中使用了像管，因而它的光学性能都同像管的性能和结构参数有关。由于物镜组和目镜组被像管从中间隔开，所以没有一条来自目标的光线能贯穿整个系统，因而普通望远镜中那种入瞳与出瞳之间的物像关系不再存在，但成像关系仍是一一对应的。

夜视仪器光学系统的设计方法与可见光系统基本相同，但剩余像差的容限及消像差所采用的波长又有差别。

在间视型夜视系统中，微光电视摄像机使用的是微光物镜，红外电视摄像机使用的则是红外物镜，前视红外仪与热像仪的光学系统通常包括聚光部件（红外物镜）和光学扫描部件（扫描镜），用于直接观察的前视红外仪或热像仪的光学系统还应包括目镜。

12.1　直视型光学系统

12.1.1　物镜

夜视仪器物镜的功能是将目标成像于像管的光电阴极面上。由于主动红外夜视仪和直视微光夜视仪所用的物镜大同小异，为了叙述方便，着重介绍微光夜视仪的物镜（简称微光物镜），只是在二者有区别时才予以指出。

1. 对物镜的要求

1）大相对孔径和大通光口径

由应用光学知道，物镜像面中心处的照度

$$E_0 = \pi L_t \tau_0 \sin u'$$

式中：L_t为目标亮度；τ_0为物镜透射比；u'为物镜像方孔径角。

对远距离目标，上式近似为

$$E_0 = \frac{\pi}{4} L_t \tau_0 \left(\frac{D}{f'_0}\right)^2 \tag{12-1}$$

式中：D 为物镜的有效直径（通光口径）；f'_0为物镜焦距。

由上式可以看到，物镜像面（即像管的光电阴极面）上的中心照度与物镜的相对孔径的（D/f'_0）平方成正比。大相对孔径的物镜可以获得大的像面照度，这对于夜视仪器来说是至关重要的。大相对孔径物镜又称为强光力物镜，但大相对孔径必将带来大的像差（球差和彗差），因此，夜视物镜一般是复杂的照相物镜。

物镜收集到的来自目标的总光通量取决于物镜的通光孔径。微光夜视系统的性能受到光子噪声的限制，因为光子噪声与进入系统的光子数的平方根成正比，即受纯光子噪声限制的信噪比与系统所捕获的光子数的平方根成正比。

$$\frac{S}{N} = \frac{n}{\sqrt{n}} = \sqrt{n}$$

所以，增大物镜的通光孔径，最大限度地收集来自目标的光通量，有利于提高微光下的信噪比。

2）最小渐晕

夜视物镜设计中的另一个重要问题是，要求在光电阴极面上产生均匀的照度。当物镜系统存在渐晕，即当入射斜光束宽度小于轴向光束宽度而产生渐晕时，像面的边缘照度相对像面的中心照度下降。特别是在微光夜视仪中，由于像增强器的亮度增益很高，光电阴极面上照度的不均匀性会造成荧光屏上图像亮度从中心到边缘的迅速下降，致使边缘像质变坏。因此，设计夜视物镜时，要将其渐晕限制到最小限度。

3）宽光谱范围的色差校正

由于夜视仪器是以像管为核心器件的光电成像系统，因此在光学系统设计中需要考虑校正像差方面的一些特点。最主要的是物镜需要在宽光谱范围内消色差，光谱范围取决于仪器的响应波段：对微光仪器而言，即为像增强器光电阴极面的响应波段（400mm ~ 900nm 光谱波）；对主动红外夜视仪器而言，即为光源、红外滤光片和 Ag - O - Cs 光电阴极相匹配的波段（800nm ~ 1200nm 光谱段）。

4）在低频下具有高的调制传递特性

像增强器和变像管都是低通滤波器，它们的极限分辨率均在 30lp/mm 左右（微通道板像增强器的极限分辨率已超过 40lp/mm），物镜应与之相适应，在 0 ~ 30lp/mm 的空间频率范围内有最好的调制传递特性（二代微光物镜应在 0 ~ 40lp/mm 的空间频率范围内有最好的调制传递特性）。通常要求在空间频率 10lp/mm 时调制传递函数相对值不小于 75%。

2. 物镜的光学特性

人眼通过夜视仪器能否清晰地观察到目标，这与物镜在像管阴极面上所成的目标像的大小和质量有着密切关系，而此图像的大小和质量是由物镜的光学性能所决定的。下面分别介绍物镜的光学特性参数。

1）焦距

目标在光电阴极面上所成像的大小与物镜的焦距有关。对于夜视仪器的物镜来说，目标可以认为是位于无限远，如图 12-2 所示。

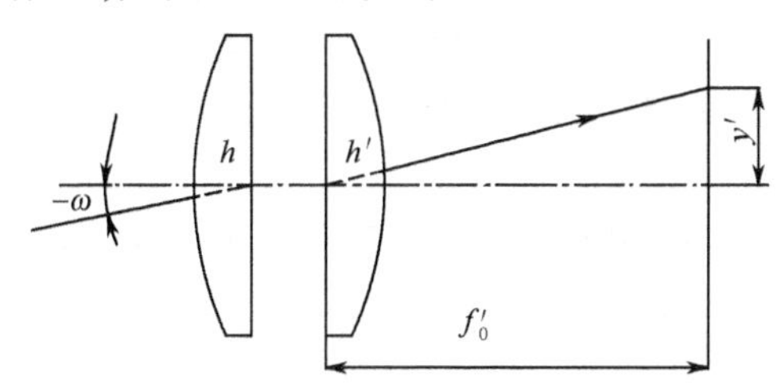

图 12-2　物像大小与物镜焦距的关系

阴极面上的像高 h' 为

$$h' = f'_0 \tan\omega$$

式中：f'_0 为物镜焦距；ω 为目标大小对物镜中心的张角。

由上式可见，对于一定的目标，其像的大小和物镜的焦距成正比。

2）相对孔径

夜视仪器是用相对孔径（D/f'_0）来代表物镜的光学特性，不直接用通光口径，这是因为相对孔径近似等于光束的像方孔径角 $2U'_{max}$。相对孔径越大，像差也就越大。为了校正像差，必须使物镜的结构复杂化。换句话说，相对孔径代表物镜复杂化的程度。例如，一个物镜的焦距为 197mm、通光口径为 120mm、相对孔径为 1∶1.64，另一个物镜的焦距为 52.86mm、通光口径力 40mm、相对孔径为 1∶1.32，尽管前者通光口径比后者大，但是由于后者的相对孔径大而必须采用比前者更为复杂的物镜结构。

像管阴极面中心照度与物镜的相对孔径的平方成正比，由于进入夜视仪器的光量很微弱，为了获得较多的光量，就要求物镜有大的相对孔径，夜视仪器物镜的相对孔径通常都在 1∶2 以上，甚至要达到 1∶1。

3）视场

夜视系统的视场也就是物镜的视场，视场 2ω 是指夜视仪器的观察范围，当物镜焦距一定时，视场是由像管的阴极面的尺寸决定的，物镜应在此视场内校正好像差，和照相物镜相比，夜视仪器物镜的视场通常是比较小的。军用夜视仪器的视场大多数在 10°以下，只有坦克和汽车夜间驾驶仪的视场较大，在 30°以上。

4）分辨率

物镜刚能够分清的两个最靠近的物点对物镜的张角称为极限分辨角，用 α 表示。根据光的衍射理论，当物镜理想成像时，其极限分辨角为

$$\alpha = \frac{1.22\lambda}{D} \quad (\text{rad}) \tag{12-2}$$

式中：λ 为光的波长；D 为物镜组的入瞳直径。

由上式可见，入瞳直径越大，α 值越小，则物镜分辨细节的能力越高。值得注意的是，上式所表示的是理想物镜系统视场中心的分辨率，由视场中心到视场边缘，分辨率逐渐下

降,并且由于实际物镜存在像差,因此物镜的实际分辨率要比计算得到的理想分辨率低。

上面是用极限分辨角表示物镜分辨率,检测中还常用另一种表示物镜分辨率的方法。目标是一些黑白相间而密度不同的条纹,经过物镜成像,在物镜焦面上也是一些类似的条纹。由于各组条纹逐渐由稀到密,物镜对条纹的分辨就有一定的限度。在这些疏密不同的条纹中,可以有一组条纹,其中相邻两个条纹的中心对物镜的张角恰好等于极限分辨角α,这组条纹的宽度就作为物镜分辨率的标志。这个密度可以用这组条纹在物镜像面上每毫米内的线对数表示,这就是说,也可用在物镜像面上每毫米内的线对数表示物镜的分辨率。

如图12-3所示,当物镜的焦距为f'_0,相邻条纹中心对物镜的张角为α,则在像面上一对相邻条纹中心的间隔$2l=f'_0\alpha$,于是每毫米内的线对数N为

$$N=\frac{1}{2l}=\frac{1}{f'_0\alpha} \tag{12-3}$$

将式(12-2)代入上式,得

$$N=\frac{1}{f'_0\cdot\frac{1.22\lambda}{D}}=0.82\frac{1}{\lambda}\cdot\frac{D}{f'_0}\quad(\text{lp/mm}) \tag{12-4}$$

此式所表示的也是理想物镜视场中心的分辨率,N除和波长有关外,只决定于物镜的相对孔径,因此,从提高分辨率出发,也要求物镜有足够大的相对孔径。

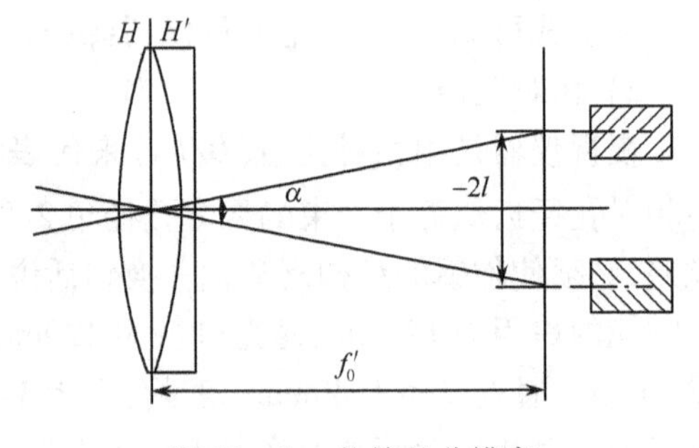

图12-3　物镜的分辨率

要求物镜有较高的分辨率是容易理解的,如果物镜对两个非常靠近的物点不能分辨,则后面无论采用什么样的像管和目镜也不可能鉴别。下面将要介绍,整个夜视仪器的分辨率不仅取决于物镜的分辨率,而且还取决于像管的分辨率。目前限制夜视仪器分辨率的主要是像管。

5) 物镜的像差

要求物镜有较好的成像质量,就是要使各种像差得到较好的校正。由于夜视仪器物镜的相对孔径大,故其球差和彗差较大,是需要校正的主要像差。

像管的光电阴极面多为平面(也有的是凸向物镜的曲面),而正光焦度的物镜的场曲通常是凹向物镜的,这样物镜的像面不能和阴极面很好地重合,从而造成仪器视场边缘成像模糊,为了减少这种影响,物镜的场曲应尽可能小,也就是要求物镜能有一个“平像场”。

物镜通常产生桶形畸变,恰好可以和像管的枕形畸变抵消一部分,但由于物镜的视场较小,畸变量不大,不足以完全抵消像管的畸变。

3. 夜视物镜的类型

夜视仪器采用的物镜有折射系统和折反射系统,它们各有特点,总的来说,折射系统比较容易校正像差,能获得大的视场,和同等相对孔径的折反射系统相比,有较小的直径。但其长度比较长,因此,折射系统多用于要求视场比较大、相对孔径大而口径要求小的夜

视仪器中。折反射系统的长度比较短，重量比较轻，大孔径的性能比折射系统好。折反射系统的缺点是，由于晕光和中央暗区而使视场受到限制，以及与有同等相对孔径的折射系统相比，其直径要大些，因此，折反射系统多用于要求物镜的焦距长和大孔径的夜视仪器中。

1）折射系统

夜视仪器中常用的折射系统有下面两种类型：

（1）匹兹伐型。其典型结构如图 12－4 所示，它是两个正光焦度的双胶透镜组成，两个正光焦度的双胶透镜分开的距离较大，由像差理论可知，这将使场曲加大，故这种系统的特点就是场曲较大，但球差、彗差校正得很好。当视场增大时，由于场曲的影响而使像质变坏，因此，它只能用做小视场的夜视仪器的物镜，由于球差、彗差校正得较好，前后组又分别消色差，因此可以有较大的相对孔径，这种物镜的相对孔径为 1∶1.67，视场 $2\omega=8°$。

图 12－5 所表示的是一种改进的匹兹伐型物镜，$f'_0=100$，相对孔径为 1∶1，视场 $2\omega=10°$。最后一块透镜是负场镜，用以校正场曲。

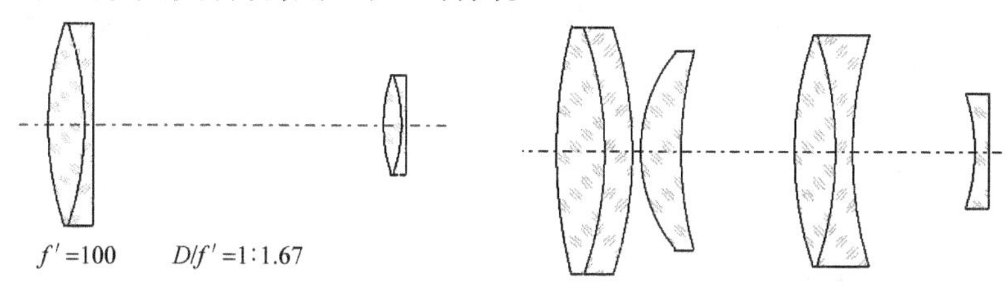

图 12－4　匹兹伐物镜　　图 12－5　改进的匹兹伐型物镜

图 12－6 表示的也是一种匹兹伐物镜，由于省去了一块负场镜，其相对孔径为 1∶1.64，视场 $2\omega=6°$。

（2）双高斯型。其典型结构如图 12－7 所示，它同于对称型物镜，其结构基本上是对称的。两边是单个正透镜，中间是胶合的负透镜，这类物镜的最初型式，相对孔径 1∶4，视场 $2\omega=50°$，以后经过不断改进，相对孔径达 1∶2，在结构进一步复杂化后，相对孔径可达 1∶1，甚至更大。

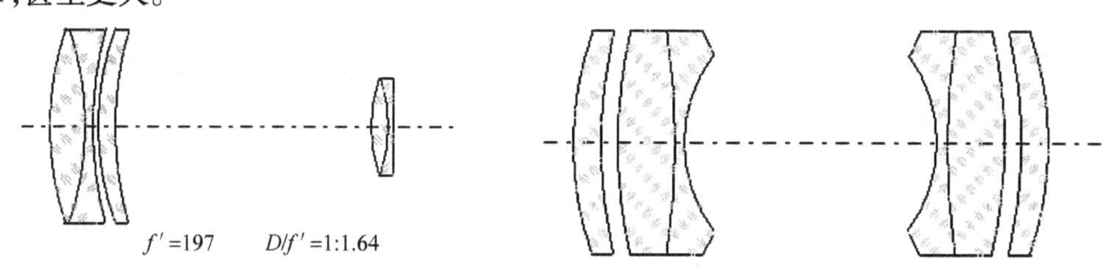

图 12－6　省去负场镜的匹兹伐物镜　　图 12－7　双高斯型物镜

由于双高斯型物镜具有大相对孔径和大视场的特点，所以它可以用做夜间驾驶仪的物镜。图 12－8 和图 12－9 是两个改进的双高斯型物镜，都可用做夜间驾驶仪物镜。前者相对孔径为 1∶1.5，视场 $2\omega=30°$；后者相对孔径为 1∶1，视场 $2\omega=50°$。

2）折反射系统

在折反射系统中为了补偿主反射镜的像差，加一个折射系统，称为校正板。折反射物镜的主镜常做成球面，球面反射镜产生球差，故要求校正板能产生相反符号的球差，以补偿球面反射镜的球差。另外，校正板的型式和位置的选择以能保证彗差、像散等轴外像差得到校正，由于视场不太大，畸变不甚严重。反射而不产生色差，故校正板本身最好能自己消色差，具体内容见第6章。

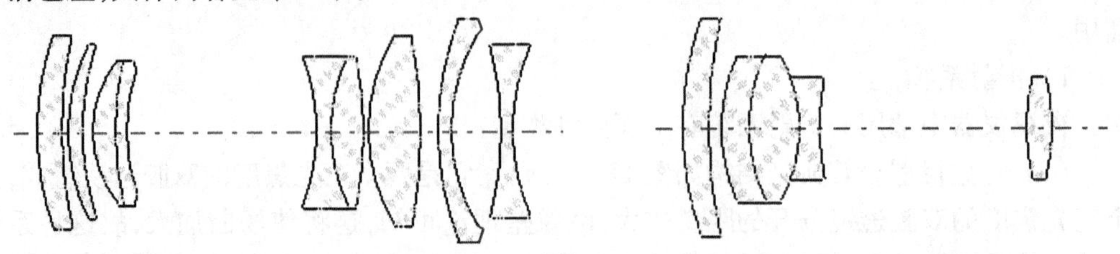

图12－8　改进的双高斯型物镜1　　图12－9　改进的双高斯型物镜2

12.1.2　目镜

夜视仪器中的目镜的作用是放大像管荧光屏上的目标像，以便人眼能够进行舒适的观察。因此它在夜视系统中所起的作用如同一个放大镜。下面简单介绍目镜的光学特性和常用的几种目镜。

1. 目镜的光学特性

表示目镜基本特性的主要参量有：

1）焦距f'_e

目镜的放大率由其焦距决定

$$m_e = \frac{250}{f'_e}$$

式中：f'_e为目镜焦距（mm）。

夜视仪器的倍率为

$$\gamma = \frac{f'_0}{f'_e}\beta$$

式中：f'_0为物镜焦距；β为像管的线放大率。

当f'_0和β确定后，则仪器的倍率由目镜焦距f'_e决定。

夜视仪器中目镜的焦距一般在10mm～55mm范围内。焦距太短会使仪器的出瞳距离太短，不能满足使用要求；焦距太长会使仪器的倍率减小。

2）视场$2\omega'$

夜视仪器中，目镜的视场由荧光屏的有效工作直径D和目镜焦距f'_e决定：

$$\tan\omega' = \frac{D}{2f'_e}$$

$$\omega' = \arctan\frac{D}{2f'_e}$$

$2\omega'$称为目镜的视场。目镜的视场越大，其结构越复杂，即透镜数目较多，因为要求在比较大的视场范围内校正像差。当一个在比较小的视场范围内校正了像差的目镜用于较大视场情况时，视场边缘的目标像会因像差太大而像质变坏，即视场边缘的目标像观察起来模糊不清，因此，选用目镜时必须注意其可供使用的视场角。目镜的视场比较大，通常在30°～90°之间。

3）出瞳和出瞳距离

人眼瞳孔就是夜视仪器的出瞳，因为在夜间人眼瞳孔约为7mm，所以夜视仪器的出瞳直径常取7mm，它比可见光仪器的出瞳直径大，这就要求对比较宽的光束校正像差，这是夜视仪器目镜的一个特点，目镜的出瞳直径与目镜焦距之比称为目镜的相对孔径。

出瞳距离是指目镜后表面到出瞳的距离，也就是人眼的观察位置（人眼瞳孔位置）到目镜后表面的距离，用P'表示，当目镜视场角一定时，出瞳距离增长，会使目镜的口径增大，同时像差校正也越困难。出瞳距离一方面取决于目镜的焦距，另一方面取决于目镜的型式。通常以比值P'/f'_e标志目镜的出瞳距离特性，比值P'/f'_e仅和目镜型式有关。对于多数目镜，此比值在1/3～3/4范围内，少数目镜可达1甚至超过1。当所需目镜焦距较短，或要求出瞳距离较长时，就要选取P'/f'_e值较大的目镜型式。

4）工作距离

工作距离是指目镜的前表面和目镜的前焦点之间的距离。在夜视仪器中，即像管的荧光屏到目镜前表面的距离。要求有一定的工作距离是为了保证目镜在视度调整时的轴向移动。工作距离过小，在移动目镜做视度调整时，目镜可能碰到位于其前焦面上的荧光屏，和出瞳距离相类似，工作距离也和目镜的焦距与型式有关。但对于一定型式的目镜，工作距离与焦距成正比，而每个视度对应的调整量却与焦距的平方成正比，因而焦距较长的目镜需要较大的调整量，要求有较长的工作距离。

2. 目镜的像差

由于目镜的视场较大，因而影响其像质的主要像差是场曲、像散，畸变和倍率色差等轴外像差，它们是设计目镜时需要着重校正的。和物镜相比，通过目镜的轴向光束较细，目镜的焦距又较短，因此其球差、彗差和位置色差比物镜要小得多。但人眼瞳孔夜晚比白天大（白天人眼瞳孔只有2mm～4mm），所以和可见光仪器的目镜相比，夜视仪器的目镜又属于大口径目镜一类，球差、彗差也要较好地校正。

校正目镜像差所采用的波长应由荧光屏的光谱特性和人眼在低照度下的光谱光视效率来确定。

3. 夜视仪器中使用的几种目镜

图12－10表示出的几种目镜都是夜视仪器中已经应用的，和可见光仪器的目镜相比，这些目镜的相对孔径都比较大。图中各参量值都是根据它们在仪器中使用的实际情况给出的。

12.1.3 夜视仪器的基本光学性能

1. 夜视仪器的视场

仪器所能观察的空间范围称为视场，用视场角2ω表示。在可见光望远镜中，位于物镜的焦平面上的分划板框是系统的视场光阑，通过它来确定仪器的视场，夜视仪器的视场光阑是光电阴极面的固定框，由图12－11显然有

$$\omega = \arctan \frac{D_c}{2f'_0} \tag{12-5}$$

式中：D_c为光电阴极有效工作面的直径；f'_0为物镜焦距。

由式（12－5）可以看出，当物镜系统确定后，仪器视场越大，则要求像管的有效光电

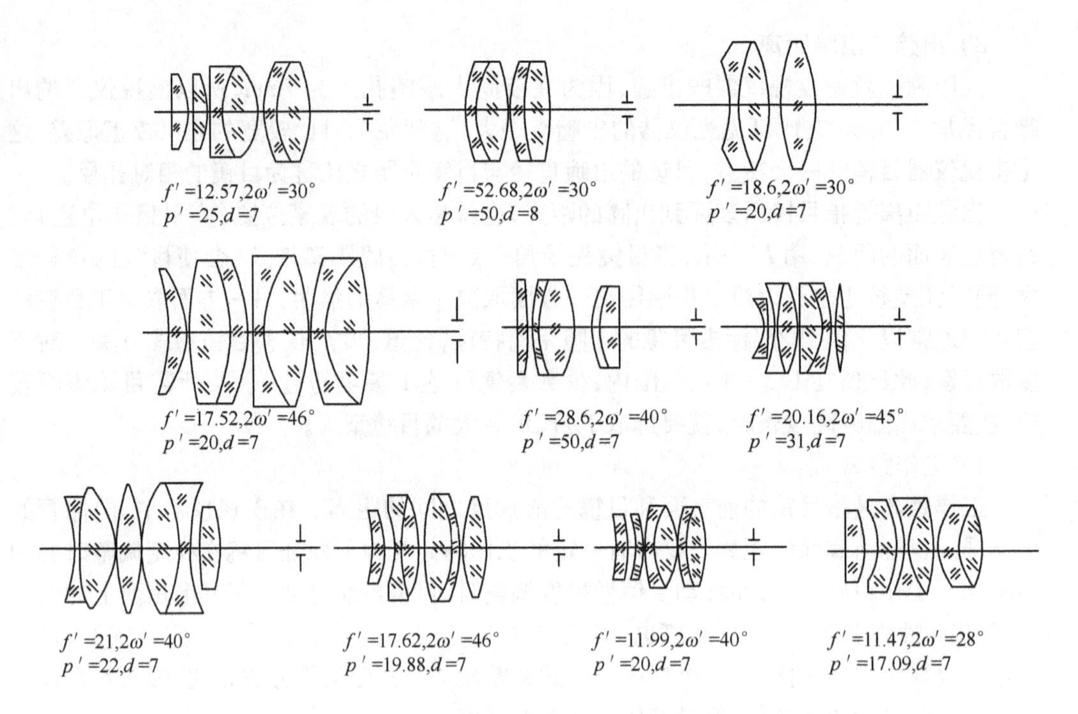

图 12-10　夜视仪器中常见的几种目镜

阴极面的直径越大,若在像管已选定的情况下,就必须设计相应的物镜系统以满足仪器视场的要求。总之,确定夜视仪器的视场,除了根据仪器的使用要求外,还必须考虑技术上实现的可能条件,另外还要综合考虑视场与仪器其他性能(如放大率)的相互关系。

2. 放大率

夜视仪器的放大率是像方半视场角的正切与物方半视场角的正切之比,即

$$\gamma = \frac{\tan\omega'}{\tan\omega} \qquad (12-6)$$

式中:ω 为物方半视场角;ω' 为像方半视场角。

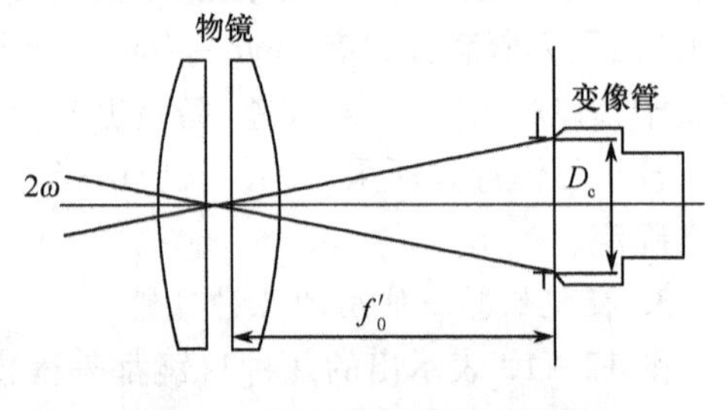

图 12-11　夜视仪器的视场

在夜视仪器中,光电成像器件的阴极面位于物镜的像平面上。物镜的像平面对于无限远目标来说,就是物镜的后焦平面;对有限远目标来说,则位于物镜后焦平面附近。而荧光屏则位于目镜的前焦平面上。

由图 12-12(a)得

$$\gamma = \frac{\tan\omega'}{\tan\omega} = \frac{-\dfrac{h_2'}{f_e}}{-\dfrac{h_1'}{f_0'}} = -\frac{f_0'}{f_e'} \cdot \frac{h_2'}{h_1'} = -\frac{f_0'}{f_e'}\beta \qquad (12-7)$$

式中:$\beta = h_2'/h_1'$,为变像管的线放大率,它表示荧光屏上像的大小 h_2' 和阴极面上像的大小 h_1' 之比。利用上式计算时,β 应以负值代入(因为非近贴单级变像管是成倒像的),整个系统的放大率为正值,也即主动红外夜视系统是成正像的。

同理,由图 12-12(b)得

$$\gamma = \frac{\tan\omega'}{\tan\omega} = \frac{-\dfrac{h_4'}{f_e}}{-\dfrac{h_1'}{f_0'}} = -\frac{f_0'}{f_e'} \cdot \frac{h_4'}{h_1'} = -\frac{f_0'}{f_e'}\beta \qquad (12-8)$$

式中：$\beta = h_4'/h_1'$，为三级级联管的总线放大率。

因为

$$\beta = \frac{h_4'}{h_1'} = \frac{h_4'}{h_3'} \cdot \frac{h_3'}{h_2'} \cdot \frac{h_2'}{h_1'}$$

而

$$\frac{h_4'}{h_3'} = \beta_3, \frac{h_3'}{h_2'} = \beta_2, \frac{h_2'}{h_1'} = \beta_1$$

式中：h_1'和h_4'分别为第一级像管的物和第三级像管的像之大小；h_2'和h_3'分别为前一级像和后一级物之大小。

所以

$$\beta = \beta_1 \cdot \beta_2 \cdot \beta_2$$

即整管线放大率等于各单管线放大率的乘积，若$\beta_1 = \beta_2 = \beta_3$，则$\beta = \beta_1^3$。因为三级级联管是成倒像的，即$\beta$为负值，所以$\gamma$也为正值，就是说，带三级级联像增强器的微光夜视仪也是成正像的。

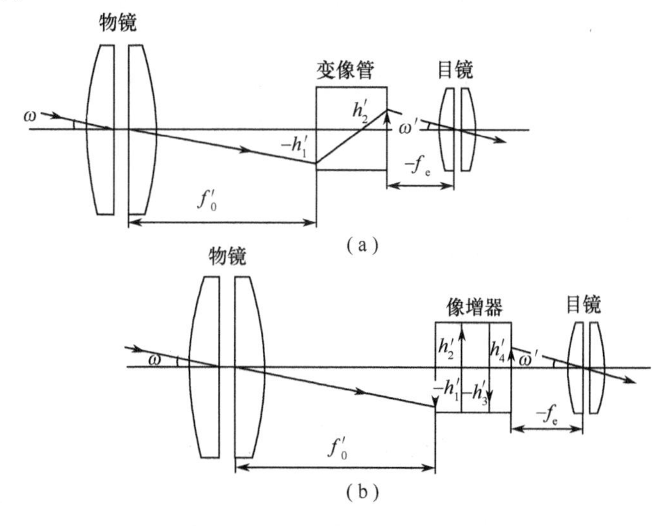

图 12－12　夜视仪器的放大率计算简图

由式(12－7)和式(12－8)可见，夜视仪器的放大率由物镜焦距、目镜焦距及夜视器件的线倍率决定，在像管选定的情况下，仪器的放大率直接取决于物镜焦距和目镜焦距之比。

由式(12－6)可以看出，在目镜选定的情况下(即像方视场一定的情况下)，仪器的倍率与视场二者之间存在着相互制约关系。

3. 分辨率

夜视仪器的分辨率是表征其成像质量的重要综合指标之一，它不仅取决于物镜与目镜，而且也与系统中的其他器件(如像管)、眼睛等分辨率有关。到目前为止，通常限制夜视仪器分辨率的主要是光电成像器件，单级变像管和三级级联像增强器的分辨率一般为30lp/mm～40lp/mm，微通道板像增强器的分辨率通常为40lp/mm左右，因此都以光电成像器件的分辨率来估算仪器分辨率。

设光电成像器件阴极面的分辨率为 m（lp/mm），物镜焦距为 f'_0（mm），则仪器的分辨角为

$$\theta = \frac{1}{mf'_0} \quad (\text{rad}) \tag{12-9}$$

或

$$\theta = \frac{3438'}{mf'_0} = \frac{206265''}{mf'_0}$$

如果有时给出光电成像器件荧光屏上的分辨率 m'（lp/mm），由于 $m=\beta m'$，那么，仪器分辨角可表示为

$$\theta = \frac{1}{\beta m' f'_0} \quad (\text{rad}) \tag{12-10}$$

$$\theta = \frac{3438'}{\beta m' f'_0}$$

$$\theta = \frac{206265''}{\beta m' f'_0}$$

由式（12－9）可以看出，在像管选定的情况下，若想提高仪器的分辨率，则必须使物镜的焦距加长。

因为夜视仪器是供人眼观察的，所以，仪器的分辨角要同人眼通过仪器观察时的极限分辨角相适应，即

$$\alpha_{os} = \gamma \cdot \theta \tag{12-11}$$

式中：α_{os}为在实际观察条件下人眼通过仪器观察时的极限分辨角。

而 α_{os}可由如下经验公式计算：

$$\alpha_{os} = \left[\left(\frac{3438}{m' f'_e}\right)^{1.25} + 1\right]^{\frac{1}{1.25}} \tag{12-12}$$

或

$$\alpha_{os} = \left[\left(\frac{\beta \times 3438}{m f'_e}\right)^{1.25} + 1\right]^{\frac{1}{1.25}} \tag{12-13}$$

为了统一评定夜视仪器的成像质量，定义其分辨率是在足够辐射照度和最大对比条件下区分两相邻的矩形线条的能力。夜视仪器的实际分辨率不仅与像管所能给出的图像质量有关，而且还取决于物镜和目镜的像差、零件制造以及系统装配精度等。

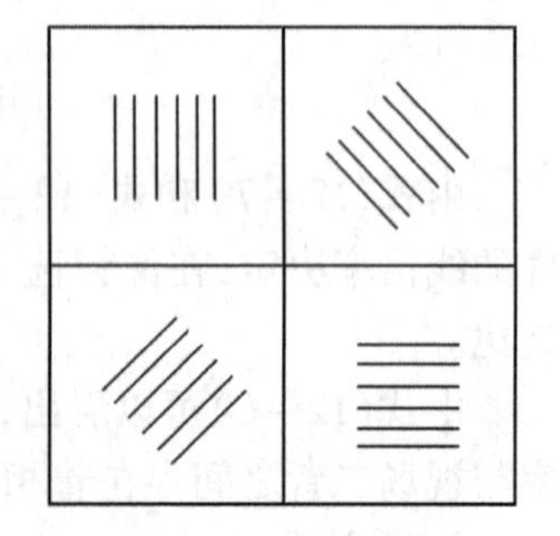

图12－13　分辨率板

夜视仪器的分辨率通常采用图12－13的分辨率板来测定。分辨率板的对比应尽可能大（最好接近100％），板上图案照度也应足够，这样，眼睛具有较高的视觉灵敏度。在这样的条件下测得的分辨率称为仪器的极限分辨率。规定同

样的测试条件是为了便于对同类仪器的成像质量进行统一的比较。但图案的照度也不能过强，过强不仅对光电阴极有损害，而且可能导致荧光屏发光饱和，使图像的对比下降，因此通常规定图案照度为100lx～200lx。由人眼的视觉特性可以知道，改变图案的照度，分辨角也将随之变化，照度越低，极限分辨角也将越大。因为夜视仪器是工作在照度很弱的情况下，所以也常测出一个在某一确定的低照度下的极限分辨角作为仪器分辨率的参考值，通常取图案照度为1lx以下，这样测得的分辨率数值称为仪器的极限分辨率。

4. 夜视仪器的入射光瞳、出射光瞳及出瞳距离

前面已经提到，由于夜视仪器物镜与目镜被光电成像器件从中间隔开，没有任何一条光线贯穿整个系统，物镜和目镜之间不存在光线一一对应的共轭关系，因此研究夜视系统的光束限制就必须对物镜和目镜分别加以讨论。

如图12－14所示，物镜与光电成像器件的阴极面构成一个物镜系统。其中有两个光阑，一个是物镜框，另一个是光电阴极面有效工作面的边框。由图显而易见，物镜框限制了成像光束的大小，而阴极面有效工作面的边框限制了成像范围的大小。因此物镜框就是有效光阑，同时也是入射光瞳，而阴极框则为视场光阑。

上面假设物镜是单个透镜，是一种简化情况。但夜视物镜通常是由多片透镜组成的，下面以三片型物镜为例讨论物镜光束限制的情况。

由图12－15可以看出，限制轴向光束大小的是负透镜框 MN，因此 MN 即为物镜的有效光阑。MN 对第一个透镜所成的共轭像 $M'N'$ 则为入射光瞳。入瞳直径就是进入物镜成像光束的口径，入瞳的大小决定了进入光学系统光量的多少。在这里限制成像范围大小的仍然是阴极框，因而阴极框仍为视场光阑。

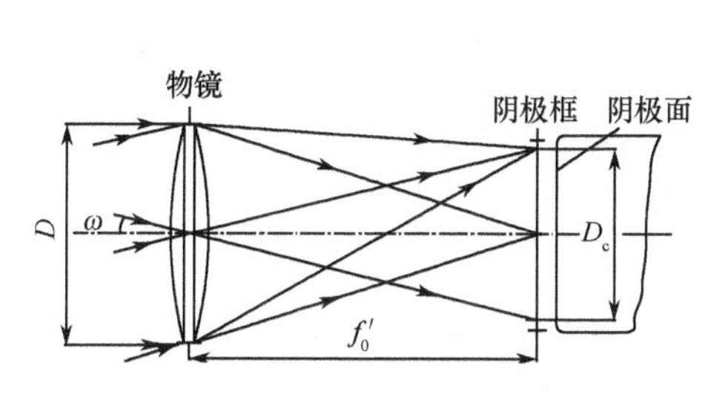

图12－14　物镜系统（物镜＋阴极面）

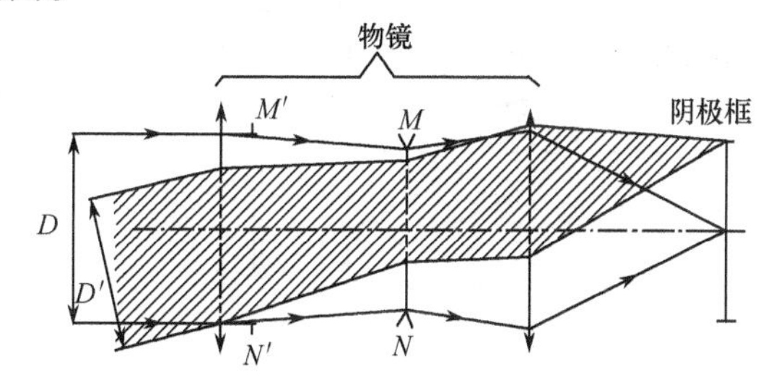

图12－15　三片型物镜的光束限制

对于由多片透镜组成的物镜，轴外点光束（斜光束）限制的情况与轴上点光束（轴向光束）限制的情况往往是不一样的，限制轴向光束的光阑不一定就是限制斜光束的光阑。

由图12－15可见，轴外点发出的斜光束，其上面有一部分被第三个透镜拦掉，只有中间部分可以通过光学系统成像。这样，轴外点的斜光束口径比轴上点的轴向光束口径要小，因此仪器边缘的光照度比像面中心照度要低。这种轴外点光束被拦掉的现象称为轴外点光束的渐晕。轴外物点斜光束宽度 D' 与轴上物点轴向光束宽度 D 的比值称为渐晕系数，用 K 表示，即

$$K=\frac{D'}{D}$$

显然，K 值越小，渐晕现象越严重。若 $K=1$，则说明没有渐晕。渐晕是造成像面边缘

昏暗的原因之一。夜视系统希望有尽可能多的光量到达阴极面成像,并希望阴极面上照度均匀,因此要求物镜尽量减小渐晕或最好不产生渐晕。

下面以双组分的目镜为例来讨论目镜系统的光束限制情况。如图12-16所示,目镜系统由目镜与光电成像器件的荧光屏组成,阴极面上的目标像通过电子光学系统呈现在荧光屏上,荧光屏本身是发光体。对于目镜来说,荧光屏上的图像就是其成像的物体,因此荧光屏有效成像面的大小就决定了目镜成像范围的大小。荧光屏有效成像面的边缘对目镜物方主点 H 的张角 $2\omega'$ 称为目镜的视场角,也叫做仪器的像方视场角。由图12-16可以得到

$$\tan\omega' = \frac{D_s}{2f'_e} \tag{12-14}$$

式中:D_s 为荧光屏的有效工作直径;f'_e 为目镜焦距。

在图12-16中可以看到,限制光束口径的是目镜的镜框,但是目视仪器(包括直视型夜视仪器)是通过人眼来观察的,从仪器出射的光束进入人眼成像,并不全取决于仪器本身,还与人眼瞳孔的大小和位置有关,因此必须把人眼和目镜一起来考虑。

当把人眼瞳孔放入光学系统以后,光束限制的情况就发生了改变,如图12-17所示。由于眼瞳直径比目镜口径小得多,从目镜出射的光束并不能全部都进入人眼,有一部分光束被人眼瞳孔拦掉,实际限制轴向光束大小的是人眼瞳孔。因此人眼瞳孔就是夜视仪器的出射光瞳,眼瞳直径用 d 来表示。眼瞳到目镜最后一个透镜表面的距离称为出瞳距离,也叫做眼点距离,用 P' 表示。

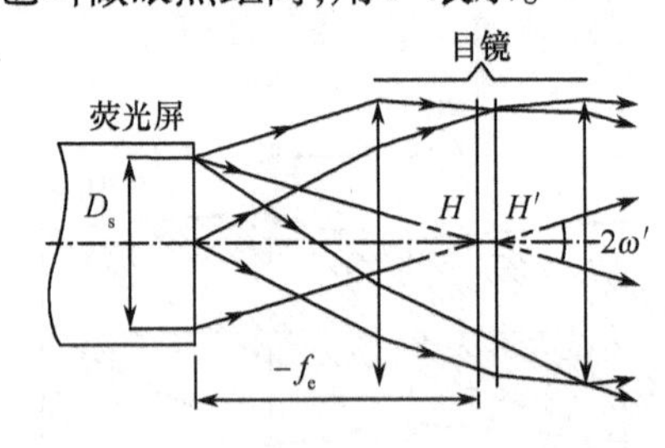

图12-16　目镜系统的光束限制

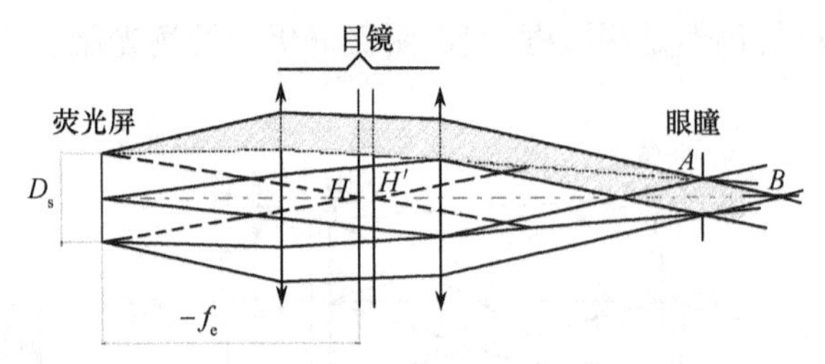

图12-17　人眼瞳孔对光束的限制

由图12-17可以看出,当人眼处于不同位置时,斜光束的限制情况将发生改变。人眼处于图中 A 点位置时,正好使得最大视场角的斜光束充满眼瞳,此时斜光束的上边缘光线刚好能进入人眼,因而人眼在此位置或由此向目镜方向移动任一位置所看到的整个视场亮度是均匀的,视场边缘没有昏暗现象,也不产生渐晕现象。当人眼由此向远离目镜方向移动时,一部分斜光束受到切割而不能进入人眼,视场边缘就会显得比视场中心昏暗,即产生了渐晕现象。例如,当人眼由 A 点向右移到 B 点位置时,进入人眼的斜光束口径减少了一半,即产生50%的渐晕。当然,从要求像面照度均匀的角度考虑,希望没有渐晕最好,但是为了使观察者能正常工作,又要求必须保证有一定的出瞳距离。由于目镜结构的限制,有时不能同时满足两方面的要求(既没有渐晕,又保证有一定的出瞳距离)。例如,当人眼处于 B 点位置时,能满足一定的出瞳距离的要求,但不能满足无渐晕的要求,如果又要求斜光束充满光瞳,那么必须增大目镜的口径或改换目镜形式。因此出瞳距离应该取多大,斜光束的渐晕系数允许多大,则要根据仪器的用途和目镜的形式来确定。

设目镜为一薄透镜，其有效直径为 D_e，A 和 B 至目镜最后表面的距离分别为 P'_A 和 P'_B，则 P'_A 即为无渐晕时的最大出瞳距离。由图 12－18 得

$$D_e = d\frac{P'_B}{P'_B - P'_A}$$

而

$$P'_B - P'_A = \frac{d}{2\tan\omega'}$$

式中：d 为人眼瞳孔直径。

当要求整个视场范围内无渐晕时，由图可得目镜有效直径为

$$D_e = 2P'_A\tan\omega' + d \tag{12-15}$$

或

$$P'_A = \frac{D_e - d}{2\tan\omega'} \tag{12-16}$$

此式可以用来进行近似计算。

由式(12－15)可以看出，当仪器的目镜视场一定时，目镜有效直径将随着出瞳距离的增大而增大。

5. 夜视仪器的景深、焦深和实际无穷远起点

1）景深

夜视仪器在某些应用场合，如用做夜间驾驶和夜间近距离作业时（如战地维修等），常将仪器调焦在一定的有限距离上，如图 12－19 所示。

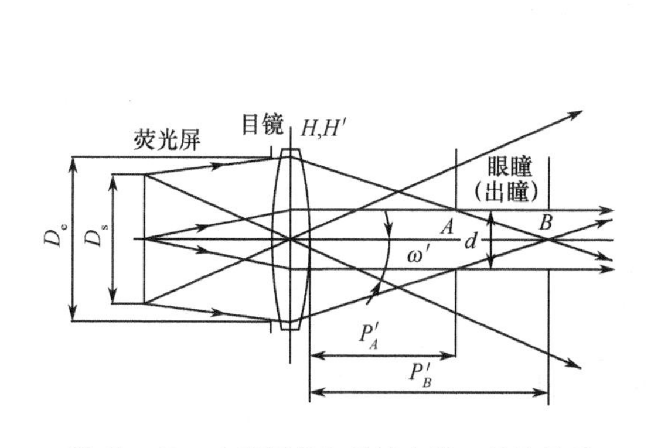

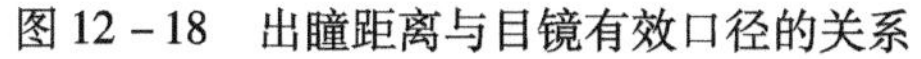

图 12－18　出瞳距离与目镜有效口径的关系

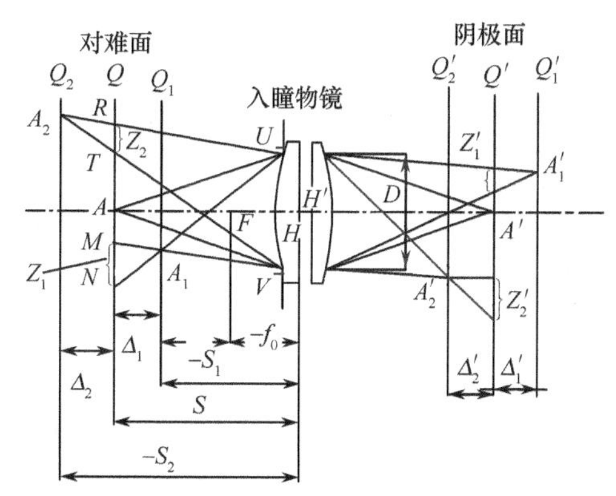

图 12－19　夜视仪器的景深

根据理想光学系统的共轭成像理论，一定物距的物平面对应着一定像距的像平面，夜视仪器物镜的成像面是光电成像器件的阴极面，它对应着物方某一确定位置的物平面。通常称该物平面为仪器的对准面（又称调焦面）。图中 Q 平面是物平面（即对准面），Q' 平面是与 Q 面相共轭的像平面（即阴极面）。Q 面上的 A 点在 Q' 面上成点像 A'。Q_1 面上的 A_1 点和 Q_2 面上的 A_2 点分别在与其相共轭的像平面 Q'_1、Q'_2 上成点像 A'_1、A'_2，在 Q' 面上得到的只是相应光束的截面，称为弥散斑。与点像 A'_1、A'_2 相应的弥散斑的直径分别用 Z'_1、Z'_2 表示。因此人眼通过仪器观察到的只是两弥散斑，而不是 A_1、A_2 的像点 A'_1、A'_2。显然，弥散斑越大，像就越不清晰。但是，如果弥散斑的直径不超过某个允许数值时，则弥散斑仍然可以被看成一个点像。弥散斑允许直径的大小取决于光电成像器件的分辨率，即

$$Z' \leqslant \frac{1}{m}(\text{mm}) \tag{12-17}$$

式中:m 为光电成像器件的极限分辨率。

由弥散斑允许直径 Z' 所决定的物方空间的深度称为仪器的景深。在图 12-19 中,当 $Z_1' = Z_2' = Z' \leqslant 1/m$ 时,则 Q_1 平面和 Q_2 平面之间的距离,即为景深,用 Δ 表示。

为了讨论问题方便,下面的运算均不考虑线段的符号,只用绝对值进行运算,由 $\triangle A_1MN \backsim \triangle A_1UV$ 和 $\triangle A_2RT \backsim \triangle A_2UV$ 得

$$\frac{Z_1}{D} = \frac{s - s_1}{s_1}, \frac{Z_2}{D} = \frac{s_2 - s}{s_2}$$

又因为

$$Z_1' = \beta_0 Z_1, Z_2' = \beta_0 Z_2$$

式中:β_0 为共轭面 Q 和 Q' 上的横向放大率;D 为物镜的入瞳直径。

所以

$$s_1 = \frac{D\beta_0 s}{D\beta_0 + Z_1'}$$

$$s_2 = \frac{D\beta_0 s}{D\beta_0 - Z_2'}$$

将 $Z_1' = Z_2' = 1/m$ 代入上式,得

$$s_1 = \frac{D\beta_0 sm}{D\beta_0 + 1}$$

$$s_2 = \frac{D\beta_0 sm}{D\beta_0 - 1}$$

前景深 $$\Delta_1 = s - s_1$$

后景深 $$\Delta_2 = s_2 - s$$

故有

$$\Delta_1 = \frac{s}{D\beta_0 m + 1}$$

$$\Delta_2 = \frac{s}{D\beta_0 m - 1}$$

又因为 $$\beta_0 = \frac{f_0'}{x}$$

所以 $$\Delta_1 = \frac{sx}{Df_0'm + x}$$

$$\Delta_2 = \frac{sx}{Df_0'm - x}$$

因此仪器的景深为

$$\Delta = \Delta_1 + \Delta_2 = \frac{2sxDf_0'm}{(Df_0'm)^2 - x^2}$$

因为 $s = x + f_0'$, $x \gg f_0'$,所以 $x \approx s$,最后得

$$\Delta_1 = \frac{s^2}{Df_0'm + s} \tag{12-18a}$$

$$\Delta_2 = \frac{s^2}{Df'_0 m - s} \tag{12-18b}$$

由上式可见，后景深大于前景深，即 $\Delta_2 > \Delta_1$。

$$\Delta = \frac{s^2}{Df'_0 m + s} + \frac{s^2}{Df'_0 m - s} = \frac{2s^2 Df'_0 m}{(Df'_0 m)^2 - s^2} \tag{12-19}$$

式中：s 为物镜的入射光瞳到仪器对准平面的距离。

景深反映了物空间被仪器清晰成像的纵深范围。从景深公式可以看出：仪器的对准面越远，景深越大，物镜的入瞳直径越小，焦距越短，光电成像器件的分辨率越低，则仪器的景深越大；反之，仪器的对准面越近，物镜的入瞳直径越大，焦距越长，器件的分辨率越高，则仪器的景深越小。

例 12.1 某夜间驾驶仪的入瞳直径 $D = 34\text{mm}$，物镜焦距 $f'_0 = 52.87\text{mm}$，对准面（调焦面）距离 $s = 30\text{m}$，红外变像管的分辨率 $m = 25\text{lp/mm}$，求仪器的景深。

解 由式(12-18a)和式(12-18b)，得

$$\Delta_1 = \frac{s^2}{Df'_0 m + s} = \frac{(3\times 10^4)^2}{34\times 52.87\times 25 + 3\times 10^4} = 12(\text{mm})$$

$$\Delta_2 = \frac{s^2}{Df'_0 m - s} = \frac{9\times 10^8}{14939.5} = 60(\text{mm})$$

所以 $$\Delta = \Delta_1 + \Delta_2 = 12 + 60 = 72(\text{mm})$$

此例说明：距该夜间驾驶仪 29.988m ~ 30.8m 范围内的目标通过仪器成像，清晰度在允许范围内。而目标在此范围之外，清晰度降低。

2）焦深

景深指的是当像平面（阴极面）固定不动时，物平面（目标）相对调焦面移动前景深和后景深那么大距离，仍然能够在像平面上获得清晰像的物空间的深度。

当物平面保持不动时，将阴极面在像平面的前后移动，这时目标（物平面）在阴极面所成的像会变模糊，如图 12-20 所示。但是如果在整个移动过程中，阴极面上弥散斑的直径 Z' 不超过光电成像器件所能鉴别的允许直径 $1/m$，即 $Z' \leqslant 1/m$，则像面清晰度的变化不会被显现出来，仍可认为像面是清晰的。阴极面这一允许移动范围称为焦深。

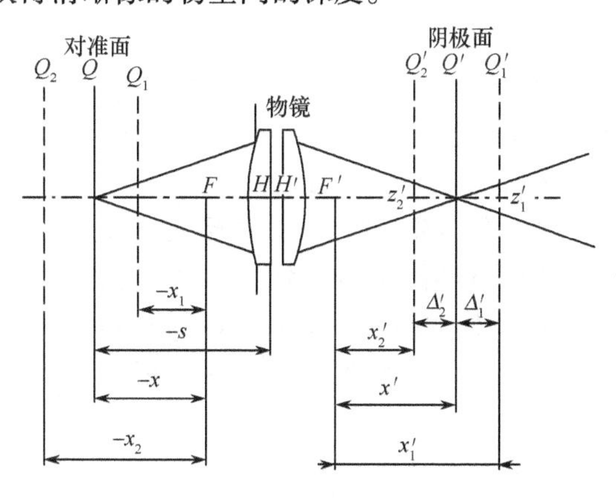

图 12-20 夜视仪器的焦深

焦深的大小反映了在仪器装配过程中对阴极面位置精度要求的高低。焦深越小，说明对阴极面的位置精度要求越高；反之，焦深越大，则说明对阴极面的位置精度要求越低。也就是说，焦深是在装配光电成像器件时允许阴极面偏离真正像平面的公差范围。

下面来推导焦深公式（仍不考虑线段的符号）。

因为 $$\Delta'_1 = x'_1 - x',\ \Delta'_2 = x' - x'_2$$

$$x_1 = x - \Delta_1, x_2 = x + \Delta_2$$

式中：x 为对准面 Q 至物镜前焦点的距离；x_1 为 Q_1 平面至物镜前焦点的距离；x_2 为 Q_2 平面至物镜前焦点的距离；x' 为阴极面（Q' 平面）至物镜后焦点的距离；x'_1 为 Q'_1 平面（Q_1 的像平面）至物镜后焦点的距离；x'_2 为 Q'_2 平面（Q_2 的像平面）至物镜后焦点的距离；Δ'_1 和 Δ'_2 分别为前、后焦深，应用牛顿公式，得

$$\Delta'_1 = \frac{f'^2_0 \Delta_1}{x(x - \Delta_1)} \tag{12-20}$$

$$\Delta'_2 = \frac{f'^2_0 \Delta_2}{x(x + \Delta_2)} \tag{12-21}$$

将式（12－18a）和式（12－18b）分别代入式（12－20）和式（12－21），得

$$\Delta'_1 = \frac{s f'^2_0}{x(Dmf'_0 + x - s)} \tag{12-22}$$

$$\Delta'_2 = \frac{s f'^2_0}{x(Dmf'_0 - x + s)} \tag{12-23}$$

从上面两式可以确定光电成像器件的装配位置公差。

若 $s \approx x$（即 $x \gg f'_0$），式（12－22）和式（12－23）可化简为

$$\Delta'_1 = \Delta'_2 = \Delta' = \frac{f'_0}{mD}$$

故总焦深为

$$2\Delta' = \frac{2f'_0}{mD} \tag{12-24}$$

由上式可见，当仪器的对准面确定后，物镜的入瞳直径越小，焦距越长，光电成像器件的分辨率越低，则焦深越大；反之亦然。

3）实际无穷远

如图 12－21 所示，当阴极面位于物镜的后焦平面时，仪器的对准面位于物方无穷远，此时仪器的前景深所对应的 Q_1 平面到仪器的距离 s_1 称为仪器的实际无穷远，Q_1 平面与光轴的交点 A_1 称为无穷远起点。

由于 $Z'_1 = Z' \leqslant 1/m$（弥散斑允许直径），所以从实际无穷远到无穷远的整个区间，物体在阴极面上的成像都同样清晰。由图中 $\triangle A'_1BC$ 与 $\triangle A'_1DE$ 相似可得

$$\frac{Z'_1}{x'_1} = \frac{D}{f'_0 + x'_1} \tag{12-25}$$

式中：Z'_1 为实际无穷远起点 A_1 在物镜后焦平面上所成模糊斑的直径。

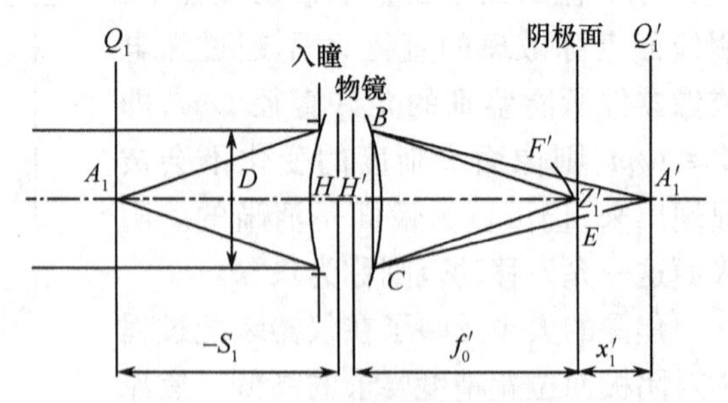

图 12－21　夜视仪器的实际无限远

应用牛顿公式，并保证 $Z'_1 \leqslant 1/m$，则由式（12－25）可近似求得夜视仪器的实际无穷远为

$$s_1 \approx x_1 = (Dm - 1)f'_0 \approx Dmf'_0$$

在上式推导中,使用了 $x_1 \gg f'_0$ 的条件。

由上式可见,物镜的入瞳直径越小,焦距越短,光电成像器件的分辨率越低,仪器的实际无穷远起点就越近。

12.2 间视型光学系统

间视型夜视仪器的光学系统通常包括物镜、目镜和扫描镜。折射式、折反式物镜和反射式已在前面作了介绍,故不再重复。光学扫描部件是热成像系统中关键部件之一,因此对它要作较详细的叙述。

12.2.1 红外光学系统的作用

红外光学系统是红外系统的重要组成部分,它在红外系统中有如下主要作用。

1. 收集并接收目标的红外辐射能量

红外光学系统最主要的作用就是通过光学系统中的物镜收集目标的红外辐射能量。一个目标发射出的红外辐射能量,总是向它的四周空间辐射,而且红外辐射能一般都很微弱。例如,太阳辐射到地球表面产生的照度约为 0.1W/cm^2,而在 30km 以外的波音 707 发动机,在忽略任何大气吸收的情况下,其照度大约只有 8×10^{-10}W/cm^2。由于红外探测器的光敏表面积都很小,其线度一般在 1/10mm 到几毫米,如果不加物镜,直接用探测器去接收,则只能接收到极小立体角内的红外辐射能量,如图 12-22(a)所示。为了增大接收的立体角,以收集更多的能量,红外系统都装置了物镜,如图 12-22(b)所示。由于物镜的孔径远远大于探测器的光敏表面,所以接收的能量也就增加许多倍,这样会聚在探测器上的能量也就大大地增加,从而提高了红外系统的灵敏度。

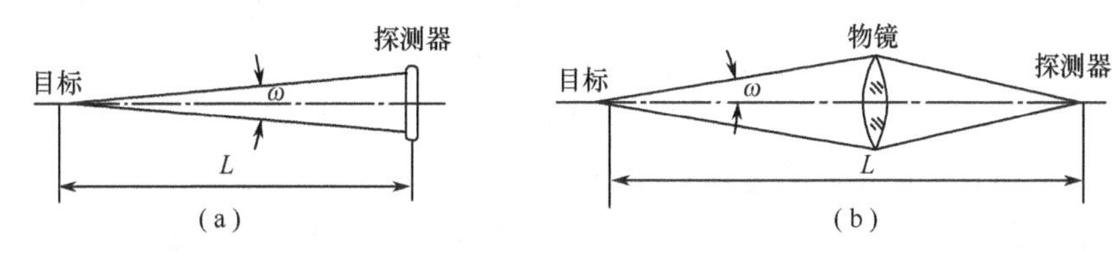

图 12-22 基本红外光学系统

从接收辐射能的角度来考虑,总希望物镜的孔径越大越好。但是孔径增大,使得装置增大,物镜加工困难,增加成本;另外,增大孔径会增大像差,使像质变坏。

2. 确定目标的方位

目标通过光学系统成像在像平面上,通常在像平面上或附近设置光学调制盘。由于像点位置与目标偏离光轴的方位有关,因此可以利用调制盘将目标的辐射通量编码成目标的方位信息,显示出目标的方位。

3. 实现大视场捕获目标与成像

有些红外系统要求对一个大的搜索视场来搜寻目标或成像,而单个探测器件相应的视场范围又很小,因此采用光机扫描的方法来扩大视场。扫描方法与形成电视图像方法相似,从一个小的瞬间视场着手,利用某种扫描方式,按照一定的运动规律来对整个视场进行扫描取样。瞬时视场一般是指光学系统本身静止不动时所能观察到的空域角的范围,它由光学系统设计确定。与此同时,有些红外系统除了用物镜对目标进行探测记录外,还附加目镜光路或另一望远镜系统以供人眼观测和瞄准被测目标。

在红外光学系统中常要应用场镜、浸没透镜和光锥等场光学元件,有时也需用中继光学透镜等光学元件。

12.2.2 红外光学系统的特点与主要参数

1. 红外光学系统中反射系统较多

一般的光学玻璃在红外波段内是不透明的,少数玻璃能透过3μm以下的波长。对于使用在中远红外波段的物镜则需要用特殊的红外光学材料制造才行。另外,为了收集更多的辐射能量,物镜的口径往往做得很大。目前,透红外波段的材料品种虽然已有一些,但其性能和成形尺寸还不能完全满足使用要求,有时选择合适的材料來消除波段内的色差也有一定困难。因此,目前的红外光学系统中多采用反射式。

反射式系统不受材料的限制,它可以用普通的光学玻璃或金属制成,只要在其工作表面上镀一层高反射膜层即可,尺寸也可以做得很大。另一个优点是没有色差。

对于口径小、焦距短的系统,如果采用透射式结构,可以使结构更加紧凑。随着红外光学材料进一步研究和发展,可以预料,透射式系统将会越来越多。

2. 红外光学系统的相对孔径较大

由于红外系统的目标一般较远、作用距离大、能量微弱,因此,要求光学系统的接收孔径要大,以收集尽量多的辐射能量。另外,光学系统要将所收集到的红外辐射能量会聚到探测器上,为了在探测器的光敏表面上获得更大的照度,希望光学系统焦距小些,这样,光学系统的相对孔径 D/f' 就要大些。

探测器的信号输出电压与其光敏表面的照度成正比,而光敏表面上的照度又与物镜相对孔径的平方成正比。因此,为了提高系统的探测能力,就要加大光学系统的相对孔径。但相对孔径增加会增大加工工艺的难度和像差校正难度。

3. 红外光学系统的接收器是红外探测器

红外光学系统的接收器不同于一般的光学仪器,它不像望远镜、显微镜这一类的目视仪器,以人的眼睛作为接收元件;也不像照相机,以感光底片作为接收器。红外光学系统是用红外探测器接收。在装有调制器的红外系统中,目标的辐射能在被红外探测器接收之前,先通过光学调制器调制,把直流的光信号转变成交变的光信号,然后经探测器接收并输出一个交变的电信号。

4. 探测器大小与瞬时视场的关系

如图12-23所示,设物在无穷远处,$-l \approx -l_1 = \infty$,探测器视场光阑放在物镜焦平面上,并与出射窗重合。一般情况下,红外光学系统中的视场表示探测器通过光学系统在物空间所能探测到的范围,视场的大小通常用平面视场角来表示,有时也用立体角表示。

红外光学系统的瞬时全视场 2ω 是很小的,只有零点几毫弧度或几毫弧度。根据近轴光学物像间拉赫关系式,$nyu = n'y'u'$。因为 $y = (-l_1)\omega = (-l)(-u)$,又因为 $-l = -l_1$,所以 $\omega \approx -u$,且 $n' = n$,由此可得

$$y'=\frac{nyu}{n'u'}=\frac{ny(-\omega)}{n'u'}=\frac{y}{u'}(-\omega)\approx -f'\omega$$

或

$$\omega\approx\frac{-y'}{f'}=\frac{d/2}{f'} \tag{12-26}$$

式中：ω 为物方瞬时半场角；$d/2$ 为焦面上的探测器尺寸之半；f' 为系统像方焦距。通常当 ω 超过 10°(0.175rad)时，在式(12-26)中，应由 $\tan\omega$ 代替 ω。

应当指出的是，式(12-26)只对物在无限远并且物方和像方在同一介质中(如空气)才成立。假使把红外光学系统等价成一个薄透镜，如图 12-24 所示，式(12-26)成立是显而易见的。

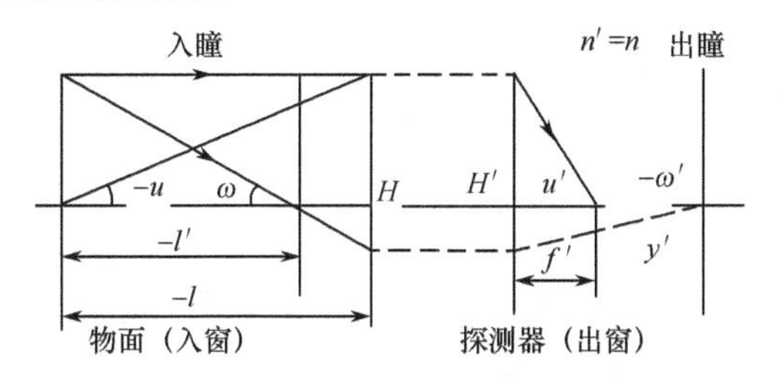

图 12-23　探测器大小与瞬时视场的关系

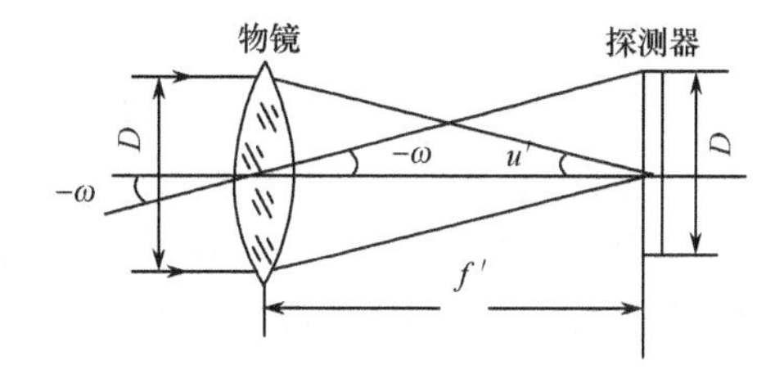

图 12-24　薄透镜红外光学系统

对于薄透镜，如果物方、像方主面及入瞳、出瞳都在薄透镜中间平面上，因此物方全视场角 2ω 与像方全视场角 $2\omega'$ 是相等的，正好得到式(12-26)。实际上，物方全视场角 2ω 一般不等于像方全视场角 $2\omega'$，并且物方、像方主面及入瞳、出瞳也不重合为一个平面，这样就不能用一个薄透镜来等价一个实际的红外光学系统。而且，当物不在无穷远，特别是物距很短时，式(12-26)不成立，应该用近轴光线追迹的办法，通过入瞳和入射窗来求视场角的大小，当然此时也不可以用一个薄透镜来等价红外光学系统。

红外物镜的相对孔径用 D/f' 表示，其倒数 f'/D 称为 FNO。把 FNO $=f'/D$ 代入式(12-26)，得

$$\omega=\frac{d}{2f'}=\frac{d/D}{2f'/D}=\frac{d}{2\mathrm{FNO}D}$$

或

$$F=\frac{d}{2\omega D} \tag{12-27}$$

对红外物镜，有时也用数值孔径 NA $=n'\sin u'$ 来表示它的性能。对于在空气中使用的望远物镜，由图 12-24 可推出物镜 F 数和数值孔径 NA 的关系，有

$$\mathrm{NA}=n'\sin u'=\sin u'\approx\frac{D}{2f'}=\frac{1}{2F} \tag{12-28}$$

相对孔径或数值孔径是表述红外光学系统接收总辐射通量的重要参数。

当光学系统成像在空气中时，$n'=1$，数值孔径的最大值为 1(此时 $u'=\pi/2$)，相应的最大 F 数为 1/2，即红外物镜的 F 数不超过 1/2。然而实际上取 F 数为 1/2 的系统是很少见的，因为这时像质太差。实际使用中对 FNO 的限制为

$$\mathrm{FNO}\geqslant\frac{1}{n'}(\text{在空气中使用时，}\mathrm{FNO}\geqslant 1) \tag{12-29}$$

把式(12-27)代入式(12-28),得数值孔径与ω、D、d的关系为

$$\mathrm{NA}=\frac{D\omega}{d} \tag{12-30}$$

式(12-27)和式(12-30)是红外光学系统中常用的两个基本关系式。

把式(12-27)代入式(12-29),得

$$\frac{d}{2\omega D}\geqslant\frac{1}{n'}$$

或

$$d\geqslant\frac{2\omega D}{n'} \tag{12-31}$$

在空气中使用时,有

$$d\geqslant 2\omega D$$

在设计红外光学系统时应注意到这一限制。

5. 红外光学系统的焦深和景深

很多红外光学系统需要对不同距离上的目标进行工作,无论是移动探测器或移动光学系统进行调焦,都是不容易实现的。因此,对红外光学系统的焦深和景深应做出估计。实际的红外光学系统在校正像差后,除在理想像面上可获得清晰的像外,当成像面的理想像面左右移动某一小距离$\Delta l_0'$时,也能得到比较清晰的像,这段距离称为焦深,即应用几何光学中焦深公式计算:

$$2\Delta l_0^2=\frac{\lambda}{n'\sin^2 U_{\mathrm{m}}'}\approx\frac{\lambda}{n'\left(\dfrac{h_{\mathrm{m}}}{f'}\right)^2}=\frac{\lambda}{n'\left(\dfrac{D}{f'}\right)^2}=\frac{4\lambda}{n'}\mathrm{FNO}^2 \tag{12-32}$$

式中:n'为像方折射率,当成像在空气中时,$n'=1$。

对应于焦深范围内的目标,在物空间移动某一距离x时,只要像面的移动距离x'不超过$\Delta l_0'$(因为像焦点约为线段$\Delta l_0'$的中点),仍能得到清晰的像,这一物空间深度称为景深。假使光学系统对无限远目标聚焦,像点在焦深$2\Delta l_0'$的中心,并且物像在同一介质中,利用牛顿成像公式$xx'=ff'=(f')^2$,令$x'=\Delta l_0'$并把式(12-32)代入,可得景深x表达式为

$$x=\frac{n'(f')^2}{2\lambda(\mathrm{FNO})^2}=\frac{n'D^2}{2\lambda} \tag{12-33}$$

如果目标比式(12-33)给出的x值更近,虽然像的尺寸比探测器要大会使信号减小,但目标近了又使信号增加。这是因为距离近了,对于不充满视场的目标,探测器接收到目标发出的更大立体角内的辐射。即使对于充满视场的目标,距离近了,大气衰减也减小了。因此,总的看来信噪比变化并不十分大,甚至直到目标的距离近到由式(12-33)给出的距离的1/10,系统还可以不作为调焦使用。

6. 最小弥散斑及其角直径

影响成像质量的因素除像差外,还有衍射。衍射产生的像差不属于几何像差。对于红外光学系统,常采用最小弥散斑角直径来估计各种像差的大小,这是所有几何追迹光线在最佳像面上聚焦时的最小弥散斑角直径,不包括衍射效应。这种方法只适用于大像差系统,即像差超过瑞利判据好几倍的光学系统。

对于红外波段,衍射往往起着显著的作用,有时甚至十分重要(如美国地球资源卫星的多光谱扫描仪的热红外通道),因而应该综合衍射和像差两种因素来评价红外光学系统的质量。

由光的衍射理论可知,无穷远的点光源经过具有圆形孔径光阑的光学系统成像,其像成为明暗交替的圆形衍射花样,其中心圆斑最亮,约占总照度的 84%。这个中心圆斑称为爱里斑,也称为衍射斑。对于入射光瞳直径为 D 的光学系统,爱里斑的角直径,即爱里斑直径对像方主点的张角为

$$\Delta\theta = 2.44\frac{\lambda}{D}$$

爱里斑的线直径 δl 可用其角直径 $\Delta\theta$ 与光学系统的焦距 f' 相乘求得,即

$$\delta l = f' \cdot \Delta\theta = 2.44\frac{\lambda f'}{D} = 2.44\lambda F \tag{12-34}$$

由此可见,λ 越长,FNO 越大,衍射越厉害。例如,$\lambda = 4\mu m$ 红外光,若 FNO = 2,$\delta l \approx 20\mu m$,比目前最小的探测器尺寸(约 50μm)要小,问题还不大。如果 $\lambda = 15\mu m$,并且 $F = 2$,则 δl 将达 73μm,就可能比最小的探测器尺寸要大。要使衍射斑不溢出探测器,必须把探测器做得比 δl 大,或者减小 F 数,但增大探测器面积,将使噪声增大;减小 F 数,又使像差增加。因此,如果信号足够强,有时往往就让衍射斑溢出一点。由于光学系统存在像差,则成像弥散斑要比爱里斑大得多,所以对于探测器尺寸和系统 F 数的选择,要同时考虑到能量、像差、衍射等因数。

12.2.3 前置望远系统和中继透镜组

1. 前置望远系统

在采用平行光束扫描的热成像系统中,为减小光学扫描部件的尺寸,可在成像物镜前增加一组前置望远系统。前置望远系统由物镜组和准直镜组构成,如图 12-25 所示。物镜组像方焦点与准直物镜组物方焦点重合,且 $f'_1 > f'_2$。

前置望远镜的放大率为

$$\Gamma = f'_1/f_2$$

入射光束口径 D_1 和出射光束口径 D_2 之比为

$$D_1/D_2 = f'_1/f_2 = \Gamma$$

物方视场 ω_1 的正切与像方视场 ω'_2 的正切之比为

$$\tan\omega_1/\tan\omega'_2 = f_2/f'_1 = 1/\Gamma$$

由此可见,加上前置望远镜后,对于成像物镜来说,入射光束口径变小,视场变大。这样,可以缩小反射镜或反射镜鼓等扫描部件尺寸,有利于仪器小型化及提高扫描速度;另外,也可降低衍射带来的像点弥散斑尺寸,有利于提高像质。扩大视场则可以提高行扫描效率,从而增大总扫描效率。

总之,加入前置望远镜后,极大地改善了系统的性能、结构,因此前置望远系统应用广泛,图 12-26 为一应用实例。

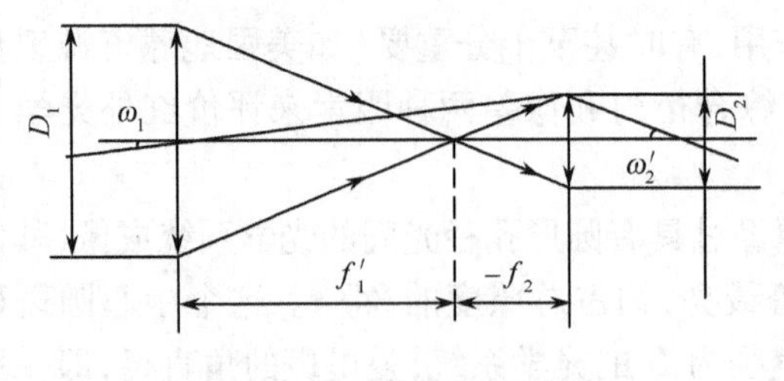

图 12-25　前置望远系统

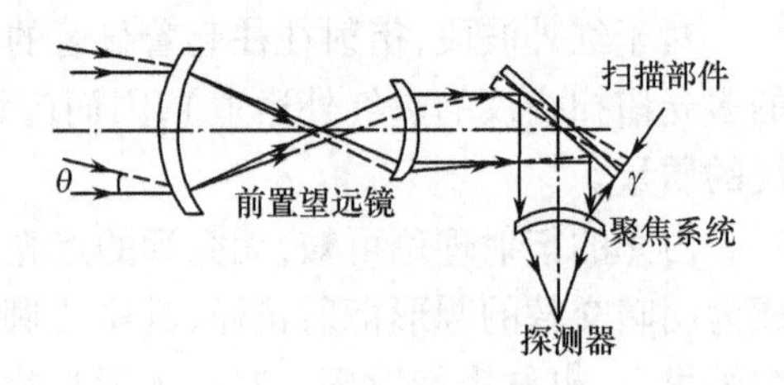

图 12-26　前置望远镜应用实例

2. 中继透镜组

中继透镜能把像沿轴向从一个位置传送到另一个位置,如图 12-27 所示,通过中间元件把图像从 I_1 传送到 I_2。在传送过程中,它能使图像反转(成正像或成倒像)。连续使用一系列中继透镜,就可使图像沿一条直线限定的长管进行传送。

图 12-28 为某一种热像仪光学系统,其中使用了放大率为 $1^{\times}$ 的中继透镜组。热像仪所观察的物体上的各点经球面镜和次镜以及旋转折射棱镜的扫描后,都将依次成像在轴上同一点,该点位于棱镜后面不远的地方,即图中光阑所在的位置。如果将探测器安放在这个位置,在结构安排上有一定困难,而且杂光干扰太大。中继透镜组将图像沿轴向移动适当距离,成像于探测器上,避免了结构安排上的困难。

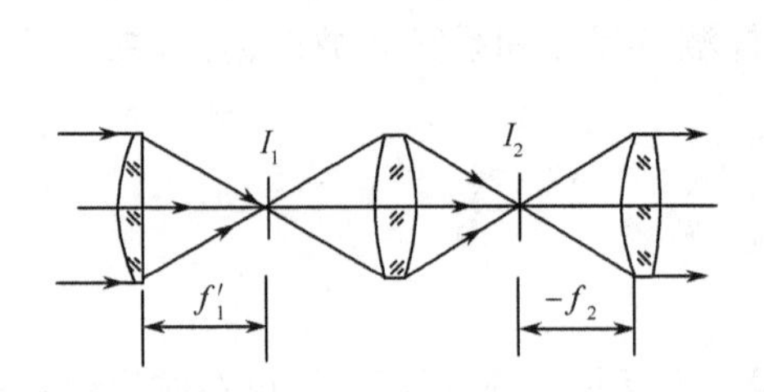

图 12-27　使用中继透镜的光学系统

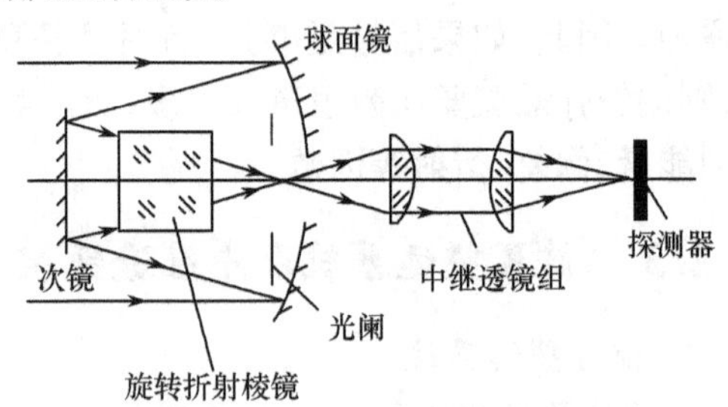

图 12-28　某一种热像仪光学系统

12.2.4　光机扫描

在热成像系统中,红外探测器所对应的瞬时视场往往是很小的,一般只有零点几毫弧度或几毫弧度,为了得到总视场中出现的景物的热图像,必须对景物扫描。这种扫描通常是由机械传动的光学扫描部件来完成的,所以称为光机扫描。

1. 基本扫描方式

系统中的扫描器可以置于聚光光学系统之前或之后,因而构成两种基本的扫描方式,即物镜前扫描和物镜后扫描,图 12-29(a)、(b)分别表示以物点为固定参考点的物方扫描和像方扫描,图(c)、(d)分别表示以像点为固定参考点的物方扫描和像方扫描。

1)物镜前扫描

扫描器位于聚光光学系统之前,或置于无焦望远系统压缩的平行光路中。扫描器在平行光路中工作,故又称平行光束扫描。图 12-30 为物方扫描的实例。扫描器在聚光光学系统前面,旋转反射镜鼓完成水平方向快扫,摆动反射镜完成垂直方向慢扫。这种扫描方式,一般需要有比聚光光学系统的口径还要大的扫描镜,且口径随聚光光学系统的增大而增大。由于扫描器比较大,扫描速度的提高受到限制。

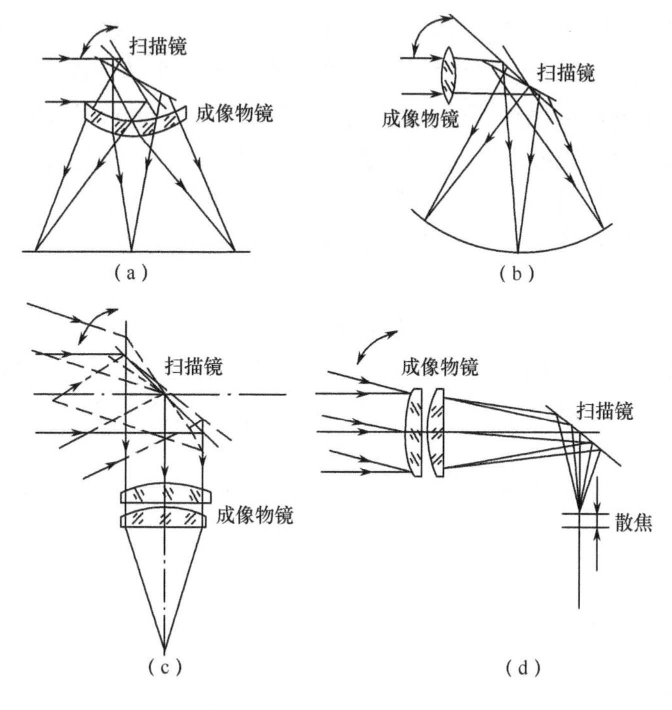

图 12－29　光机扫描基本方式

2）物镜后扫描

扫描器位于聚光光学系统和探测器之间的光路中，对像方光束进行扫描。扫描器在会聚光路中工作，故又称会聚光束扫描。图 12－31 为像方扫描的实例。摆动平面反射镜和旋转折射棱镜置于会聚光路中，扫描器可以做得比较小，易于实现高速扫描。但这种扫描方式需要使用后截距长的聚光光学系统。而且由于在像方扫描，将导致像面的扫描散焦，对聚光光学系统有较高的要求。扫描视场不宜太大，像差修正比较困难。

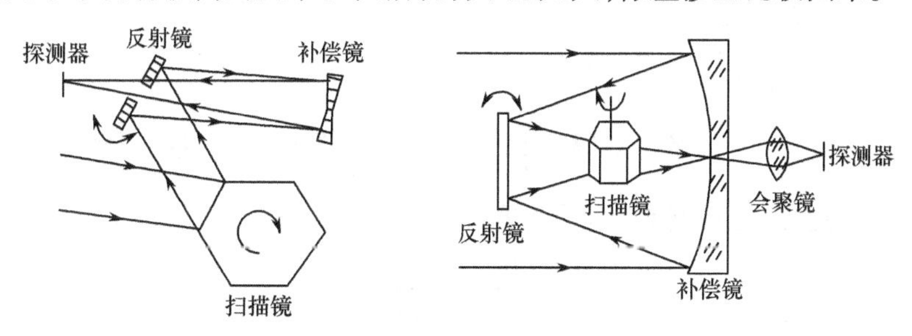

图 12－30　物方扫描实例　　图 12－31　像方扫描实例

2. 光机扫描器

用于热成像系统中的扫描器大部分会产生直线扫描光栅。常用的光机扫描器有摆动平面反射镜、旋转反射镜鼓、旋转折射棱镜以及旋转折射光楔等。

对扫描器的基本要求是：扫描器尺寸尽可能小，结构紧凑。下面介绍几种常用的扫描器。

1）摆动平面反射镜

摆动平面反射镜在一定范围内周期性地摆动完成扫描。根据反射镜的光学原理，摆动反射镜使光线产生的偏转角是反射镜摆角的2倍，即当反射镜摆动α角时，反射光线偏转2α角。这种扫描器既可用做平行光束扫描器，又可用做会聚光束扫描器。

用做平行光束扫描器的摆动平面镜如图12－32所示。为了减小摆动平面镜和探测器成像透镜尺寸，平面反射镜放在前置望远镜出瞳附近的平行光路中，因为进入望远镜入瞳上的光线都通过出瞳，此处会合的平行光束较窄。设全视场为2ω，出瞳直径为P，出射光束直径为Q，则

$$Q = P\cos\omega$$

平行光束入射到平面镜上，经反射后仍为平行光束出射，所以比较简单，只需确定平面镜尺寸。如图12－33所示，D_0为入射光束直径，平面反射镜的最小尺寸l应为

$$l = D_0/\sin\gamma$$

对于固定的入射光线，当平面镜摆动γ角时，反射光线偏转2γ角，因此探测器所在像面上像点的移动距离为

$$y = 2\gamma f'$$

式中：f'为成像光学系统焦距。

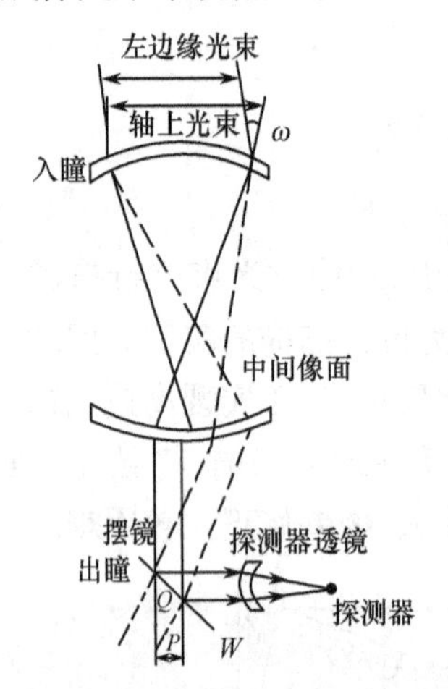

图12－32　平行光束扫描器的摆动平面镜图

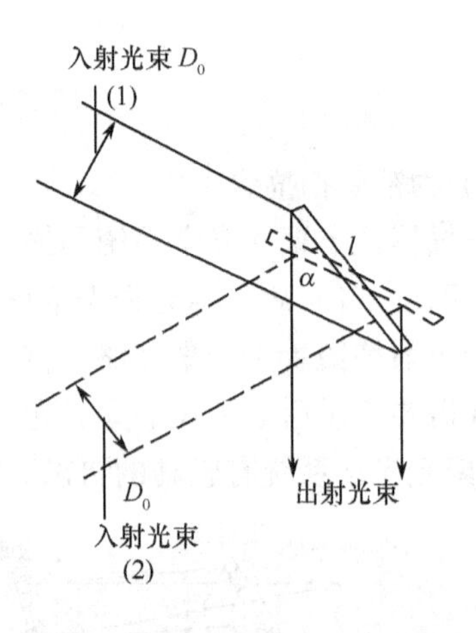

图12－33　摆动平面光路计算图

对应于无穷远处物点的像点移动速度为

$$\frac{\mathrm{d}y}{\mathrm{d}t} = 2f'\frac{\mathrm{d}\gamma}{\mathrm{d}t}$$

由此可见，像点的移动速度与平面镜摆动的角速度成正比，但是当目标不在无穷远处时，摆动平面镜就不在平行光束中扫描，像点的移动速度就不能与$\frac{\mathrm{d}\gamma}{\mathrm{d}t}$成正比。

用做会聚光束扫描器的摆动平面镜如图12－34所示。入射光束经物镜系统会聚、平面镜反射后成像于探测器上。当反射镜从位置①转过γ角到位置②，反射镜的运动对扫描和成像均有影响。现在求镜面转动前后扫描角θ和镜面摆角γ的关系。

对于镜面位置②，探测器所在处D的镜像D'，从图12－34中得出

$$\tan\theta = \frac{y}{a+z}$$

$$y = b\sin 2\gamma, z = b\cos 2\gamma$$

因此

$$\tan\theta = \frac{b\sin 2\gamma}{a + b\cos 2\gamma}$$

或

$$\theta = \arctan\frac{b\sin 2\gamma}{a + b\cos 2\gamma}$$

当 θ 和 γ 都较小时,可近似地取

$$\theta = \frac{2b}{a+b}\gamma$$

或

$$\gamma = \frac{a+b}{2b}\theta$$

由此可见,光线转角 θ 与平面镜摆角 γ 近似地呈线性关系。

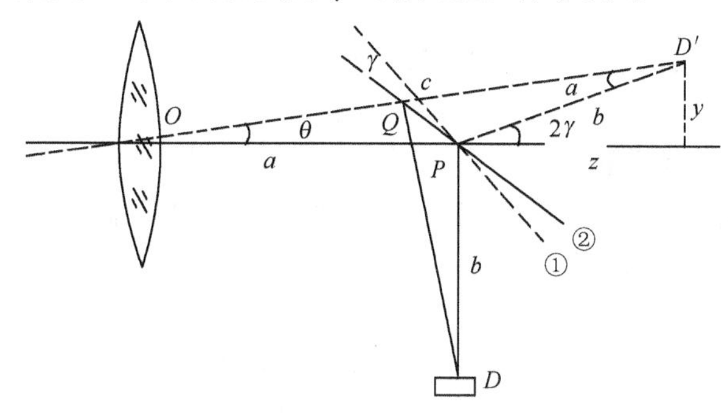

图 12-34　会聚光束扫描器的摆动平面镜图

再分析像差情况。当平面镜位于位置①时,光线沿 OPD 方向上的长度为$(a+b)$;平面镜转到位置②时,光路为 OQD,其长度不再是$(a+b)$。图 12-34 中$\triangle OD'P$ 中的 OD' 长度为 c,而

$$c < a + b = f'$$

式中:f'为成像系统焦距。

这表明,当镜面使主光线扫离光轴时,物镜到探测器的光路缩短了,这样将会由于扫描散焦而增大光学系统的像差。因为

$$c = \frac{y}{\sin\theta} = \frac{b\sin 2\gamma}{\sin\theta}$$

代入 γ 值,得

$$c = \frac{b\sin[\theta + (a+b)\theta]}{\sin\theta} = c(\theta)$$

当未校正像差时,实际系统的像面为一曲面,称为匹兹伐面,如图 12-35 所示。θ 随 c 的变化与系统场面的曲率往往不一致,因而会产生散焦,影响像质,应设法加以补偿。

现在计算平面镜偏转 γ 角后,轴上光线离开理想焦平面的距离。如图 12-36 所示,

$a = a'$,而 $b > b'$,设其差为 Δ,则

$$\Delta = b' - b = \frac{b}{\cos 2\gamma} - b = b[\sec 2\gamma - 1] \approx 2b\gamma^2$$

代入 γ 值,得

$$\Delta \approx \frac{\theta^2 (a+b)^2}{2b} = \frac{\theta^2 f'^2}{2b}$$

式中:f'为成像物镜的焦距。

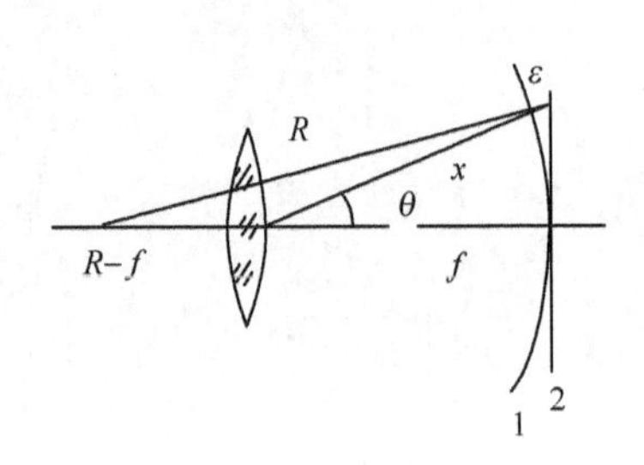

图 12-35　匹兹伐面

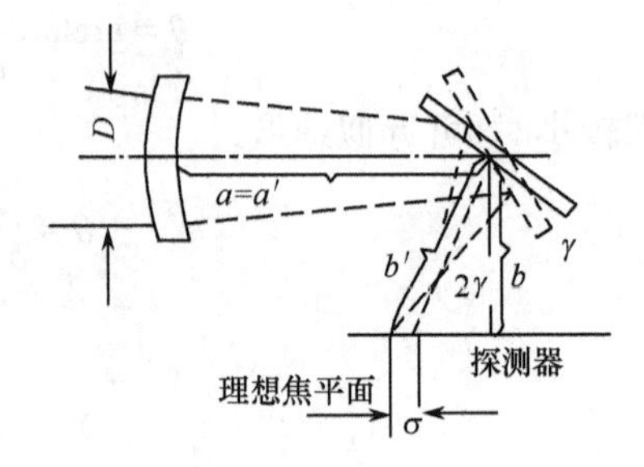

图 12-36　平面镜偏转 γ 角后轴上光线计算图

由相似三角形可求得散焦引起的弥散圆直径为

$$\sigma = \Delta \cdot D/f'$$

式中:D 为成像物镜的通光孔径。

会聚光束扫描器引起的扫描散焦可通过光学系统的设计加以补偿。若光学透镜到像面的距离为 $x(\theta)$,则补偿的条件为

$$x(\theta) = c(\theta)$$

摆动平面镜是周期性往复运动的。因为机构有一定惯性,所以速度不宜太高,而且在高速摆动的情况下,视场边缘变得不稳定,并且要求较高的电动机传动功率,总的来说摆动平面镜不适合高速扫描。

2）旋转反射镜鼓

在高速扫描的情况下,经常采用旋转反射镜鼓,因为镜鼓的摆动是连续的,因而比较平稳。旋转反射镜鼓与摆动平面反射镜的工作状态基本相同,转角关系和像差情况也类似。但旋转反射镜鼓的反射面是绕镜鼓中心线旋转的,所以镜面位置相对于光线产生位移,下面讨论有关的几个问题。

(1) 镜面宽度。多面体反射镜鼓各几何参数间的关系示于图 12-37。设镜鼓有 m 个反射面,则每个镜面对镜鼓中心的张角为

$$\theta_f = 2\pi/m$$

镜面宽度为

$$l = 2r_0 \sin\left(\frac{\theta_f}{2}\right)$$

式中:r_0为镜鼓外接圆半径。

镜鼓半径 r_0与镜面内切圆半径 r_i之间的关系为

$$r_0 = r_i / \cos\frac{\theta_f}{2}$$

（2）镜鼓转动时镜面的位移量。图 12－38 表示了任意反射镜面中心点随镜面转角 γ 而变化的情况。

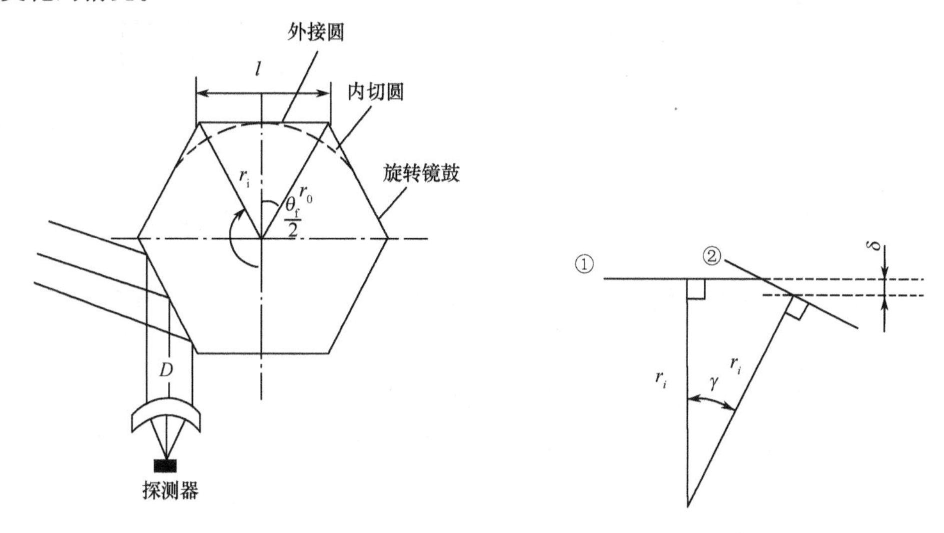

图 12－37　多面体反射镜鼓各几何参数间的关系　　图 12－38　镜鼓转动时镜面的位移量

设镜面从位置①到位置②的旋转角为 γ，则镜面的位移量为

$$\delta = r_i(1-\cos\gamma) = r_0\cos(\theta_f/2)(1-\cos\gamma)$$

（3）镜鼓最小半径。入射光束为平行光束，其宽度为 D，由于镜鼓转动时镜面位置有移动，若光束宽度一定，则当镜鼓转动时，镜面位移会使扫描区边缘部分的入射光束不能全部进入视场，而产生渐晕。为保证不产生渐晕，在入射光束宽度 D 确定时，反射镜鼓半径 r_0 必须大于某一最小值。经计算证明 r_0 应为

$$r_0 = \frac{D}{2\cos\theta\sin[(\theta_f-\gamma)/2]}$$

式中：θ 为入射光束对镜面的平均入射角；γ 为镜面有效转角，$\gamma=\omega$（ω 为观察视场的平面角）。

（4）镜鼓的最大转速。镜鼓的转速受镜鼓材料强度的限制，不能过大，按材料力学计算得到镜鼓的最大转速为

$$M_{max} = \frac{1}{2\pi r_0}\sqrt{\frac{8T}{\rho(3+u)}}$$

式中：r_0 为镜鼓半径；ρ 为材料密度；u 为材料的泊松比；T 为镜鼓材料的抗拉强度。

以上计算是单纯从材料强度观点出发的。实际上，在镜面破坏以前，由于高速转动引起的镜面变形足以影响系统的正常工作。所以，最大允许转速要比计算得出的值低得多。M_{max} 与 r_0 的关系对系统的设计至关重要。旋转反射镜鼓主要用于平行光束扫描。

3）旋转折射棱镜

具有 $2(n+1)(n=1,2,3,\cdots)$ 个侧面的折射棱镜，绕通过其质心的轴线旋转，构成旋转折射棱镜扫描器，如图 12－39 所示。

旋转折射棱镜只用做会聚光束扫描器。图 12－40 表示折射棱镜在会聚光束中的应用情况。入射光束经物镜系统，再经折射棱镜会聚成像。当它旋转时，焦点不仅沿纵向移

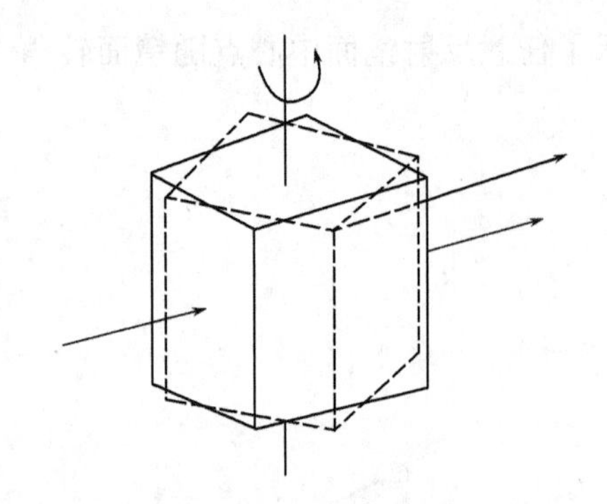

图 12-39　旋转折射棱镜

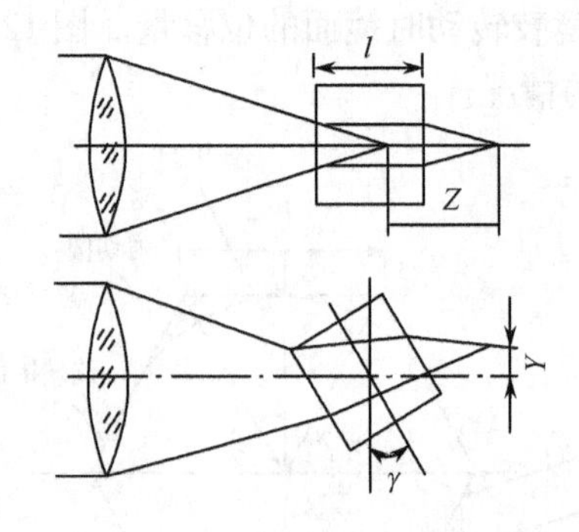

图 12-40　会聚光束旋转折射棱镜扫描器

动 Z,又沿横向移动了 Y。

现在分别讨论焦点横向位移、纵向位移和棱镜转角 γ 的关系。

(1) 焦点的横向位移。折射棱镜相对的两个平面互相平行,相当于一块平行平板玻璃。图 12-41 表示了光线通过平行平板的情况,用于分析焦点横向位移与扫描器转角 γ 的关系。图中只画出了一条主光线,设棱镜转过 t,折射率为 n。当棱镜转过 γ 角时,入射光线对镜面的入射角为 $(\phi_1-\gamma)$,折射角为 $(\phi_2-\gamma)$。由图 12-41 可见

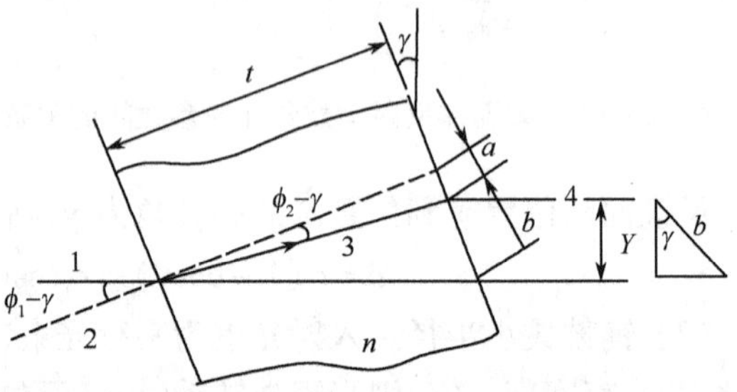

图 12-41　光线通过平行平板的情况

$$(a+b)/t=\tan(\phi_1-\gamma)$$

$$a+b=t\tan(\phi_1-\gamma)$$

而
$$a=t\tan(\phi_2-\gamma)$$

因此
$$b=t[\tan(\phi_1-\gamma)-\tan(\phi_2-\gamma)]$$

又
$$Y/b=\cos\gamma$$

所以
$$Y=t\cos\gamma[\tan(\phi_1-\gamma)-\tan(\phi_2-\gamma)] \tag{12-35}$$

假定空气折射率为 1,则根据折射定律得

$$n\sin(\phi_2-\gamma)=\sin(\phi_1-\gamma)$$

而
$$\tan(\phi_2-\gamma)=\frac{\sin(\phi_2-\gamma)}{\sqrt{1-\sin^2(\phi_2-\gamma)}}=\frac{\sin(\phi_1-\gamma)}{\sqrt{n^2-\sin^2(\phi_1-\gamma)}}$$

代入式(12-35),得

$$Y=t\cos\gamma\left[\frac{\sin(\phi_1-\gamma)}{\cos(\phi_1-\gamma)}-\frac{\sin(\phi_1-\gamma)}{\sqrt{n^2-\sin^2(\phi_1-\gamma)}}\right] \tag{12-36}$$

对于 $(\phi_1-\gamma)$ 和 γ 值都较小的情况,有

$$Y\approx t\cos\gamma\left[(\phi_1-\gamma)-\frac{1}{n}(\phi_1-\gamma)\right]=t(\phi_1-\gamma)\frac{n-1}{n}$$

由上式可知,在小角度范围内,棱镜在旋转时产生近似的线性扫描。

对于近轴光线,$\phi_1=0$,根据式(12-36),得

$$Y = -t\sin\gamma\left[1 - \frac{\cos\gamma}{\sqrt{n^2 - \sin^2\gamma}}\right]$$

（2）焦点的纵向位移。如图 12－42 所示，入射光束为会聚光束，在没有棱镜折射时，焦点为 F_1'，加入折射棱镜后，在棱镜未转动的情况下（$\gamma=0$），其焦点沿纵向移动了 Z，焦点移至 F_2'，从图中可以看出

$$Z = t - b$$

而

$$b = a/\tan\phi_1, a = t\tan\phi_2$$

由折射率得

$$\sin\phi_2 = \sin\phi_1/n$$

所以

$$\tan\phi_2 = \frac{\sin\phi_2}{\sqrt{1 - \sin^2\phi_2}} = \frac{\sin\phi_1}{\sqrt{n^2 - \sin^2\phi_1}}$$

经简化，得

$$b = t\cos\phi_1/\sqrt{n^2 - \sin^2\phi_1}$$

$$Z = t\left[1 - \frac{\cos\phi_1}{\sqrt{n^2 - \sin^2\phi_1}}\right]$$

可见，焦点的纵向位移 Z 随光线倾角 ϕ_1 的增加而增加。

当棱镜转动 γ 角时，对于轴上光线（$\phi_1 \approx 0$），纵向位移 Z 由下式给出

$$Z = t\left[\cos\gamma - \frac{\cos 2\gamma}{n^2 - \sin^2\gamma} - \frac{1}{4}\cdot\frac{\sin^2 2\gamma}{(n^2 - \sin^2\gamma)^{\frac{3}{2}}}\right]$$

用在会聚光束中的旋转折射棱镜扫描器，除使焦点移动外，还产生各种像差。对物镜系统消像差要求较高，增加了设计难度。但是，它的运动平稳而连续，尺寸小，机械噪声小，有利于提高扫描速度。

4）旋转折射光楔

折射光楔是指两折射平面夹角很小的折射棱镜。旋转折射光楔扫描一般用在平行光束中，因为在会聚光束中会产生严重的像差。图 12－43 表示入射光线在折射光楔主截面内折射偏转的情况。

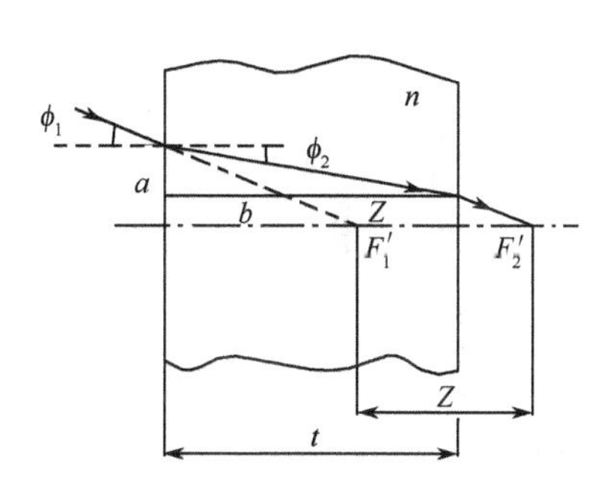

图 12－42　光线通过平行平板后焦点的纵向位移情况

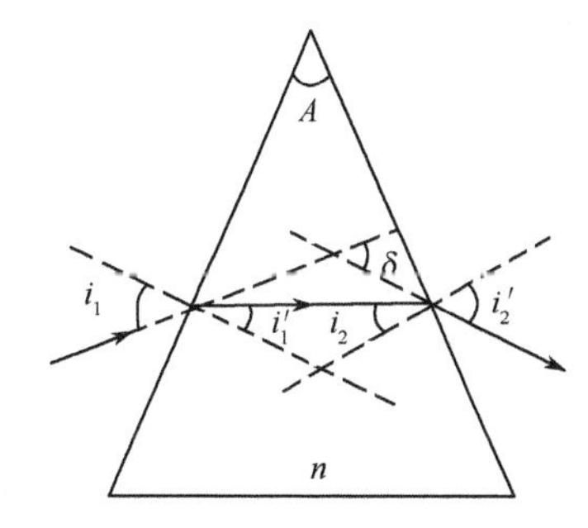

图 12－43　入射光线在折射光楔主截面内折射偏转的情况

对于顶角 A 很小，置于空气隙中的折射光楔来说，当入射角 i_1 很小时，光线的偏向角可表示为

$$\delta = n(i_1' + i_2) - A = (n-1)A$$

当光楔旋转时，出射光线随时间变化，产生相应的扫描图形。如图 12－44(a)所示，光线逆 x 轴方向入射，光楔绕 x 轴转动，角速度为 $\boldsymbol{\omega}$。此时折射光线在 yz 平面上有一个投影，定义为偏向矢量 $\boldsymbol{\delta}$。矢量 $\boldsymbol{\delta}$ 的方向为从 x 轴指向折射光线方向，其大小 $\delta=(n-1)A$。

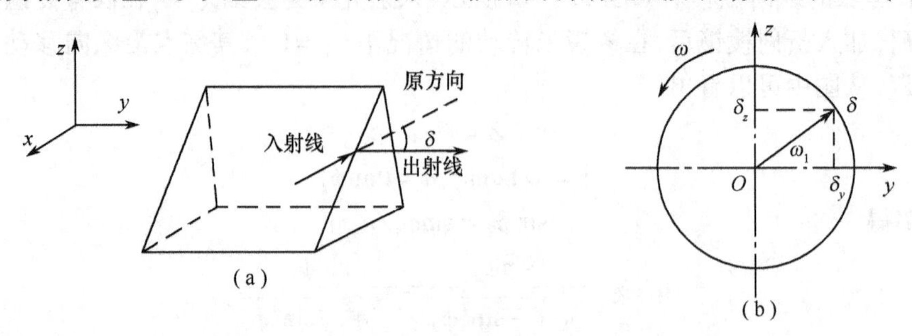

图 12－44　光楔旋转时产生的相应扫描图形

由图 12－44(b)可以看出，当光楔以 ω 角速度绕 x 轴旋转时，δ 也以角速度 ω 绕 x 轴旋转，其轨迹形成一个圆。如设初位相为 φ，则偏向角矢量 $\boldsymbol{\delta}$ 的标量运动方程为

$$\delta_y=(n-1)A\cos(\omega t+\varphi)$$
$$\delta_z=(n-1)A\sin(\omega t+\varphi)$$

从偏向角运动方程可求出任一时刻出射光线的方向。

旋转折射光楔是一种非常灵活的光学扫描器。利用一对旋转光楔，改变其旋转方向和转速可以得到许多不同的扫描图形。如果采用材料和形状完全相同的两个光楔，它们分别以角速度 ω_1 和 ω_2 绕同一个 x 轴旋转，初相位分别为零和 φ，那么光线通过两个光楔后的总偏向角矢量等于这两个光楔上的偏向角矢量 $\boldsymbol{\delta}_1$ 和 $\boldsymbol{\delta}_2$ 之和；在小角度入射光的条件下，其总偏向角的标量运动方程为

$$\delta_y=(n-1)A[\cos\omega_1 t+\cos(\omega_2 t+\varphi)]$$
$$\delta_z=(n-1)A[\sin\omega_1 t+\sin(\omega_2 t+\varphi)]$$

图 12－45 表示两个相同光楔组成的扫描器，探测器通过物镜和光楔对物面进行扫描。假设 $\varphi=0$，由偏角运动方程可以得出：

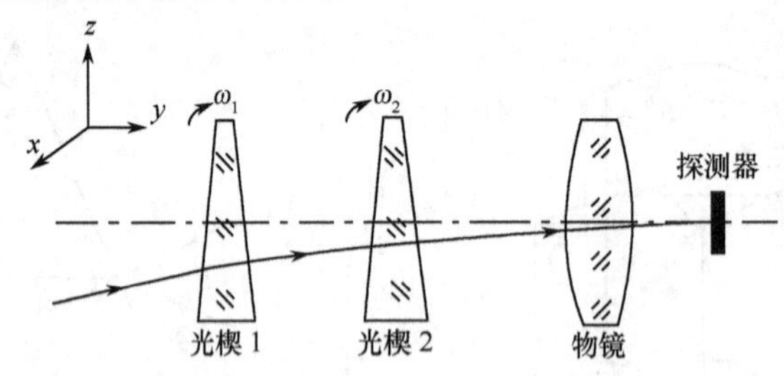

图 12－45　由两个相同光楔组成的扫描器

当 $\omega_2=\omega_1$，即两个光楔旋转方向相同，角速度相等时，产生圆形扫描；当 $\omega_2=-\omega_1$，即两光楔以相同转速按相反方向旋转时，产生直线扫描；当 $\omega_2=3\omega_1$ 时，产生两个套合的心脏线形扫描；当 $\omega_2=-3\omega_1$ 时，产生玫瑰形扫描等。

上述各种扫描图形如图 12－46 所示。随着两旋转光楔旋转方向和转速的变化，会产生许多复杂的扫描图形，如螺旋线形、椭圆形、正弦光栅形、摆线形等。

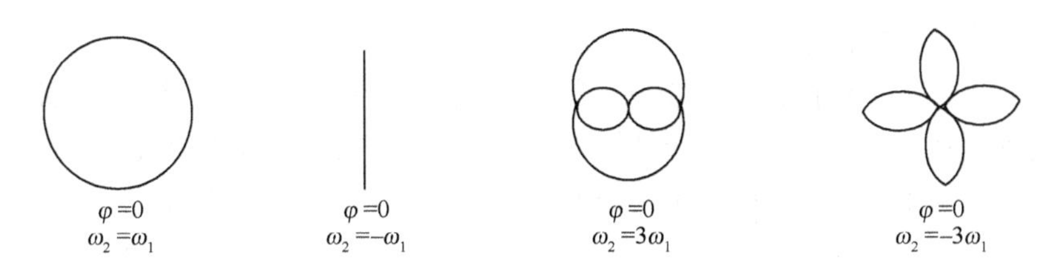

图 12－46　各种光楔扫描图形

3. 常用的光机扫描方案

将各种扫描器做不同的组合，可以构成实用的一维或二维光机扫描系统。热像仪中多数是二维扫描，常用的光机扫描方案有如下几种。

1）旋转反射镜鼓做行扫描，摆镜做帧扫描

图 12－47 是这种扫描方案的实例。图 12－47(a)的旋转反射镜鼓和摆动平面镜都处于物镜系统外侧的平行光路中，其结构尺寸由光束的有效宽度 D_0 和总视场 2ω 决定，因而结构尺寸一般较大，不适合高速扫描。

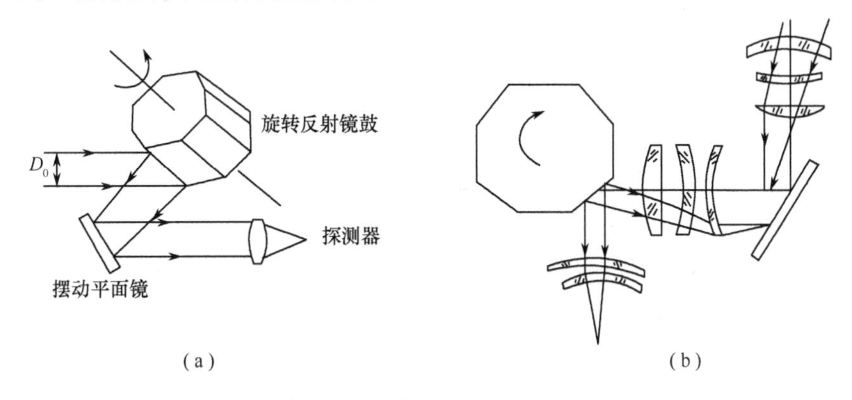

图 12－47　旋转反射镜鼓做行扫描，摆镜做帧扫描实例

图 12－47(b)中摆镜置于会聚光路中，仍做帧扫描用，视场增大时，像质会变差，不适宜大视场扫描。

2）折射棱镜做帧扫描，反射镜鼓做行扫描

图 12－48 为这种扫描方案的实例。四方棱镜置于前置望远系统的中间光路中做帧扫描，旋转反射镜鼓做行扫描，可以获得较稳定的高转速。由于折射棱镜比摆镜的扫描效率高，因此总扫描效率较前一个方案要高些。反射镜鼓置于压缩的平行光路中做行扫描，像差校正较困难，但设计得好，可做大视场及多元探测器串并扫描用。

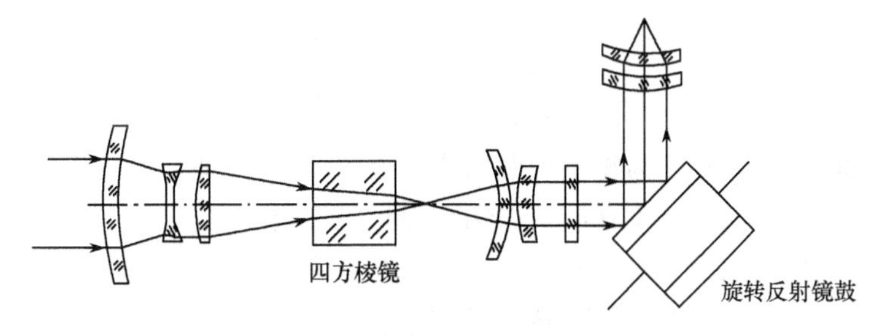

图 12－48　折射棱镜做帧扫描、反射镜鼓做行扫描实例

3）两个折射棱镜扫描

图 12－49 为这种扫描方案的实例。帧扫描棱镜在前，行扫描棱镜在后，都是八面棱柱，这可使垂直视场和水平视场的像质一样。这种系统的优点是扫描效率高、扫描速度快，但像差修正难度大。AGA680 和 AGA750 热像仪中均采用这种扫描方案。

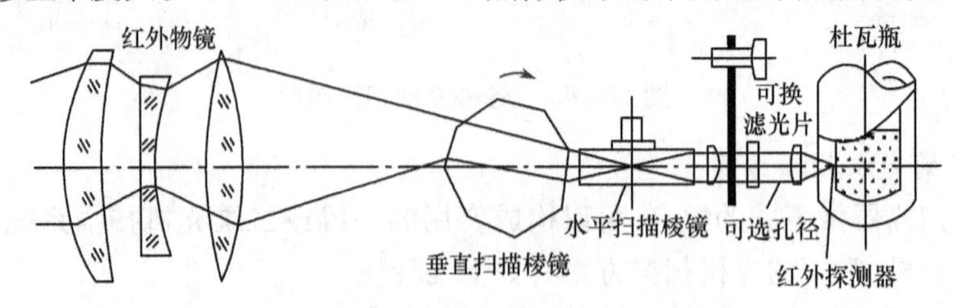

图 12－49　两个折射棱镜扫描实例

4）两个摆动平面镜扫描

单元探测器光机扫描热像仪就是采用这种扫描方案，帧扫描和行扫描都采用摆动平面反射镜。由于摆镜稳定性差，不适合高速扫描。

12.3　设计实例

例 12.1　设计一种单管双目微光夜视系统。

1. 技术要求

（1）在照度为 1×10^{-3}lx 时，探测距离为 1000m；识别距离为 800m；

（2）仪器视放大率：$4^{\times}$；

（3）环境温度：－30℃ ～ ＋50℃。

2. 设计指标的确定

1）物镜设计参数的计算

物镜是微光系统信号的入口，其参数选择影响着观察距离、视场、清晰度、逼真度和灵敏度等指标。因此，物镜的设计是否合理，是系统能否成清晰像的关键。物镜的设计参数不仅需要符合设计要求，而且还要取决于像增强器的特征参数。根据设计要求，该物镜的技术参数计算如下：

（1）有效口径（D）的计算。根据探测方程，光子噪声所限制的分辨力为

$$\alpha_2=\frac{2K}{MDC}[2e/(\tau tS\bar{\rho}E_0)]^{\frac{1}{2}} \tag{12-37}$$

由上式得

$$D=\frac{2K}{M\alpha_2C}[2e/(\tau tS\bar{\rho}E)]^{\frac{1}{2}} \tag{12-38}$$

式中：D 为物镜有效口径；M 为物镜的调制传递函数（轴上），取 70%；C 为景物的调制度，取 0.33；e 为电子电荷量，$e=1.6\times10^{-19}Q$；τ_0为物镜透过率，取镀膜后的透过率约为 $\tau_0=0.85$；t 为人眼积累时间，取 $t=0.2$s；S 为光电阴极的积分灵敏度，取 $S=600\mu$A/lm；$\bar{\rho}$为目标背景的平均反射率，在晴朗星光/透空背景条件下，对目标车辆的平均反射率取 0.55；E_0为夜天空照度，取 $E_0=1.0\times10^{-3}$lx；K 为人眼阈值信噪比，取 $K_{\min}=2$；α_2为光子噪声所

限制的分辨力。

而对于夜视系统来说，分辨力为

$$\alpha = \frac{H_t}{N \times L} \tag{12-39}$$

式中：H_t为目标临界尺寸；N 为目标的空间频率；L 为视距。

对于目标的空间频率 N 的取值有：$N_{发现}=1$，$N_{识别}=4$，$N_{分清}=8$，$N_{最佳}=15$，分别对应发现分辨力、识别分辨力、分清分辨力、最佳分辨力。根据约翰逊准则，此处最佳分辨力是指分清目标的概率达到 100%，并在考虑上限公差的分辨力，以适应军用光学仪器可靠性的要求。

从式（12－38）中可以看到，要计算 D，首先必须先计算出光子噪声所限制的分辨力 α_2，且有

$$\alpha_2 = (\alpha_3^2 - \alpha_1^2)^{\frac{1}{2}} \tag{12-40}$$

式中：α_3为识别分辨力，将对应的空间频率 $N_{识别}=4$ 代入式（12－39）就可求出 α_3；α_1为像增强器调制度所限制的仪器分辨力，计算时其目标空间频率应取最佳分辨力对应的空间频率，考虑到实际损失，损失率 20%，取 $N_{最佳}=12$。

根据设计要求，取在 1×10^{-3}lx 照度时，对车辆的识别距离 800m，临界尺寸 $H_t=2$m，可得到如下结果：

$$\alpha_3 = \frac{H_t}{L \times N_{识别}} = \frac{2}{800 \times 4} = 0.625(\text{mrad})$$

$$\alpha_1 = \frac{H_t}{L \times N_{最佳}} = \frac{2}{800 \times 12} = 0.208(\text{mrad})$$

$$\alpha_2 = (\alpha_3^2 - \alpha_1^2)^{\frac{1}{2}} = (0.625^2 - 0.208^2)^{\frac{1}{2}} = 0.59(\text{mrad})$$

最后将求得的 α_2数据代入式（12－38）就可得到有效口径的尺寸：

$$D = 70\text{mm}$$

（2）焦距（f'_0）的计算。由像增强器调制度所限制的仪器分辨力

$$\alpha_1 = \frac{1}{N_i \times f'_0} \tag{12-41}$$

得到

$$f'_0 = \frac{1}{N_i \times \alpha_1} \tag{12-42}$$

式中：N_i为像增强器的极限分辨力，取 48lp/mm。

又因为式（12－39），所以

$$f'_0 = \frac{L \times N_{最佳}}{N_i \times H_t} = \frac{800 \times 12}{48 \times 2} = 100(\text{mm})$$

（3）相对孔径（D/f'_0）的计算。由上述计算可知，物镜有效口径 $D=70$mm，物镜焦距 $f'_0=100$mm，所以相对孔径为

$$D/f'_0 = 1/1.43$$

（4）视场（ω）的计算。因为所选像增强器的通光口径即为物镜的视场光阑，这里取其值为 16mm，则视场为

$$\omega=\arctan\frac{\mu}{2f'_0}=\arctan\frac{8}{100}=4.5^\circ$$

式中：μ 为像增强器光阴极通光孔径。

由上述计算可知，物镜视场 $2\omega=9^\circ$。

综上所述，确定的物镜焦距 $f'_0=100\text{mm}$，以利于观察远距离的目标及细节；观察视场 $2\omega=9^\circ$，使得光阴极上的目标像略小于光阴极面的大小，可以保证头部在无需摆动的情况下，既不丢失目标信息，又可以完全看清目标。相对孔径为 1∶1.43，有效口径约为 70mm，这样既考虑了光学孔径的合适尺寸，也适度地照顾到较强的聚光能力。另外，夜天辐射除可见光外，还含有丰富的近红外辐射，而像增强器光阴极的响应波段通常为 400nm～900nm，因此，物镜设计波长选择为 589.3nm、656.3nm 和 863nm。同时为了满足夜视系统对不同距离处目标的视距探测需求，该物镜还应具有一定的调焦范围（10m～∞）。由高斯成像公式（12-43）可知：

$$\frac{1}{l'}-\frac{1}{l}=\frac{1}{f'_0} \tag{12-43}$$

式中：l 为物距；l' 为像距；f'_0 为焦距。

当 $f'_0=100\text{mm}$，$l=\infty$ 时，$l'=100\text{mm}$；

当 $f'_0=100\text{mm}$，$l=10m$ 时，$l'=101\text{mm}$。

经计算，夜视物镜调焦量约为 1mm，物镜系统可以采用整体外调焦的方式实现调焦量要求。

2）目镜设计参数的计算

目镜的作用是把荧光屏上所成的目标像进一步放大，以便人眼较长时间地连续观察，其作用类似于一个放大镜。目镜的参数选择是否得当，不仅影响夜视仪的体积、重量、倍率和视场，同时还影响其夜间观察的性能。目镜系统的图像源来源于像增强器的荧光屏，而像增强器荧光屏面出射的光谱成分主要以 e 光（546.07nm）为主，因此可将目镜看成一个准单色光成像系统，波长范围为 530nm～560nm。在夜间或低亮度环境下，人眼瞳孔增大，可达 6mm～7mm，因此用于夜视仪系统的目镜至少应具备大于 6mm 的出瞳，以匹配人的眼睛；另外，为了保证使用方便，以及某些情况下观察者要佩戴防毒面具，目镜的出瞳距应大于 20mm。双目式夜视仪包含两个对称的目视光学系统，两目镜的出瞳间距应与人眼的双目间距一致，以保证系统在 58mm～72mm 瞳距范围内实现自由可调。考虑到非正常眼能够同时看清目标像和分划刻线，目镜还应具有 $-6D\sim+2D$ 的视度调节能力。目镜的视场同其焦距以及像增强器荧光屏有效直径有关，视场角越大，焦距就越短。系统倍率对目镜焦距的选择有一定的限制，对于 $4^\times$ 系统放大率，目镜的焦距和视场计算如下：

（1）焦距（f'_e）。目镜的作用与放大镜相同，其焦距和光学系统视放大率有关，由于系统的视放大率 $\Gamma=4^\times$，则

$$\Gamma=-f'_0/f'_e$$

式中：Γ 为系统放大率；f'_e 为目镜焦距；f'_0 为物镜焦距。

所以目镜焦距 $f'_e=25\text{mm}$。

（2）视场（ω'）。目镜的视场是由系统的视放大率和物镜的视场角决定的，即

$$\Gamma=\frac{\tan\omega'}{\tan\omega}$$

由于系统的放大率为 $4^{\times}$，计算得目镜视场 $2\omega' = 39°$。

3）微光物镜 T 数的确定

由于微光夜视仪工作在低照度环境下，仅仅用相对孔径表示镜头的聚光能力是不够的，国内外常采用 T 数数值来代替。根据国军标要求，作为衡量微光夜视系统质量的综合指标 T 数数值必须满足与焦距和相对孔径对应的数值范围。根据 T 数定义：

$$T = \frac{f'_0}{D\sqrt{\tau}} \tag{12-44}$$

式中：f'_0为物镜焦距；D 为物镜有效口径；τ 为物镜透过率。

将式(12－44)代入数据并计算得，$T = 1.77$。国标要求焦距在 100mm 以上，相对孔径为 1/1.43 的最低 T 数值不小于 1.75，因此该物镜设计参数基本满足要求。

4）探测距离估算

探测距离是微光夜视仪的一个非常重要的性能指标，它直接反映了系统各个部分参量之间的关系，是综合评判夜视仪器性能的标准，也是用于指导夜视仪光学系统设计的主要依据。结合前人的研究成果，在经典的实际微光成像系统探测方程——布莱克勒方程基础上，从大气透过率、目标长宽比、对比度、反射率和光谱匹配等诸多方面对其进行修正，以建立更为实用和完善的视距探测方程。其中视距探测的理想公式为

$$R_L = f'_0 A_k H_t / N \tag{12-45}$$

式中：f'_0为物镜焦距(mm)；H_t为目标尺寸大小(m)；N 为发现、识别、分清和最佳目标对应的分辨率；A_k为系统分辨力。

经过修正后的视距探测方程为

$$A_k = 0.778 \times 10^3 \frac{C_0 C_d M(A_k) D}{K_{\min} f'_0} \left[\frac{S\alpha_\lambda t\varepsilon \bar{\rho} E_0 \tau_0 \tau_d}{F_\Phi} \right]^{1/2} \tag{12-46}$$

式中：C_0为目标与背景的初始对比度；C_d为大气对比衰减系数；$M(A_k)$为全系统对应空间频率为 A_k时的调制传递函数(MTF)值；D 为物镜直径(mm)；$K_{\min}$为阈值信噪比；S 为光电阴极的积分灵敏度；α_λ为从室内标准光源转换到对景物反射辐射的光谱转换系数；t 为系统积累时间；ε 为目标长宽比；$\bar{\rho}$为景物的平均反射率；E_0为夜天空照度(lx)；τ_0为物镜的透过率；τ_d为大气透过率；F_Φ为像增强器的噪声功率因子。

由于野外视距受外界环境影响很大，不同气象和环境条件下视距计算结果往往不同。因此，这里仅针对典型环境(晴朗星空)和特定的目标背景(透空背景、车辆)条件进行探测距离的估算。具体计算步骤如下：

(1) 系统参数。

① 环境条件：在晴朗星光下，环境照度 $E_0 = 1.0 \times 10^{-3}$lx，天空亮度为 10^{-3}nt($1\text{nt} = 1\text{cd/m}^2$)；视距为 1km 左右、中等可见度时，大气透过率 $\tau_d = 0.68$。

② 系统参数：物镜直径 $D = 70$mm，物镜焦距 $f'_0 = 100$mm；物镜系统镀膜后的透过率 $\tau_0 \approx 0.85$；像增强器的光电阴极的积分灵敏度 $S = 600\mu\text{A/lm}$，噪声功率因子 $F_\Phi = 2$。

③ 与人眼有关的参数：人眼阈值信噪比在 1～2，这里取 $K_{\min} = 2$；人眼积累时间取 $t = 0.2$s。

④ 与目标有关的参数：目标尺寸 $H_t = 2$m(车辆)；对于车辆，这里估算是的夜视仪的探测距离，100% 的发现概率 $N = 2$ 线对/目标尺寸；目标长宽比为

$$\varepsilon = \frac{目标长}{目标宽} \bigg/ 2N$$

对于车辆,取车身长4m、车高2m,$N_e = 2$,于是$\varepsilon = 8$。

⑤ 与光谱有关的参数:根据夜空辐射光谱分布曲线、景物光谱反射系数、光阴极光谱响应曲线及相对视见函数和标准光源的相对光谱分布,可知晴朗星光/透空背景条件下,对目标车辆的平均反射率$\bar{\rho} = 0.5456$,大气对比衰减系数$C_d = 0.6098$,目标与背景初始对比度$C_0 = 0.8158$,光谱转换系数$\alpha_\lambda = 0.7917$。

(2) 系统分辨力和视距计算。常见的光电子成像器件的调制传递函数$M(A_k)$有如下经验公式:

$$M(A_k) = e^{-(A_k/A_c)^{n'}} \tag{12-47}$$

式中:A_c为$M(A_k)$为e^{-1}时的空间频率(lp/mm);n'为器件指数。

利用所选像增强器的调制传递函数值拟合曲线,可以得出光电子器件关于$M(A_k)$和A_k的方程。其中像增强器的调制传递函数如表12-1。

表12-1 像增强器调制传递函数

分辨力/(lp/mm)	调制函数值
2.5	0.88
7.5	0.68
15	0.42
25	0.22
30	0.15

拟合像增强器的传递函数值可得:像增强器的$A_c = 17.1266$,器件指数$n' = 1.1171$。此时像增强器的调制传递函数经验公式为

$$M(A_k) = e^{-(A_k/17.13)^{1.12}} \tag{12-48}$$

将上式计算结果与式(12-46)联立,得到的系统空间频率$A_k = 21.2$lp/mm。最后将以上数据代入式(12-45),即可得出在该特定条件下夜视仪的探测距离。经计算,在像增强器亮度增益允许的范围内,晴朗星光、透空背景条件下,对车辆的探测距离估计值为1560m,符合单管双目式夜视仪1000m的探测技术指标要求。这一计算结果不仅评判了夜视仪器的探测距离,同时也肯定了物镜、目镜系统设计参数的合理性,有利于指导微光夜视仪的设计。

3. 物镜系统的光学设计

1) 物镜选型

常用夜视物镜有两种类型:一种是匹兹伐型,另一种是双高斯型。匹兹伐型物镜由彼此分开的两个正光焦度的双透镜组成,这种物镜结构简单,球差和彗差校正较好,但视场加大时场曲严重。匹兹伐型物镜通常能够适应的孔径为1:1.18,适用的视场在16°以下。双高斯型物镜属于基本对称型,这类透镜的垂轴像差能自动抵消,因此设计这种类型的系统时,只需要考虑球差、色差、场曲和像散的校正。经过不断改进,双高斯型物镜相对孔径可达1:1,甚至更大,视场可达到40°~50°。

根据物镜系统的设计指标可知,该物镜具有长焦距、大相对孔径、小视场的特点,匹兹伐型结构基本符合设计要求,初步选取的匹兹伐型结构如图12-50所示,其主要技术指标为焦距75mm、F数1.50、全视场16°。

2) 物镜系统优化设计

(1) 传统球面物镜设计。该夜视仪物镜属于大相对孔径物镜,影响系统的像差主要是轴上初级像差和高级像差。所选像增强器的阴极面有一片材料为QK3、厚度为5.55mm的保护玻璃,这块玻璃平板也参与了物镜系统成像,设计时需要加入该元件。经

过优化设计后，得到一个6片式球面物镜结构（不含像增强器保护玻璃），如图12－51所示，该系统总长为128mm、质量为304g。图12－52（a）、（b）分别是该物镜在$l=\infty$和$l=10$m的光学传递函数曲线。由此可知，两种结构在空间频率为40lp/mm时，传递函数轴上最低为0.61，轴外最低为0.41；成像质量完全符合设计要求，但是整个物镜系统体积、重量偏大，不适宜使用者长期佩戴。

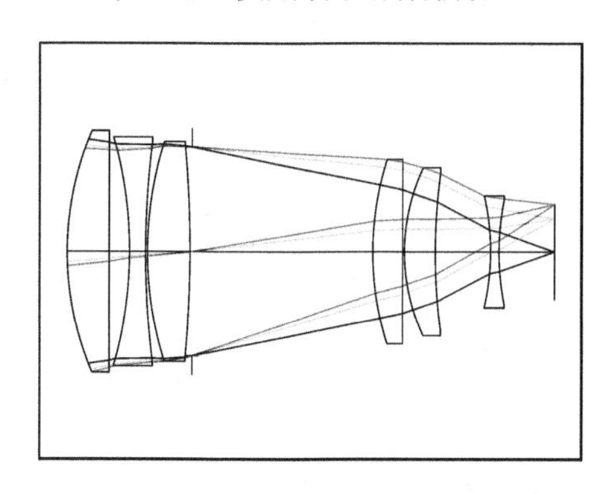

图12－50　物镜系统初始结构

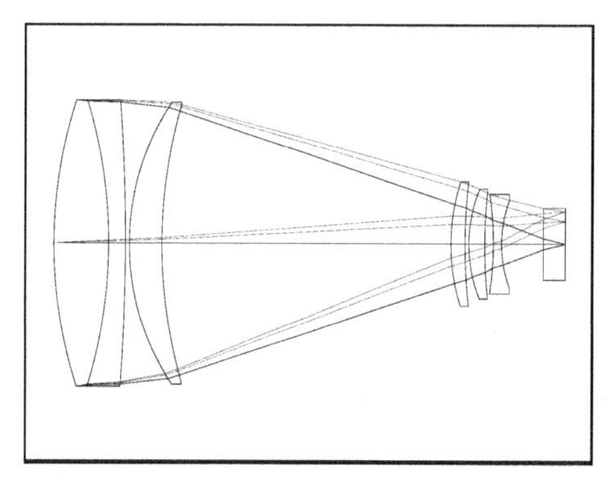

图12－51　传统6片式球面物镜结构

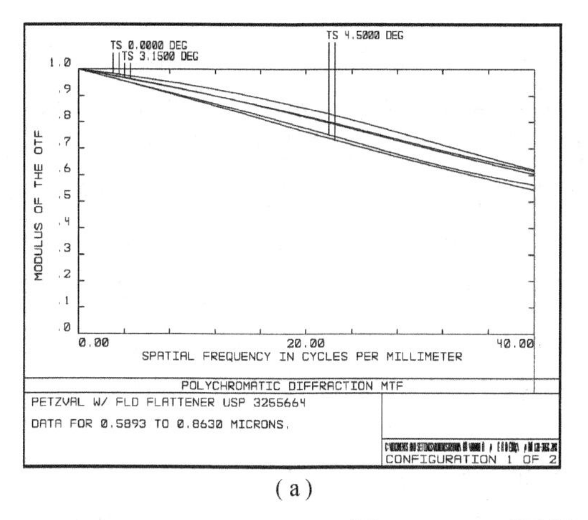

（a）

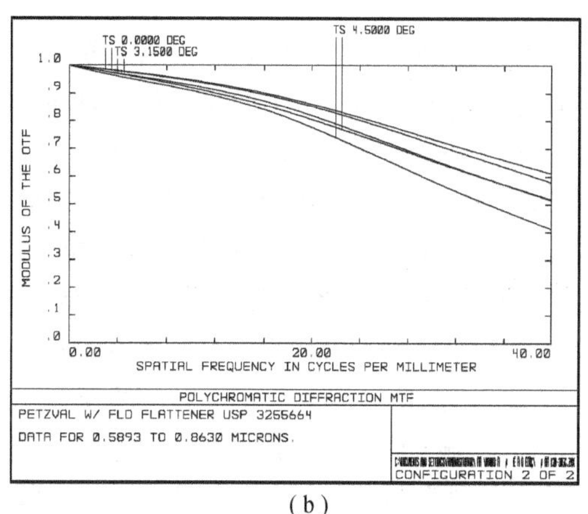

（b）

图12－52　不同位置时球面物镜MTF图

（a）$l=\infty$；（b）$l=10$m。

（2）折/衍混合物镜设计。衍射元件作为一种独特的成像光学元件，可以通过改变元件位置、表面面型、环带数目与周期等参数产生任意波面，为校正系统像差提供了更多的设计自由度。采用Zemax中的Binary2作为衍射面，以传统球面物镜为初始结构，通过逐步增加衍射面面型变量进行折/衍混合物镜的设计。得到的光学结构如图12－53所示。由于衍射面的引入，使得系统除像面保护玻璃外，镜片数由原来的6片减少为5片，质量也由原来的305g减少为250g，实现了夜视物镜的轻量化设计。其中衍射面位于透镜的第1个面

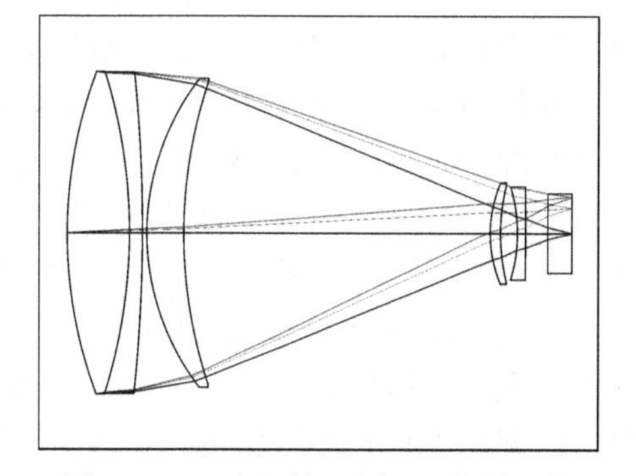

图12－53　含衍射面的折/衍物镜系统

上，系统总长 113mm。图 12 - 54(a)、(b)分别给出了该系统在 $l=\infty$ 和 $l=10\text{m}$ 的光学传递函数曲线。由此可知，在空间频率为 40lp/mm 时，系统的传递函数轴上最低为 0.80，轴外最低为 0.50，各视场传递函数值均优于传统球面系统。

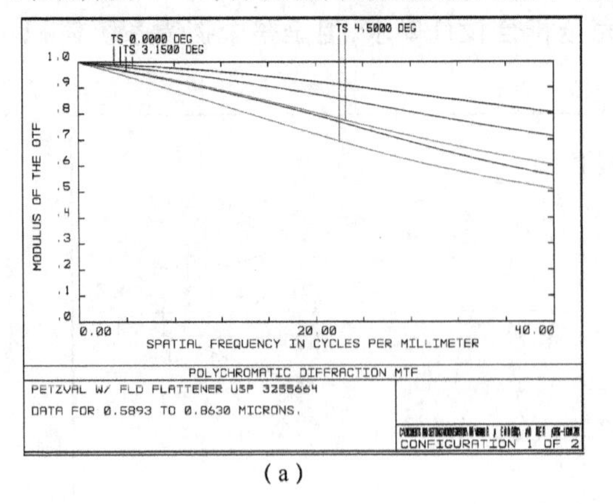

(a)

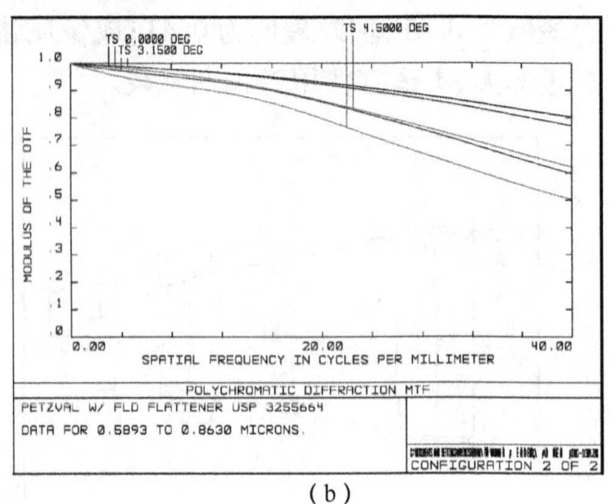

(b)

图 12 - 54　不同位置时折/衍物镜 MTF 图

(a) $l=\infty$；(b) $l=10\text{m}$。

(3) 塑料非球面与折/衍混合物镜系统设计。现代化的微光夜视装备越来越向着成像质量高、轻量化及结构简单化的方向发展。单管双目式微光夜视仪在保证相同光通量的条件下，物镜需要较大的通光口径。轴上点像差难以校正，特别是高级像差，控制起来非常困难。衍射面的引入使传统物镜系统的成像质量、结构、重量及体积得到了显著的改善。为了更进一步减轻系统的重量，靠优化系统的结构已经十分困难，必须选用轻质的光学材料辅助设计。我们选择了一片光学塑料替换系统中的第三片球面玻璃透镜，并设置该塑料元件为偶次非球面元件，增加二次曲面常数为变量，同时对系统进行整体优化。经过多次优化和调整后，将第 3 片球面玻璃元件替换为塑料非球面元件，使得折/衍系统质量进一步减少为 198g，仅为传统物镜系统的 65%。其中塑料非球面位于折/衍结构中第 4 个面，面型为椭球面，二次曲线常数为 -0.097940，材料为 E48R，在温度为 25℃、波长为 550nm 处的折射率和阿贝系数分别为 1.53 和 56。图 12 - 55 (a)、(b)给出了该系统在 $l=\infty$ 和 $l=10\text{m}$ 的光学传递函数曲线。由此可知，在空间频率为 40lp/mm 时，系统的传递函数轴上最低为 0.82，轴外最低为 0.52，全视场畸变小于等 0.49%。

(4) 含塑料元件的物镜无热化设计。塑料非球面元件的引入，使折/衍混合系统在成像质量得到提高的同时，获得了更进一步的减重效果。但是光学塑料对温度和湿度等环境变化较为敏感，折射率温度系数约为玻璃的 50 倍，热膨胀系数约为玻璃的 10 倍。微光夜视系统的使用温度为 -30℃ ~ +50℃，当系统工作温度偏离正常设计温度(20℃)很大时，因环境变化引起光学元件的曲率半径、厚度、间隔及光焦度的变化将使得系统产生热离焦，导致成像质量急剧下降。因此，在设计含塑料元件的系统时应考虑环境温度对光学系统性能的影响，即进行无热化设计。图 12 - 56(a) ~ (d)给出了物距 $l=\infty$ 和 $l=10\text{m}$、温度分别为 -30℃和 +50℃时的系统光学传递函数。可以看出，系统在温度 -30℃和 +50℃时调制传递函数值急剧降低，系统产生严重离焦，成像质量严重恶化。因此在系统中必须考虑加入主动或被动补偿机构。

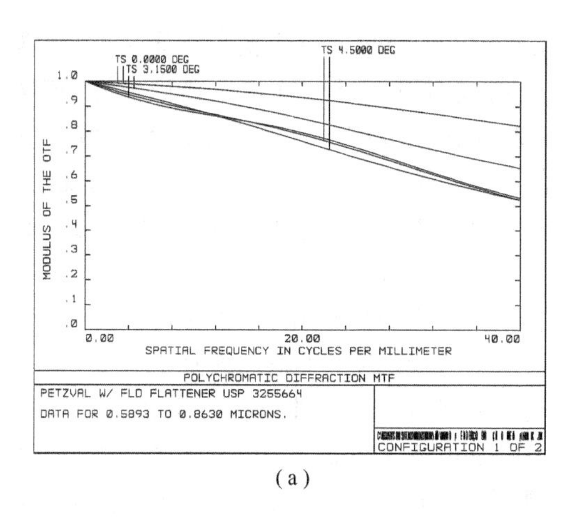

(a)

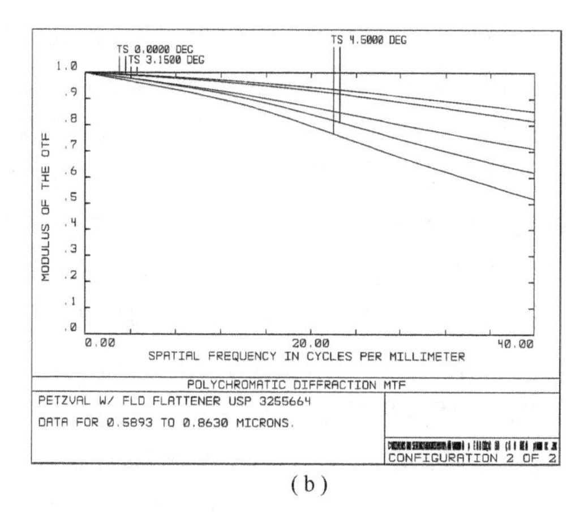

(b)

图 12－55　不同位置时折/衍与塑料混合物镜 MTF 图

(a) $l=\infty$；(b) $l=10$m。

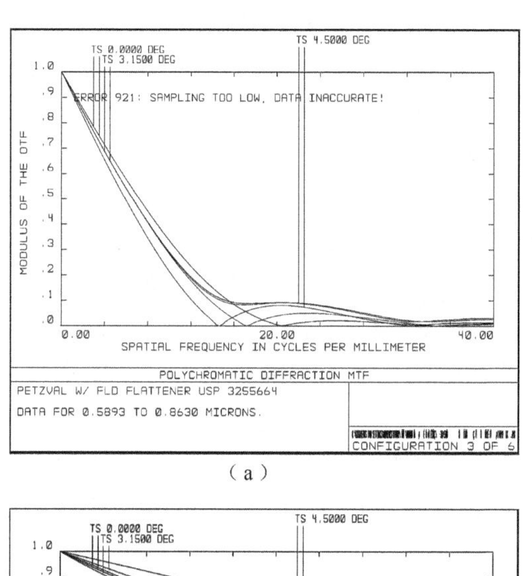

(a)

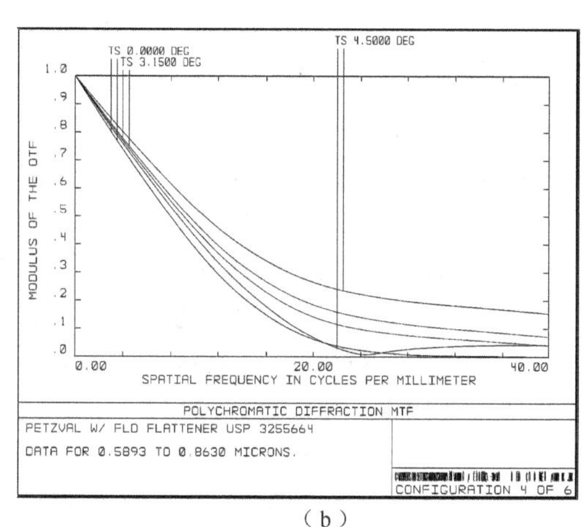

(b)

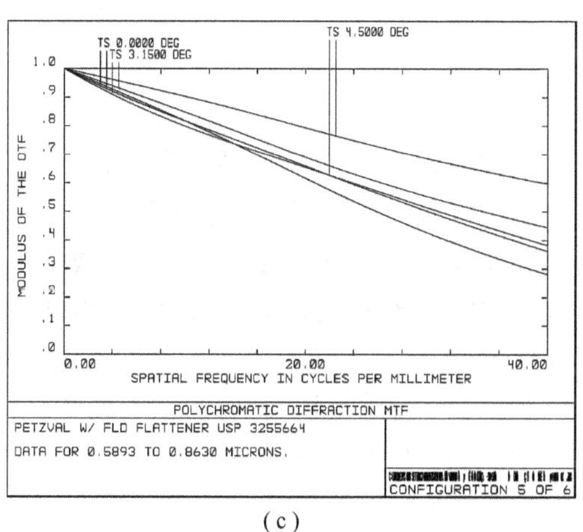

(c)

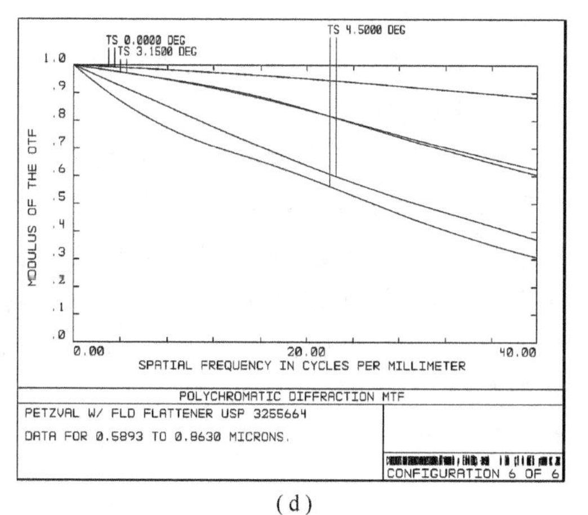

(d)

图 12－56　折/衍与塑料混合系统 MTF 图

(a) $l=\infty$、－30℃时 MTF 图；(b) $l=\infty$、＋50℃时 MTF 图；
(c) $l=10$m、－30℃时 MTF 图；(d) $l=10$m、＋50℃时 MTF 图。

解决方法是利用衍射元件的消热差特性，在系统中让玻璃元件主要承担光焦度，塑料非球面元件做成弱光焦度的补偿透镜作为辅助。通过对系统进行整体无热化设计，被动地补偿系统因温度变化产生的离焦量和球差、彗差、畸变等像差，以保证系统具有较好的可靠性与稳定性。图 12－57(a)～(f)分别给出了对系统进行无热化设计后，不同视距、温度条件下的光学传递函数曲线，比无热化校正前有较大改善。在空间频率为 40lp/mm 时，系统传递函数轴上最低为 0.70，轴外最低为 0.50；由于并未增加系统变量，同时又兼顾了其他温度条件下的光学传递函数值，该消热差系统的传递函数值略低于折/衍混合物镜系统，但成像质量仍然良好。图 12－58、图 12－59 给出了消热差后的系统在 $l=\infty$ 和 $l=10\text{m}$ 的垂轴像差曲线和场曲/畸变曲线。由此可知，两种结构在常温 20℃时，最大垂轴像差在 0°、6.3°、9°视场分别只有 11.30μm、35.61μm、55.10μm，全视场最大畸变小于等于 0.40%，优于传统球面和折/衍混合物镜系统，适用于夜间精确测量与瞄准。

从像差特性来看，传统球面、折/衍混合和含塑料非球面的无热化折/衍混合物镜系统的成像质量均符合设计要求。从结构参数来看，由于衍射面和塑料非球面元件的引入，使得传统的 6 片式物镜系统在结构、重量、长度方面均得到了显著的改善。尤其是无热化设计后的折/衍与塑料非球面混合物镜系统，在保证成像质量的前提下，使得系统重量得到了进一步减轻，更符合现代化微光夜视仪器的发展方向。

4. 目镜系统的光学设计

单管双目式微光夜视仪采用双目式结构，用于将目标像等分为两条光路并成像在分划板上供双目观察，其光学结构如图 12－60 所示。其中准直组可将像增强器荧光屏出射的光束准直为平行光，保证系统在 58mm～72mm 的瞳距调节范围内均具有良好的像质；分光棱镜选用 K－Ⅱ－90－90 型空间棱镜，其在空间位置上与准直组有一定距离的偏心，用于将光束等分为两条光路；分光光束经折转组后在位于目镜焦面处的分划板上成像。由于该目镜系统带有分划板，人眼需同时看清分划板上的目标像及其刻划线。因此，在采用反向光路设计目镜时，应选择首先设计观察目镜部分，然后将其与转像系统进行匹配拼接，以实现夜间双目观察、瞄准和测量。

1）观察目镜设计

（1）球面观察目镜设计。分析目镜系统的光学参数可知，它是一种短焦距、大视场、入瞳和出瞳远离透镜组的光学系统，这些特点决定了目镜的结构形式和校正像差的方法。因为小孔径和短焦距，轴上像差如球差、位置色差容易满足设计要求；但由于视场较大，出瞳又远离透镜组，轴外光束在透镜组上的投射高比较大，因此轴外像差如彗差、像散、场曲、畸变、倍率色差较大，尤其以影响成像清晰的彗差、像散和倍率色差是校正的重点。根据目镜系统技术指标要求，初步选择一个 4 片式 Plossl 目镜作为初始结构，它有两个相同的双胶合透镜组成，焦距为 25mm、视场角为 40°、出瞳距离为 19mm、出瞳大小为 5mm，如图 12－61 所示。

通过在初始机构中设置相应的目镜技术参数，如视场角、入瞳距、入瞳大小和出瞳距等，得到一个焦距 25mm、视场角 39°、出瞳大小 6mm、出瞳距离 20mm 的目镜结构。经 Zemax 软件优化后，得到一个含 1 个双胶合透镜的 4 片（不含分划板）式球面目镜系统，镜头直径为 24.2mm，透镜组长度为 16.7mm，质量为 23.8g。其结构如图 12－62 所示。图 12－63

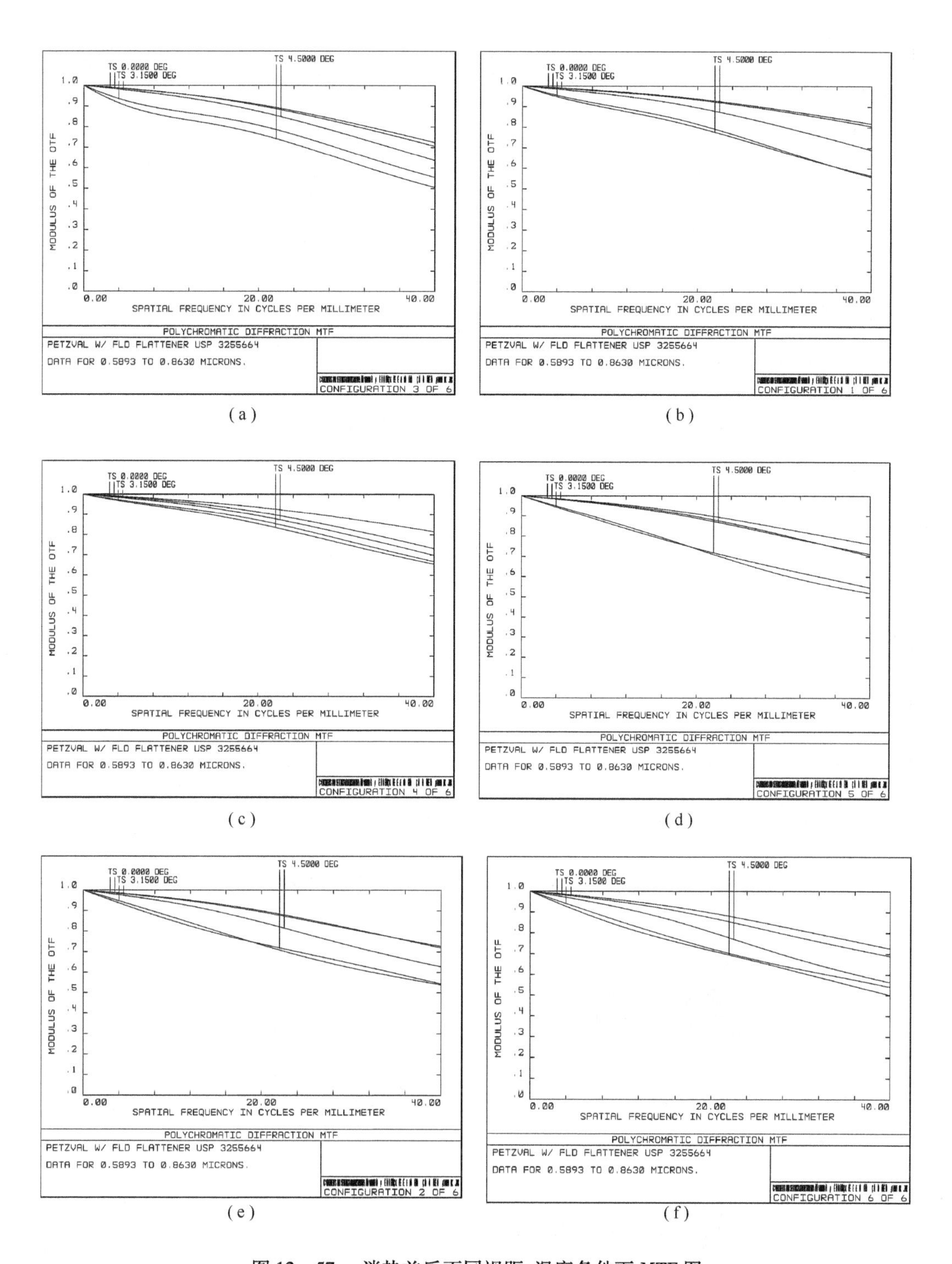

图 12－57　消热差后不同视距、温度条件下 MTF 图

(a) $l=\infty$、-30℃时 MTF 图；(b) $l=\infty$、20℃时 MTF 图；

(c) $l=\infty$、+50℃时 MTF 图；(d) $l=10$m、-30℃时 MTF 图；

(e) $l=10$m、20℃时 MTF 图；(f) $l=10$m、50^0C 时 MTF 图。

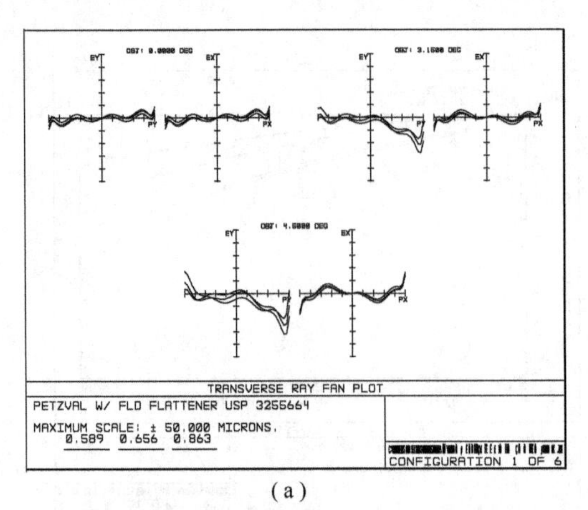

(a)

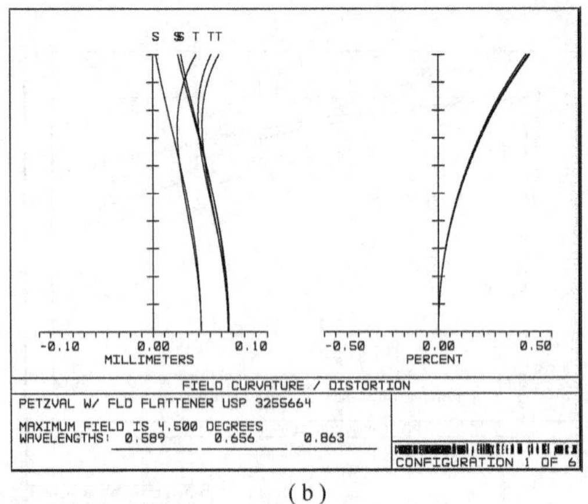

(b)

图 12－58　消热差物镜 $l=\infty$、20℃时垂轴像差和场曲/畸变图

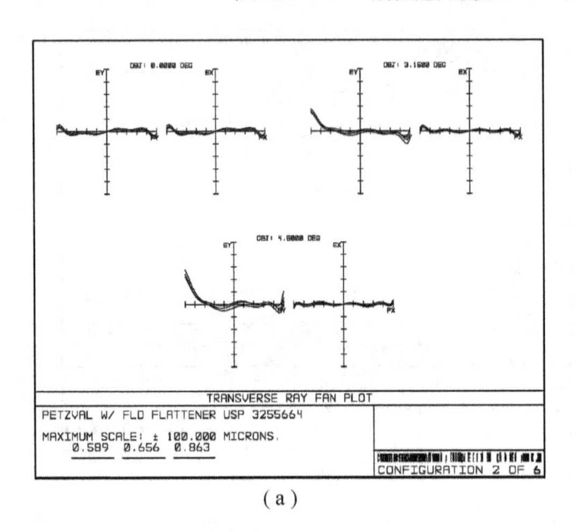

(a)

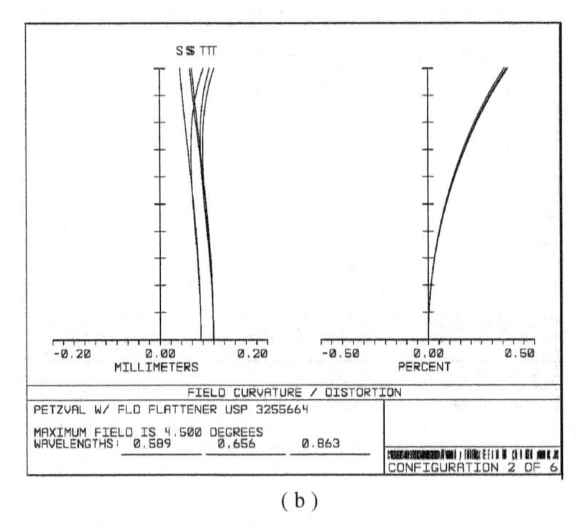

(b)

图 12－59　消热差物镜 $l=10\text{m}$、20℃时垂轴像差和场曲/畸变图

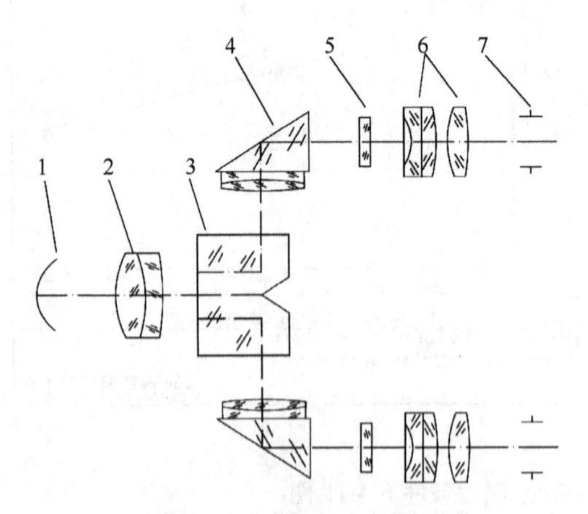

图 12－60　目镜光学结构图

1—像增强器荧光屏面；2—准直组；
3—分光棱镜；4—折转组；
5—分划板；6—观察目镜；7—出瞳。

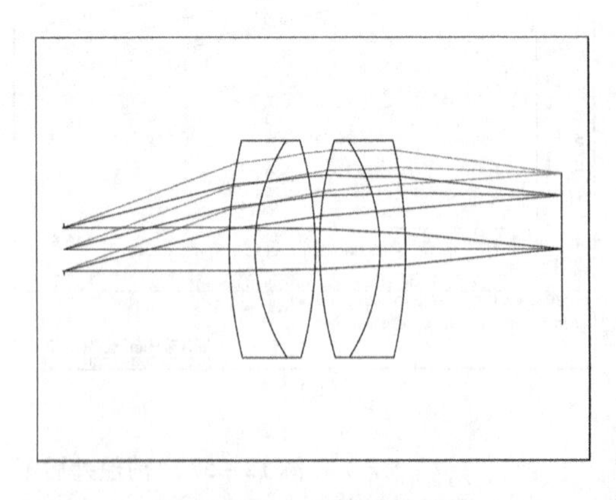

图 12－61　目镜初始结构

给出了此传统目镜系统的传递函数曲线，在空间频率为 40lp/mm 时，系统轴上视场的传递函数达到了 0.65、0.7 和全视场也分别达到了 0.57、0.55，成像质量符合设计要求。

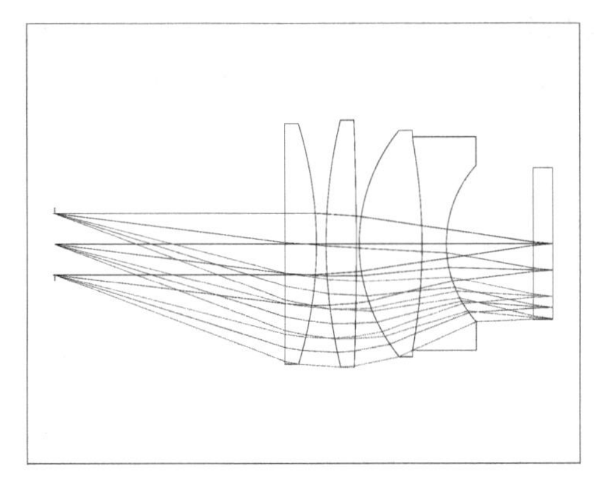

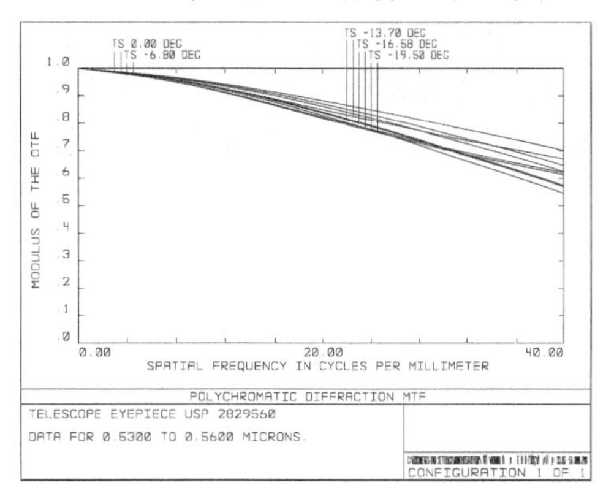

图 12－62　球面目镜光学系统　　　　图 12－63　球面目镜系统 MTF 图

（2）含非球面元件的观察目镜设计。以传统球面目镜为初始结构，保证有效焦距、出瞳直径和视场不变，并增大出瞳距离，在系统中引入一片非球面透镜代替图 12－62 中的两个单透镜，并在优化函数中设置第 3 面为偶次非球面，同时增加其低次非球面系数为变量，对系统进行整体优化，经过不断调整和优化后，得到的非球面目镜结构如图 12－64 所示。其中第 5 面为平面，第 3 面为非球面。可以看出，由于非球面的引入，使得系统除分划板外，镜片数由原来的 4 片减少为 3 片，透镜组长度由原来的 16.7mm 缩短为 13.0mm，质量也由 23.8g 减少为 17.0g，实现了目镜系统的轻量化。此系统的传递函数值如图 12－65所示。可以看出，在空间频率为 40lp/mm 时，系统 0 视场、0.7 视场和 1 视场传递函数分别达到了 0.65、0.57 和 0.54，像质与球面目镜相当。

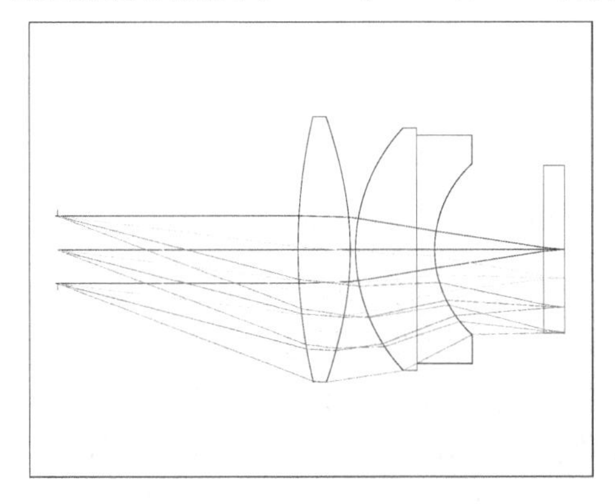

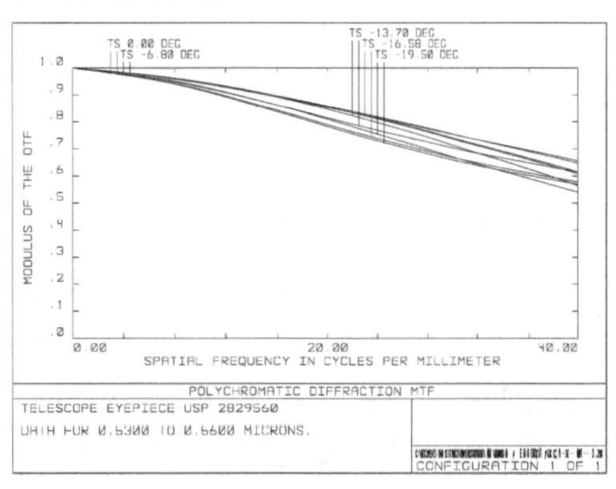

图 12－64　非球面目镜光学系统　　　　图 12－65　非球面目镜 MTF 图

（3）折/衍混合非球面观察目镜设计。为进一步简化目镜系统结构、减轻重量、缩小体积和改善成像质量，考虑在非球面目镜系统基础上引入衍射面元件，在保持系统总光焦度不变的前提下实现对系统像差的进一步校正。利用折/衍单透镜代替非球面目镜系统的双胶合透镜，优化后的系统结构如图 12－66 所示。其中第 3 面为非球面，第 4 面为衍射面。可以看出，引入衍射面到非球面目镜中，使得系统仅含 2 片镜片，重量仅 12.0g，减少为球面目镜的 50%；镜头最大直径和透镜组长度进一步缩小，使得系统在结构上更加紧凑。此系统的像差特性如图 12 - 67 ~ 图 12 - 69 所示。可以看出,折/衍混合非球面目镜系统在垂轴像差、场曲、畸变及传递函数值等方面较传统球面目镜和非球面目镜有了进一步的提高。其最大垂轴像差在 0°、27°、39°视场分别为 14.70μm、15.56μm、19.60μm;场曲和全视场畸变仅为 0.12mm 和 2.5% 。在空间频率为 40lp/mm 时,系统 0 视场、0.7 视场和 1 视场传递函数数值相当,均达到了 0.70 以上。

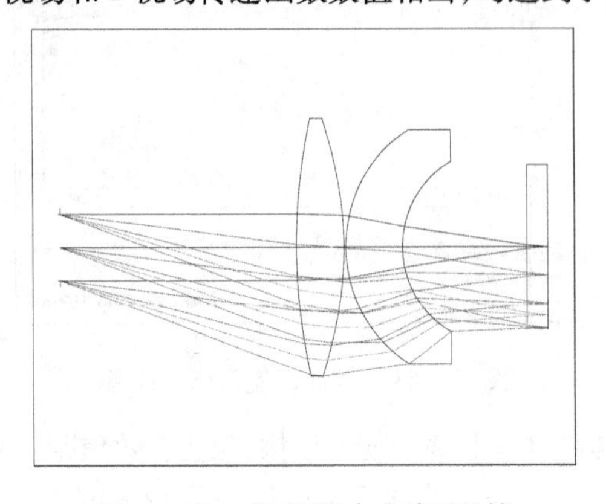

图 12 - 66　折/衍混合非球面目镜

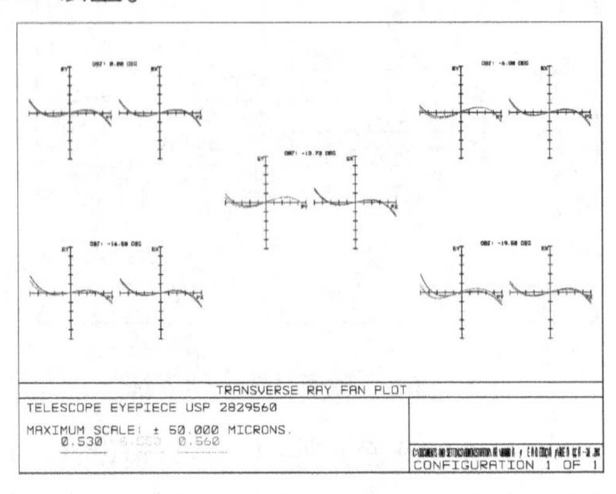

图 12 - 67　折/衍混合目镜垂轴像差图

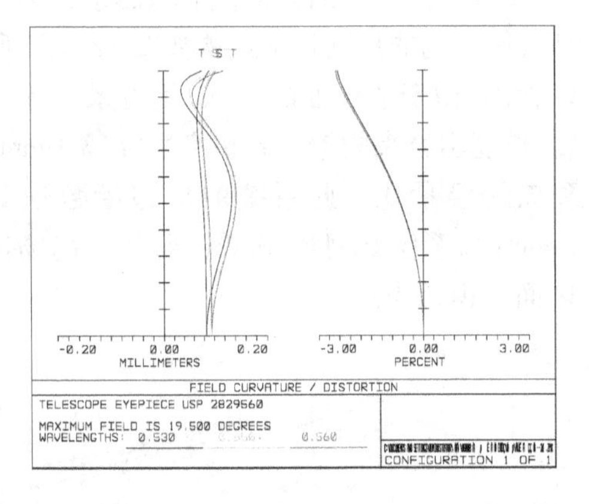

图 12 - 68　折衍/混合目镜场曲/畸变图

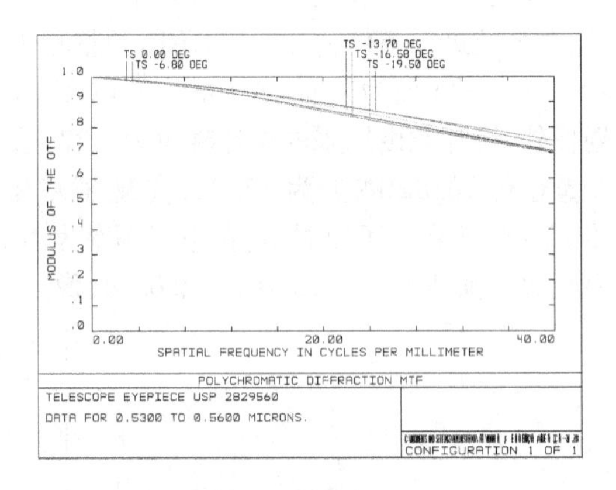

图 12 - 69　折/衍混合目镜 MTF 图

经分析可知,三种系统在空间频率为 40lp/mm 时,轴上传递函数大于 0.60,轴外传递函数大于 0.40;全视场畸变小于等于 4.8% ,成像质量均满足像质要求。相比于传统球面目镜和非球面目镜系统,采用一片衍射面和一片非球面元件后,折/衍混合目镜系统在像质和结构方面更加优良,很好地符合了现代化夜视仪器的发展方向。另外,图 12 - 62、图 12 - 64 和图 12 - 66 中双胶合透镜框到分划板的距离分别为 9.1mm、10.4mm 和 12.1mm,根据视度调节关系式可知,该距离满足($\bar{A} = -6D \sim +2D$)屈光度的视度调节需要。

2）观察目镜和转像系统的匹配设计

由观察目镜的设计可知,从分划板处出射的光束有效口径较大,使得拼接起来的折转和分光透镜体积很大,不符合单管双目式结构瞳间距的调节需要。考虑到所选像增强器的增益高达 20000 倍,为了尽可能少地或不引入渐晕,保证目视系统有一定的像面照度均匀性,在含非球面的折/衍观察目镜系统分划板后引入一片双胶合透镜,以使系统在较少渐晕的情况下实现58mm～72mm瞳距范围的调节需要。另外，所采用的像增强器出射面为一半径 $R=40$mm 的球面，此球面可以有效地补偿目镜和转像系统的场曲，从而简化系统结构。

按照系统匹配原则拼接的目镜和转像系统结构如图12－70所示，“等效”光学总长为167mm，实际总长为139.8mm，质量为84.9g。图12－71、图12－72给出了系统瞳距在65mm时的MTF和场曲、畸变图。可以看出，在空间频率40lp/mm时，轴上传函可达0.75，轴外传函可达0.67；畸变小于1.2%，同前述物镜系统拼接后，满足目镜系统畸变小于5%的要求，系统像质良好。从图12－73像面相对照度图可以看出，目镜的相对照度为50%，此时观察视场内目标图像画面均匀，不会存在边缘视场光线较暗易形成暗角的问题，完全满足使用要求。图12－74、图12－75分别为瞳间距在58mm和72mm的MTF曲线图。由于从像增强器射出的光束通过准直透镜组后出射的是平行光，再经分光棱镜折转后的平行光线对整个焦距和像质都不会有过大影响，因此这些位置处的成像质量均符合设计要求。反向模拟的像面，即对应像增强器荧光屏出射面，其最大像高约为17.8mm，在输出直径18mm的口径范围内，可以满足和微光物镜相匹配的要求。

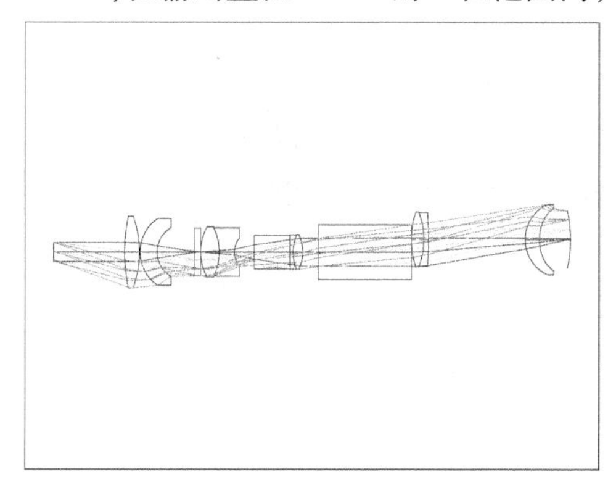

图12－70　拼接系统光学结构

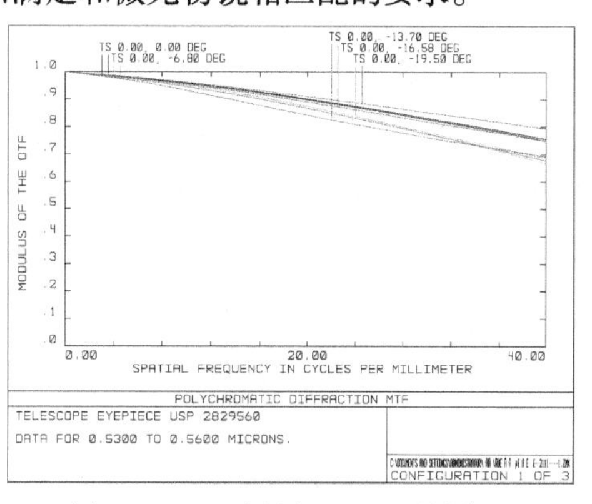

图12－71　瞳距在65mm时拼接系统的MTF曲线图

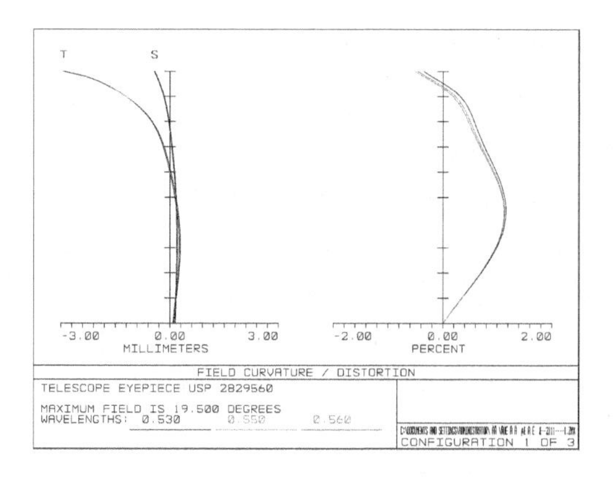

图12－72　瞳距在65mm时拼接系统的场曲/畸变图

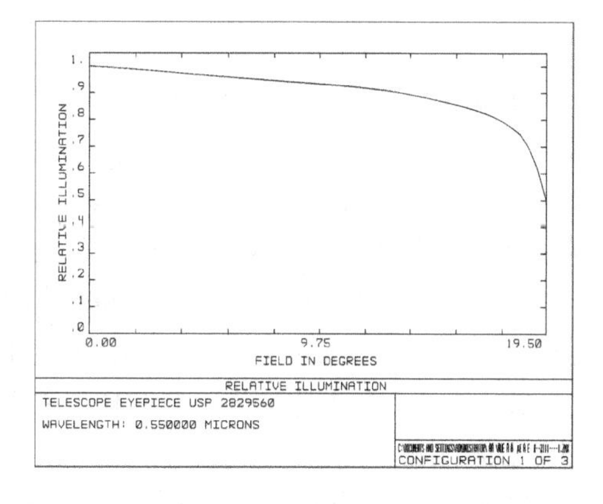

图12－73　拼接系统的像面相对照度图

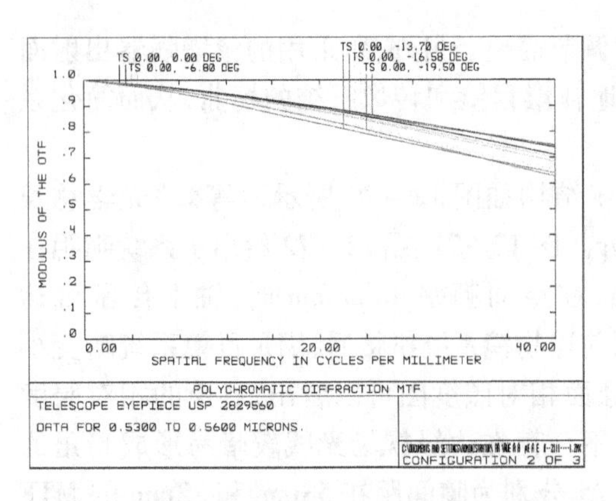

图 12－74　瞳距为 58mm 时的 MTF 曲线图

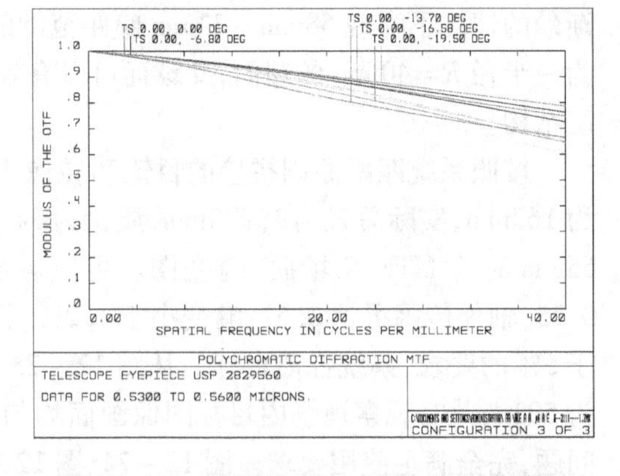

图 12－75　瞳距为 72mm 时的 MTF 曲线图

分划板的刻线面应准确地位于目镜像方焦平面上。其外径为 16mm，通光孔径为 14.82mm，厚度为 2mm。刻线图案为网格状，刻线范围为 36°，刻线隔值为 10′，中心刻线宽为 0.01mm，其余刻线宽为 0.004mm，共 216 个格。

5. 光学系统整体设计

由于物镜系统在像增强器阴极面所成的像高小于荧光屏面上目镜系统反向成像的大小，因此可以保证整个物方观察到的目标无丢失。物镜系统、像增强器和目镜系统整体构成视放大倍率为 4 的微光成像系统，总长约 280mm、总重量约 350g。总体布局如图 12－76 所示。

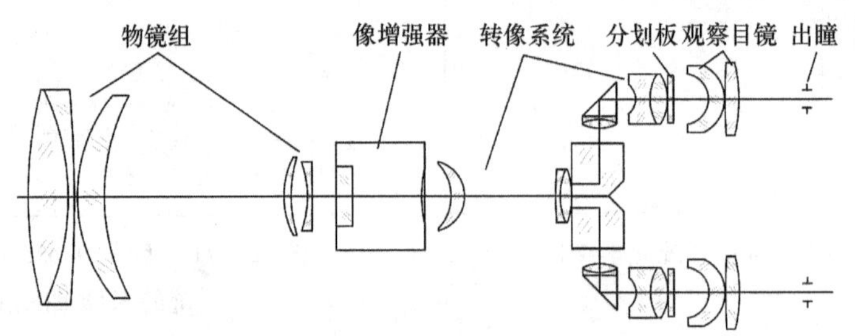

图 12－76　单管双目微光夜视仪结构布局图

在夜视仪光学系统经优化设计完成后，还需要根据光学系统对像差校正的要求对其进行合理的精度分析计算，以对产品的最终性能进行精度和成本的预见性评估。参考对各个公差的允许值，并结合光学系统设计结果，通过多次公差模拟计算，得出的该夜视仪公差分析的结果：系统中多数面的曲率半径误差精度为 ±0.05mm，第 4、5、8、10、22、27 面的精度要求为 ±0.03mm；厚度误差精度为 ±0.05mm，第 4、8、10、17、22 面的精度要求为 ±0.02mm；偏心误差精度为 ±0.05°，第 4、14、17 面的精度要求为 ±0.02°；折射率的误差为 ±0.001。蒙特卡洛分析结果表明，取这些值时对系统的 MTF 值影响很小。

完成了夜视系统的公差分配后，绘制出系统的零部件及系统图，制图标准按 GB 13323—2009执行。由公差分析确定的系统各元件加工、装配的公差范围可知，该夜视仪系统对光学加工、光学装调以及光学材料的要求均较低，而且具有较低的加工、装调成本，完全满足实用化的要求。

6. 系统光能计算

任何一个实际的光学系统都不可能完全透光，也就是说，物体表面发出的进入光学系统中的光能，即使在没有几何遮拦的情况下，也不可能全部到达像面。光学系统中光能的大小对微光夜视仪器的成像亮暗有直接的关系，必须对其进行定量的描述。

微光夜视仪系统的光能损失主要由介质分界面上的反射损失和材料内部的吸收损失组成。在介质分界面上，空气和玻璃的透射界面均镀有增透膜，透过率按膜系设计的数据取值；胶合界面处未镀膜，但由于胶合面两边的折射率相差很小，透过率损失不大；材料内部的透射系数可取值为0.994。目镜系统分光棱镜、折转棱镜内反射面可以认为是全反射面，损失可以忽略不计。

1）系统透过率

在物镜系统中，镀增透膜的空气和玻璃透射界面为8面、胶合界面为1面，光学材料等效中心厚度$\Sigma d=2.95\text{cm}$。在未考虑材料内部吸收损失的前提下，物镜各视场不同波长条件下的透过率平均值约为0.90。同时考虑光学材料的吸收损失，则物镜系统的透过率系数为

$$K_{物}=0.90\times(1-\alpha)^{\Sigma d}=0.90\times0.994^{2.95}=0.88$$

在目镜系统中，镀增透膜的空气和玻璃的透射界面为13面、胶合界面为4面、棱镜内反射面为3面，光学材料等效中心厚度$\Sigma d=8.33\text{cm}$。在未考虑材料内部吸收损失的前提下，目镜各视场不同波长条件下的透过率平均值约为0.67。同时考虑光学材料的吸收损失，则目镜系统的透过率系数为

$$K_{目}=0.67\times(1-\alpha)^{\Sigma d}=0.67\times0.994^{8.33}=0.64$$

2）系统亮度计算

像增强器阴极面的辐射照度为

$$E_{\text{Y}}=\frac{1}{4}\left(\frac{D}{f_0'}\right)^2\tau_{\text{d}}\tau_{\text{w}}E_0(\rho_1S_1+\rho_2S_2) \tag{12-49}$$

式中：D为物镜的有效口径，取70mm；f_0'为物镜的焦距，取100mm；τ_{d}为大气透射率，1km距离、中等可见度时，取0.68；τ_0为物镜系统透过率，取镀膜后值0.88；E_0为夜天晴朗星光下，环境照度$1.0\times10^{-3}\text{lx}$；$\rho_1$为背景对夜天大气的反射系数；$\rho_2$为目标对夜天大气的反射系数；$S_1$为在阴极面中背景成像占面积的百分比，取60%～80%；S_2为在阳极面中目标成像占面积的百分比，取20%～40%。

将各参数代入式（12-49）中计算，得

$$E_{\text{Y}}=4.39\times10^{-5}\text{lx}$$

经过像增强器的亮度增强后，其荧光屏面（阳极面）亮度为

$$B_{\text{b}}=G\times E_{\text{Y}}$$

式中：G为像增强器的增益，由超二代像增强器的参数可知，G值为$20000(\text{cd}\cdot\text{m}^{-2})/\text{lx}$。

夜视仪的出射亮度为

$$B_{\text{c}}=B_{\text{b}}\times\tau_{\text{m}}$$

式中：τ_{m}为目镜系统的透过率，取镀膜后$\tau_{\text{m}}=0.64$。

对于单管双目式夜视仪来说，微光物镜接收到的光能需要经空间棱镜分光，此时目镜

系统的准直和分光结构上下约有4mm的位置偏心，会造成部分能量损失。同时，考虑到实际系统在加工制造、装调过程中可能存在的各种误差，将整个目镜系统的实际透过率取值减半。代入数据计算，得

$$B_c = \frac{1}{2} \times G \times E_Y \times \tau_m = 0.28(cd/m^2)$$

这一计算结果对于人眼能区分的最小亮度($1.0 \times 10^{-6} cd/m^2$)来说，是很好的光学系统。

例12.2 设计一款广角非制冷中波红外光学系统。

1. 设计要求

(1) 工作波段为3μm~5μm；

(2) F/#为2.5；

(3) 全视场角为90°；

(4) 焦距为5.6mm；

(5) 工作温度：-40℃ ~ +60℃。

2. 光学系统探测器选取

为了保证探测器准确探测到像面信息，查阅资料，选取像元数为320×320，像元尺寸25μm×25μm的探测器。

探测器光敏面的对角线：

$$h' = \frac{\sqrt{(320 \times 25)^2 + (320 \times 25)^2}}{2} \approx 5.6(mm) \tag{12-50}$$

根据上述计算，取像高尺寸为11.2mm。

根据像元尺寸25μm，确定系统传递函数的奈奎斯特频率为

$$\frac{1}{2 \times N} = \frac{1}{2 \times 0.025} = 20(lp/mm) \tag{12-51}$$

3. 光学系统设计

1) 系统选型

进行光学系统设计之前，需要选取一个合适的初始结构，根据大视场紧凑型光学系统的技术指标要求，为了获得良好的图像质量，考虑到焦平面探测器的调制传递函数特性，要求光学系统能够适应-40℃ ~ +60℃的环境温度，其调制传递函数(MTF)在20lp/mm空间频率处的值高于0.55，且相对畸变小于10%。选取F/#为1.1，全视场角为47.26°，焦距为8mm的$20^{\times}$非制冷型红外变焦光学系统作为本次设计系统的初始结构，如图12-77所示，表12-2给出了初始结构结构参数表。

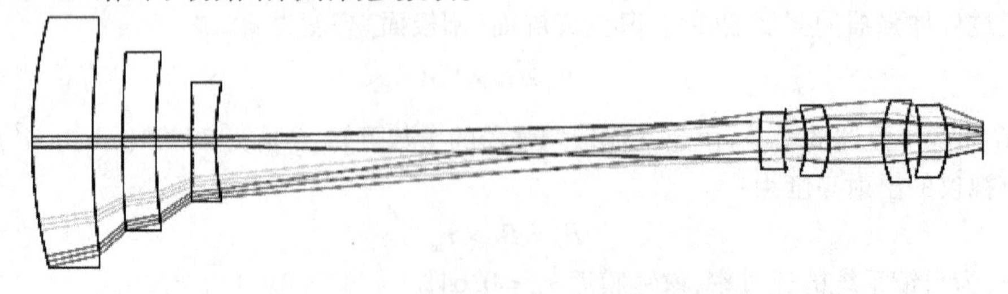

图12-77 $20^{\times}$非制冷型红外变焦光学系统

表 12－2　初始结构参数表

序号	曲率	厚度	材料
OBJ	Infinity	Infinity	—
1	255.05	22.51	GERMANIUM
2	497.86	11.29	—
3	581.6	13.05	GERMANIUM
4	367.65	13.85	—
5	－1001.4	8.6	GERMANIUM
6	162.49	204.03	—
7	99.1	8.69	GERMANIUM
8	81.47	1.2	—
STO	Infinity	7.47	—
10	－47.93	8.64	GERMANIUM
11	－48.35	19.91	—
12	55.16	8.7	GERMANIUM
13	－74.49	5.62	—
14	－68.57	10.05	ZNS_BROAD
15	－45.87	13.4	
IMA	Infinity	—	

2）参数确定

将系统初始结构输入到光学设计软件 ZEMAX 中，此时系统焦距为 8mm，比设计要求的焦距大，故采用缩放法对系统初始结构进行缩小，只需选择工具栏中的快速生成焦距，输入焦距 5.6mm 就能完成。初始结构 F/#为 1.1，全视场角为 47.26°，与设计指标有一定的差距，这一过程需要人工进行调整，逐步增大系统视场，同时减小相对孔径（即增大 F/#）。每次改变视场后，通过软件对系统结构进行一定的优化，优化时只需设置默认及焦距优化函数即可，最终使得系统各项参数满足设计要求，且像差控制在一定范围内。

3）结构优化

初始结构由 7 片透镜构成，结构较为复杂，且最后一片透镜材料为价格昂贵的硫化锌（ZNS_BROAD），为了保证系统结构紧凑、简单，对系统更换相应材料，并进行结构优化。

（1）更换材料。

更换系统材料，以第 7 片透镜换材料为例。将硫化锌（ZNS_BROAD）更换为更为常用的材料硅 SILICON，想要保证换玻璃前后系统焦距及单色像差不变，需满足透镜两个面光焦度不变，即满足如下公式：

$$\frac{n_1 r_1}{n_1 - 1} = \frac{n_{12} r_{12}}{n_{12} - 1} \qquad (12-52)$$

式中：n_1、r_1 为原透镜面半径及折射率；n_{12}、r_{12} 为更换材料后透镜面半径及折射率。

已知硫化锌折射率为 2.37，硅折射率为 3.43，根据初始结构参数，透镜 7 第一面曲率为 －68.57，代入式（12－52）求得更换材料后第一面半径为 －80.04。同理对于第二面利用下式：

$$r_{22}=\frac{1-n_{12}}{1-n_1}\cdot r_2 \tag{12-53}$$

求得更换玻璃后第二面半径为 -81.36。用硅代替硫化锌,输入计算出的半径值,完成系统更换玻璃。

(2) 简化结构。

对系统进行分析及优化发现第 4 片透镜对于光线的折转作用有限,其对整个系统焦距及像质影响都较小,故在优化过程中保持透镜第一面曲率固定不变,通过控制曲率优化函数 CVVA,使透镜两个面的曲率基本相同,最终成为一个平行平板再将其去除。进一步优化,依据相同原理,逐步去除了对系统影响较小的透镜 3 及透镜 6。为了保证去除后系统的成像质量仍能达到要求,在第 1、4、8 面加入非球面来平衡像差。优化后的系统初始结构由一片硅片、三片锗片构成四片式单透镜结构,此时系统结构如图 12-78 所示。

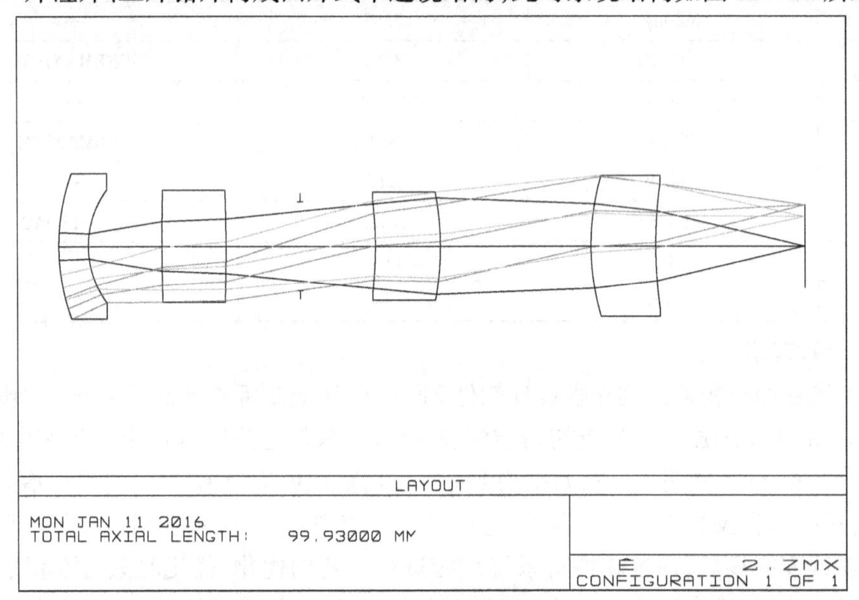

图 12-78 初始结构

4) 像差校正

本次设计的系统视场较大,因此需要重点校正与视场有关的像差,主要包括彗差、像散、场曲及畸变。在优化过程当中,依照系统结构的变化情况,及时查看光学系统的各种像差曲线变化图和数据报表,找到系统中存在的最大像差和光学元件表面。通过像差控制操作数对其进行适当的调整,比如分配合理的目标值及权重值等,然后继续进行优化,观察设计结果,通过像质来评价所设计的系统是否达到设计的要求。若是不符合要求,则对系统的结构参数重新进行优化,如此反复,直到系统的像质满足技术要求。初始结构像差曲线如图 12-79 所示。

5) 消热差设计

本次设计指标要求红外光学系统的工作温度为 -40℃ ~ +60℃,由于红外光学系统受温度因素影响更为严重,使得系统各项性能、成像质量等往往会急剧下降,尤其是由此引起的光学系统的离焦现象将会特别显著。因此,红外光学系统进行消热差设计是十分

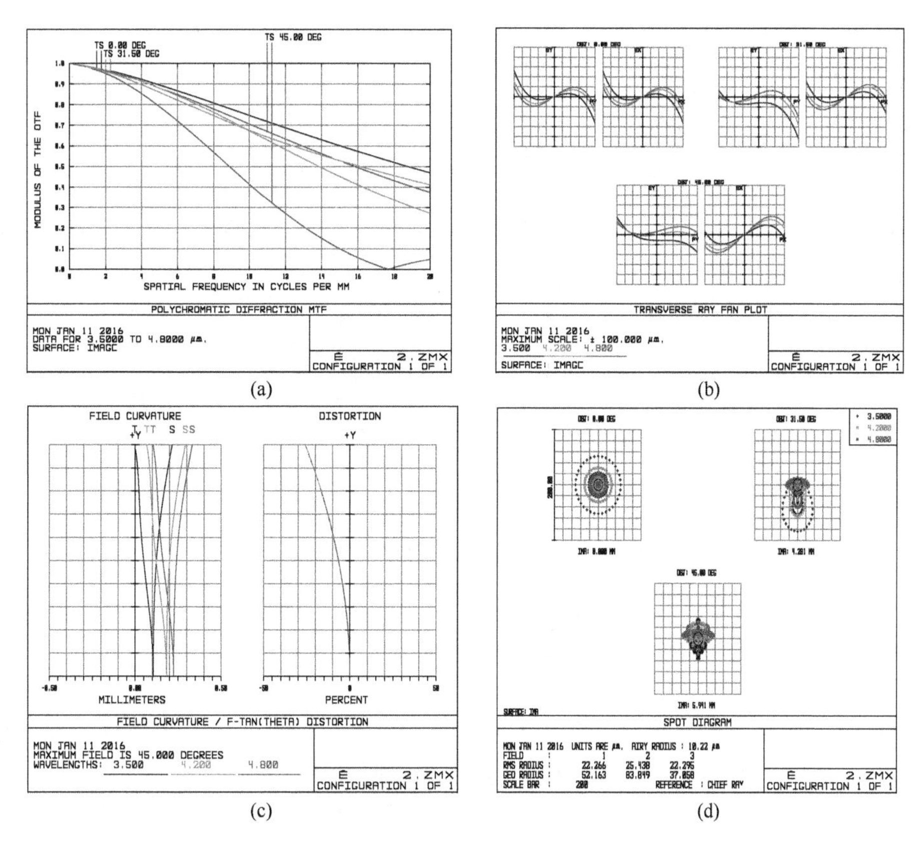

图 12－79　初始像差曲线

(a)初始结构传递函数图；(b)初始结构垂轴像差图；(c)初始结构场曲/畸变图；(d)初始结构点列图。

必要的。现在最主要的消热差处理的方法有机械被动式、机电主动式、光学被动式三种，此次设计的大视场紧凑型光学系统为了满足系统总长小，轻便化、性能高等要求，选择被动式消热差法，为了更好地校正系统像差及满足消热差要求，在系统第 6 面引入衍射面。

4. 设计结果

系统消热差后的最终结构参数如表 12－3 所示，系统最终结构如图 12－80 所示，为了提高系统成像质量加入了三个非球面，系统中含一个衍射面。

表 12－3　优化后系统结构参数表

序号	曲率	厚度	材料
OBJ	Infinity	Infinity	—
1	18.39	2.65	SILICON
2	8.62	7	—
3	－172.58	4.29	SILICON
4	－24.99	3.92	—
STO	Infinity	4.04	—
6	190.89	3.11	GERMANIUM－
7	－9115.11	4.00	—

（续）

序号	曲率	厚度	材料
8	-19.01	1.88	SILICON
STO	-12.35	7.80	—
IMA	Infinity	—	

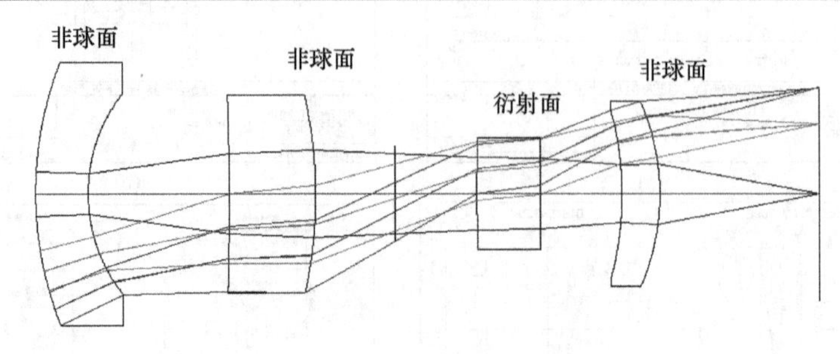

图 12-80　消热差后的红外光学系统

光学系统的成像质量需要进行像质评价，下面给出了该系统在 20℃、-40℃ 及 60℃ 时的点列图、MTF 曲线图、包容圆能量图、场曲及畸变图。

1）点列图

由图 12-81 的点列图可知，系统在 20℃、-40℃ 及 60℃，在 0ω、0.707ω、1ω 视场的 RMS 均方根值均小于艾里斑半径，说明系统像面清晰，像质均匀。

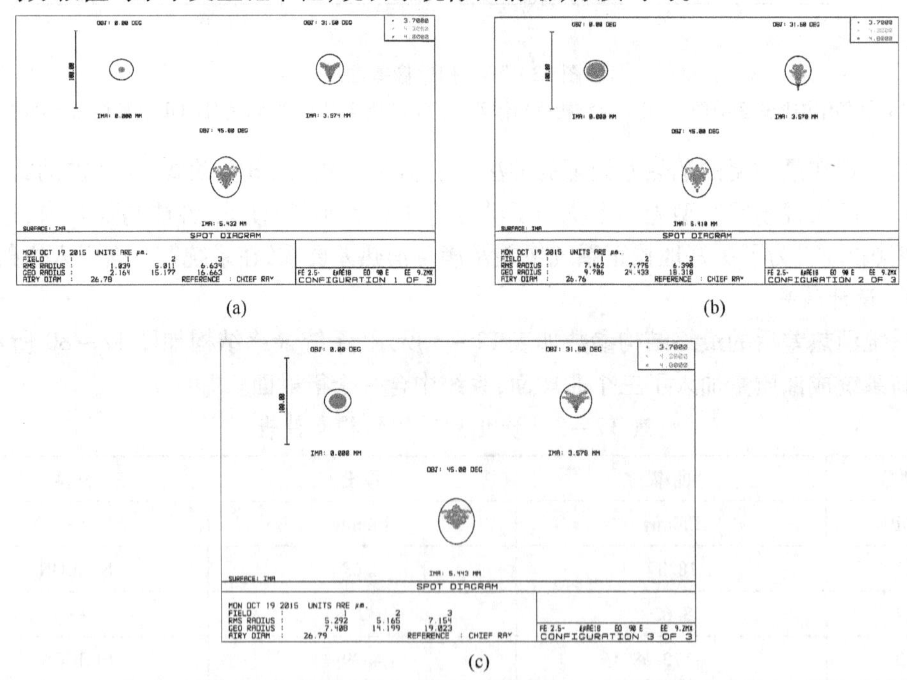

(a)　(b)　(c)

图 12-81　红外系统点列图

(a)20℃点列图；(b) -40℃点列图；(c)60℃点列图。

2）MTF 曲线图

从图 12-82 可以看出，在 20℃、-40℃ 及 60℃ 红外系统在 20lp/mm 时，在 0ω、

0.707ω、1ω 视场的调制传递函数 MTF 值均大于 0.55，均已接近或达到光学系统的衍射极限，成像质量满足要求。

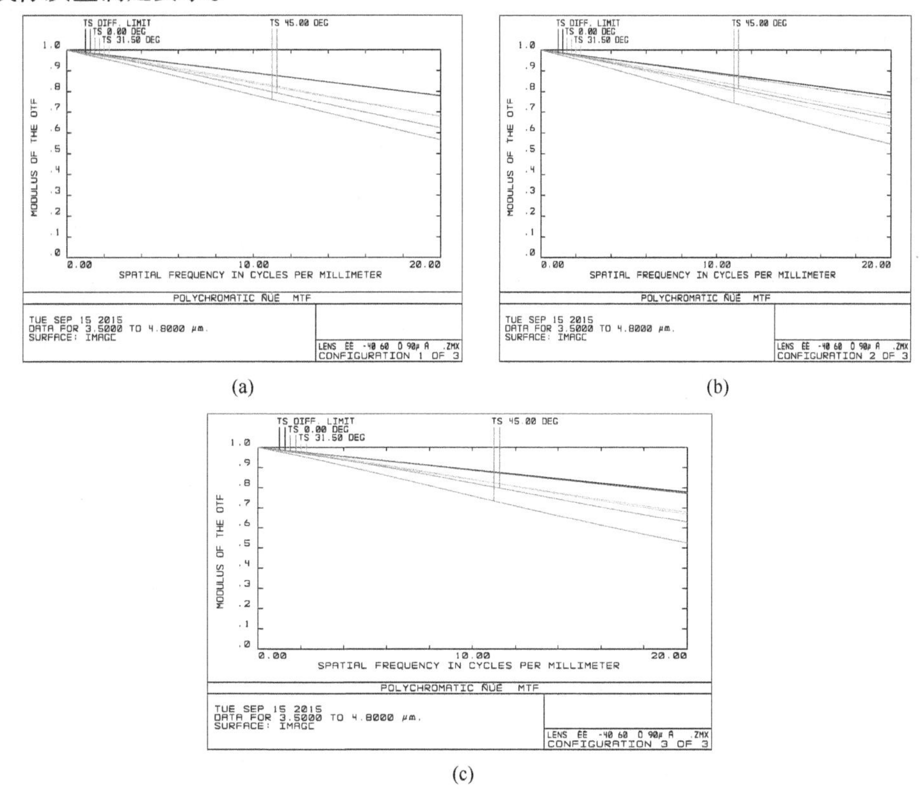

图 12－82　红外系统 MTF 图

(a)20℃ MTF 曲线图；(b)－40℃ MTF 曲线图；(c)60℃ MTF 曲线图。

3）包容圆能量

系统在 20℃、－40℃及 60℃时的能量图如图 12－83 所示，图中示出了以像元尺寸 25μm 为包容圆半径在 0ω、0.707ω 及 1ω 下的能量分布情况。

4）红外系统的场曲及畸变图

由图 12－84 可知，系统在 20℃、－40℃及 60℃相对畸变全视场小于 15.5%，光学系统的畸变可以在后续图像处理中得到有效校正，光学系统的成像质量满足设计指标的要求。

5）像面离焦

由于红外光学系统受温度的影响较大，需要分析离焦量同温度的关系，根据瑞利判据，温度变化造成的像面离焦与系统离焦有以下关系：

$$\Delta L \leqslant \pm 2\lambda (f'/D)^2 \tag{12-54}$$

式中：λ 为波长；f'/D 为系统的 F 数，指标中要求工作波段 3μm～5μm，取中心波长为 4.0μm，代入式(12－54)即可算出系统的焦深为 32μm，像面离焦量只有在一个焦深内，才能保证系统在－40℃～＋60℃温度范围内整体满足成像质量的要求。系统不同温度的像面离焦情况如表 12－4 所示。

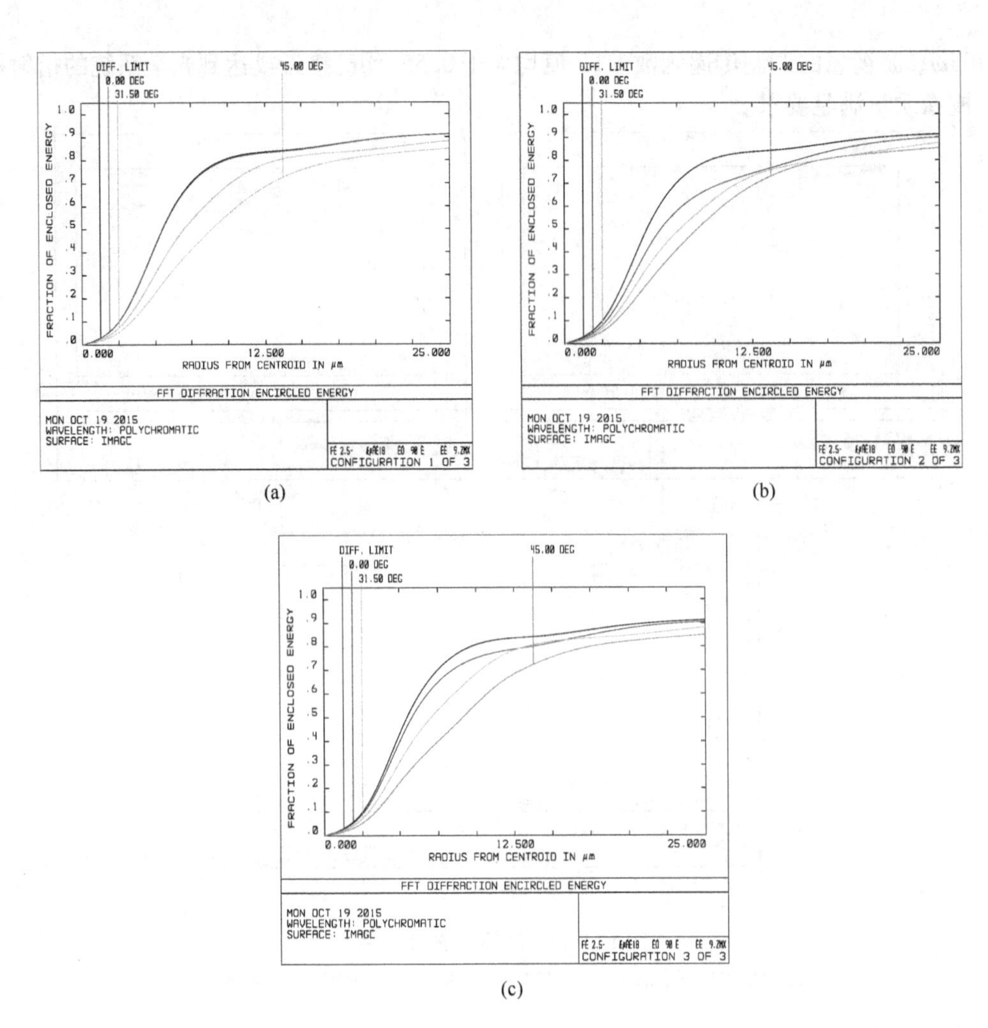

(a)　(b)　(c)

图 12－83　红外系统包容圆能量图

(a)20℃包容圆能量图；(b) －40℃包容圆能量图；(c) 60℃包容圆能量图。

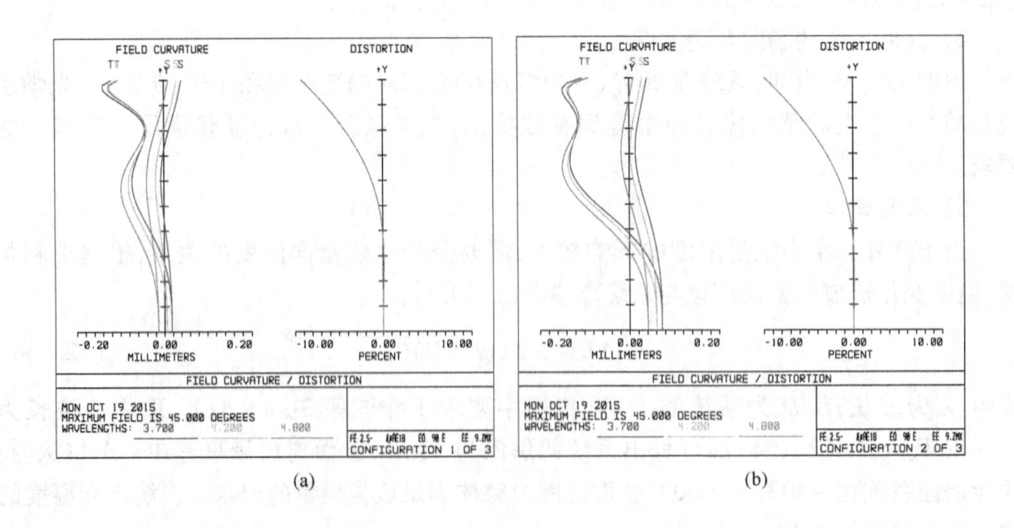

(a)　(b)

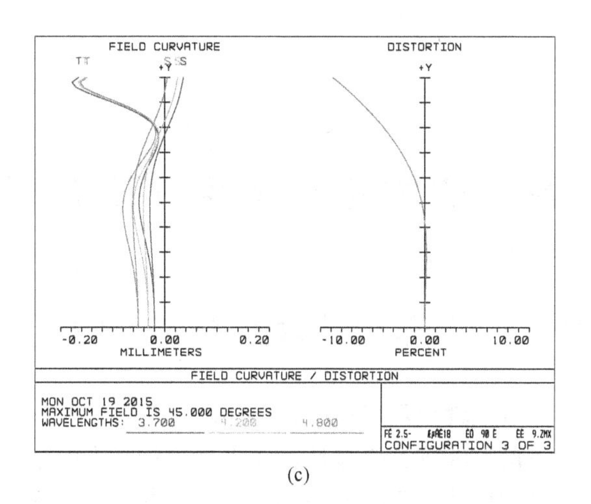

(c)

图 12-84 红外系统的场曲及畸变图

(a)20℃场曲及畸变图；(b)-40℃ 场曲及畸变图；(c)60℃ 场曲及畸变图。

表 12-4 系统在不同温度下的离焦量

温度/℃	焦距/mm	系统焦深/μm	像面离焦量/mm
-40	5.6	32	0.002
20	5.6	32	0.003
60	5.6	32	0.001

综上所述，该系统在 -40℃ ~ +60℃范围内的像面离焦量均小于系统焦深，说明该红外系统在要求的温度范围内成像质量良好，无像面漂移，满足总体设计要求。

第 13 章　光学设计软件 ZEMAX 简介

13.1　光学设计软件 ZEMAX 特点

ZEMAX 是由美国焦点软件公司(Focus Software Inc)开发出来的一套光学设计软件。由于其较高的性价比,目前在我国光学设计行业占据了相当大的市场份额。

ZEMAX 有三个不同的版本,即 ZEMAX－SE(标准板)、ZEMAX－XE(扩展版)以及 ZEMAX－EE(工程版)。它是一套综合性很强的光学设计软件,可以实现光学系统的建模、光线追迹计算、像差分析、优化、公差分析、报表输出等多项功能。所有这些强大的功能都直观地呈现于用户界面当中。ZEMAX 软件的功能强大,运算速度快,软件使用灵活方便。此外,ZEMAX 还能够采用序列(Sequential)和非序列(Non－ sequential)的方式进行光线追迹。

ZEMAX 的界面简单易用,只需稍加练习,就能够实现互动设计。ZEMAX 中有很多功能能够通过选择对话框和下拉菜单来实现。同时,也提供快捷键以便快速使用菜单命令。

13.2　ZEMAX 用户界面简要说明

本节描述的是 ZEMAX 用户界面中的约定,描述了一些常用窗口操作的一些习惯用法。ZEMAX 操作与其他 Windows 应用程序类似,但是,ZEMAX 的用户界面也有一些独有的特点。下面,就 ZEMAX 界面的各部分作详细介绍。

13.2.1　窗口类型

ZEMAX 软件中有许多不同类型的窗口,每种窗口完成不同的任务。这类窗口类型有:

(1) 主窗口。如图 13－1 所示,这个窗口有一大部分空白区域,其上方有标题框、菜单框和工具框。菜单框中的命令通常与当前的光学系统相联系,成为一个整体。

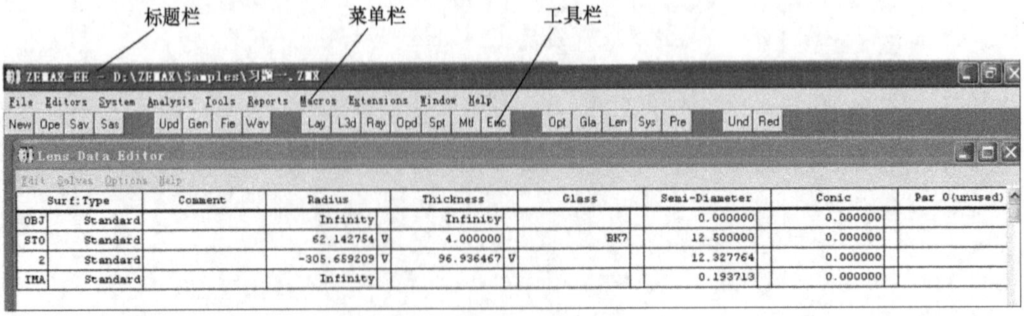

Surf:Type		Comment	Radius		Thickness		Glass		Semi-Diameter		Conic		Par 0(unused)
OBJ	Standard		Infinity		Infinity				0.000000		0.000000		
STO	Standard		62.142754	V	4.000000		BK7		12.500000		0.000000		
2	Standard		-305.659209	V	96.936467	V			12.327764		0.000000		
IMA	Standard		Infinity						0.193713		0.000000		

图 13－1　主窗口界面

（2）编辑窗口。如图 13-2 所示，其中有 6 个不同的编辑，即镜头数据编辑、评价函数编辑、多重结构编辑、公差数据编辑以及仅在 ZEMAX_EE 中具有的附加数据编辑和非顺序组件编辑。

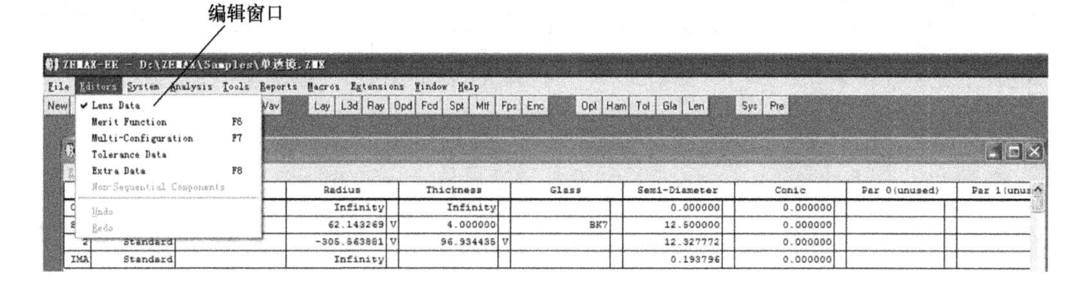

图 13-2　编辑窗口界面

（3）图形窗口。如图 13-3 所示，这些窗口是用来显示图形数据，如系统图、光线扇形图、光学传递函数（MTF）曲线等。

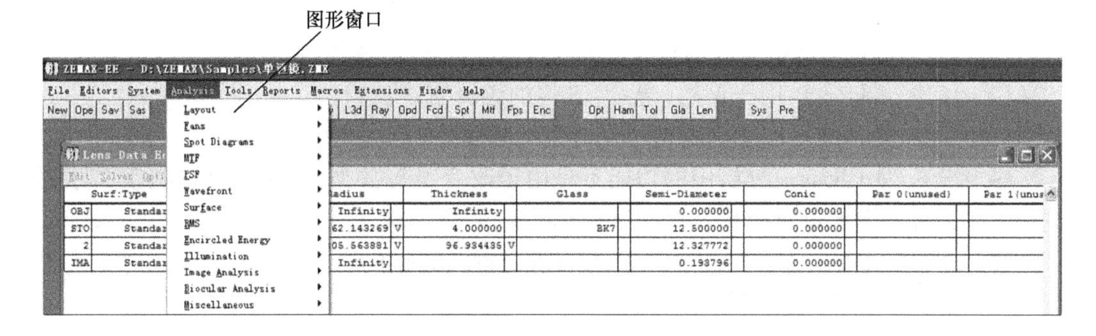

图 13-3　图形窗口界面

（4）文本窗口。如图 13-4 所示，文本窗口用于显示文本数据，如指定数据、像差系数、计算数值等。

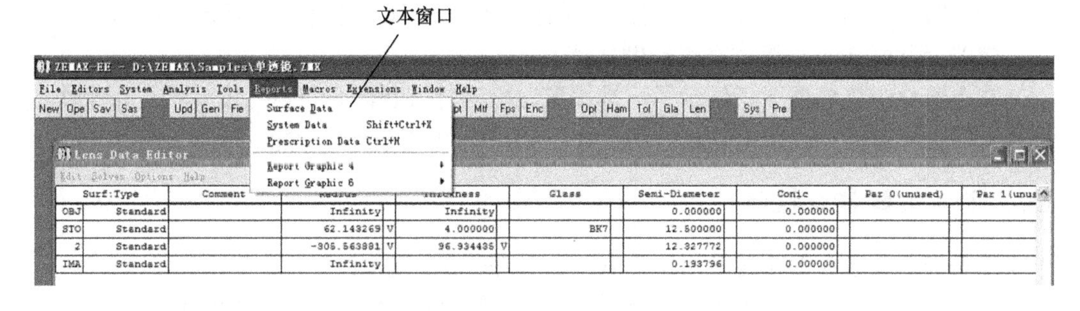

图 13-4　文本窗口界面

（5）对话框。如图 13-5 所示，对话框是一个弹出窗口，大小无法改变。这类窗口用于更改选项和数据，如视场角、波长、孔径光阑以及面型等。在图像和文本窗口中，对话框也被广泛地用来改变选项，例如，改变系统图中光线的数量。

除了对话框，所有窗口都能通过使用鼠标或键盘按钮进行移动和改变大小。

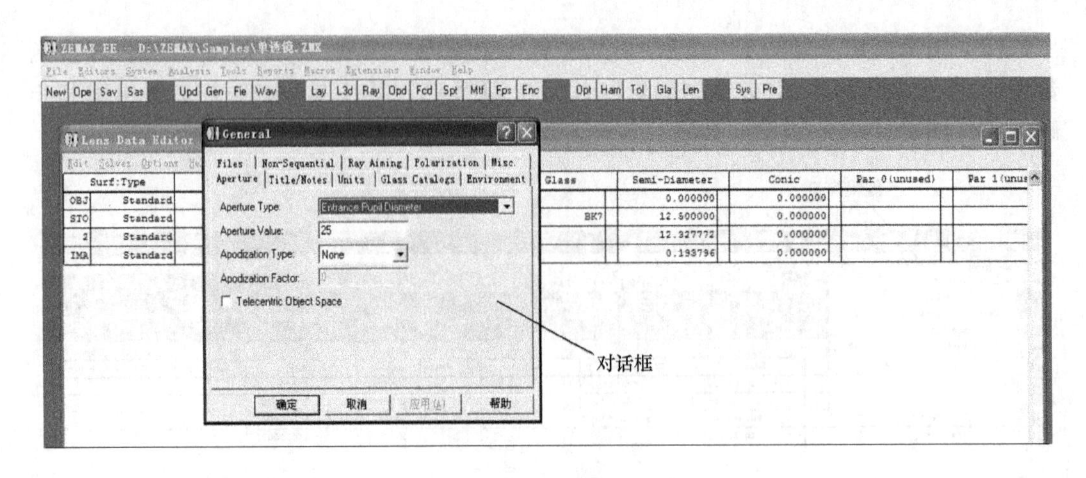

图 13－5 对话框窗口界面

13.2.2 主窗口的操作

主窗口框有几个菜单标题,其中包括以下几个菜单选项:

(1) 文件(File):用于文件的打开、关闭、保存、重命名(另存为)。

(2) 编辑(Editors):用于调用(显示)其他的编辑窗口。

(3) 系统(System):用于确定整个光学系统的属性。

(4) 分析(Analysis):分析中的功能不是用于改变镜头数据,而是根据这些镜头数据进行数字计算和图像显示分析。这些结果包括系统图、光学扇形图、点列图、衍射计算等。

(5) 工具(Tools):工具中的命令是可以改变镜头数据的,也可以从总体上对系统进行计算,包括优化、公差、样板匹配等。

(6) 报告(Reports):用于提供镜头设计的相关文档,包括系统综合数据、面型参数以及图像报告等。

(7) 宏(Macros):用于编辑运行 ZPL 宏。

(8) 扩展功能(Extensions):提供 ZEMAX 的扩展功能,这是 ZEMAX 的编辑特性。

(9) 窗口(Window):从当前所有打开的窗口中选择哪一个置于显示的最前面。

(10) 帮助(Help):提供在线帮助文档。

在主窗口中菜单框下还显示了一排按钮,这一排按钮称为工具栏,工具栏可用来快速选择常用的操作命令。所有这些按钮代表了菜单中可以得到的功能。

13.2.3 编辑窗口操作

编辑窗口最基本的功能是用于输入镜头和评价函数数据。

镜头数据编辑器是一个主要的电子表格,将镜头的主要数据填入就形成了镜头数据。这些数据包括系统中每一个面的曲率半径、厚度、玻璃材料。单透镜由两个面组成(前面和后面),物平面和像平面各需要一个面,这些数据可以直接输入到电子表格中。当镜头数据编辑器显示在桌面时,可以将光标移至需要改动的地方并将所需的数值由键盘输入到电子表格中形成数据。每一列代表具有不同特性的数据,每一行表示一个光学面。移动光标可以到需要的任意行或列,向左和向右连续移动光标会使屏幕滚动,这时屏幕显示其他列的数据,如半口径、二次曲面系数以及与所在面的面型有关的参数等。屏幕显示可以从左到右或从右到左滚动。"Page Up"和"Page Down"键可以移动光标到所在列的头部或尾部。当镜头面数足够大时,屏幕显示也可以根据需要上下滚动。

为在活动窗口加入一个增加值,可以输入一个" + "号和增加的数,然后按下"Enter"键即可。例如,要把 12 变为 17,只需键入" +5"并回车。同样,使用乘号" * "和除号"/"也同样有效。如果要减去一个数,在减数前面加上一个负号即可。要区分输入的是减数还是一个负值,可以使用空格来区分。

如果要对小单元格中一部分内容进行修改,而不打算重复输入全部内容,先将单元格变为高亮度,然后按下"Backspace"键。"←"、"→"、"Home"、"End"键在编辑时能用来在小单元格中移动。鼠标也同样能选择、重改部分文本。一旦小单元格中的数据被改好后,按下"Enter"键即可完成编辑,并使光标停留在该单元格中。按下" ↑ "、" ↓ "键也可表示完成编辑,光标也会跟着移动。按下"Tab"或"Shift + Tab"键也能左右移动光标。

若要放弃编辑,可按下"Esc"键。"←"、"→"、" ↑ "、" ↓ "键也可将光标做相应的移动,同时按下"Ctrl"和"←"、"→"、" ↑ "、" ↓ "键,一次可使编辑器在相应方向上每次移动一页。按下"Tab"或"Shift + Tab"键也能左右移动光标。

按下"Page Up"和"Page Down"键,每次可移动一个屏幕,按下"Ctrl + Page Up"或"Ctrl + Page Down"可移动光标到当前列的顶部或底部。"Home"和"End"键可分别移动光标到第一列第一行或第一列最后一行,"Ctrl + Home"和"Ctrl + End"可分别移动光标到第一行第一列或最后一行最后一列。

单击任何一单元格,光标会移到该单元格,双击单元格会出现一个求解对话框(如果该对话框存在),单击鼠标右键,也会出现单元格的求解对话框。

13.2.4 图形窗口操作

图形窗口有以下菜单项:

(1) 更新(Update):这一功能能根据现有设置重新计算在窗口中要显示的数据。

(2) 设置(Setting):激活控制这一窗口的对话框。

(3) 打印(Print):打印窗口的内容。

(4) 窗口(Window):在窗口菜单下有以下主要子菜单。

① 注释(Annotate):在此菜单下有四个子菜单:

- 画线(Line):在图形窗口中画一条直线。
- 文本(Text):提示并在图形窗口中写入文本。
- 框格(Box):在图形窗口画一个方框。
- 编辑(Edit):允许注释进行编辑。

② 剪贴板(Copy Clipboard):将窗口文件的内容复制到剪贴板窗口中。

③ 输出图元文件(Export Metafile):将显示的图形以 Windows Metafile、BMP 或 JPG 的形式输出。

④ 锁定窗口(Lock Window):如果选择此选项,窗口将会转变为一个数据不可变动的静止窗口,被锁窗口的文件内容可以打印、复制到剪贴板中,或存为一个文件。这种功能的用途是可以将不同镜头文件的数据的计算结果进行对比。一旦窗口被锁住,它就不能

更新,于是随后装载的任何新镜头文件将可与被锁定窗口的结果相比较和分析。一旦窗口被锁定,就不能开启。为重新计算窗口中的数据,此窗口必须被关闭,然后打开另一窗口。

⑤ 长宽比(Aspect Ratio):长宽比可以选择 3×4(高×宽)的默认值,也可以选为 3×5、4×3、5×3。后面两组值长比宽大。

13.2.5 文本窗口操作

文本窗口有以下菜单项:

(1) 更新(Update):将重新计算的数据显示在当前设置的窗口中。

(2) 设置(Setting):打开一个控制窗口选项的对话框。

(3) 打印(Print):打印窗口内容。

(4) 窗口(Window):在此菜单下有三个子菜单选项:

① 剪贴板(Copy Clipboard):将窗口文件的内容复制到剪贴板窗口中。

② 保存文件(Save Text):将显示在文本框中的文本数据保存为 ASCII 文件。

③ 锁定窗口(Lock Window):如果选择此选项,窗口将会转变为一个数据不可改变的静止窗口,被锁窗口的文件内容可以打印、复制到剪贴板中,或存为一个文件。这种功能的用途是可以将不同镜头文件的数据相对比。一旦窗口被锁住,它就不能修改,于是随后装载的新镜头文件就可同锁定窗口的结果相比较。一旦窗口被锁,就不能开启。为重新计算窗口中的数据,此窗口必须被关闭,打开另一窗口。在用文本窗口时,还有两个鼠标键可用,在文本窗口中双击任何一处将更新内容,这同"Update"选项的功能相同。在文本窗口任何地方单击鼠标右键将打开窗口选项对话框。

13.2.6 对话框

大多数对话框都有自己的说明,通常包含有 Windows 对话框中常用的"确定"和"取消"按钮。

在分析功能中(如像差曲线图),都有一个允许选择不同选项的对话框,所有的对话框都有 6 个按钮:

(1) 确定(OK):此按钮使窗口在当前选项下重新计算和重新显示数据。

(2) 取消(Cancel):将所有选项恢复到对话框使用前的状态,不会重新计算数据。

(3) 保存(Save):保存当前选项,并在将来作为默认值使用。

(4) 装载(Load):装载先前保存的默认数据。

(5) 复位(Reset):将选项恢复到软件出厂时的默认状态。

(6) 帮助(Help):打开 ZEMAX 的帮助系统,所显示的帮助文件中将包含活动对话框中选项的信息。

保存和装载按钮有双重功能,当按下保存按钮,当前镜头文件的设置被保存,同时该设置也将保存在所有的没有自己特定设置的镜头数据中。例如,如果装入镜头 A,在轮廓图上 A 的光线条数被设置为 15,然后按下保存按钮,则 A 新的光线条数默认值为 15,其他新创建镜头或没有自己特定设置的老镜头的光线条数默认值也为 15。现在假设后来镜头 B 装入,光线的条数变为 9,再次按下保存按钮,则对镜头 B 和所有没有专门设置过光线条数的镜头,9 就是它们光线条数新的默认值,而镜头 A 由于已经设置了光线条数值,其值仍保持 15。

装载按钮也有同样的功能。当按下装载按钮,ZEMAX 会检查此镜头以前是否保存过的设置,如果有,则设置被装入;否则,ZEMAX 将装入所有镜头中最后一次保存的设置。同样,前面例子,新镜头 C 将装入 9 条光线的设置,因为这是最后一次保存的设置,而镜头 A 和 B 保持原来的数值,因为它们有自己的设置。

保存和装载中的设置信息被保存在与镜头文件同名的另一个文件中,但是扩展名是 CFG 而不是 ZMX。在 CFG 文件中没有镜头数据,只是保存了用户为每个分析功能所定义的设置。

对话框中的其他选项既可用键盘又可用鼠标来选择。在键盘控制时,用“Tab”和“Ctrl + Tab”键可以由一个选项移动到另一选项,空格键可用来选定当前选择的设置栏,光标键可用来在下拉菜单中选择条目,按下下拉菜单中条目的第一个字母也可选择那个条目。

13.3 快捷方式总结

表 13 - 1 列出了常用的 ZEMAX 的快捷方式。

表 13 - 1 ZEMAX 快捷方式

热键	对应的功能
Ctrl + Tab	将光标由一个窗口移动到另一个窗口
Ctrl + 字母	ZEMAX 工具框和函数的快捷方式。例如,“Ctrl + L”打开二维轮廓图。所有的快捷键在菜单项边上列出
F1,…,F10	功能键,它也是许多功能的快捷键,所有的功能键都列在菜单条上
Backspace	当编辑窗口处于输入状态时,高亮单元可用“Backspace”键来编辑,一旦按下“Backspace”键,鼠标和左右光标可进行编辑
双击鼠标左键	如果将鼠标置于图形窗口或文本窗口,双击左键就可打开窗口的内容,这同选项中的修改选项功能相同。双击编辑窗口,可打开对话框
单击鼠标右键	如果将鼠标置于图形窗口或文本窗口,单击右键就可打开窗口的内容,这同选项中的修改选项功能相同。双击编辑窗口,可打开对话框
Tab	在编辑窗口中将光标移动到下一个单元,或在对话框中移动到下一处
Shift + Tab	在编辑窗口中将光标移动到上一个单元,或在对话框中移动到上一处
Home/End	在当前编辑窗口中,将光标移动到左上角/右下角,或在文本窗口中将光标移动到最上端/下端
Ctrl + Home/End	在当前编辑窗口中,将光标移动到左上角/右下角
Page Up/Down	上下移动屏幕一次
Ctrl + Page Up/Down	移动光标到最顶部/底部

13.4 ZEMAX基本操作要点

13.4.1 概述

1. 用光学设计ZEMAX软件设计的基本过程

用光学设计ZEMAX软件来进行镜头(或系统)设计的基本过程如图13-6所示。

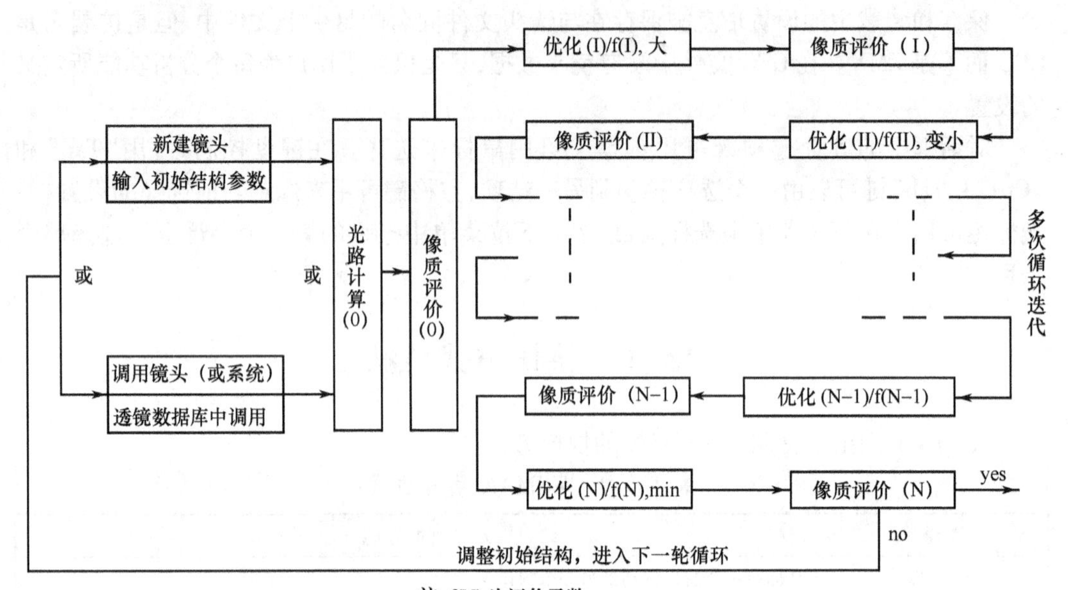

图13-6　光学设计过程框图

光学设计ZEMAX软件其自动校正的前提是假定可以定义一个评价函数,它唯一地表征了一个光学系统的成像质量。该评价函数的值越小,光学系统的成像质量就越好;评价函数的值越大,光学系统的成像质量就越差。虽然与实际并不完全一致,但毫无疑问,评价函数定义得越合理,就越能真实地表征光学系统的成像质量。

2. 基本操作环节

由图13-6可知,使用ZEMAX程序进行光学设计的基本操作步骤如下:

(1) 新建镜头(或系统)。这一步骤的关键是如何正确输入拟设计镜头(或系统)的光学性能参数和初始结构参数。

(2) 调用镜头(或系统)。即从储存于ZEMAX软件包内的透镜数据库中调用合适的镜头数据,作为需要设计镜头的初始结构。从透镜数据库中调用镜头数据操作最为简捷。

(3) 光路计算与优化计算。对于ZEMAX来说,只要正确输入设计参数,程序就可以计算出结果,并显示在相应的编辑表中,优化计算同样如此。

(4) 像质评价。可以从ZEMAX报告图中直观显示,如需要准确数值可调出相应的文本编辑表进行详细分析。

13.4.2　新建镜头

正确输入镜头数据信息是光学设计的第一步，也是最基本、最重要步骤之一。对于光学设计软件 ZEMAX 来说，将用输入无限像距的例子分别加以说明。

1. 准备过程

在 ZEMAX 当中对镜头参数输入有如下约定：

（1）透镜表面个数（面数）。在 ZEMAX 中，一个光学系统中一束光线连续地通过该系统的一组镜片面。光从左到右透过该系统，其中物平面（OBJ）被指定为第 0 个面。在顺序系统中，镜片表面按光线或其延长线穿过的顺序依次计数，最后一面（IMA）称为像面。在 ZEMAX 中，正确的透镜表面顺序对于透镜数据输入来说是极为重要的。

和面数相关的一些参数，如曲率半径等，都带有面的序号。和透镜表面之间的空间相关的参数还有折射率、厚度等，在透镜数据编辑表中都指定在同一个面数横行中。

（2）符号规则。和应用光学中共轴光学系统的符号规则相同，ZEMAX 规定了曲率和厚度的正、负号，规则见表 13－2。

表 13－2　共轴光学系统的符号规则

曲率半径 r	如曲率中心位于镜片表面右侧，则曲率半径为正；否则，为负
厚度 d	如下一表面位于当前表面的右侧，则两表面之间的厚度为正；否则，为负
折射率	所有的折射率为正

2. 新建一个无限远物距镜头文件

要建立合格的镜头文件，关键是要正确的在 ZEMAX 中输入透镜的结构参数。这里结合一个最简单的双胶合望远物镜设计实例来说明透镜结构参数的输入方法，其初始结构参数见表 13－3。

表 13－3　双胶合望远物镜的初始结构参数

<table>
<tr><td>主要技术指标</td><td colspan="3">结　构</td></tr>
<tr><td>$D/f'=1/4.6$
$D=10$ mm
$f'=46.4$ mm
$2\omega=8°$</td><td colspan="3"></td></tr>
<tr><td colspan="4">参　数</td></tr>
<tr><td>面 号</td><td>R/mm</td><td>d/mm</td><td>玻 璃</td></tr>
<tr><td>1</td><td>∞（光阑）</td><td></td><td></td></tr>
<tr><td>2</td><td>36.21</td><td></td><td></td></tr>
<tr><td>3</td><td>－13.00</td><td>3</td><td>H－BAK1</td></tr>
<tr><td>4</td><td>－44.62</td><td>1</td><td>F3</td></tr>
</table>

ZEMAX 为方便用户使用，将菜单、编辑表、单元格行/列等，都给出了详尽的说明。本部分的论述已假定使用者都已熟悉了 ZEMAX 界面。下面接着进行输入面数据的具体操作过程。

1）输入光学特性参数

（1）进入 ZEMAX 设计程序，出现主窗口。单击文件（File）下拉菜单中的新建文件

(New)，这时屏幕显示如图 13－7 所示的镜头数据编辑表。本例以“LENS”为文件名(文件名由设计者自行决定)，在“Lens Data Editor”栏输入面数，本例中为 4 个面，物面和像面不计入，光阑要算一个面；当光阑与某面很靠近或重合时，光阑也可以不算一个面。

ZEMAX-EE - D:\ZEMAX\SAMPLES\LENS.ZMX

File Editors System Analysis Tools Reports Macros Extensions Window Help

New Ope Sav Sas Upd Gen Fie Wav Lay L3d Ray Opd Fcd Spt Mtf Fps Enc Opt Ham Tol Gla Len

Lens Data Editor

Edit Solves Options Help

	Surf:Type	Comment	Radius	Thickness	Glass	Semi-Diamete
OBJ	Standard		Infinity	Infinity		0.00000
STO	Standard		Infinity	0.000000		0.00000
2	Standard		Infinity	0.000000		0.00000
3	Standard		Infinity	0.000000		0.00000
4	Standard		Infinity	0.000000		0.00000
IMA	Standard		Infinity			0.00000

图 13－7　镜头数据编辑表

(2) 在 Gen 中选择孔径类型(Entrance Pupil Diameter)，然后在孔径值(Aperture Value)中输入“10”，如图 13－8 所示。当然根据系统不同特性可以选择不同的孔径类型，ZEMAX 系统孔径类型有如下几种：入瞳直径(Entrance Pupil Diameter)、像空间 F/#(Image Space F/#)、物空间数值孔径(Object Space Numerical Aperture)、通过光阑尺寸浮动(Float by Stop Size)、近轴工作 F/#(Paraxial Working F/#)和物方锥形角(Object Cone Angle)。

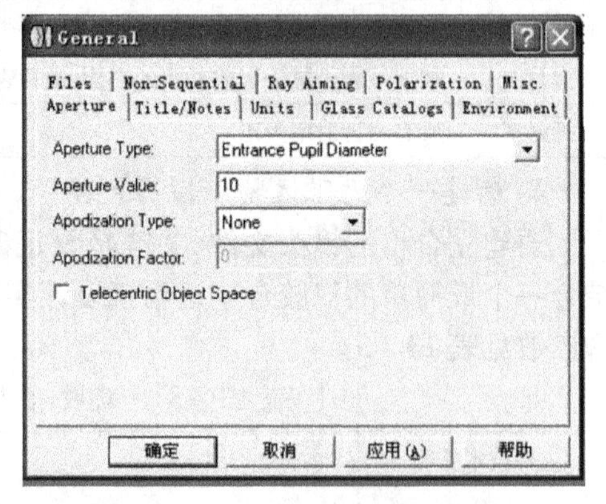

图 13－8　孔径类型对话框

(3) 在 Fie 选择 Angle，分别输入 0.7 视场和最大视场角，以上视场角输入均为半视场的角度。如同孔径类型一样，在视场数据有不同的描述，如图 13－9 所示。

Field Data

Angle (Deg)　　Paraxial Image Height

Object Height　　Real Image Height

Use	X-Field	Y-Field	Weight	VDX	VDY	VCX	VCY	VAN
☑ 1	0	0	1.0000	0.00000	0.00000	0.00000	0.00000	0.00000
☑ 2	0	2.8	1.0000	0.00000	0.00000	0.00000	0.00000	0.00000
☑ 3	0	4	1.0000	0.00000	0.00000	0.00000	0.00000	0.00000
☐ 4	0	0	0.0000	0.00000	0.00000	0.00000	0.00000	0.00000
☐ 5	0	0	0.0000	0.00000	0.00000	0.00000	0.00000	0.00000
☐ 6	0	0	0.0000	0.00000	0.00000	0.00000	0.00000	0.00000
☐ 7	0	0	0.0000	0.00000	0.00000	0.00000	0.00000	0.00000
☐ 8	0	0	0.0000	0.00000	0.00000	0.00000	0.00000	0.00000
☐ 9	0	0	0.0000	0.00000	0.00000	0.00000	0.00000	0.00000
☐ 10	0	0	0.0000	0.00000	0.00000	0.00000	0.00000	0.00000
☐ 11	0	0	0.0000	0.00000	0.00000	0.00000	0.00000	0.00000
☐ 12	0	0	0.0000	0.00000	0.00000	0.00000	0.00000	0.00000

OK　Cancel　Sort　Help

Set Vig　Clr Vig　Save　Load

图 13－9　视场数据对话框

(4) 在Wav中用于设置波长、权重因子和主波长。要使用列表中的项目,单击“Select”按钮。本例直接点击“Select”即可默认所需的波长数值,如图 13 - 10 所示。

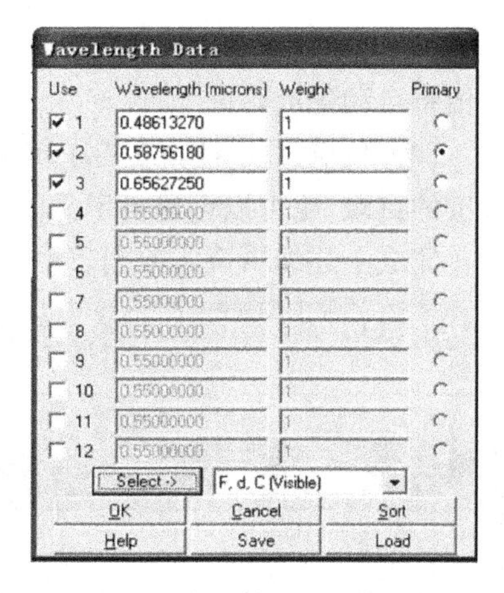

图 13 - 10　波长数据对话框

(5) 定义默认的评价函数是表示一个光学系统如何接近一组指定目标的一种数值表示。ZEMAX 使用一列各自代表系统的不同约束条件或目标的操作数据。在编辑菜单(Editors)中选择“Merit Fuction”,点击“Tools”菜单中的“Default Merit Fuction”,选择所需要的优化类型,然后可以得到默认的评价函数表,如图 13 - 11 所示,最后在表头插入一个空格输入有效焦距值(EFFL),在目标值中输入“46. 4”。在权重因子中输入“1”。当然在评价函数表可以根据系统要求还要输入一些边界条件以及系统相关的操作数。在这里只做了一个简要说明。

Merit Function Editor: 7.522324E-001

Edit Tools Help

Oper #	Type		Wave					Target	Weight
1 (EFFL)	EFFL		2					46.400000	1.0000
2 (DMFS)	DMFS								
3 (BLNK)	BLNK	Default merit function: RMS wavefront centroid GQ 3 rings 6 arms							
4 (BLNK)	BLNK	No default air thickness boundary constraints.							
5 (BLNK)	BLNK	No default glass thickness boundary constraints.							
6 (BLNK)	BLNK	Operands for field 1.							
7 (OPDX)	OPDX		1	0.000000	0.000000	0.335711	0.000000	0.000000	0.0969
8 (OPDX)	OPDX		1	0.000000	0.000000	0.707107	0.000000	0.000000	0.1551
9 (OPDX)	OPDX		1	0.000000	0.000000	0.941965	0.000000	0.000000	0.0969
10 (OPDX)	OPDX		2	0.000000	0.000000	0.335711	0.000000	0.000000	0.0969
11 (OPDX)	OPDX		2	0.000000	0.000000	0.707107	0.000000	0.000000	0.1551
12 (OPDX)	OPDX		2	0.000000	0.000000	0.941965	0.000000	0.000000	0.0969
13 (OPDX)	OPDX		3	0.000000	0.000000	0.335711	0.000000	0.000000	0.0969
14 (OPDX)	OPDX		3	0.000000	0.000000	0.707107	0.000000	0.000000	0.1551
15 (OPDX)	OPDX		3	0.000000	0.000000	0.941965	0.000000	0.000000	0.0969
16 (BLNK)	BLNK	Operands for field 2.							
17 (OPDX)	OPDX		1	0.000000	0.700000	0.167855	0.290734	0.000000	0.0323
18 (OPDX)	OPDX		1	0.000000	0.700000	0.353553	0.612372	0.000000	0.0517
19 (OPDX)	OPDX		1	0.000000	0.700000	0.470983	0.815766	0.000000	0.0323
20 (OPDX)	OPDX		1	0.000000	0.700000	0.335711	0.000000	0.000000	0.0323
21 (OPDX)	OPDX		1	0.000000	0.700000	0.707107	0.000000	0.000000	0.0517
22 (OPDX)	OPDX		1	0.000000	0.700000	0.941965	0.000000	0.000000	0.0323
23 (OPDX)	OPDX		1	0.000000	0.700000	0.167855	-0.290734	0.000000	0.0323
24 (OPDX)	OPDX		1	0.000000	0.700000	0.353553	-0.612372	0.000000	0.0517
25 (OPDX)	OPDX		1	0.000000	0.700000	0.470983	-0.815766	0.000000	0.0323
26 (OPDX)	OPDX		2	0.000000	0.700000	0.167855	0.290734	0.000000	0.0323
27 (OPDX)	OPDX		2	0.000000	0.700000	0.353553	0.612372	0.000000	0.0517
28 (OPDX)	OPDX		2	0.000000	0.700000	0.470983	0.815766	0.000000	0.0323

图 13 - 11　评价函数表

2) 输入面数据

面数据主要有曲率半径、厚度、孔径、玻璃等种类。

(1) 曲率半径(Radius)。在键入曲率半径时,首先注意是光阑面,其默认值为第 1 面,本例将使用默认值,当光阑不是位于第 1 面时,则要重新设置规定的面。(如改变第 2 面为光阑面)具体操作如下:右键单击表面类型(Surface Type)出现的对话框,用左键单击“Make Surface Stop”即可确定光阑面。

(2) 厚度(Thickness)。按面与面间隔键入。

（3）半口径（Semi－Diameter）。可不设置。在 ZEMAX 中，各镜表面的通光孔之半径数值将自动生成。

（4）玻璃（Glass）。在 Glasss 输入栏中，单击后键入所选用玻璃，ZEMAX 提供了几个标准的目录，也可以创建自定义的目录。本例就是自行创建的中国玻璃库。

完成上述编辑镜头数据表格如图 13－12 所示。下面即可进入设计镜头阶段。

ZEMAX-EE - D:\ZEMAX\Samples\LENS.ZMX

File Editors System Analysis Tools Reports Macros Extensions Window Help

New Ope Sav Sas Upd Gen Fie Wav Lay L3d Ray Opd Fcd Spt Mtf Fps Enc Opt Ham Tol Gla Len Sys Pre

Lens Data Editor

Edit Solves Options Help

Surf:Type		Comment	Radius	Thickness	Glass	Semi-Diameter	Conic	Par
OBJ	Standard		Infinity	Infinity		Infinity	0.000000	
STO	Standard		Infinity	0.000000		5.000000	0.000000	
2	Standard		36.210000	3.000000	H-BAK1	5.024495	0.000000	
3	Standard		-13.000000	1.000000	F3	5.019649	0.000000	
4	Standard		-44.620000	44.600000		5.052888	0.000000	
IMA	Standard		Infinity			3.300462	0.000000	

图 13－12　镜面设定完成后的数据表格

3）双胶合透镜输出图

在主视窗口，单击工具栏中图标 Lay，可出现透镜组平面剖面图，如图 13－13（a）所示；单击 L3d 会出现透镜组三维立体图，如图 13－13（b）所示。

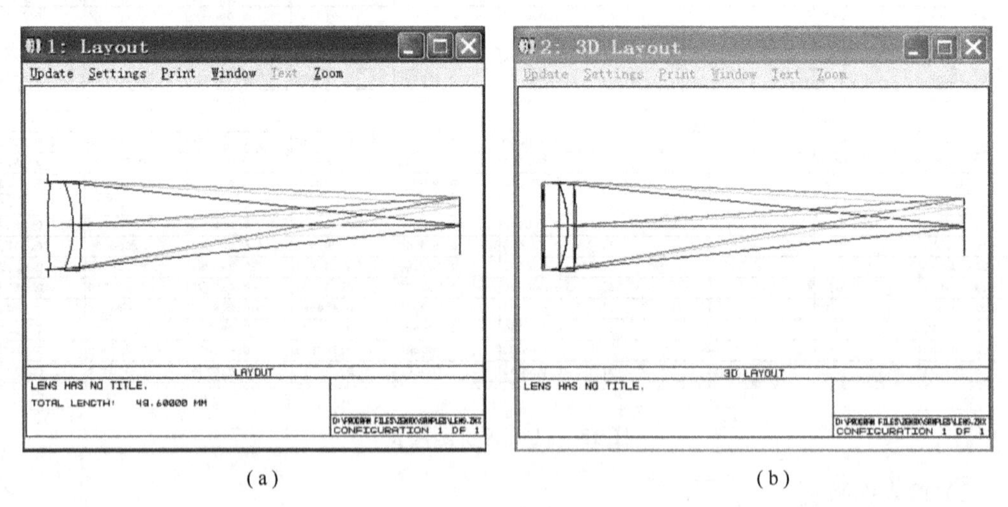

（a）　　（b）

图 13－13　透镜输出图

4）像质评价报告图

（1）观察主要的分析。单击工具栏中的 Ray 和 Opd，可出现如图 13－14（a）、（b）所示的扇形图和光程差图，从图中可分析各种像差。经分析，像质不够好，有待进一步优化。

（2）光学传递函数（MTF）分析。单击图标 Mtf，如图 13－15 所示。

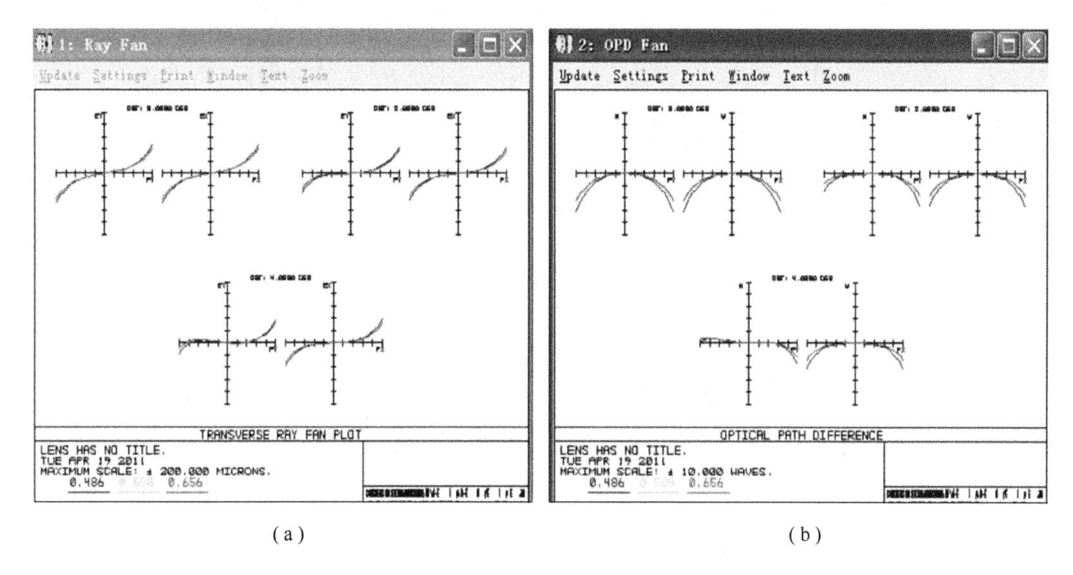

(a)　　　　　　　　　　　　　　　　　　(b)

图 13－14　像差曲线图

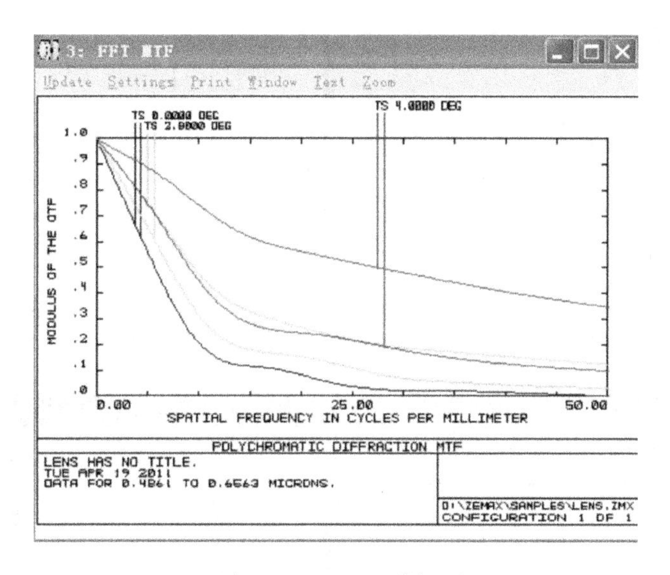

图 13－15　MTF 分析图

(3) 点列图分析。单击图标 Spt ,如图 13－16 所示。

5) 优化

(1) 确定优化变量。一般来说透镜组的全部结构参数都可以作为优化变量参与优化。此例仅介绍最常用的曲率半径的优化。通过优化曲率半径的途径提高像质,对优化结果进行像质评价。在评价前,最好将优化结果先临时存一个文件。

(2) 优化后所得的结果。图 13－17(a)、(b)分别是优化后的像差曲线及 MTF 分析图。如果对质量不满意,则调整结构或调整优化变量,继续下一轮的优化;如果对结果满意,则作为设计的成果。

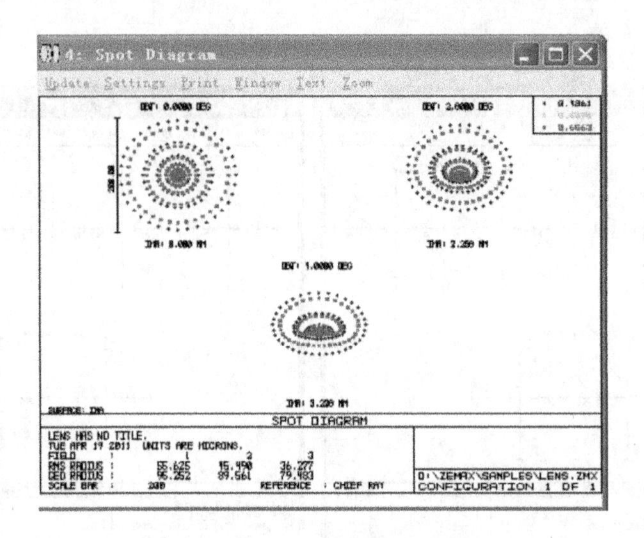

图 13－16　点列图分析

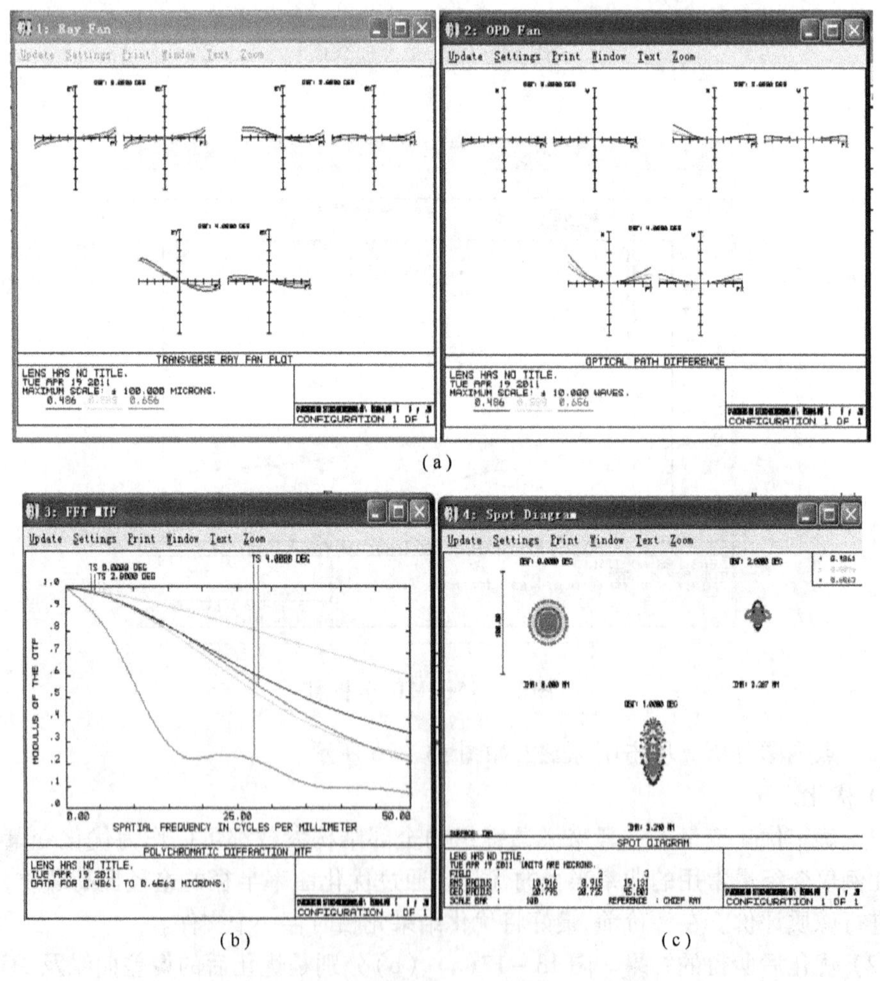

图 13－17　优化后的像差曲线及 MTF 分析图

(a)优化后的像差曲线图；(b)优化后 MTF 分析图；(c)点列图分析。

很显然，优化后结果优于初始结构，优化后结果参数见表13－4。

表13－4　优化后的双胶合望远镜结构参数

主要技术指标	结　构		
$D/f'=1/4.6$ $D=10$ mm $f'=46.4$ mm $2\omega=8°$			
参　数			
面号	R/mm	d/mm	玻璃
1	∞（光阑）		
2	33.410258	3	H－BAK1
3	－15.656562	1	F3
4	－53.850736		

13.5　ZEMAX应用实例

这里应用ZEMAX软件设计了结构比较简单的照相物镜和望远物镜目镜。

13.5.1　三片分离式照相物镜设计

系统焦距$f'=12$ mm，F/#＝3.5，视场$2\omega=40°$。要求全视场在50 lp/mm处MTF＞0.4。

1. 初始结构参数确定

光学系统的初始结构计算通常有两种方法：代数法和缩放法。为简化设计过程，可利用缩放法根据已有的光学资料和专利文献，选择光学特性参数与拟设计系统尽可能接近的镜头数据作为初始结构。根据技术要求，从ZEMAX自带的资料库Zebase中选取了一个三片式照相物镜作为初始结构，见表13－5。

表13－5　三片式照相物镜的初始结构参数

主要技术指标	结　构		
$f'=50$ mm $D/f'=1/3.5$ $2\omega=45.2°$			
参　数			
序号	R/mm	d/mm	玻璃
1	28.11	4.2	LAFN21
2	206.61	4.65	
3	－36.62	2.2	
4	36.62	2	SF53
5	∞（光阑）	4.32	
6	189.36		
7	－28.11	3.12	LAFN21

2. 透镜光学特性参数与初始结构数据输入

根据 ZEMAX 建立初始结构的步骤，首先输入光学系统的特性参数。

在 General 通用数据对话框定义孔径。在 ZEMAX 主菜单中选择 System\General…或选工具栏中的 Gen，打开 General 对话框，选择孔径类型 Aperture Type 为 Image Space F#，在孔径值 Aperture Vlaue 中输入"3.5"，如图 13－18 所示。

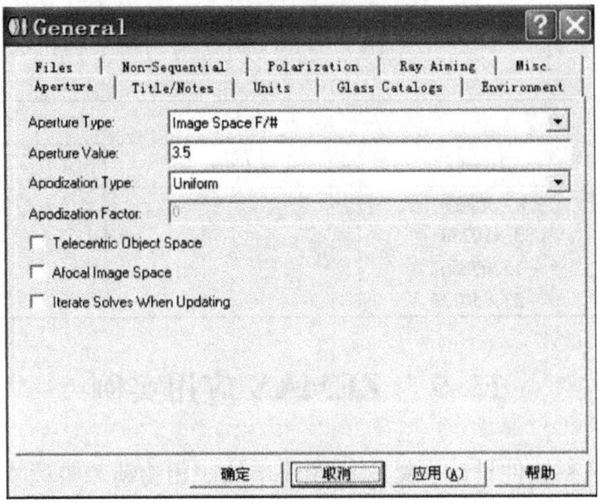

图 13－18　孔径类型对话框

在 Field Data 对话框定义视场。在 ZEMAX 主菜单中选择 System\Fields…或选工具栏中的 Fie，打开 Field Data 对话框，选择 Field Type 为 Angle(Degree)，在 Y－Field 对话框中设置 5 个视场(0、0.3、0.5、0.7、1.0 视场)，如图 13－19 所示。

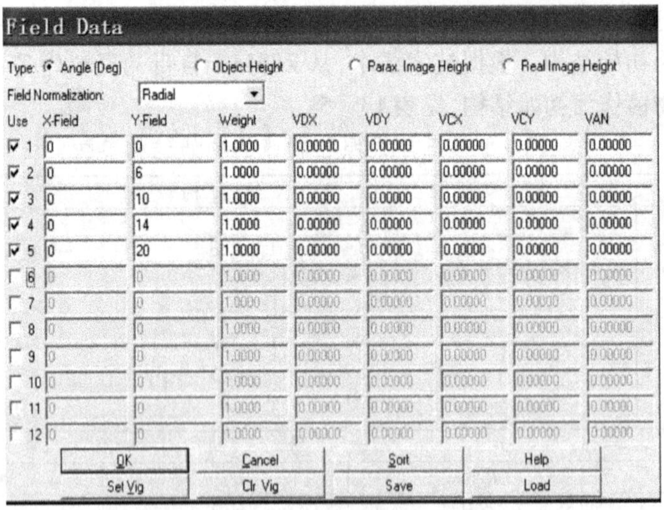

图 13－19　视场数据对话框

在 Wavelength Data 对话框定义工作波长。在 ZEMAX 主菜单中选择 System\Wavelengths…或选工具栏中的 Wav，打开 Wavelength Data 对话框，选择 Select→中 F，d，C(Visible)，其余为默认值，如图 13－20 所示。

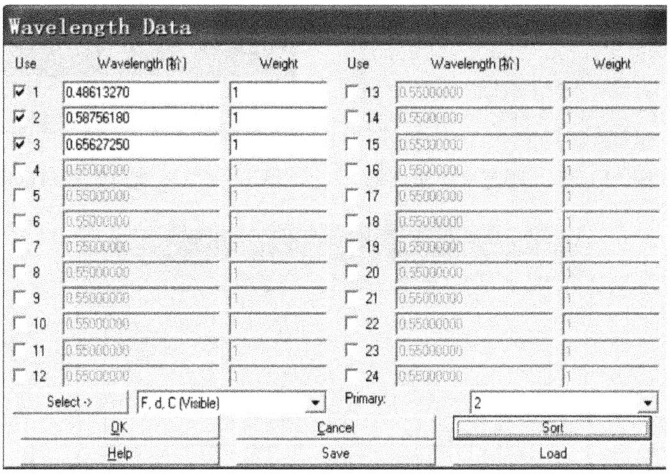

Wavelength Data

Use | Wavelength (微米) | Weight | Use | Wavelength (微米) | Weight

1 0.48613270 1 | 13 0.55000000 1
2 0.58756180 1 | 14 0.55000000 1
3 0.65627250 1 | 15 0.55000000 1
4 0.55000000 1 | 16 0.55000000 1
5 0.55000000 1 | 17 0.55000000 1
6 0.55000000 1 | 18 0.55000000 1
7 0.55000000 1 | 19 0.55000000 1
8 0.55000000 1 | 20 0.55000000 1
9 0.55000000 1 | 21 0.55000000 1
10 0.55000000 1 | 22 0.55000000 1
11 0.55000000 1 | 23 0.55000000 1
12 0.55000000 1 | 24 0.55000000 1

Select -> F, d, C (Visible) Primary: 2

OK Cancel Sort

Help Save Load

图 13 - 20　波长数据对话框

接着在 ZEMAX 主菜单中选择 Editors\Lens Data，打开 Lens Data Editor(LDE)对话框输入初始结构，如图 13 - 21 所示。图中第 7 面厚度为镜头组最后一面的厚度，在初始结构中并未列出。为了设定将要评价的参考像面，可以利用 ZEMAX 的求解 Solves 功能。双击第 7 面 Thickness 单元格，将弹出 Thickness solve on surface 7 求解对话框，如图 13 - 22 所示。根据本系统设计的要求，在对话框 Solve Type 中选择 Marginal Ray Height，将 Height 设为“0”，表示将像面设置在了边缘光线聚焦的像方焦平面上。单击“OK”按钮后，系统自动计算出最后一面与焦平面直接距离值，并在数值右方显示 M，表示这一厚度值采用的求解方法。当然，也可将 Solve Type 设为 Variable，表示以移焦后最佳像面为参考像面。

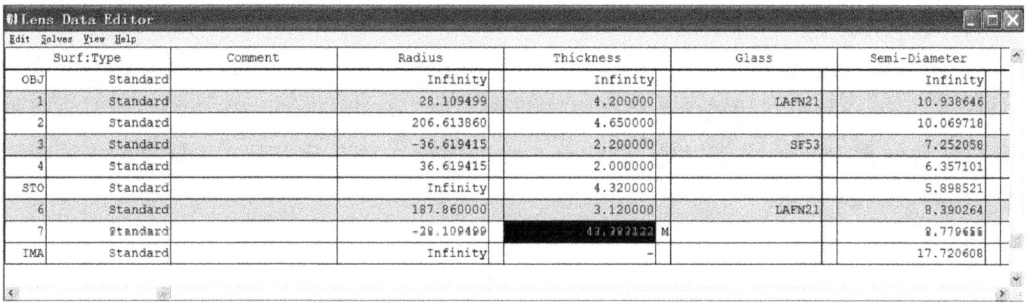

Lens Data Editor

Edit Solves View Help

Surf:Type		Comment	Radius	Thickness		Glass	Semi-Diameter
OBJ	Standard		Infinity	Infinity			Infinity
1	Standard		28.109499	4.200000		LAFN21	10.938646
2	Standard		206.613860	4.650000			10.069718
3	Standard		-36.619415	2.200000		SF53	7.252058
4	Standard		36.619415	2.000000			6.357101
STO	Standard		Infinity	4.320000			5.898521
6	Standard		187.860000	3.120000		LAFN21	8.390264
7	Standard		-28.109499	[illegible]	M		8.779655
IMA	Standard		Infinity	-			17.720608

图 13 - 21　三片式照相物镜初始数据表

初始结构数据输入后，由于系统焦距与设计要求不符，需要通过缩放功能进行调整。选择 Tools\Make Focal…，由于系统现有焦距为 50 mm，要缩放为 12 mm，在弹出的 Make Focal Length 对话框中输入“12”，如图 13 - 23 所示。单击“OK”按钮，Lens Data Editor 中的结构数据发生变化，此时系统焦距 EFFL 已经调整为 12。

按以上光学特性参数和结构参数得到的系统结构图 Lay 如图 13 - 24 所示。

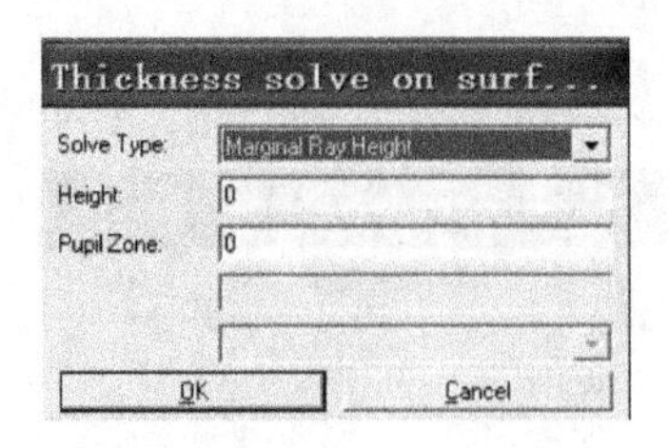

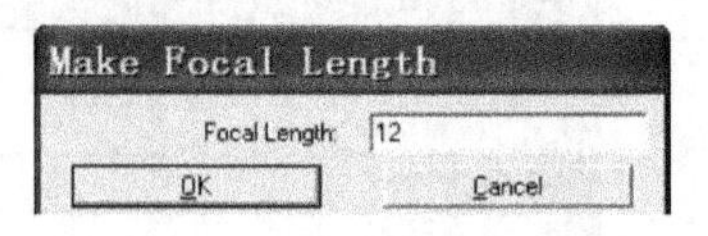

图 13－22　厚度求解对话框　　　图 13－23　缩放焦距对话框

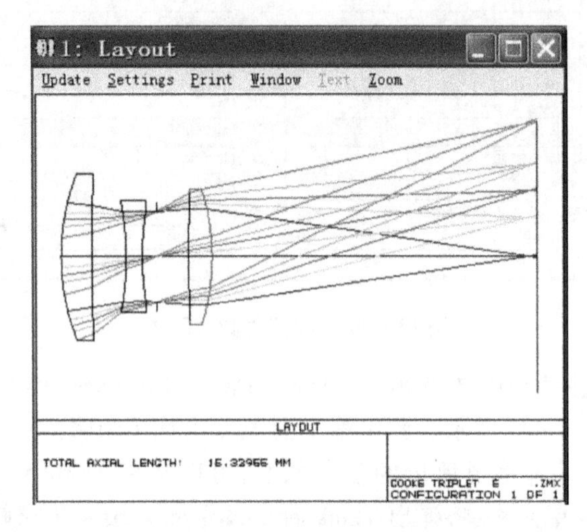

图 13－24　缩放后系统结构图

3. 初始性能评价

结构调整完成后，可通过工具栏 Ray 、Spt 、Mtf 按钮分别显示系统的光线扇形图、点列图、MTF 曲线，如图 13－25 所示。从图中可以看出，系统成像质量较差，有待进一步优化。

4. 变量的设定

优化结构参数时，变量的选择原则是：在可能的条件下尽量设定较多的结构参数作为变量。在所设计的胶合透镜中选择各表面曲率半径（光阑面除外）和第 2、5、7 面的厚度为变量，并利用 Pickup 求解功能，设定第 5 面的厚度与第 2 面相同，以保持系统的对称性。如图 13－26 所示。

5. 优化

进行优化之前需要设置评价函数。在 ZEMAX 主菜单中选择 Editors\Merit Function，在打开的 Merit Function Editor 编辑器中选择 Tools\Default Merit Function...。将厚度边界条件设置为：玻璃（Glass）厚度最小值（Min）为 0.5，最大值（Max）为 10；空气（Air）厚度最小值（Min）为 0.1，最大值（Max）为 100。边缘厚度（Edge）都设为 0.1，如图 13－27 所示。

单击"OK"按钮后，返回 Merit Function Editor 窗口。系统已经根据上述设置自动生成了一系列控制像差和边界条件的操作数。此时，需加入 EFFL 以控制系统焦距目标值（Target）为 12，权重（Weight）均设为 1，如图 13－28 所示。

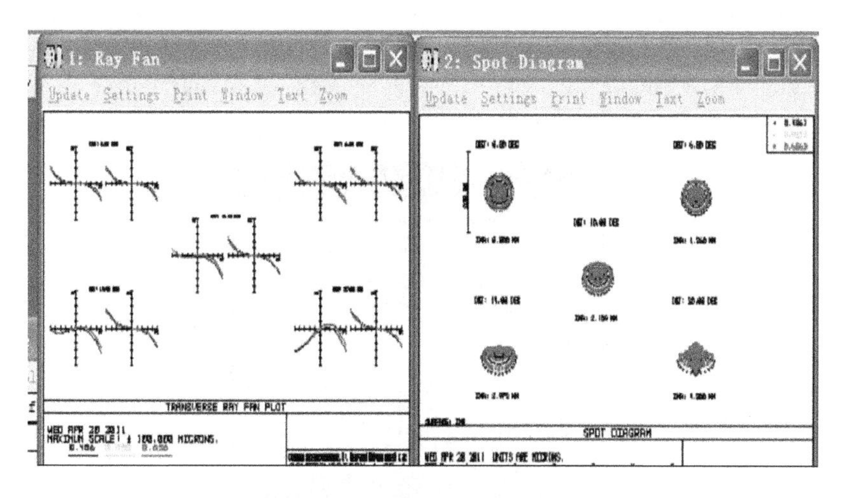

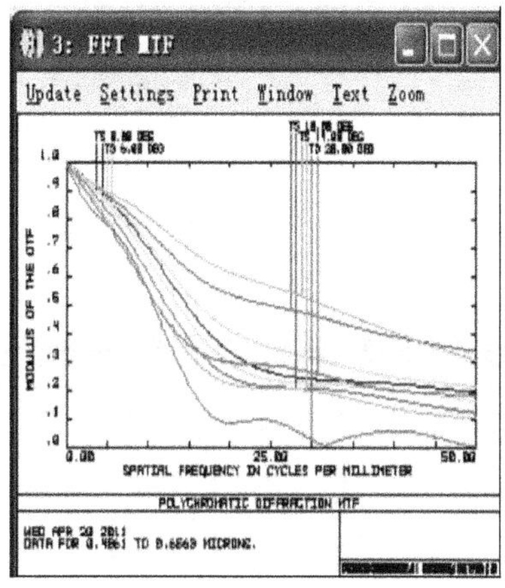

图 13－25　优化前的像差分析图

Lens Data Editor

Edit Solves View Help

	Surf:Type	Comment	Radius		Thickness		Glass		Semi-Diameter
OBJ	Standard		Infinity		Infinity				Infinity
1	Standard		6.746280	V	1.100000		LAFN21		2.658411
2	Standard		49.587330	V	1.116000	V			2.417814
3	Standard		-8.788660	V	0.500000		SF53		1.733484
4	Standard		8.788660	V	0.500000				1.524187
STO	Standard		Infinity		1.036800	V			1.405898
6	Standard		45.657000	V	0.800000		LAFN21		2.005355
7	Standard		-6.746280	V	10.332312	V			2.112155
IMA	Standard		Infinity		-				4.255262

图 13－26　系统变量设定

当光学特性参数、初始结构参数以及优化函数都设置完成后，即可通过工具栏 Opd 按钮执行像差校正与优化。弹出的 Optimization 对话框如图 13－29 所示。

按 Automatic 执行优化操作，优化后系统的结构如图 13－30 所示。

相对应的系统的扇形图、点列图、MTF 曲线如图 13－31 所示。从图中可以看出，系统性能得到了较大改善。在 50lp/mm 处，所有视场的 MTF 均大于 0.57，优于系统设定的技术要求。

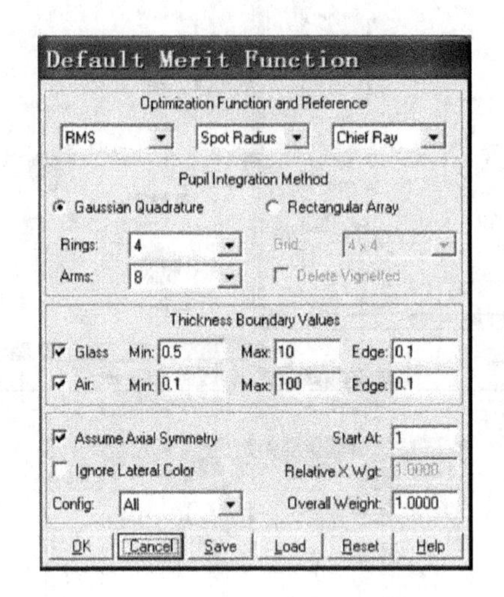

图 13－27　默认评价函数设置

Merit Function Editor: 1.393212E-002

Edit Tools View Help

Oper #	Type		Wave							Target	Weight
1 EFFL	EFFL		2							12.000000	1.000000
2 BLNK	BLNK										
3 DMFS	DMFS										
4 BLNK	BLNK	Default merit function: RMS spot radius chief GQ 4 rings 8 arms									
5 BLNK	BLNK	Default air thickness boundary constraints.									
6 MNCA	MNCA	1	7							0.100000	1.000000
7 MXCA	MXCA	1	7							100.000000	1.000000
8 MNEA	MNEA	1	7	0.000000						0.100000	1.000000
9 BLNK	BLNK	Default glass thickness boundary constraints.									
10 MNCG	MNCG	1	7							0.500000	1.000000
11 MXCG	MXCG	1	7							10.000000	1.000000
12 MNEG	MNEG	1	7	0.000000						0.100000	1.000000
13 BLNK	BLNK	Operands for field 1.									
14 TRAR	TRAR		1	0.000000	0.000000	0.263499	0.000000			0.000000	0.036427

图 13－28　优化操作数

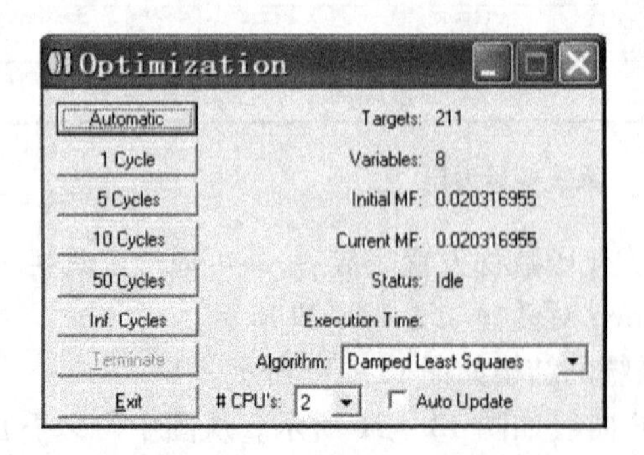

图 13－29　优化对话框

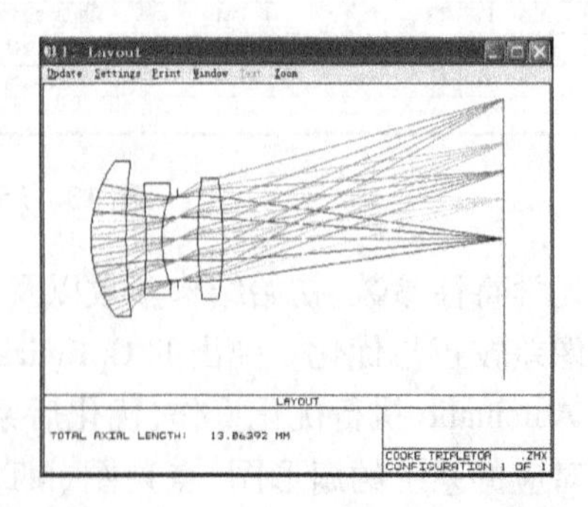

图 13－30　优化后的系统结构图

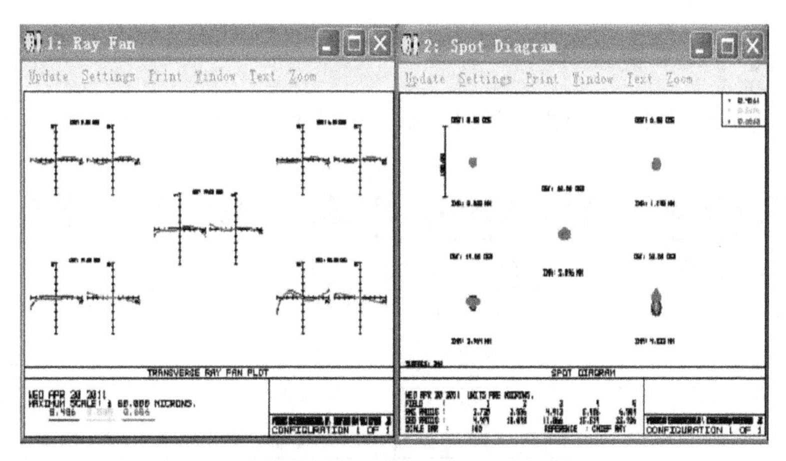

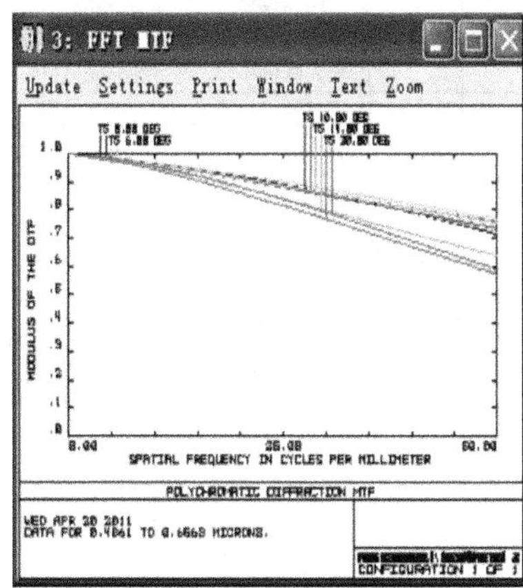

图 13－31　优化后的像差分析图

优化后的系统结构参数见表 13－6。

表 13－6　优化后的系统结构参数

<table>
<tr><td>主要技术指标</td><td colspan="3">结　构</td></tr>
<tr><td>$f'=12$ mm
$D/f'=1/3.5$
$2\omega=40°$</td><td colspan="3"></td></tr>
<tr><td colspan="4">参　数</td></tr>
<tr><td>序 号</td><td>R/mm</td><td>d/mm</td><td>玻 璃</td></tr>
<tr><td>1</td><td>4.112327</td><td>1.1</td><td rowspan="2">LAFN21</td></tr>
<tr><td>2</td><td>17.705764</td><td>0.64</td></tr>
<tr><td>3</td><td>－24.444241</td><td>0.5</td><td rowspan="2">SF53</td></tr>
<tr><td>4</td><td>3.780331</td><td>0.5</td></tr>
<tr><td>5</td><td>∞（光阑）</td><td>0.64</td><td></td></tr>
<tr><td>6</td><td>12.379691</td><td>0.8</td><td rowspan="2">LAFN21</td></tr>
<tr><td>7</td><td>－11.885645</td><td>8.89</td></tr>
</table>

13.5.2 对称式目镜设计

按照上述的设计步骤,同样设计出一款对称式目镜,其结构参数、结构图以及像差图如图 13－32～图 13－35 所示。

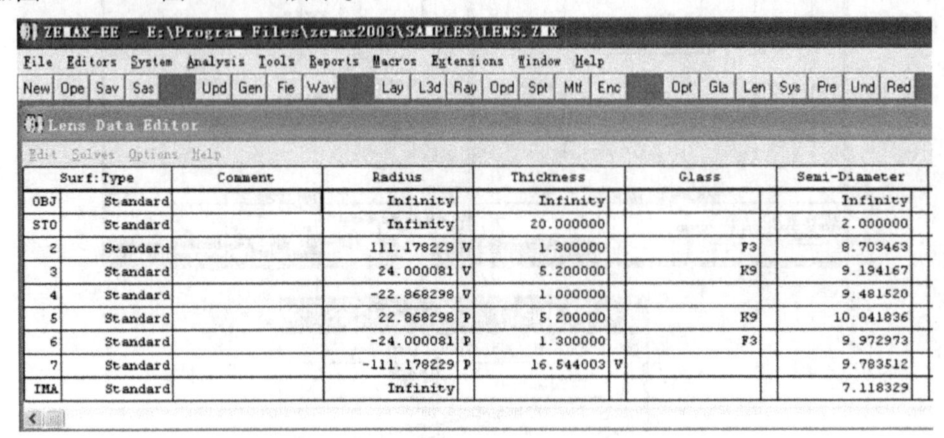

ZEMAX-EE - E:\Program Files\zemax2003\SAMPLES\LENS.ZMX

Lens Data Editor

Surf:Type		Comment	Radius		Thickness		Glass		Semi-Diameter
OBJ	Standard		Infinity		Infinity				Infinity
STO	Standard		Infinity		20.000000				2.000000
2	Standard		111.178229	V	1.300000		F3		8.703463
3	Standard		24.000081	V	5.200000		K9		9.194167
4	Standard		-22.868298	V	1.000000				9.481520
5	Standard		22.868298	P	5.200000		K9		10.041836
6	Standard		-24.000081	P	1.300000		F3		9.972973
7	Standard		-111.178229	P	16.544003	V			9.783512
IMA	Standard		Infinity						7.118329

图 13－32　对称式目镜结构参数

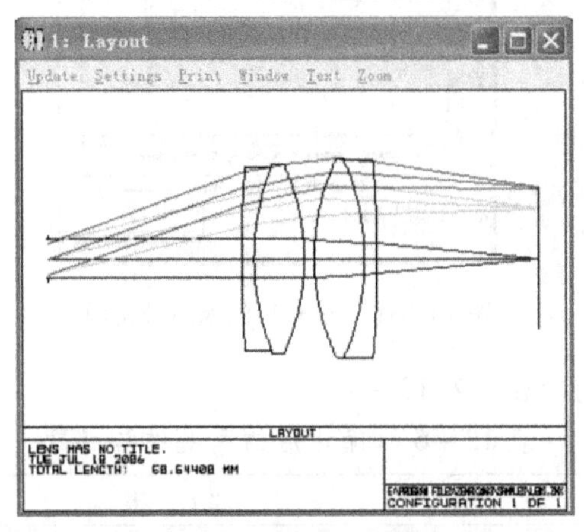

图 13－33　对称式目镜结构图

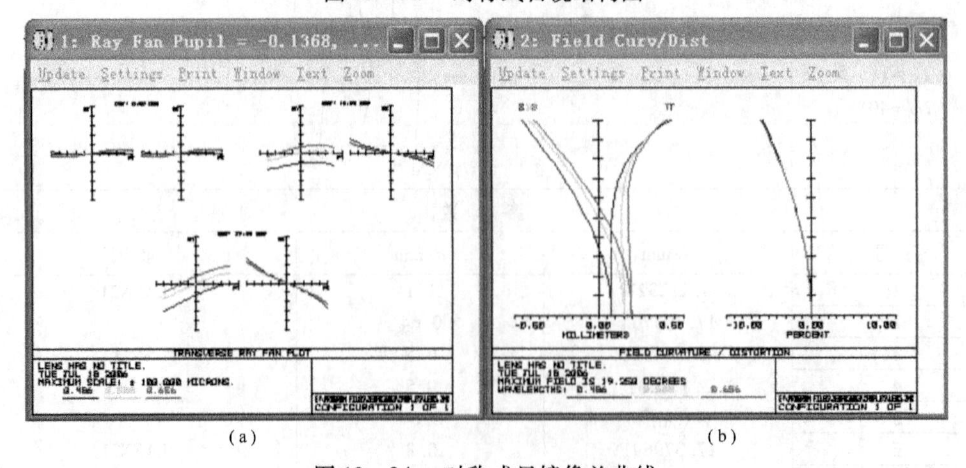

(a)　　　　(b)

图 13－34　对称式目镜像差曲线

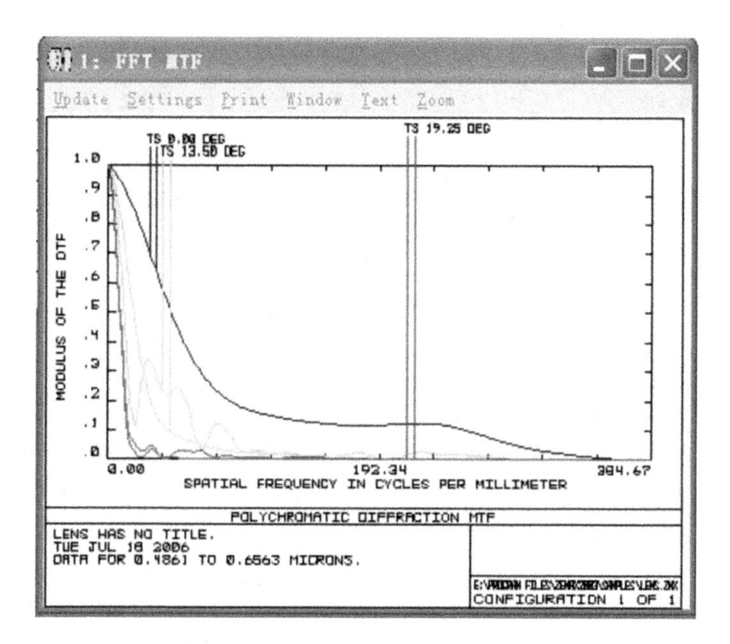

图 13-35　对称式目镜光学传递函数

第14章 光学制图

14.1 光学制图

光学系统设计完成之后,需要将其中每一个光学元件和它们之间的相互关系表达清楚,作为光学零件加工、检验装配及系统校正之用。另外,作为光学系统来说,通常情况下,它是光电仪器的核心部分,光学系统是整机装调和测试的依据。正确表达光学零件图、光学部件图和光学系统图显得尤为重要。

GB 13323—2009 规定了光学制图的一般规定和图样要求,适用于光学系统、光学部件和光学零件图样的绘制。

14.1.1 总则

(1) 除光学制图的规定外,光学图样的幅面、比例、字体、图线、指引线、边、剖面符号、视图、尺寸注法、尺寸公差与配合及表面粗糙度的注法等,应按 GB 131、GB 4457 ~ GB 4458、GB 14689 ~GB 14691 和 GB 19096 的规定执行。

(2) 除非另有规定,通常光学图样的所有标注均适用于最终完工状态。

(3) 所有光学数据的参考波长为汞绿色谱线(e 线)(λ =546.07nm)。

(4) 在光学图样上光轴用细双点划线,光轴中断线用双波浪线表示。

(5) 光源、光阑和镀膜等要素的符号及画法见表 14-1。

(6) 除光学制图的规定外,光学零部件的光学参数和缺陷公差可以在图样上列表标注,也可以用指引线和基准线引出后标注,缺陷公差的标注代号见表 14-2。

(7) 标题栏和明细表分别参照 GB 10609.1 和 GB 10609.2。

表 14-1 光源、光阑和镀膜等符号规定

序号	名称	符号	尺寸	图线	示例	说明
1	眼点	⊙	a			
2	光源	⊗	90°, 45°, ϕa			光源与光电接收器的型号和要求应在图样的明细栏中注明
3	光电接收器		ϕa, $a/2$, a			

（续）

序号	名称	符号	尺寸	图线	示例	说明
4	狭缝					
5	物像位置					空间成像位置及大小
						表面成像位置
6	光瞳位置			1. 图线采用粗实线 2. 无实体的光阑采用虚线 3. 涂黑采用粗点划线		
7	光阑或光瞳 有实体		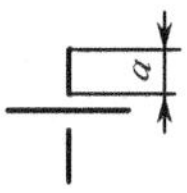		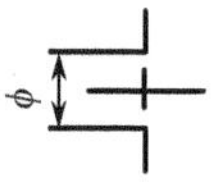	光瞳实体 P_1 的位置和大小
	光阑或光瞳 无实体	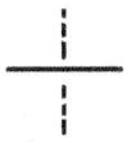			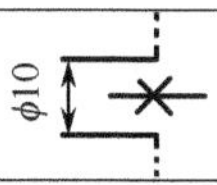	无实体光阑的位置和大小
8	非抛光面					 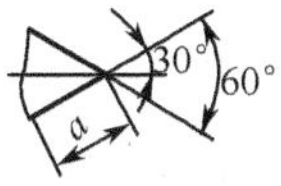  非抛光面符号仅适用于系统图中
9	分划面  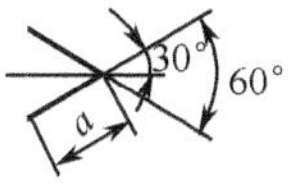 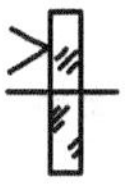					
10	反射膜 内反射膜		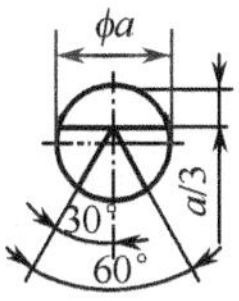			
11	反射膜 外反射膜		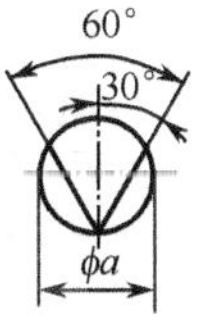			
12	分束（色）膜  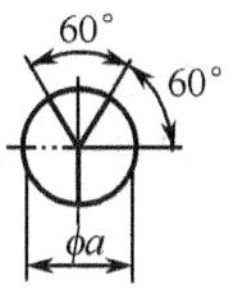 					

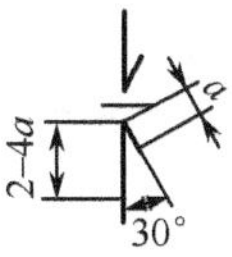

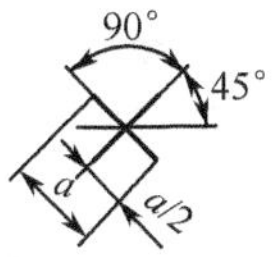

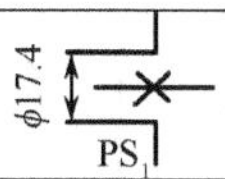

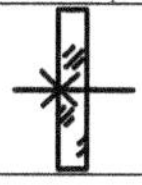

（续）

序号	名称	符号	尺寸	图线	示例	说明
13	滤光膜	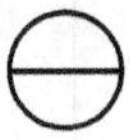	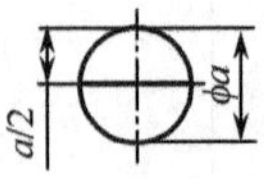 $a/2$ ϕa		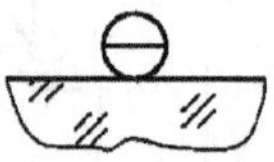	
14	保护膜		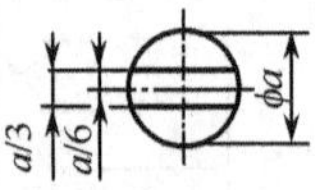 $a/3$ $a/6$ ϕa		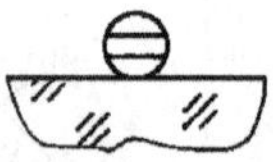	
15	导电膜		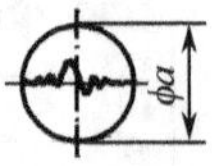 ϕa			
16	偏振膜		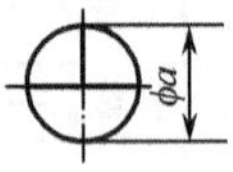 ϕa			
17	涂黑		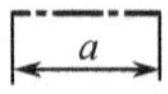 a			粗点划线
18	减反射膜		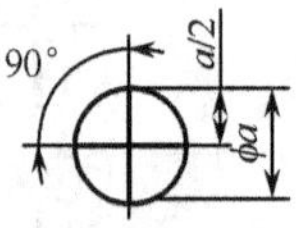 90° $a/2$ ϕa			
注：尺寸 a 的选取应与整幅图面相协调						

表 14－2　缺陷公差的标注代号

缺陷公差类别	缺陷公差项目	公差项目代号	相关国家标准	相关国际标准
材料缺陷	应力双折射	0	—	ISO 10110－2
	气泡度	1	GB/T 7761	ISO 10110－3
	非均匀性和条纹度	2	—	ISO 10110－4
加工缺陷	面形偏差	3	GB/T 2831	ISO 10110－5
	中心偏差	4	GB/T 7242	ISO 10110－6
	表面疵病	5	GB/T 1185	ISO 10110－7
	激光辐射损伤阈值	6	—	ISO 10110－17

14.1.2　图样要求

1. 光学系统图

光学系统图(附图 B－1)的作用是标明组成光学系统的各个光学零件以及光阑的相对位置,标明主要的外形尺寸与标明该光学系统的光学性能。它是了解产品光学性能的主要依据,也是设计光学系统结构的主要依据。

(1) 光学系统图一般按光线前进方向自左至右、自下而上绘制,也可根据仪器工作位置绘制。

（2）光学系统图中零件或部件的序号应沿光路前进方向编排；置换使用的零件或部件序号应连续编排；重复出现的相同零件或部件均标第一次编排的序号。附件序号最后编排。

（3）光学系统图中应标注整个光学系统中的所有零件或部件的相应位置尺寸，其轴间距应沿着基准轴方向标注。

① 固定轴间距用基本尺寸及其公差表示。

② 装校过程需要调节的可调轴间距，在基本尺寸及其公差前加注字母“A”。必要时应说明调节精度及原因。

③ 使用者需要调节的可变轴间距，在基本尺寸及其公差前加注字母“V”，且应在图样上说明调节范围（附图 B－1）。

（4）光学系统图中应标注光阑、光瞳，像平面的位置和尺寸及狭缝的大小、位置和方向。必要时应标注公差。

（5）光学系统图中应标注装配接口的相关尺寸、装校过程的特殊说明，如中心偏差等。

（6）光学系统图上应列出该系统的主要光学参数（如焦距、物距、物方视场、有效孔径、光谱工作波段及放大率等）和技术要求。

（7）光学系统图上应标注光学结构参数，见表 14－3。

（8）在光学系统图中可增绘光学系统三维图。

表 14－3　光学结构参数

序号	外形轮廓尺寸	半径 R	中心厚度（间隔）d	有效孔径 D_0	按有效孔径矢高 h_1	按外径矢高 h_2	玻璃材料		
							n_e	ν_e	牌号

2. 光学部件图

(1) 光学部件图应标注组合零件的序号,示例如附图 B-2 所示。

(2) 光学胶合件中胶合零件的剖面线应使用不同方向。

(3) 光学部件图应标注整个部件图中所有零件(或零件与胶合件)之间的相对位置及附加尺寸和公差(如中心偏)。若光学部件(如胶合件)的厚度公差小于组成胶合件的单个零件的厚度公差之和,采用选配的方法时,该胶合件的厚度公差应加注大写字母“M”(附表 B-2)。(注:若图样上未注面形偏差或表面疵病时,胶合后的公差可按被胶合零件的公差适当地增加或减小,必要时在技术要求中说明。)

(4) 胶合件图样的技术要求中应标注焦距、顶点焦距、胶合方法等说明,技术要求也可以列表表示。

① 列表构成:按分区顺序的表面;胶合面或连接面作为一个面。

② 列表内容:示例见表 14-4。

表 14-4 胶合件技术要求的内容

表面 1	表面 2	表面 3	表面 4
Φ_e ⊕ 4/ 6/a	Φ_e — 4/ 6/ 粘接剂:	Φ_e — 4/ 6/ 粘接剂:	Φ_e ⊕ 4/ 6/

3. 光学零件图

1) 视图

(1) 光学零件的画法,一般按光线前进的方向自左向右绘制,示例如附图 B-3 ~ 附图 B-5 所示。光轴应水平绘制。光学零件图应优先以剖面图和短—长—短剖面线绘制,凹球面背面的轮廓线通常应省略(图 14-1)。曲率半径过大时,其曲率允许夸大绘制,如图 14-2 中的 $R1028$;透镜的表面为平面时,应标注 $R\propto$。

(2) 光学零件图可以简化,不画剖面线(图 14-3)。但在同一张图样中,不能混合使用有剖面线和无剖面线的视图。

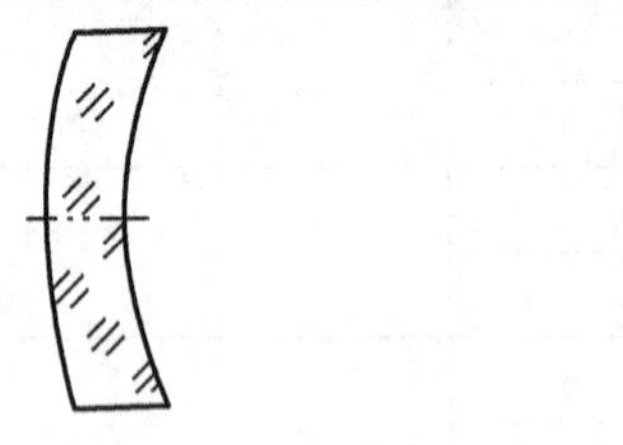

图 14-1 凹球面

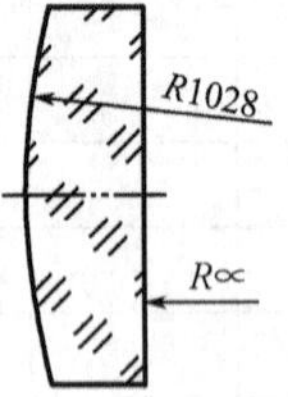

图 14-2 大曲率半径光学零件

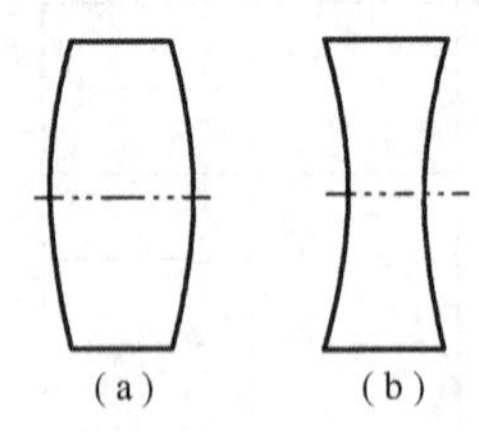

图 14-3 光学零件的简化图

(3) 具有两顶点对称表面的光学零件,如柱面镜和复曲面镜,应相对于两顶点画出两个方向的剖面图(图 14-4 和图 14-5)。

(4) 光学纤维件的剖面画法如图 14-6 所示。

(5) 光学晶体的剖面和光轴的画法如图 14-7 所示。

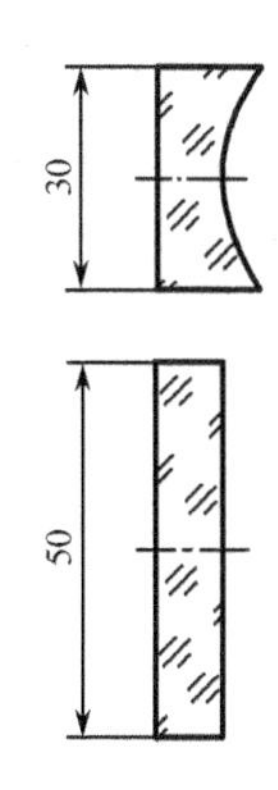

图 14－4　矩形柱面光学零件

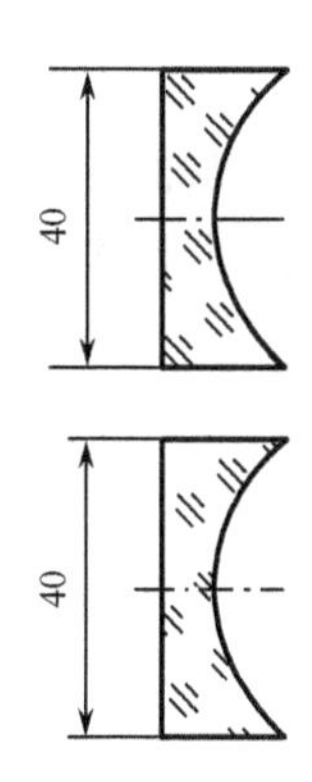

图 14－5　矩形复曲面光学零件

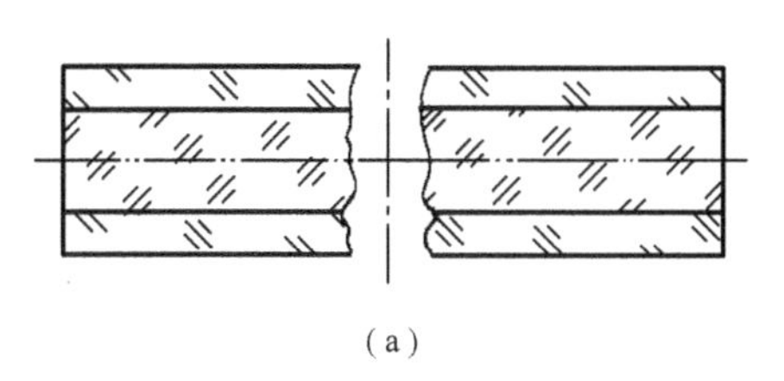
(a)

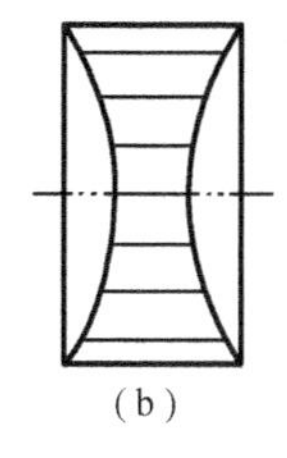
(b)

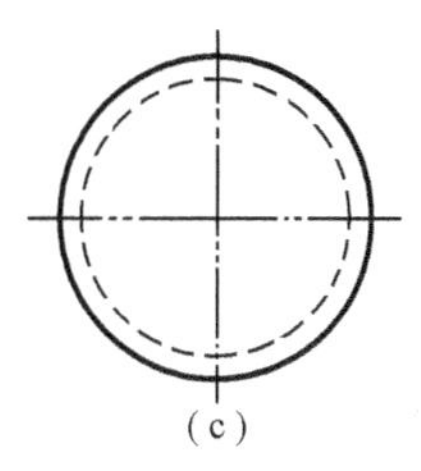
(c)

图 14－6　光学纤维件

(a)单根光纤沿纤维方向；(b)多根光纤沿纤维方向；(c)多根光纤垂直纤维方向。

2）技术要求的列表表示

(1）列表构成如下：

光学零件的参数及材料特性列表构成划为 3 个区域：

① 左侧子区域：标注光学零件左表面的参数及技术要求。

② 中部子区域：标注光学零件的材料技术要求。

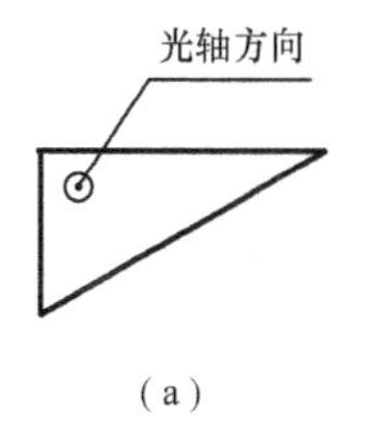

(a)

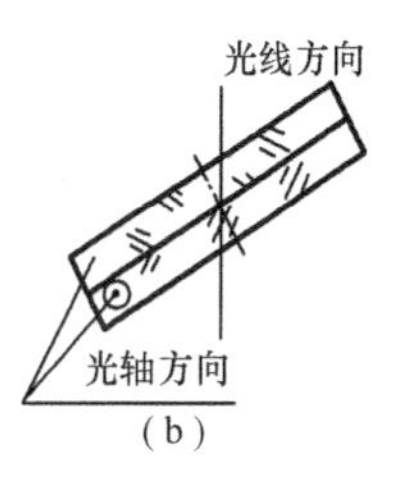

(b)

图 14－7　光学晶体图

③ 右侧子区域：标注光学零件右表面的参数及技术要求。

(2）列表内容见表 14－5。

表 14－5　光学零件技术要求列表内容

左 表 面	材料技术要求	右 表 面
R	n	R
Φ_e	ν	Φ_e
倒角要求	0/	倒角要求
表面要求	1/	表面要求
3/	2/1	3/
4/		4/
5/		5/
6/		6/

3）轴线

轴线含光轴和旋转轴或中心线。若光轴和旋转轴或中心线重合，则采用光轴。如零件中心线相对于光轴平移或倾斜，须标注相应尺寸（图 14－8）。微小的偏移，应以放大比例标出偏移量。

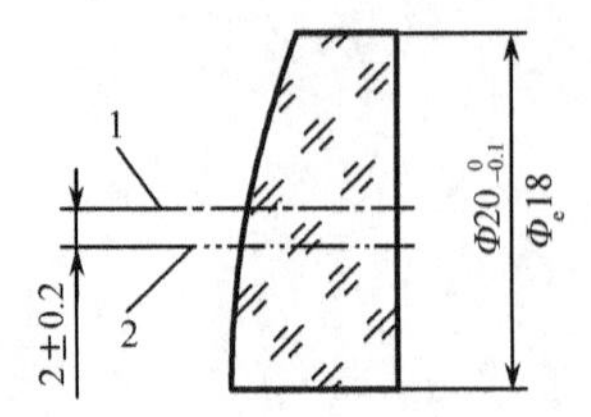

指引线：
1—中心线；
2—光轴。

图 14－8　轴线

4）引线

对于零件轮廓线内部的引线，其末端用小圆点（图 14－9）。对于零件轮廓线上的引线，其末端用箭头（图 14－10）。

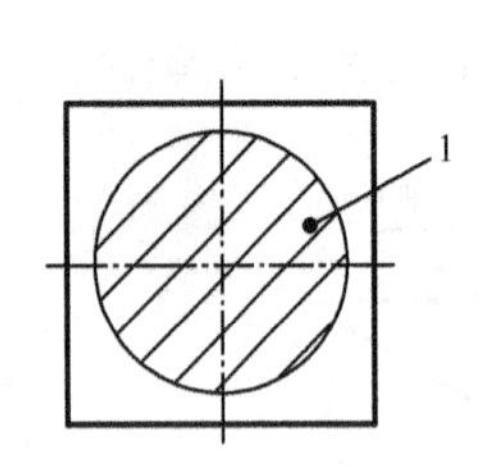

1—检验区。

图 14－9　内部区域的引线

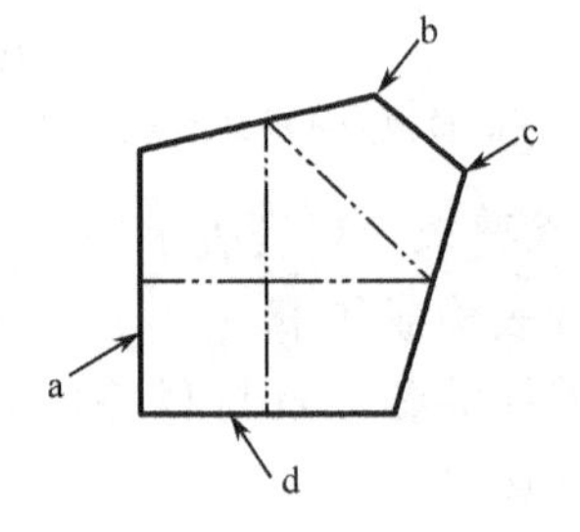

图 14－10　边缘和表面的指引线

5）有效光学区域或检验区域

（1）光学有效区域或检验区域应标注在光学图样或专用表格中。

① 圆形的有效直径前加注符号“Φ_e”（图 14－11）；

② 方形标注边长；

③ 矩形标注“长×宽”；

④ 椭圆形标注“长轴×短轴”（图 14－12）。

若没有标注检验区域，则整个表面范围都被视为检验区域。

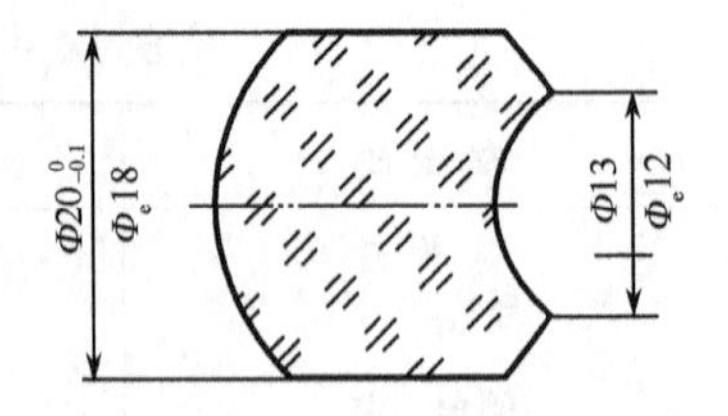

图 14－11　有效光学直径

在检验区域内部的任意位置可以用连续的细线分隔出某种大小的圆形检验区，并用引线引出标注。在公差后面附加说明区段直径：“…”，如直径 Φ…（图 14－13）。

（2）光学零件表面需要表示有特殊要求的范围或检验区的边界，用细实线或涂画出其范围，并予以说明。检验区应画出相同线形的连续等距剖面线。还可按要求分出

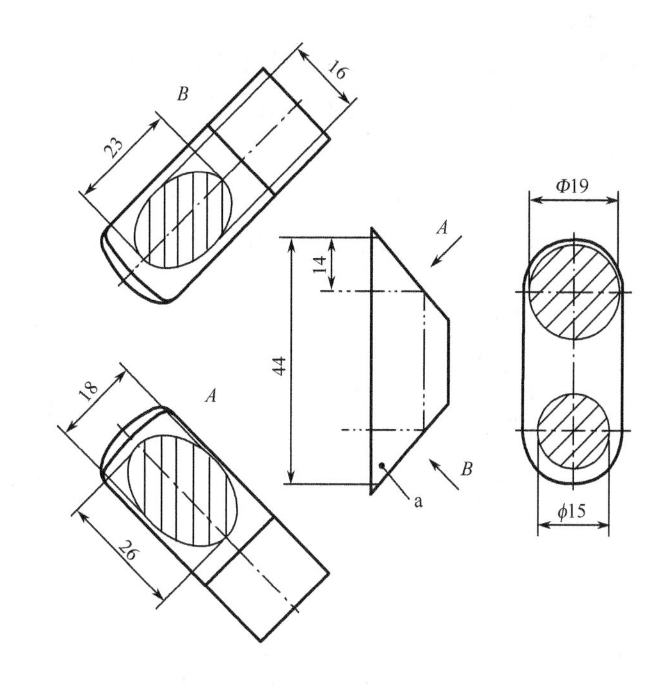

a——标记。

图 14－12　不同检验区域

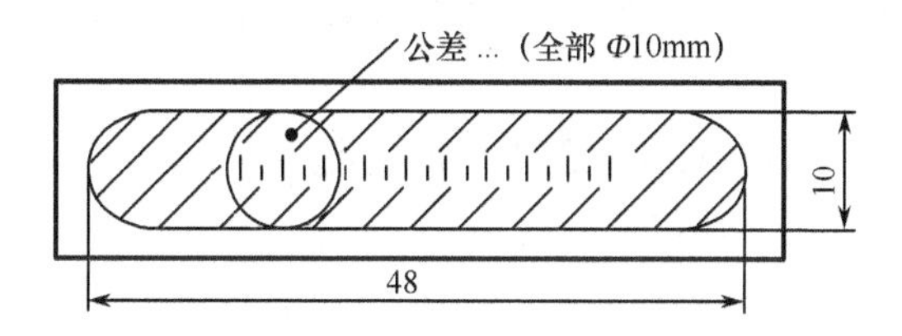

图 14－13　检验区域中的区段

不同公差的检验区。检验区编号用引线标注(图 14－14)。

(3) 若一个零件的某一区域相对其他有更高的检验要求,则应标注有不同要求的区域(图 14－15)。

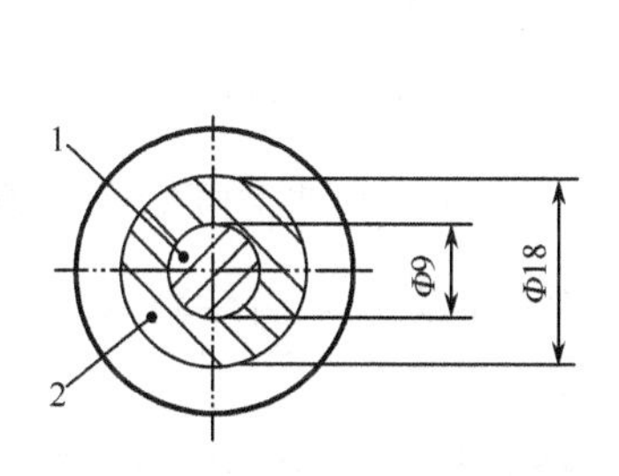

技术要求：

1—镀膜；

2—白色丝印。

图 14－14　特殊区域视图

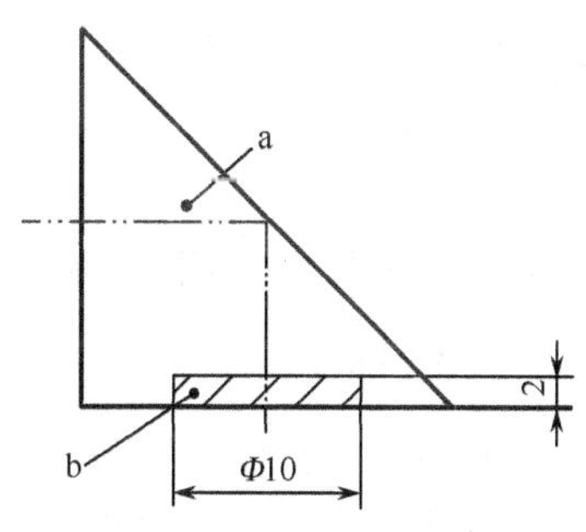

a—气泡的一般公差；

b—气泡的特殊公差。

图 14－15　不同区域检验体

6）尺寸标注

光学零件的尺寸应包括如涂覆或/和镀膜等表面处理。如需标注表面处理前的尺寸时，应在尺寸数字的右边加注“涂（镀）前”字样。

（1）半径。

① 球面用带有公差的半径标注，如图 14－16～图 14－18 所示。若全部所允许的半径的变化以干涉测量的方式给出，则半径的尺寸公差可省略。

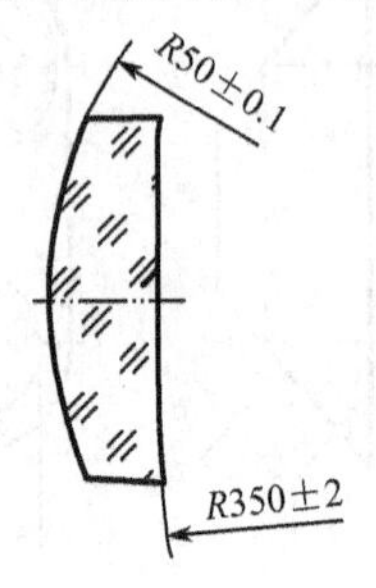

图 14－16　凸凹透镜零件的半径

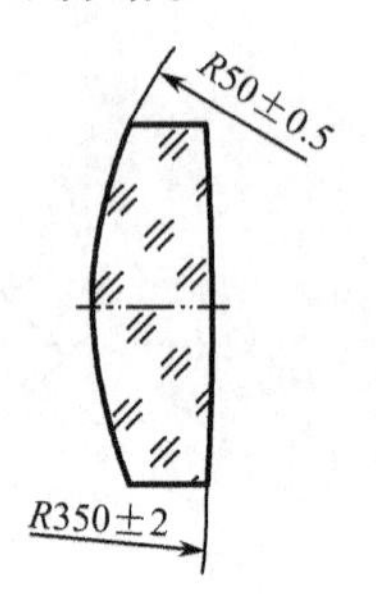

图 14－17　双凸透镜零件的半径

② 平面应用符号 R∝标注。平面度的公差用干涉测量的方式标注。圆弧半径尺寸线的始端应在圆心位置，当半径过大或图纸范围内无法标出其圆心位置时，可按图示的形式标注（图 14－16～图 14－18）。

凸面可在曲率半径的右边加注“CX”字样，凹面则加注“CC”，如附图 B－4 所示。

③ 对于复曲面和圆柱表面，如附图 B－7 所示。

④ 对于圆柱面，半径必须用“R_{CYL}”。

⑤ 对于非球面，在直角坐标右方向上以 Z 轴表示光轴，坐标原点在非球面的顶点（图 14－19）。

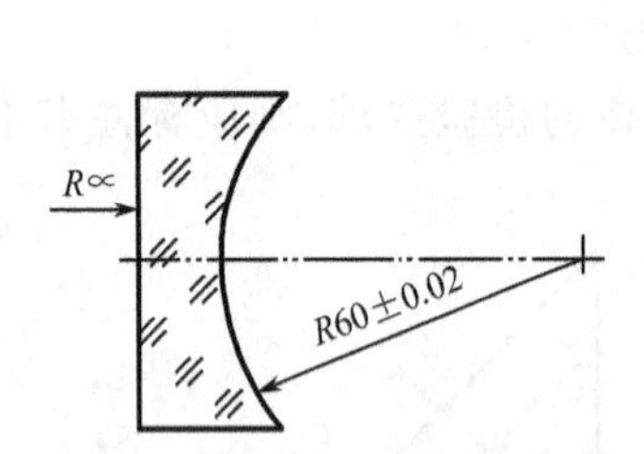

图 14－18　平凹透镜零件的半径

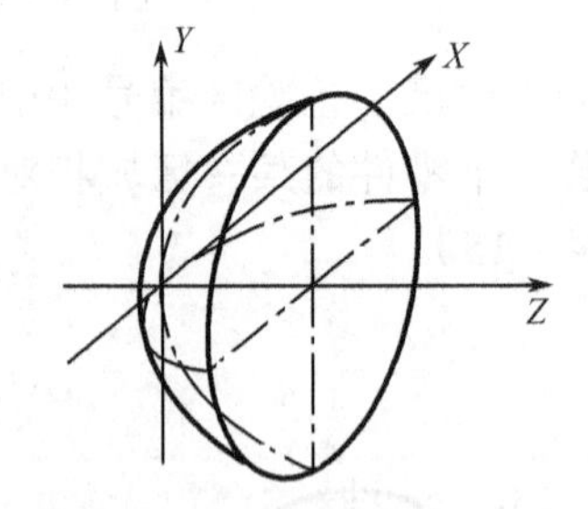

图 14－19　非球面直角坐标系

若仅有一个视图，则在视图平面上标注 Y 轴，且指向朝上。若绘制两个视图，XZ 视图在 YZ 视图的下方，并列出曲线函数 $f(x,y)$ 或 $f(h)=\sqrt{x^2+y^2}$。

（2）厚度。厚度用基本尺寸和公差表示。当透镜零件为凹面，除标明轴向厚度外，还要用括号标注总厚度（图 14－20 和图 14－21）。

（3）直径。直径由基本尺寸与公差表示（图 14－22）。

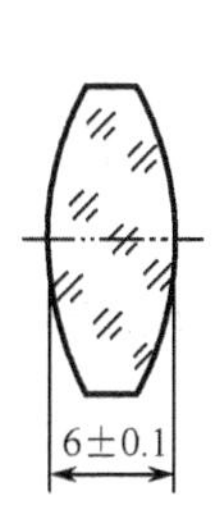

图 14－20
双凸透镜零件的厚度标注

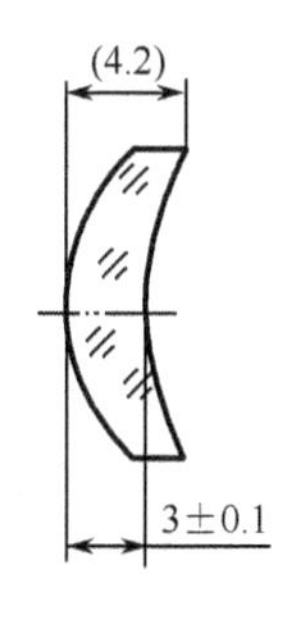

图 14－21
凹凸透镜零件的厚度标注

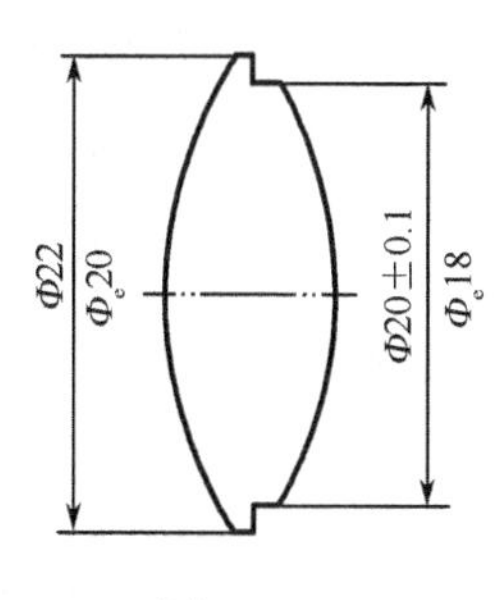

图 14－22
直径和光学有效直径

7）棱、斜面和沟槽磨斜

尖棱、斜面和沟槽磨斜的形状取决于功能性或保护性设计的目的。

（1）功能性的尖棱和斜面。

① 尖棱：若边缘需要保持功能性尖棱的，则用标记“0”标明（图 14－23）。

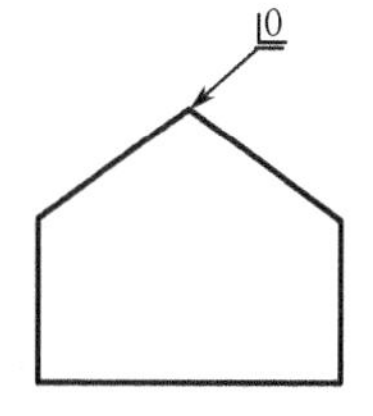

图 14－23 尖棱

② 斜面：以功能性表面代替尖棱。必须同时标注尺寸、公差、倾斜度，必要时还要说明中心偏（图 14－24）。

（2）非功能性的倒角和倒棱。

① 非功能性的倒角在图中可省略画出；

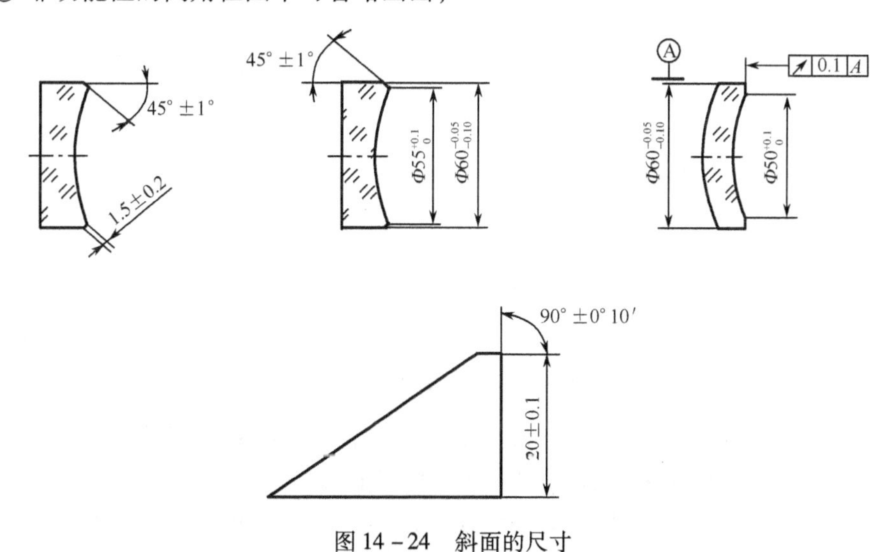

图 14－24 斜面的尺寸

② 对所有未标注保护性倒角，在图样上用“注”标注“保护性倒角”及倒角允许的最大和最小宽度（图 14－25 和图 14－26）；

③ 内部边应标注过渡形状尺寸允许的极限偏差。当只标注一个数值，则这个数值是允许的最大宽度（图 14－27～图 14－29）。

（3）线性尺寸。光学零件的长度、宽度与高度（直径与厚度）由基本尺寸与公差表示（图 14－30）。

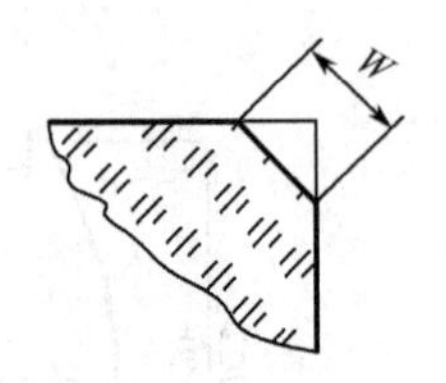

注：保护性倒角 0.2～0.5。

图 14－25　保护性倒角的宽度 W

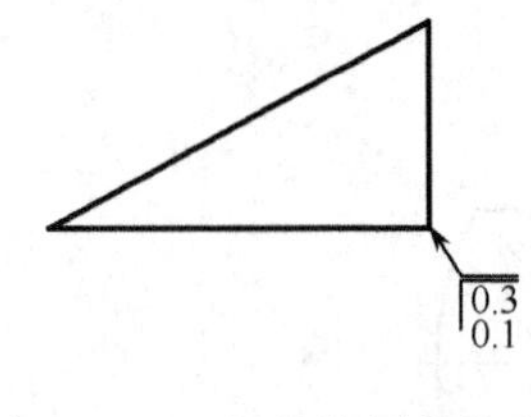

图 14－26　保护性倒角的表示

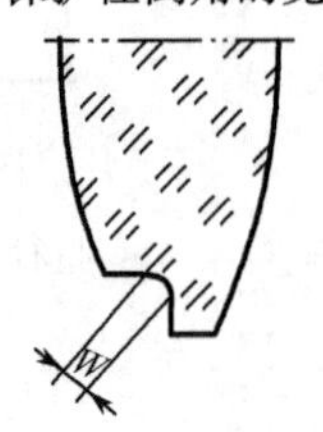

图 14－27　内部边宽

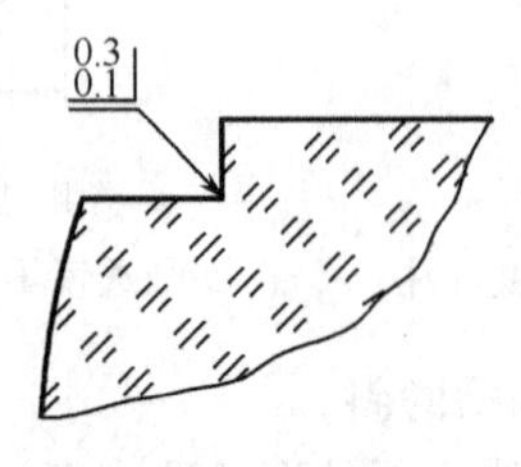

图 14－28　透镜台阶

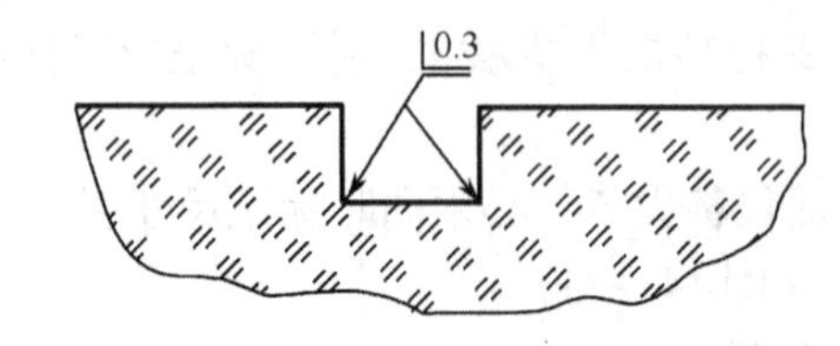

图 14－29　棱镜槽

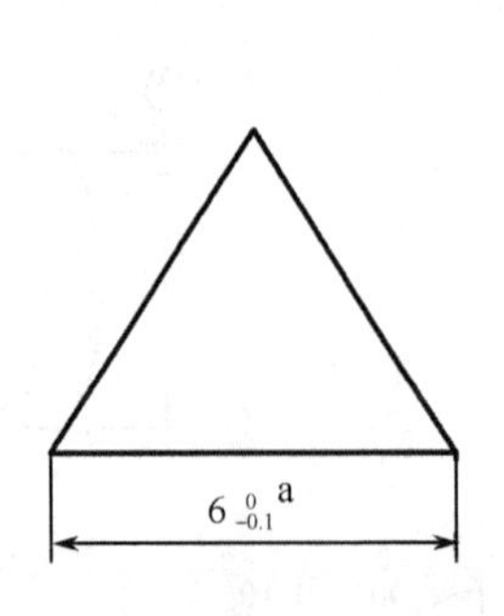

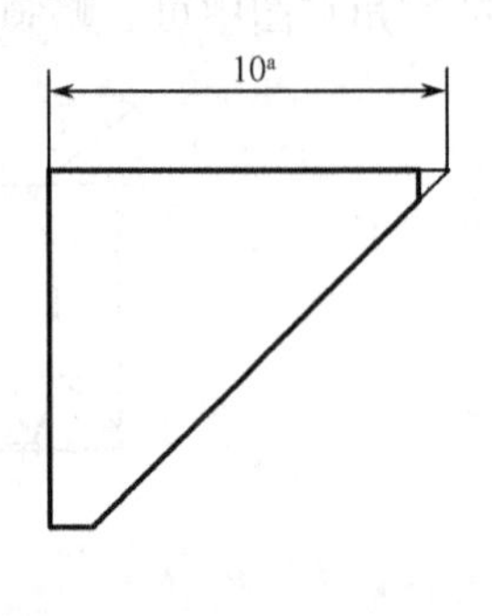

注：a 为理论值。

图 14－30　棱镜的线性尺寸

（4）角度。角度由基本尺寸与公差表示。若需要，可用大写英文字母标注。如图 14－31 中，用 E 面与 A、B、C、D 面之间的夹角表示“棱角”。

棱镜须标注光轴、偏向角和光学平行差（第一平行差 θ_1、第二平行差 θ_2）。偏向角应标注公差（图 14－32(a)）。除非另有说明，入射主光线应垂直于入射面。

图 14－32(b)为棱镜的棱位置误差引起光线在垂直于图示出射平面方向上的偏差。

8）材料规格

材料规格标注在图样的材料栏里，其内容如下：

（1）玻璃材料牌号，必要时标明材料制造商；

（2）折射率和阿贝常数，包括参考波长或化学成分说明及材料的特殊性能，如折射率公差、阿贝常数、透过率及晶体特性（如单晶体和多晶体）。

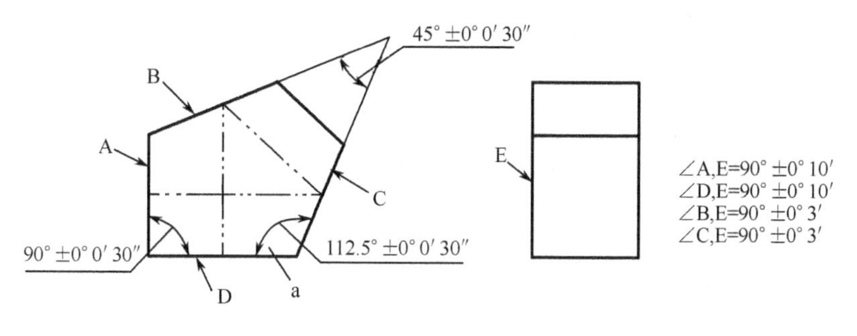

图 14－31　角度公差表示

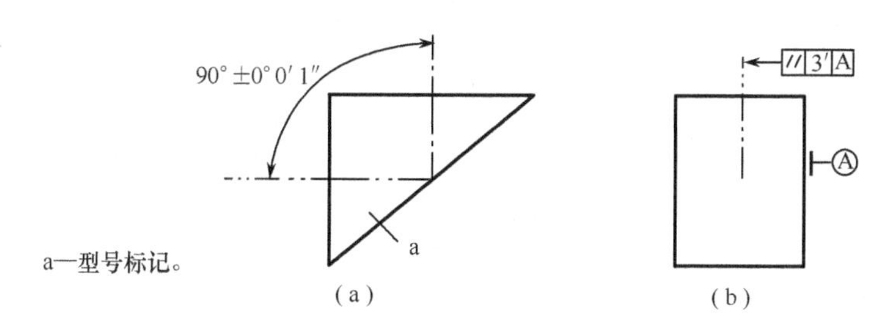

图 14－32　棱镜的偏向角

9）光学零件（材料）缺陷公差

（1）光学零件缺陷公差的标注按总则中第（6）条规定。

（2）应力双折射公差的表示形式：0/A。其中：0 为应力双折射公差代号；A 为单位长度内允许的应力双折射最大值，以纳米每厘米表示。双折射公差及典型应用见附录 C。

（3）非均匀性和条纹的表示形式：2/C；D。其中：2 为非均匀性和条纹度公差代号；C 为非均匀性类别；D 为条纹类别。若对非均匀性或条纹无技术要求，则用“－”代替。非均匀性及条纹的技术要求类别见附录 C。

（4）光学零件中心偏差、光学零件面形偏差、表面疵病公差及光学零件气泡度应符合 GB 1185、GB 2831、GB 7242 及 GB 7661 的相关规定。

（5）非球面的表面面形误差还可通过一个表格规定 Z 轴的可允许偏差并规定斜率偏差（见附录 B－4）[注：非球面表面面形误差中，可允许的斜率偏差（即表面法线离开基本值的局部偏差）可作为附加技术要求，此时，应同时表明斜率的斜率取样长度]。

10）表面结构的公差

见附录 D。

14.2　光学零件的技术要求

在光学制图中，光学零件的技术要求反映了光学系统像差设计的要求，这也是对加工后的光学系统成像质量的保证，它包括对光学材料的质量要求和对光学零件加工精度的要求。

14.2.1　对光学材料的要求

对光学玻璃的要求，原则上应该根据光学系统像差设计的要求来确定。但不同用途的光学零件对光学玻璃材料的要求，可参考表 14－6 给出的经验数据。

表 14-6　对光学玻璃要求的经验数据

技术指标	物镜			目镜		分划板	棱镜	不在光路中的零件
	高精度①	中精度②	一般精度	$2\omega>50°$	$2\omega<50°$			
Δn_D③	1B	2C	3D	3C	3D	3D	3D	3D
$\Delta \nu_d$	1B	2C	3D	3C	3D	3D	3D	3D
均匀性	2	3	4	4	4	4	3	5
双折射	3	3	3	3	3	3	3	4
光吸收系数④	4	4	5	3	4	4	3	5
条纹度	1C	1C	1C	1B	1C	1C	1A	2C
气泡度④	3C	3C	4C	2B	3C	1C	3C	8E

① 高精度物镜一般包括：大孔径照相物镜、高倍显微物镜、测距仪物镜等；
② 中等精度物镜一般包括：一般照相物镜、低倍显微物镜等；
③ 对保护玻璃的要求可参照与它相近零件的要求而给定；
④ 对鉴别率要求较高的复杂的光学系统中的零件，其光学均匀性按鉴别率分配而给定；
⑤ 对轴向通光口径大的零件的材料，其气泡度要求可适当降低，按部标（WJ295-65）决定

14.2.2　对光学零件的加工要求

1. 光学零件的表面误差

光学零件表面误差指球面半径误差、平面的平面性偏差和表面的局部误差。造成光学零件表面误差的原因有两种：一是光学样板本身的表面误差；二是零件表面与样板表面之间的误差，即光学零件的面形偏差。

1）光学样板（执行 GB 1240—76）

（1）光学样板按用途分为两类：

① 光学样板：复制工作样板用的光学样板；

② 工作样板：检验光学零件用的光学样板。

（2）标准样板的精度（即“零件的要求”中的 ΔR），分为 A、B 两级，其允差应符合表 14-7 及表 14-8 的规定。

表 14-7　标准样板半径允差

精度等级	球面标准样板曲率半径 R/mm					
	0.5～5	>5～10	>10～35	>35～350	>350～1000	>1000～40000
	允差（±）					
	μm			R 公称尺寸的百分数/%		
A	0.5	1.0	2.0	0.02	0.03	$\frac{0.03R}{1000}$
B	1.0	3.0	5.0	0.03	0.05	$\frac{0.05R}{1000}$

表 14-8　标准样板光圈

曲率半径 R /mm	0.5~750		>750~40000		—	
精度等级 N	A	B	A	B	A	B
	0.5	1.0	0.2	0.5	0.05	0.1
ΔN	0.1					

（3）球面工作样板的光圈根据被检光学零件的要求按表 14-9 选取。

表 14-9　球面工作样板光圈

组 别	Ⅰ	Ⅱ	Ⅲ
N	0.1	0.5	1.0
ΔN	0.1	0.1	0.1

（4）平面工作样板相对标准样板的偏差与球面标准样板的允差相同。

2）光学零件的面形偏差（执行 GB 2931—81）

（1）面形偏差的定义。被检光学表面相对于参考光学表面（工作样板）的偏差称为面形偏差。

（2）面形偏差的分类。面形偏差是在圆形检验范围内，通过垂直位置所观察到的干涉条纹（通称光圈）的数目、形状、变化和颜色来确定的。面形偏差包括下面三项：

① 被检光学表面的曲率半径相对于参考光学表面曲率半径的偏差称半径偏差。此偏差对应的光圈数用 N 表示。

② 被检光学表面在两个相互垂直方向上产生的光圈数不等所对应的偏差称像散偏差。此偏差所对应的光圈数用 $\Delta_1 N$ 表示。

③ 被检光学表面与参考光学表面在任一方向上产生的干涉条纹的局部不规则程度称局部偏差。此偏差所对应的光圈数用 $\Delta_2 N$ 表示。

（3）光圈的正负号规定：高光圈（凸）为正（相当于中间接触）；低光圈（凹）为负（相当于边缘接触）。

（4）标注方法：

① 被检光学表面允许的最大半径偏差以 N 个光圈数表示。如 $N=2$，表示被检光学表面与参考光学表面允许的最大半径偏差为 2 个光圈。一般情况下，光圈数不需标注正、负号，必要时，可以在 N 前加“+”（高光圈）或“-”低光圈。

② 被检光学表面在两个互相垂直方向上光圈数的允许最大差值（像散偏差）以 $\Delta_1 N$ 表示。相对于平滑干涉条纹的不规则程度（局部偏差）的允许最大值以 $\Delta_2 N$ 表示。例如：

如 $\Delta_1 N=0.1$，即表示允许的最大像散光圈数为 0.1；

如 $\Delta_2 N=0.1$，即表示允许的最大局部光圈数为 0.1；

如 $\Delta N=0.1$，即表示允许的最大像散光圈数和局部光圈数均为 0.1。

③ 如有必要，可在 N 数值后面标注检验范围的直径，如 $N=2(60)$，即表示在 $\Phi 60$mm 检验范围内允许的最大光圈数为 2。

3）表面误差的给定

表面误差见表 14-10。

表 14－10　光学零件表面误差参考数值

<table>
<tr><th rowspan="2">仪器类型</th><th rowspan="2">零件性质</th><th colspan="2">表面误差</th><th rowspan="2">仪器类型</th><th rowspan="2" colspan="2">零件性质</th><th colspan="2">表面误差</th></tr>
<tr><th>N</th><th>ΔN</th><th>N</th><th>ΔN</th></tr>
<tr><td rowspan="2">显微镜和精密仪器</td><td>物镜</td><td>1～3</td><td>0.1～0.5</td><td rowspan="7">望远系统</td><td rowspan="3">棱镜</td><td>反射面</td><td>1～2</td><td>0.1～0.5</td></tr>
<tr><td>目镜</td><td>3～5</td><td>0.5～1.0</td><td>折射面</td><td>2～4</td><td>0.3～0.5</td></tr>
<tr><td rowspan="2">照相系统投影系统</td><td>物镜</td><td>2～5</td><td>0.1～1.0</td><td>屋脊面</td><td>0.1～0.4</td><td>0.05～0.1</td></tr>
<tr><td>滤光镜</td><td>1～5</td><td>0.1～1.0</td><td colspan="2">反射镜</td><td>0.1～1.0</td><td>0.05～0.2</td></tr>
<tr><td rowspan="3">望远系统</td><td>物镜</td><td>3～5</td><td>0.5～1.0</td><td colspan="2" rowspan="3">场镜、滤光镜、分划板</td><td rowspan="3">5～15</td><td rowspan="3">0.5～5.0</td></tr>
<tr><td>转像透镜</td><td>3～5</td><td>0.5～1.0</td></tr>
<tr><td>目镜</td><td>3～6</td><td>0.5～1.0</td></tr>
</table>

4）光学零件精度等级分类

光学零件精度等级分类见表 14－11。

表 14－11　光学零件精度等级分类

零件精度等级	精度性质	公差	
		N	ΔN
1	高精度	0.1～2.0	0.05～0.5
2	中精度	2.0～6.0	0.5～2.0
3	一般精度	6.0～15.0	2.0～5.0

光学表面允许的最大半径偏差也可直接根据像差变化量表确定。给定表面曲率增量 ΔC，计算相应的各种像差变化量，根据允许的像差变化量来确定允许表面曲率误差，然后按下述关系式求得允许的最大半径偏差 N：

$$N=\frac{D^2}{4\lambda}\Delta C$$

式中：N 为半径偏差（光圈数）；ΔC 为表面曲率偏差；D 为被检表面直径（mm）；λ 为平均波长（mm）。

2. 光学零件外径及配合公差的给定

1）光学零件的外径

光学零件与镜框固定，在不同固定方式下，光学零件外径所需的余量见表 14－12。

表 14－12　光学零件外径余量

通光口径 D/mm	外径 Φ/mm		通光口径 D/mm	外径 Φ/mm	
	用滚边法固定	用压圈法固定		用滚边法固定	用压圈法固定
到 6	$D+0.6$	—	>30～50	$D+2.0$	$D+2.5$
>6～10	$D+0.8$	$D+1.0$	>50～80	$D+2.5$	$D+3.0$
>10～18	$D+1.0$	$D+1.5$	>80～120	—	$D+3.5$
>18～30	$D+1.5$	$D+2.0$	>120	—	$D+4.5$

2）圆形零件与镜框的配合公差

圆形零件与镜框的配合公差见表 14－13。

表 14 - 13　圆形光学零件与镜框的配合公差

零件性质		公差与配合	
		透镜	镜框
高倍显微物镜和高精度望远镜的物镜、照相物镜	配合的	h6,f7	H7
	非配合的	b11,c10,c11	
低倍显微物镜和较高精度望远镜的物镜,具有调节视度装置的高倍目镜	配合的	h8,h9	H8,H9
	非配合的	b11,c10,c11	
一般望远镜的物镜和目镜、聚光镜、转像透镜	配合的	f9	H8,H9
	非配合的	b11,c10,c11	
聚光镜、反光镜		d11	H11

注:1. 对特高精度的配合,可用选配法达到,不宜提高精度;
2. 对胶合透镜中,一般以负透镜作为配合尺寸,正透镜为非配合尺寸

3. 光学零件的中心厚度及边缘最小厚度

玻璃材料的球面的双凸透镜、平凸透镜、正弯月透镜的边缘最小厚度(图 14 - 33)和双凹透镜、平凹透镜、负弯月透镜的中心厚度(图 14 - 34)都必须有一定的数值,以保证光学零件的必要强度,使其在加工中不易变形或破损。

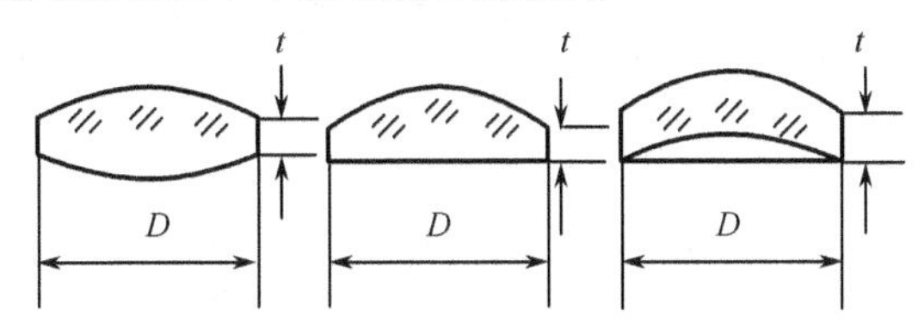

图 14 - 33　凸透镜边缘最小厚度

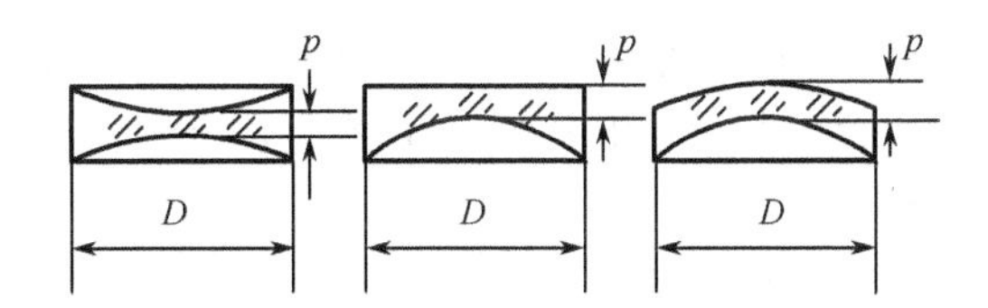

图 14 - 34　凹透镜中心最小厚度

透镜边缘及中心最小厚度按表 14 - 14 给定(GB 1205—75 标准)。

表 14 - 14　透镜边缘及中心最小厚度

透镜直径 D/mm	正透镜边缘最小厚度 t/mm	负透镜中心最小厚度 d/mm
3 ~ 6	0.4	0.6
>6 ~ 10	0.6	0.8
>10 ~ 18	0.8 ~ 1.2	1.0 ~ 1.5
>18 ~ 30	1.2 ~ 1.8	1.5 ~ 2.2
>30 ~ 50	1.8 ~ 2.4	2.2 ~ 3.5
>50 ~ 80	2.4 ~ 3.0	3.5 ~ 5.0
>80 ~ 120	3.0 ~ 4.0	5.0 ~ 8.0
>120 ~ 150	4.0 ~ 6.0	8.0 ~ 12.0

根据透镜直径,考虑精度、焦距要求和工艺情况后,在表 14－14 中每一尺寸分析所规定的最小范围内选一数值作为其最小厚度。

4. 光学零件的厚度公差

1）透镜中心厚度公差

透镜中心厚度公差随透镜的不同而不同,其具体数值可按表 14－15 给定,要求高的可按计算结果确定。

表 14－15　透镜中心厚度

透镜类别	仪器种类	厚度公差/mm
物镜	显微镜及实验室仪器	±(0.01～0.05)
	照相物镜及放映镜头	±(0.05～0.3)
	望远镜	±(0.1～0.3)
目镜	各种仪器	±(0.1～0.3)
聚光镜	各种仪器	±(0.1～0.5)

2）分划板的厚度及其公差

分划板厚度及其公差见表 14－16。

表 14－16　分划板厚度及公差

分划板直径 D/mm	厚度及厚度公差/mm	分划板直径 D/mm	厚度及厚度公差/mm
到 10	1.5±0.3	>30～50	4.0±0.5
>10～18	2.0±0.3	>50～80	5.0±0.5
>18～30	3.0±0.3		

5. 光学零件的倒角(GB 1204—75)

光学零件的倒角分为设计性和保护性两大类。GB 1204—75 标准适用于光学零件的保护性倒角,其有关数值由表 14－17 和表 14－18 给定。

1）圆形光学零件的倒角

（1）倒角宽度 b 按表 14－17 给定。

表 14－17　倒角宽度

零件直径 D/mm	倒角宽度 b/mm			倒角位置
	非胶合面	胶合面	辊边面	
3～6	$0.1^{+0.1}$	$0.1^{+0.1}$	$0.1^{+0.1}$	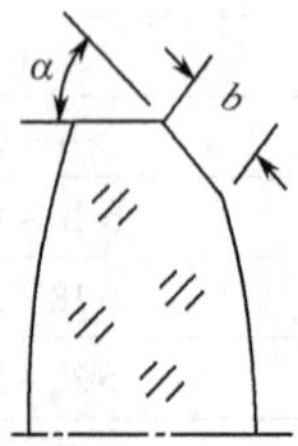
>6～10			$0.3^{+0.2}$	
>10～18	$0.3^{+0.2}$	$0.2^{+0.1}$	$0.4^{+0.2}$	
>18～30			$0.5^{+0.3}$	
>30～50	$0.4^{+0.3}$	$0.2^{+0.2}$	$0.7^{+0.3}$	
>50～80			$0.8^{+0.4}$	
>80～120	$0.5^{+0.4}$	$0.3^{+0.3}$	—	
>120～150	$0.6^{+0.5}$	—	—	

（2）倒角 α 按表 14－18 给定。

表 14－18　倒角角度

零件直径与表面半径的比值 D/r	倒角角度 α		
	凸 面	凹 面	平 面
<0.7	45°	45°	45°
>0.7～1.5	30°	60°	
>1.5～2	—	90°	

（3）在图样上应标注倒角宽度和角度，如 $0.3^{+0.2}\times45°$。

2）非圆形光学零件的倒角

（1）一般约小于 135°的二面角需倒角。

（2）棱镜倒角宽度按表 14－19 要求。

表 14－19　棱镜倒角宽度

最短棱边长度/mm	二面角倒角宽度	三面角倒角宽度	倒 角 位 置
3～6	$0.1^{+0.1}$	$0.4^{+0.3}$	二面角：倒角面垂直于二面角的二等分面 三面角：倒角垂直于三面角中每个二面角的二等分面之交线
>6～10	$0.2^{+0.2}$	$1.0^{+0.4}$	
>10～30	$0.4^{+0.3}$	$1.5^{+0.5}$	
>30～50	$0.6^{+0.4}$	$2.0^{+0.6}$	
>50	$0.8^{+0.5}$	$2.5^{+0.8}$	
注：（1）三面角倒角宽度是指倒角后所得到的三角形倒角中最长边的长度； （2）在图样上应注明倒角宽度。如倒二面角 $0.2^{+0.2}$，倒三面角 $0.1^{+0.4}$			

6. 透镜中心误差（GB 7242—87）

1）面倾角 χ 与偏心差 c 的关系

透镜中心误差，有面倾角 χ 与偏心差 c 两种描述方式。

单透镜两光学面其中一个面选作基准时，则偏心差 c 与另一面倾角 χ 的关系为

$$c=0.291(n-1)l'_{\mathrm{F}}\chi10^{-3}$$

式中：χ 的单位为（′）；l'_{F} 的单位为 mm。

双胶合透镜三个面上第一个面选作基准时，则偏心差 c 与另两面的面倾角 χ_2、χ_3 的关系为

$$c=0.291l'_{\mathrm{F}}[(n_2-1)|\chi_3|-|(n_2-n_1)\chi_2|]10^{-3}$$

式中

$$|(n_2-n_1)\chi_2|\leqslant(n_2-1)|\chi_3|$$

2）透镜中心误差值的给定

透镜中心误差 c，即透镜光轴和几何轴不相重合的数值。光学表面面倾角 χ 的允许值可根据像差计算结果给定，也可参考表 14－20 给出的偏心差 c 允许值，然后根据上述 c 和 χ 关系式给定 χ 的允许值。

表 14－20　偏心差允许值

透 镜 性 质	偏心差 c/mm	透 镜 性 质	偏心差 c/mm
显微镜与精密仪器	0.002～0.01	望远镜	0.01～0.1
照相投影系统	0.005～0.1	聚光镜	0.05～0.1

7. 光学零件角度公差

1）玻璃平板

任何一块玻璃平板（如分划板、滤光镜、保护玻璃等）两个表面不会绝对平行，不同用途的玻璃平板不平行度允差数值见表 14－21。

表 14－21 玻璃平板不平行度允差参考数值

玻璃平板性质		不平行度 θ	玻璃平板性质	不平行度 θ
滤光镜 保护玻璃	高精度	3″～1′	表面涂层的平行反射镜	10′～15′
	一般精度	1′～10′		
分划板		10′～15′	背面涂层的平行反射镜	2″～30″

2）光楔

表 14－22 给出了光楔角度公差 θ 值。

表 14－22 光楔角度公差 θ

光楔性质	角度公差 θ
高精度	±（0.2″～10″）
中精度	±（10″～30″）
一般精度	±（30″～1′）

8. 光学零件镀膜分类、符号及标注（JB/T 6179—92）

该标准适用于镀在光学玻璃零件上的镀层，规定了各种膜层的分类、符号及标注。

1）膜层的分类和符号

膜层的分类和符号见表 14－23。

表 14－23 膜层的分类和符号

序号	1	2		3	4	5	6	7	8
种类	减反射膜	反射膜、高反射膜		滤光膜	分束膜	分色膜	偏振膜	导电膜	保护膜
		内反射膜	外反射膜						
图示符号	⊕	[illegible]	[illegible]	⊖	[illegible]		[illegible]	[illegible]	⊜

2）在图纸上标注

（1）图示符号的标注。光学零件需镀膜的表面，应在图纸上标注图示符号，标注方法按 GB 1331 规定。

在同一图纸上有两处或两处以上同类膜层而要求不同时，图示符号应加注脚标，分别注明技术要求，以示区别，脚标用阿拉伯数字标注。

（2）技术要求的标注。

① 有标准的镀膜按下列方法标注：

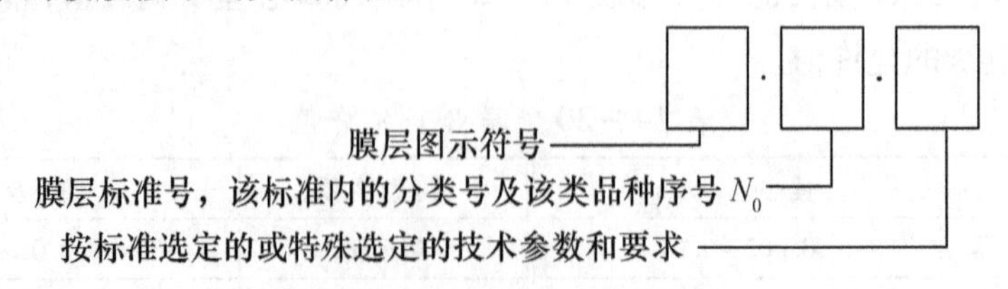

其中，含膜层标准号、该标准内分类号及序号 N_0 的标注。

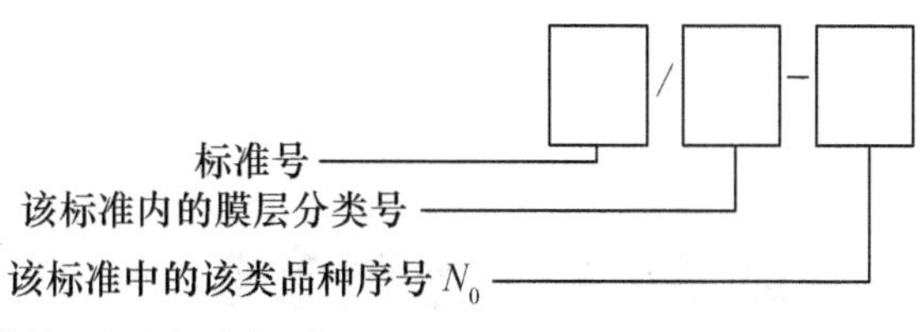

② 无标准的镀膜按下列方法标注：

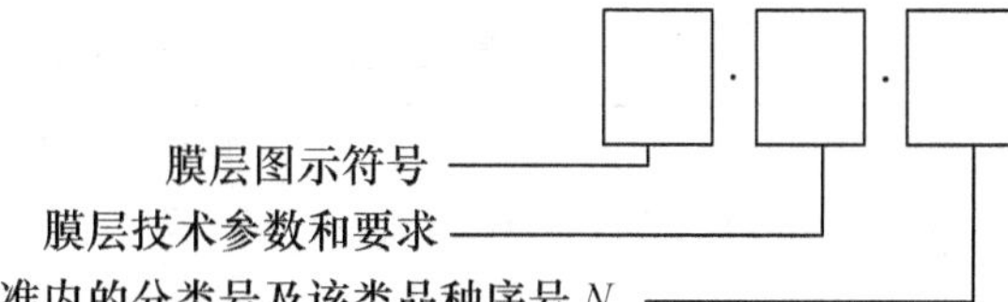

已有标准的标注应用举例：

中心波长为 $\lambda_0=520$mm 的单层减反射膜：

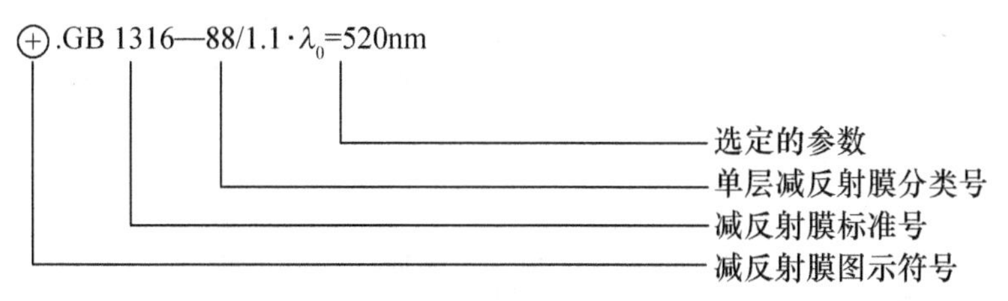

附录 A 透镜参数表

附表 A－1 双胶合透镜的 P_0 表

P_0 n_1 \ n_2	K7(冕牌玻璃在前)						
	$C_{\mathrm{I}}=0.010$	$C_{\mathrm{I}}=0.005$	$C_{\mathrm{I}}=0.002$	$C_{\mathrm{I}}=0.001$	$C_{\mathrm{I}}=0.000$	$C_{\mathrm{I}}=-0.0025$	$C_{\mathrm{I}}=-0.005$
QF1	1.140	-1.979	-5.454	-6.943	-8.616	-13.68	-20.13
QF3	1.455	-0.527	-2.685	-3.602	-4.628	-7.710	-11.60
F2	1.655	0.335	-1.077	-1.672	-2.335	-4.317	-6.807
F3	1.665	0.376	-1.000	-1.580	-2.226	-4.157	-6.582
F4	1.676	0.420	-0.920	-1.484	-2.113	-3.990	-6.348
F5	1.691	0.482	-0.805	-1.347	-1.951	-3.752	-6.012
BaF6	-0.327	-8.682	-18.16	-22.25	-26.87	-40.92	-59.01
BaF7	1.345	-1.019	-3.591	-4.683	-5.905	-9.579	-14.23
BaF8	1.399	-0.783	-3.150	-4.154	-5.276	-8.644	-12.90
ZF1	1.762	0.770	-0.281	-0.722	-1.212	-2.671	-4.495
ZF2	1.812	0.971	0.083	-0.289	-0.702	-1.928	-3.458
ZF3	1.886	1.257	0.595	0.319	0.012	-0.894	-2.022
ZF5	1.918	1.380	0.814	0.578	0.317	-0.456	-1.414
ZF6	1.934	1.438	0.917	0.700	0.459	-0.252	-1.134
	K9(冕牌玻璃在前)						
QF1	1.648	0.011	-1.873	-2.688	-3.607	-6.401	-9.984
QF3	1.746	0.524	-0.852	-1.443	-2.107	-4.113	-6.667
F2	1.831	0.938	-0.053	-0.476	-0.949	-2.371	-4.170
F3	1.836	0.960	-0.012	-0.426	-0.890	-2.282	-4.044
F4	1.841	0.983	0.002	-0.373	-0.826	-2.188	-3.909
F5	1.849	1.018	0.098	-0.294	-0.732	-2.047	-3.708
BaF6	0.994	-3.451	-8.654	-10.92	-13.49	-21.34	-31.50
BaF7	1.680	0.170	-1.533	-2.264	-3.085	-5.567	-8.730
BaF8	1.703	0.282	-1.316	-2.002	-2.770	-5.093	-8.049
ZF1	1.885	1.184	0.410	0.082	-0.284	-1.383	-2.766
ZF2	1.913	1.306	0.637	0.354	0.038	-0.906	-2.093
ZF3	1.955	1.490	0.977	0.760	0.518	-0.202	-1.104
ZF5	1.974	1.572	1.129	0.941	0.733	0.111	-0.666
ZF6	1.984	1.612	1.262	1.027	0.834	0.285	-0.461

(续)

P_0 n_1 / n_2	K7(冕牌玻璃在前)						
	C_I =0.010	C_I =0.005	C_I =0.002	C_I =0.001	C_I =0.000	C_I = −0.0025	C_I = −0.005
ZF1(火石玻璃在前)							
QK3	2.208	1.744	1.141	0.873	0.570	−0.363	−1.570
K3	2.031	1.400	0.656	0.335	−0.027	−1.122	−2.519
K7	1.867	1.012	0.068	−0.333	−0.781	−2.125	−3.821
K9	1.963	1.374	0.689	0.394	0.062	−0.941	−2.217
K10	1.779	0.788	−0.280	−0.730	−1.233	−2.733	−4.618
BaK2	1.756	1.059	0.301	−0.019	−0.376	−1.444	−2.785
BaK3	1.813	1.351	0.826	0.602	0.350	−0.406	−1.364
BaK7	1.566	0.847	0.115	−0.189	−0.527	−1.526	−2.766
ZK3	1.652	1.378	1.076	0.948	0.806	0.378	−0.159
ZK6	1.564	1.356	1.136	1.948	0.942	0.640	0.263
ZK7	1.584	1.425	1.250	1.044	1.095	0.850	0.544
ZK10	1.532	1.354	1.171	1.177	1.010	0.760	0.451
ZK11	1.510	1.440	1.369	1.094	1.307	1.212	1.094
LaK2	1.504	1.836	2.166	2.302	2.451	2.886	3.419
LaK3	1.761	2.876	3.812	4.212	4.649	5.907	7.418
ZF2(火石玻璃在前)							
QK3	2.226	1.844	1.338	1.112	0.857	0.071	−0.945
K3	2.063	1.538	0.915	0.645	0.342	−0.577	−1.748
K7	1.919	1.212	0.427	0.094	−0.273	−1.394	−2.800
K9	1.993	1.498	0.917	0.667	0.385	−0.466	−1.548
K10	1.845	1.029	0.147	−0.224	−0.639	−1.870	−3.426
BaK2	1.796	1.200	0.550	0.275	−0.032	−0.947	−2.097
BaK3	1.835	1.430	0.966	0.767	0.544	−0.126	−0.974
BaK7	1.595	0.961	1.306	0.034	−0.268	−1.160	−2.267
ZK3	1.660	1.387	1.083	0.954	0.810	0.379	−0.162
ZK6	1.560	1.313	1.052	0.942	0.821	0.460	0.011
ZK7	1.583	1.390	1.079	1.090	0.990	0.993	0.320
ZK10	1.518	1.278	1.028	0.924	0.809	0.470	0.050
ZK11	1.476	1.299	1.118	1.044	0.961	0.718	0.418
LaK2	1.414	1.512	1.611	1.651	1.695	1.825	1.984
LaK3	1.490	2.006	2.495	2.698	2.908	3.532	4.284
注:这是双胶合透镜的 P_0 表中的一部分,全表见《光学仪器设计手册》							

附表 A-2　双胶合透镜参数表

参数 $n_2\nu_2$ \ $n_1\nu_1$		K7(花牌玻璃在前)						
		$C_I=0.010$	$C_I=0.005$	$C_I=0.002$	$C_I=0.001$	$C_I=0.000$	$C_I=-0.0025$	$C_I=-0.005$
	φ_1	+1.362376	+1.685890	+1.879998	+1.944701	+2.009404	+2.171161	+2.332918
ZF2	A	+2.363639	+2.403492	+2.427403	+2.435373	+2.443344	+2.463270	+2.483196
	B	+10.92378	+15.78810	+18.84230	+19.88297	+20.93493	+23.61429	+26.36427
	C	+14.53435	+27.23312	+37.20243	+40.93661	+44.88173	+55.688857	+67.88449
	K	+1.681819	+1.701746	+1.713701	+1.717686	+1.721672	+1.731635	+1.741598
1.6725	L	+3.762052	+5.491332	+6.574101	+6.942557	+7.314780	+8.261817	+9.232396
	Q_0	-2.310796	-3.284410	-3.881164	-4.082119	-4.284074	-4.793280	-5.308535
	P_0	+1.913030	+1.305813	+0.637388	+0.354292	+0.038319	-0.906382	-2.093331
32.2	W_0	-0.124291	-0.097899	-0.077057	-0.069244	-0.060990	-0.038395	-0.012938
	p	+0.835646	+0.823952	+0.826554	+0.825425	+0.824297	+0.821484	+0.818681
	φ_1	+1.306083	+1.579342	+1.743297	+1.797949	+1.852601	+1.989230	+2.125858
ZF3	A	+2.366233	+2.408400	+2.433701	+2.442134	+2.450568	+2.471651	+2.492735
	B	+10.13227	+14.24818	+16.83440	+17.71592	+18.60716	20.87780	+23.20921
	C	+12.80200	+22.56281	+30.08855	+23.88915	+35.83959	+43.88636	+52.92001
	K	+1.683116	+1.704200	+1.716850	+1.721067	+1.725284	+1.735826	+1.746367
1.7172	L	+3.479454	+4.942509	+5.859233	+6.171290	+6.486588	+7.289012	+8.111692
	Q_0	-2.141014	-2.958018	-3.458661	-3.627138	-3.796500	-4.223452	-4.655370
	P_0	+1.955332	+1.489624	+0.976810	+0.760097	+0.518543	-0.201835	-1.103731
29.5	W_0	-0.124122	-0.098546	-0.078667	-0.071259	-0.063452	-0.042165	-0.018297
	p	+0.835274	+0.829253	+0.825661	0.824468	+0.823276	+0.820304	+0.817343
		ZF1 1.6475 33.9(火石玻璃在前)						
	φ_1	-0.388529	-0.744589	-0.958225	-1.029437	-1.100649	-1.278679	-1.456709
K3	A	+2.374053	+2.415105	+2.439736	+2.447947	+2.456157	+2.476684	+2.497210
	B	-13.54027	-19.01554	-22.46039	-23.68529	-24.82350	-27.85224	-30.96415
	C	+21.33787	+38.82973	+52.34920	+57.38548	+62.69380	+77.18298	+93.46626
	K	+1.687026	+1.707552	+1.719868	+1.723973	+1.728079	+1.738342	+1.748605
1.5046	L	-4.976269	-6.920045	-8.139541	-8.554911	-8.974718	-10.04364	-11.14028
	Q_0	+2.851721	+3.936794	+4.603037	+4.827575	+5.053320	+5.622890	+6.199749
	P_0	+2.031323	+1.399594	+0.656180	+0.334900	-0.026751	-1.122076	-2.518750
64.8	W_0	-0.165338	-0.197761	-0.222923	-0.232299	-0.242181	-0.269135	-0.299374
	p	+0.834154	+0.828300	+0.824807	+0.823646	+0.822487	+0.819596	+0.816717
	φ_1	-0.402983	-0.762750	-0.978609	-1.050563	-1.122516	-1.302399	-1.482283
K9	A	+2.361329	+2.399119	+2.421793	+2.429351	+2.436906	+2.455803	+2.474698
	B	-13.49087	-18.88508	-22.26791	-23.41990	-24.58408	-27.54787	-30.58785
	C	+21.23227	+38.53869	+51.87644	+56.83826	+62.06459	+76.31339	+92.30133
	K	+1.680664	+1.699559	+1.710896	+1.714675	+1.71844	+1.727902	+1.737349
1.5163	L	-4.964619	-6.882612	-8.082173	-8.490154	-8.902199	-9.950089	-11.02337
	Q_0	+2.856626	+3.935837	+4.597401	+4.820197	+5.044111	+5.608727	+6.180116
	P_0	+1.963083	+1.374376	+0.689187	+0.394005	+0.062170	-0.940851	-2.216915
64.1	W_0	-0.163587	-0.193421	-0.216495	-0.225081	-0.234123	-0.258758	-0.286357
	p	+0.835977	+0.830575	+0.827350	+0.826278	+0.825207	+0.822537	+0.819875

注:这是双胶合透镜参数表中的一部分,全表见《光学仪器设计手册》;表中,$L=\frac{B-\varphi_2}{3}$,$P=4A/(A+1)^2$

附表 A－3　单透镜参数表

玻璃	K6	K7	K8	K9	K10	K11	K12	PK1
n	1.5111	1.5147	1.5159	1.5163	1.5181	1.5263	1.5335	1.5190
ν	60.5	60.6	56.8	64.1	58.9	60.1	55.5	69.8
a	+2.323539	+2.320393	+2.319348	+2.319000	+2.317436	+2.310358	+2.304206	+2.316655
b	+5.869693	+5.828638	+5.815080	+5.810575	+5.790388	+5.700171	+5.623243	+5.780347
c	+5.784708	+5.717659	+5.695600	+5.688279	+5.655528	+5.510274	+5.387834	+5.639272
k	+1.661769	+1.660196	+1.659674	+1.659500	+1.658718	+1.655179	+1.652103	+1.658327
l	+1.956564	+1.942879	+1.938360	+1.936858	+1.930129	+1.900057	+1.874414	+1.926582
Q_0	−1.263093	−1.255959	−1.253602	−1.252819	−1.249309	−1.233611	−1.220212	−1.247562
P_0	+2.077723	+2.057394	+2.050701	+2.048479	+2.038536	+1.994374	+1.957067	+2.033599
W_0	−0.142405	−0.142259	−0.142211	−0.142194	−0.142122	−0.141791	−0.140502	−0.142085
p	+0.841411	+0.841865	+0.842005	+0.842066	+0.842291	+0.843314	+0.844203	+0.842404
玻璃	QF5	F1	F2	F3	F4	F5	F6	F7
n	1.5820	1.6031	1.6128	1.6164	1.6199	1.6242	1.6248	1.6362
ν	42.0	37.5	36.9	36.6	36.3	35.9	35.6	35.3
a	+2.264222	+2.247582	+2.240079	+2.237317	+2.234644	+2.231375	+2.230920	2.222344
b	+5.154639	+4.974299	+4.895561	+4.866969	+4.839490	+4.806152	+4.801536	+4.715498
c	+4.670469	+4.407359	+4.294800	+4.254256	+4.215460	+4.168617	+4.162151	+4.042491
k	+1.632111	+1.623791	+1.620039	+1.618658	+1.617322	+1.615687	+1.615460	+1.611172
l	+1.718213	+1.658099	+1.631853	+1.622323	+1.613163	+1.602050	+1.600512	+1.571832
Q_0	−1.138280	−1.106588	−1.092720	−1.087679	−1.082832	−1.076948	−1.076133	−1.060928
P_0	+1.736757	+1.655143	+1.620060	+1.607403	+1.595281	+1.580628	+1.578004	+1.541087
W_0	−0.139586	−0.138769	−0.138396	−0.138259	−0.188125	−0.137961	−0.137938	−0.137506
p	+0.850001	+0.852423	+0.853516	+0.853919	+0.854309	+0.854786	+0.854853	+0.856105

注：单透镜参数表中的一部分，全表见《光学仪器设计手册》；表中，$P=4a/(a+1)^2$，$l=b/3$

附录 B 图 例

B.1 光学系统图图例

附图 B－1 中，P_1 为入瞳（实体）的大小，P_2 为出瞳（实体）的位置，FS_1 为分划板表面（视场光阑）成像的位置，A 为装校调整范围，V 为使用者视度的调节范围。

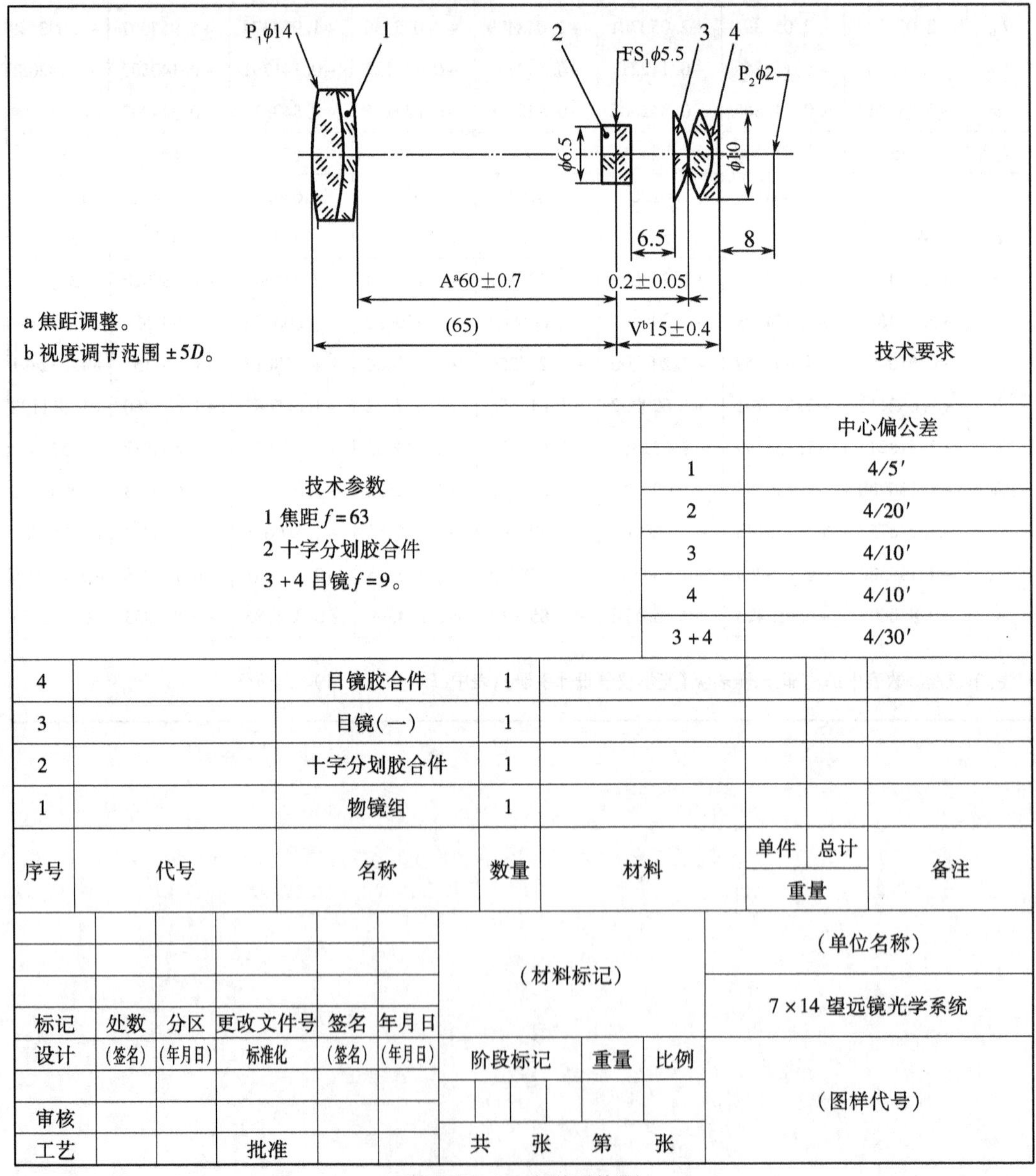

	中心偏公差
1	4/5′
2	4/20′
3	4/10′
4	4/10′
3 +4	4/30′

序号	代号	名称	数量	材料	单件重量	总计重量	备注
4		目镜胶合件	1				
3		目镜(一)	1				
2		十字分划胶合件	1				
1		物镜组	1				

附图 B－1 光学系统图

B.2　胶合透镜图例

附图 B－2 中 M 表示该胶合件的厚度公差小于其组成的单个零件的厚度公差之和，采用选配方法。

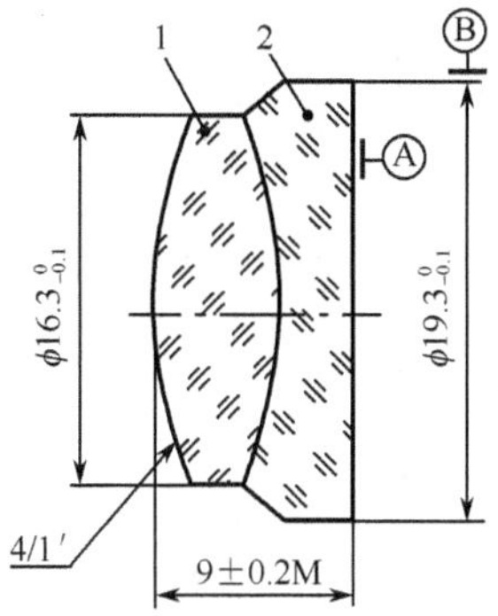

技术要求

1 按规定胶合#XXX。

2 焦距 100 ±0.5。

序号	代号	名称	数量	材料	单件重量	总计重量	备注
2		镜片(二)	1				
1		镜片(一)	1				

标记	处数	分区	更改文件号	签名	年月日	(材料标记)	(单位名称)
设计	(签名)	(年月日)	标准化	(签名)	(年月日)	阶段标记 重量 比例	胶合件
							(图样代号)
审核							
工艺			批准			共　张　第　张	

附图 B－2　胶合部件图

B.3 零件图图例(一)

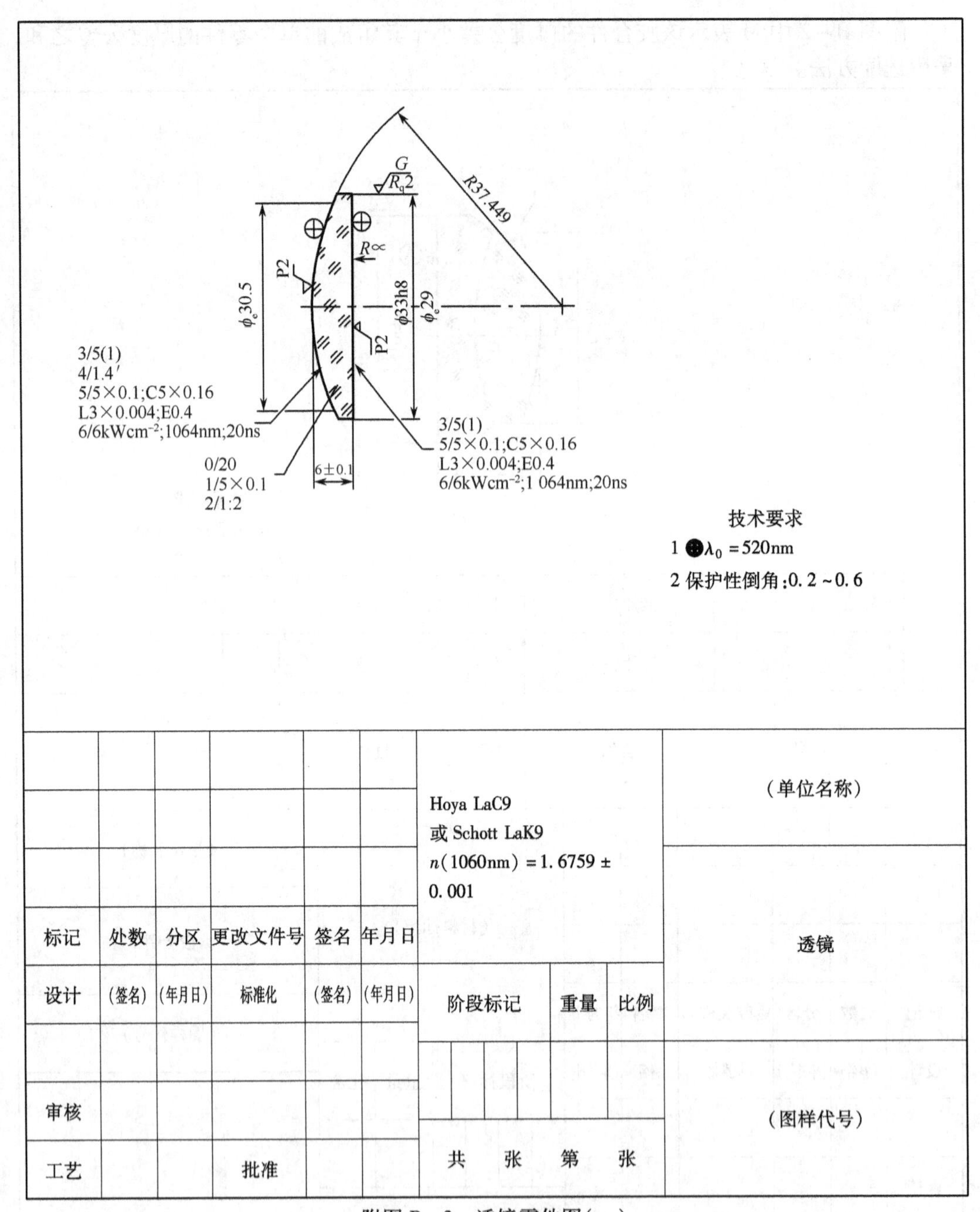

附图 B-3 透镜零件图(一)

零件图图例(二)

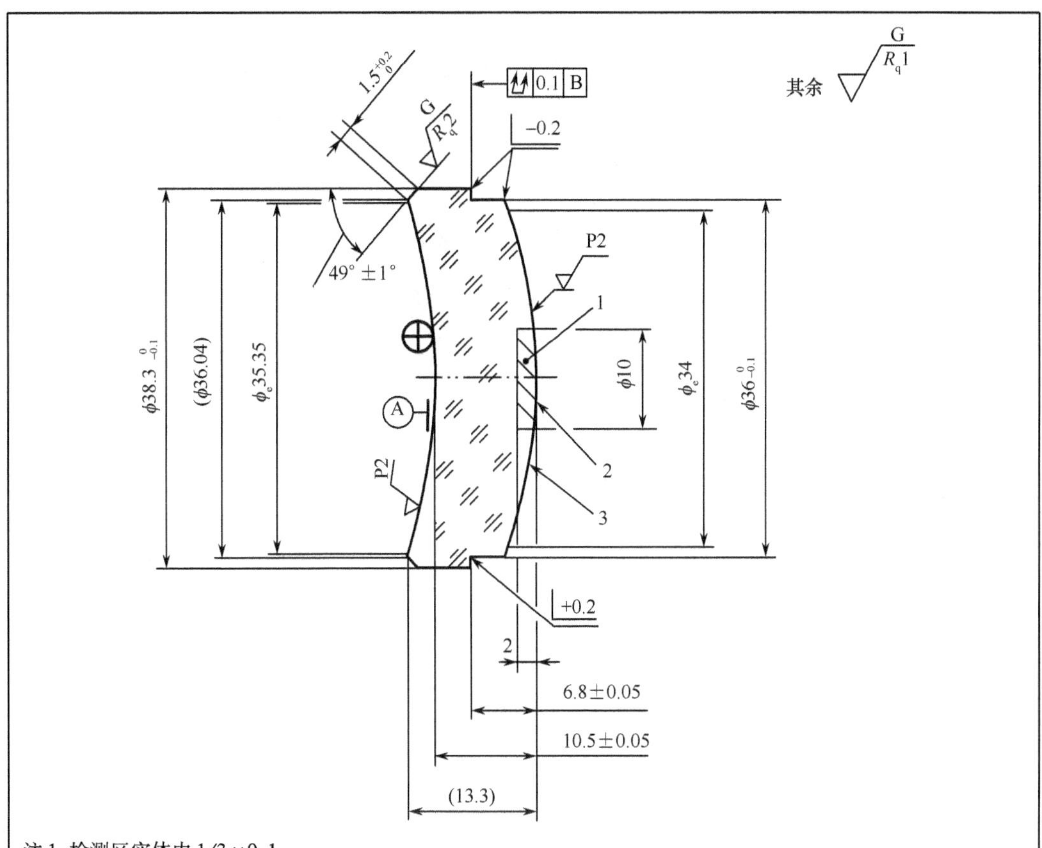

注 1:检测区实体内 1/3 ×0. 1;

注 2:检测区表面 5/3 ×0. 1,L1 ×0. 04;

注 3:待胶合面。

左表面	材料技术要求	右表面
R60. 44CC ⊕λ_0 =520nm 保护性倒角:0. 2 ~0. 4 3/2(0. 5) 4/ 5/5 ×0. 16;L2 ×0. 04;E0. 5	BK7 n_e =1. 51872 ±0. 001% ν_e =63. 96 ±0. 51% 0/10 1/5 ×0. 16 2/1;2	R50. 17CX 待胶合面 保护性倒角:0. 2 ~0. 4 3/3(1) 4/2′ 5/5 ×0. 16;L2 ×0. 04;E0. 5

									(单位名称)
标记	处数	分区	更改文件号	签名	年月日				透镜
设计	(签名)	(年月日)	标准化	(签名)	(年月日)	阶段标记	重量	比例	
审核									(图样代号)
工艺			批准			共 张 第 张			

附图 B -4　透镜零件图(二)

零件图图例(三)

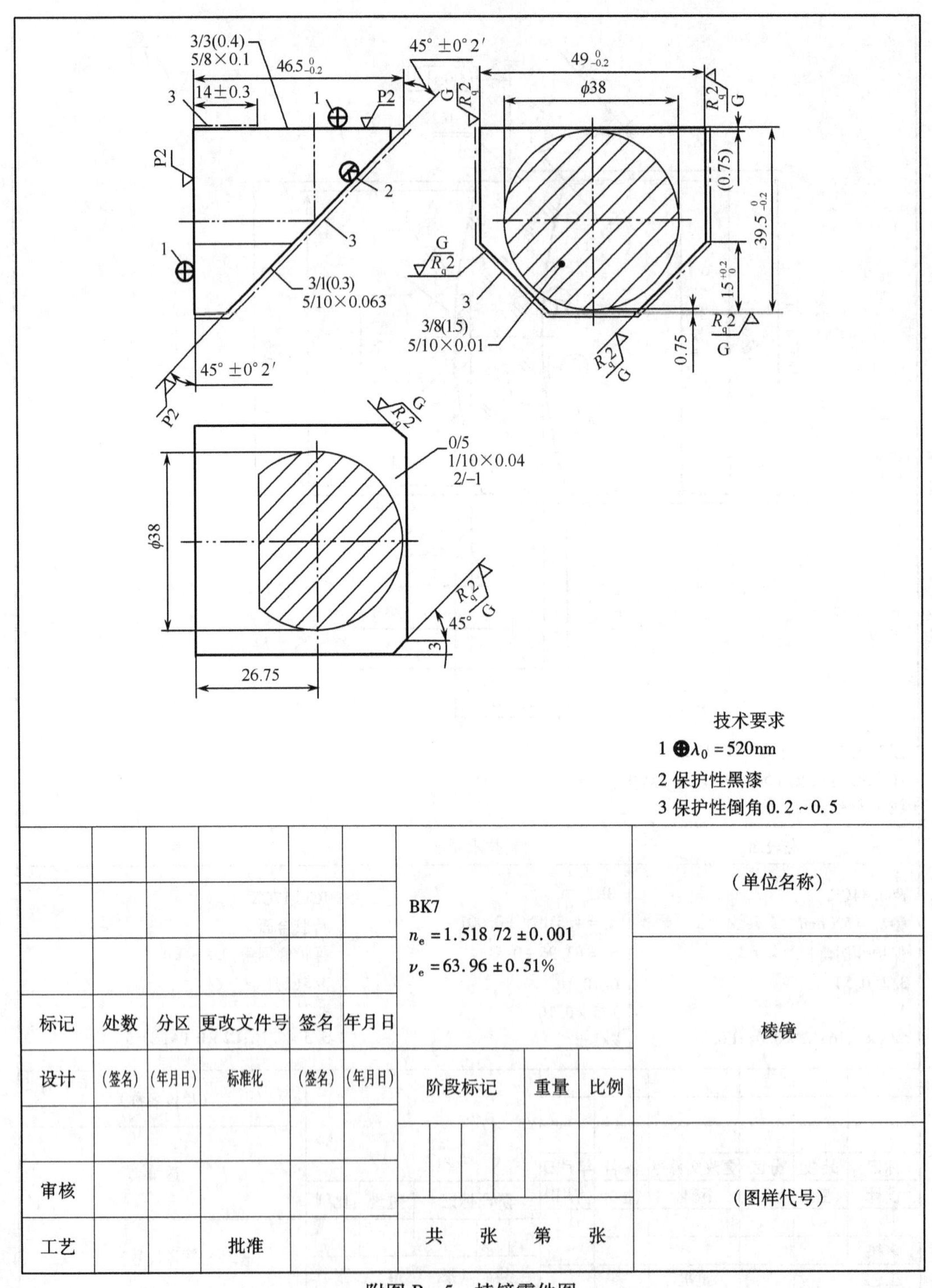

附图 B-5 棱镜零件图

B.4 非球面光学零件图图例

1. 对称性非球面零件(光轴与机械轴重合的非球面零件)

旋转对称非球面如附图 B-6 所示,基准轴通过球面曲率中心与右表面的中心点。面形公差用列表形式表示。对于给定 h 坐标值,在 Z 方向上,ΔZ 为最大的可允许公差(单位为毫米)。附加斜率公差技术要求。

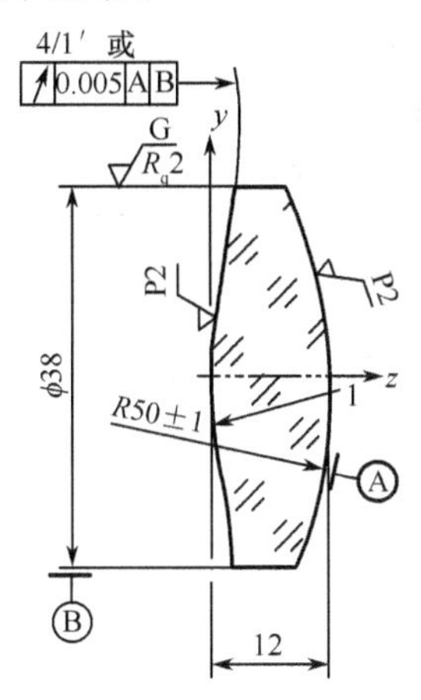

1——非球面

$$z=\frac{h^2}{R(1+\sqrt{1-(1+k)h^2/R^2})}+\sum_{i=2}^{5}(A_{2i}h^{2i})$$

$$h=\sqrt{x^2+y^2}$$

h	z	Δz	斜率公差
0.0	0.000	0.000	0.3′
5.0	0.219	0.002	0.5′
10.0	0.825	0.004	0.5′
15.0	1.599	0.006	0.8′
19.0	1.934	0.008	

$R=56.031$

$K=-3$

$A_4=-0.43264E-05$

$A_6=-0.97614E-08$

$A_8=-0.10852E-13$

$A_{10}=-0.12284E-13$

斜率取样长度 = 1

取样步长 0.1

附图 B-6 旋转对称非球面

2. 对称性非球面零件(光轴与机械轴不重合的非球面零件)

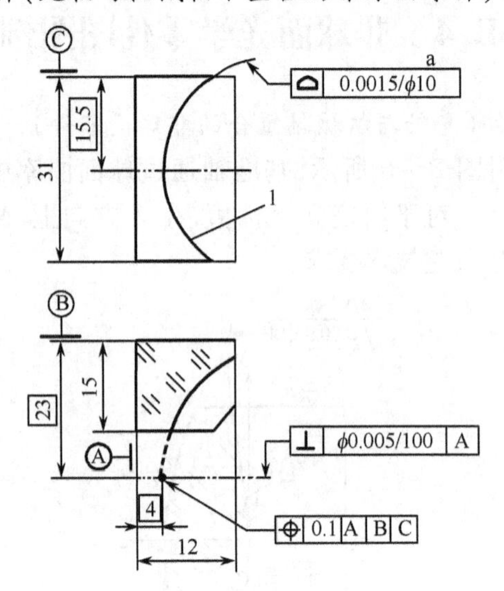

1——抛物面

a 斜率公差 =0.2′

斜率取样长度 =2

取样步长 0.2

$z=\dfrac{h^2}{2R}$, $R=36.714\pm0.2$

附图 B-7　离轴抛物面

3. 非旋转对称非球面(平面柱面透镜示例)

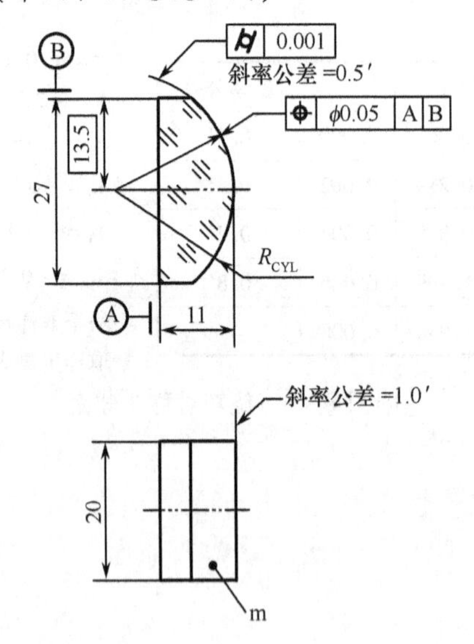

m——标记

$R_{CYL}=17.2\pm0.2$

斜率取样长度 =2

取样步长 0.2

附图 B-8　平面柱面透镜

4. 非旋转对称非球面(平面复曲面透镜示例)

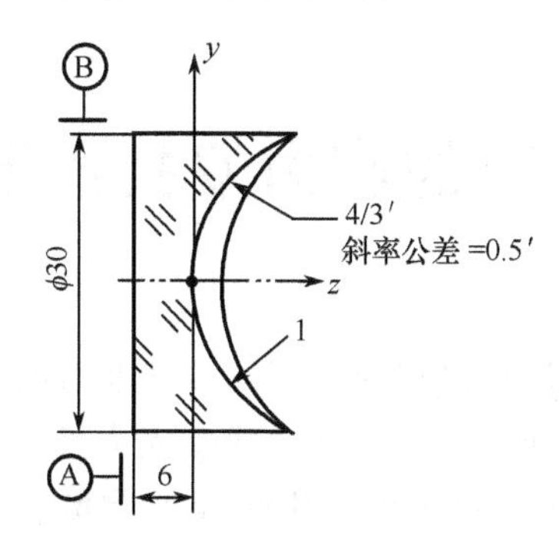

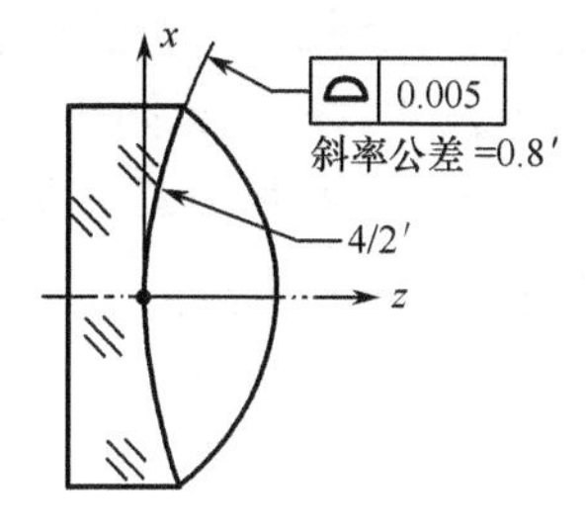

1——抛物面

$z = R_y - \sqrt{[R_y - R_z + \sqrt{R_x^2 - x^2}]^2 - y^2}$

$R_y = 16 \pm 0.1$

$R_z = 40 \pm 0.2$

斜率取样长度 =3

取样步长 0.2

附图 B-9　平面复曲面透镜

附录C　材料的应力双折射及非均匀性

1. 应力双折射

在玻璃毛坯中，因熔炼或退火过程中的不同冷却及某些光学零件加工制造过程中引起残余应力，当偏振光平行于或垂直于玻璃中残余应力处时，导致双折射，使玻璃中产生折射率差。光学零件的残余应力双折射将影响波前质量或光透过光学零件的光程差变化。残余应力引起的双折射以样品单位程长内的光程差(OPD)表示，单位为nm/cm。光学仪器中材料可允许的双折射公差及典型应用见附表C-1。

附表C-1　双折射公差及典型应用

每厘米玻璃程长内可允许的光程差(OPD)/(nm/mm)	典型应用
<2	偏光仪器、干涉仪器
5	精密光学零件、天文光学零件
10	摄影光学零件、显微镜光学零件
20	放大镜、取景器光学零件
无技术要求	照明光学零件

2. 非均匀性和条纹

1）非均匀性

光学零件内部非均匀性[1]的技术特性分为6类，见附表C-2。

附表C-2　非均匀性类别

类别	零件中折射率允许的最大变化值 10^{-6}	类别	零件中折射率允许的最大变化值 10^{-6}
0	±50	3	±2
1	±20	4	±1
2	±5	5	±0.5

2）条纹

光学零件在很小范围内具有的非均匀性，可能以细丝状条纹出现，其条纹类别的技术要求分5个类别，见附表C-3。其中1类~4类仅考虑条纹引起光程差ΔS至少30nm。规定以条纹的有效投影面积与检验面积之比值，以%表示。5类条纹仅允许引起的光程差小于30nm，且条纹分散，不允许微弱细丝条纹密集应用于高质量光学零件。

通常在光学玻璃和滤光玻璃中不允许引起ΔS大于150nm的条纹。

附表C-3　条纹类别

类别	引起至少30nm光程差的条纹密度/%	类别	引起至少30nm光程差的条纹密度/%
1	≤10	4	≤1
2	≤5	5	条纹分布极分散，引起的光程差小于30nm
3	≤2		

① 非均匀性是光学零件内部折射率的逐渐变化的最大折射率与最小折射率之差。非均匀性是由化学结构的变化及坯料中的因素引起。

附录 D　表面结构的公差

1. 表面结构的公差

粗磨表面及抛光的表面结构公差示例见附表 D－1。

附表 D－1　表面结构公差示例

序号	类型			符号	要求	示例
1	粗糙表面结构			G	最小斜率取样长度 5mm，R_q 为 2μm 的粗糙表面	G 5/R_q2
2	抛光表面结构	定性	无微缺陷要求的抛光表面	P	无微缺陷要求	P
3		定量	带有轮廓微观缺陷密度要求的抛光表面		镜面表面每 10mm 线性扫描内，具有小于 80 个数缺陷数	P2
4	抛光表面结构	定量	轮廓均方根偏差 R_q	P	抛光表面每 10mm 线性扫描内，具有小于 16 个微缺陷数以及在取样长度 0.002mm ~ 1mm 的 R_q 值小于 0.002μm	P3 0.002/1/R_q0.002
5			功率频谱密度函数		抛光表面每 10mm 线性扫描内，具有小于 3 个微缺陷数以及在斜率取样长度 0.002mm ~ 1mm 之间 PSD≤$10^{-4}/f^2$(μm³)	P4 0.001/1/PSD10^{-6}/2

2. 表面结构的标注

（1）粗糙表面结构用字母 G（Ground）表示轮廓面。抛光表面结构分别由以下方法表示：

① 无轮廓微缺陷要求的抛光表面。

② 带有轮廓微观缺陷要求的抛光表面。字母 P 的右侧数字表示可允许的轮廓微观缺陷密度等级（P1 ~ P4 四级），其级数相对应的可允许微缺陷数见附表 D－2。

附表 D－2　带有轮廓微观缺陷要求的抛光面可允许缺陷数

轮廓微观缺陷密度等级	每 10mm 斜率取样长度内，轮廓微观缺陷数 N
P1	$80 < N < 400$
P2	$16 < N < 80$
P3	$3 < N < 16$
P4	$N < 3$

③ 轮廓均方根偏差 R_q，是指以微米为单位的最大可允许的 RMS 表面粗糙度值。

④ 功率频谱密度函数(PSD)的定量方法。

PSD 是每长度单位测量的表面粗造度的频谱,它能完整地描述表面结构特性,适用于超光滑表面。在一维情况下(即表面结构沿表面上的一条线测量时),单位为立方微米(μm^3),即

$$PSD = A/f^B, 1/1000D < f < 1/1000C$$

式中:f 为粗糙度的空间频率(μm^{-1});B 为空间频率的幂($B > 0$,对于许多实际表面 $1 < B < 3$);C 为下限斜率取样长度(mm);D 为上限斜率取样长度(mm);A 为以 μm^{3-B} 表示的常数。

参 考 文 献

[1] 张以谟. 应用光学[M]. 北京:机械工业出版社,1982.

[2] 袁旭沧. 光学设计[M]. 北京:科学出版社,1983.

[3] 郁道银,谈恒英. 工程光学[M]. 北京:机械工业出版社,1999.

[4] 张登臣,郁道银. 实用光学设计方法与现代光学系统[M]. 北京:机械工业出版社,1995.

[5] 光学仪器设计手册编辑组. 光学仪器设计手册[上][M]. 北京:国防工业出版社,1971.

[6] 王之江,等. 光学技术手册[上][M]. 北京:机械工业出版社,1987.

[7] 王之江,等. 光学设计论文集[M]. 北京:国防工业出版社,1964.

[8] 陈海清. 现代实用光学系统[M]. 武汉:华中科技大学出版社,2003.

[9] 张敬贤,等. 微光与红外成像技术[M]. 北京:北京理工大学出版社,1995.

[10] 国家技术监督局发布. GB/T 13323—2009 光学制图. 北京:机械工业出版社,2010.

[11] 袁旭沧. 现代光学设计方法[M]. 北京:北京理工大学出版社,1995.

[12] 高凤武,李继祥. 应用光学[M]. 北京:解放军出版社,1986.

[13] ZEMAX 中文使用手册. 讯技光电科技(上海)有限公司.

[14] 刘钧,李珂. 塑料非球面与折/衍面混合微光夜视物镜设计[J]. 红外技术,2010,32(11):666-671.